Library of Western Classical Architectural Theory
西方建筑理论经典文库

维奥莱-勒-迪克
建筑学讲义（上册）

[法] 尤金-埃曼努尔·维奥莱-勒-迪克 著
白颖
汤琼 译
李菁
徐玫 校

Library of Western Classical Architectural Theory
西方建筑理论经典文库

维奥莱-勒-迪克建筑学讲义（上册）

[法] 尤金-埃曼努尔·维奥莱-勒-迪克 著
白颖 汤琼 李菁 译
徐玫 校

中国建筑工业出版社

2013年度国家出版基金项目

著作权合同登记图字：01-2015-0230 号

图书在版编目（CIP）数据

维奥莱-勒-迪克建筑学讲义／（法）维奥莱-勒-迪克著；白颖，汤琼，李菁译．北京：中国建筑工业出版社，2015.1
（西方建筑理论经典文库）
ISBN 978-7-112-17754-7

Ⅰ．①维…　Ⅱ．①维…②白…③汤…④李…　Ⅲ．①建筑学　Ⅳ．①TU-0

中国版本图书馆CIP数据核字（2015）第027093号

Eugène-Emmanuel Viollet-le-Duc:*Lectures on Architecture*/Eugène-Emmanuel Viollet-le-Duc,translated by Benjamin Bucknall

丛书策划
清华大学建筑学院　吴良镛　王贵祥
中国建筑工业出版社　张惠珍　董苏华

责任编辑：董苏华　率　琦　孙书妍
责任设计：陈　旭　付金红
责任校对：张　颖　关　健

西方建筑理论经典文库
维奥莱－勒－迪克建筑学讲义
[法] 尤金－埃曼努尔·维奥莱－勒－迪克　著
白颖　汤琼　李菁　译
徐玫　校
*
中国建筑工业出版社出版、发行（北京西郊百万庄）
各地新华书店、建筑书店经销
北京嘉泰利德公司制版
北京顺诚彩色印刷有限公司印刷
*
开本：787×1092 毫米　1/16　印张：47$^{1}/_{4}$　字数：922 千字
2015 年 5 月第一版　2015 年 5 月第一次印刷
定价：149.00 元（上、下册）
ISBN 978-7-112-17754-7
（26906）

目录

上册

第一部分

下册

第二部分

中文版总序

“西方建筑理论经典文库”系列丛书在中国建筑工业出版社的大力支持下，经过诸位译者的努力，终于开始陆续问世了，这应该是建筑界的一件盛事，我由衷地为此感到高兴。

建筑学是一门古老的学问，建筑理论发展的起始时间也是久远的，一般认为，最早的建筑理论著作是公元前1世纪古罗马建筑师维特鲁威的《建筑十书》。自维特鲁威始，到今天已经有2000多年的历史了。近代、现代与当代中国建筑的发展过程，无论我们承认与否，实际上是一个由最初的“西风东渐”，到逐渐地与主流的西方现代建筑发展趋势相交汇、相合流的过程。这就要求我们在认真地学习、整理、提炼我们中国自己传统建筑的历史与思想的基础之上，也需要去学习与了解西方建筑理论与实践的发展历史，以完善我们的知识体系。从维特鲁威算起，西方建筑走过了2000年，西方建筑理论的文本著述也经历了2000年。特别是文艺复兴之后的500年，既是西方建筑的一个重要的发展时期，也是西方建筑理论著述十分活跃的时期。从15世纪至20世纪，出现了一系列重要的建筑理论著作，这其中既包括15至16世纪文艺复兴时期意大利的一些建筑理论的奠基者，如阿尔伯蒂、菲拉雷特、帕拉第奥，也包括17世纪启蒙运动以来的一些重要建筑理论家和18至19世纪工业革命以来的一些在理论上颇有建树的学者，如意大利的塞利奥；法国的洛吉耶、布隆代尔、佩罗、维奥莱－勒－迪克；德国的森佩尔、申克尔；英国的沃顿、普金、拉斯金，以及20世纪初的路斯、沙利文、赖特、勒·柯布西耶等。可以说，西方建筑的历史就是伴随着这些建筑理论学者的名字和他们的论著，一步一步地走过来的。

在中国，这些西方著名建筑理论家的著述，虽然在有关西方建筑史的一般性著作中偶有提及，但却多是一些只言片语。在很长一个时期中，中国的建筑师与大学建筑系的教师与学生们，若希望了解那些在建筑史的阅读中时常会遇到的理论学者的著作及其理论，大约只能求助于外文文本。而外文阅读，并不是每一个人都能够轻松胜任的。何况作为一个学科，或一门学问，其理论发展过程中的重要原典性历史文本，是这门学科发展历史上的精髓所在。所以，一些具有较高理论层位的经典学科，对于自己学科发展史上的重要理论著作，不论其原来是什么语种的文本，都是一定要译成中文，以作为中国学界在这一学科领域的背景知识与理论基础的。比如，哲学史、美学史、艺术哲学，或一般哲学社会科学史上西方一些著名学者的著述，几乎都有系统的中文译本。其他一些学科领域，也各有自己学科史上的重要理论文本的引进与译介。相比较起来，建筑学科的经典性历史文本，特别是建筑理论史上一些具有里程碑意义的重要著述，至今还没有完整而系统的中文译本，这对于中国建筑教育界、建筑理论界与建筑创作界，无疑是一件憾事。

在几年前的一篇文章中，我特别谈到了建筑创作要“回归基本原理”（Back to the basic）的概念，这是一位西方当代建筑理论学者的观点。对于这一观点我是持赞成态度的。那么，什么是建筑的基本原理？怎样才能够理解和把握这些基本原理？如何将这些基本原理应用或贯穿于我们当前的建筑思维或建筑创作之中呢？要了解并做到这一点，尽管有这样或那样的可能途径，但其中一个重要的途径，就是要系统地阅读西方建筑史上一些著名建筑理论学者与建筑师的理论原著。从这些奠基性和经典性的理论著述中，结合其所处时代的建筑发展历史背景，去理解建筑的本义，建筑创作的原则，建筑理论争辩的要点等等，从而深化我们自己对于当代建筑的深入思考。正是为了满足中国建筑教育、建筑历史与理论，以及建筑创作领域对西方建筑理论经典文本的这一基本需求，我们才特别精选了这一套书籍，以清华大学建筑学院的教师为主体，进行了系统的翻译研究工作。

当然，这不是一个简单的文字翻译。因为这些重要理论典籍距离我们无论在时间上还是在空间上，都十分遥远，尤其是普通读者，对于这些理论著作中所涉及的许多西方历史与文化上的背景性知识知之不多，这就需要我们的译者，在准确、清晰的文字翻译工作之外，还要格外地花大气力，对于文本中出现的每一位历史人物、历史地点及历史建筑等相关的背景性知识逐一地进行追索，并尽可能地为这些人名、地名与事件加以注释，以方便读者的阅读。这就是我们这套书除了原有的英文版尾注之外，还需要大量由中译者添加的脚注的原因所在。而这也从另外一个侧面，增加了本书的学术深度与阅读上的知识关联度。相信面对这套书，无论是一位希望加强自己理论素养的建筑师，或建筑学子，还是一位希望在西方历史与文化方面寻求学术营养的普通读者，都会产生极其浓厚的阅读兴趣。

中国建筑的发展经历了30年的建设高潮时期，改革开放的大潮，催生出了中国历史上前所未有的建造力，全国各地都出现了蓬蓬勃勃的建设景观。这样伟大的时代，这样宏伟的建造场景，既令我们兴奋不已，也常常使我们惴惴不安。一方面是新的城市与建筑如雨后春笋般每日每时地破土而出，另外一个方面，却也令我们看到了建设过程中的种种不尽如人意之处，如对土地无节制的侵夺，城市、建筑与环境之间矛盾的日益突出，大量平庸甚至丑陋建筑的不断冒出，建筑耗能问题的日益尖锐，如此等等。

与建筑师关联比较密切的是建筑创作问题，就建筑创作而言，一个突出的问题是，一些投资人与建筑师满足于对既有建筑作品的模仿与重复，按照建筑画册的样式去要求或限定建筑师的创作。这样做的结果是，街头到处充斥的都是似曾相识的建筑形象，更有甚者，不惜花费重金去直接模仿欧美 19 世纪折中主义的所谓“欧陆风”式的建筑式样。这不仅反映了我们的一些建筑师在建筑创作上缺乏创新，尤其是缺乏对中国本土文化充分认知与思考基础上的创新，这也在一定程度上反映了，在这个大规模建造的时代，我们的建筑师在建筑文化的创造上，反而显得有点贫乏与无奈的矛盾。说到底，其中的原因之一，恐怕还是我们的许多建筑师，缺乏足够的理论素养。

当然，建筑理论并不是某个可以放之四海而皆准的简单公式，也不是一个可以包治百病的万能剂，建筑创作并不直接地依赖某位建筑理论家的任何理论界说。何况，这里所译介的理论著述，都是西方建筑发展史中既有的历史文本，其中也鲜有任何直接针对我们现实创作问题的理论阐释。因此，对于这些理论经典的阅读，就如同对于哲学史、艺术史上经典著作的阅读一样，是一个历史思想的重温过程，是一个理论营养的汲取过程，也是一个在阅读中对现实可能遇到的问题加以深入思考的过程。这或许就是我们的孔老夫子所说的“温故而知新”的道理所在吧。

中国人习惯说的一句话是“开卷有益”，也有一说是“读万卷书，行万里路”。现在的资讯发达了，人们每日面对的文本信息与电子信息，已呈爆炸的趋势。因而，阅读就要有所选择。作为一位建筑工作者，无论是从事建筑理论、建筑教育，或是从事建筑历史、建筑创作的人士，大约都在“建筑学”这样一个学科范畴之下，对于自己专业发展历史上的这些经典文本，在杂乱纷繁的现实生活与工作之余，挤出一点时间加以细细地研读，在阅读的愉悦中，回味一下自己走过的建筑之路，静下心来思考一些问题，无疑是大有裨益的。

吴良镛

中国科学院院士
中国工程院院士
清华大学建筑学院教授
2011 年度国家最高科学技术奖获得者

英译者序

1-1　　我得到作者的许可着手进行本书的翻译，尽管他这一令人钦佩的著作早已广为人知并且为人所欣赏，但对于许多人来说，一个英文的版本会更易接受。

一般的读者和学生会发现这些讲义非常有趣且有教育意义。对于他的研究领域，作者有渊博的知识，并且从严格的哲学视角来讨论它；但他又作了如此清晰的阐释，以至于有着一般教养的任何读者都能领会他的意思。观念混乱迄今仍令人不快地模糊了艺术的基本概念，在理清了其原因之后，他讨论了艺术的本质与起源，将后者归诸一种本能的趋向；建筑的多样形式不能归结为唯一的美感卓越的要求。他以从希腊罗马时代和中世纪到文艺复兴时代的顺序，来追溯建筑艺术的起始。在研究中，他引证说明了艺术的发展是独立于文明的其他分支的发展的，并且阐明了艺术发展所遵循的永恒法则。接着，他以一些令人惊叹的新的建造方法，展示了在新奇的现代建筑中这些法则的应用，并且指出建筑初学者在他们的基础学习及随后的综合训练中应当走的道路。

本书的每一页都在阐明与之相关的艺术和自然的重要事实，1-2 同时，作者也从不放弃任何一个机会，去强调那些容易被忘记的东西。在评论过错的同时，他通过指出误解的源头，说明了如何去避免它们；并且唤起了对"复兴"概念的特别关注，这一概念如同它通常被理解的意思，从本质上来说，与确应被鄙视的文艺复兴也是同义的。他将其宣判为我们时代的根本错误，它使得无数诚挚的努力和热情徒劳无获，并且有效地阻碍了建筑学学派（*a school of architecture*）的形成。在揭露这一谬误的过程中，他证实了纯粹形式上的复制品，或者过去的方法，一定是缺乏真实生命力的，我们必须通过法则的分析和应用，而非形式的模仿，来期待真正的复兴。

如果这些讲义被我们的年轻建筑师认真阅读的话，我深信我们将很快能看到建筑学的进步；我们将会有更好的建筑和更多智慧的作品，少一些自负多一些艺术。业余爱好者精读本书对于提高其评论水准也不无裨益。

对于翻译本身，我尽力遵从纽曼（Newman）博士制订的原则："尽管必须注意对原文中新观点的介绍或者已有观点的省略，但在一本以大众阅读为目的的书中，忠实于原作可以被简单地理解为用英语表达原著的文义，而原文的词句被视作理解文义的指南（*directions*），要获得对这些词句的完全理解，一定的学识是非常必要的；接下来，一些东西必须被牺牲，精确性还是可理解性，对于一本大众读物来说，被不是批评家的人读懂，比被批评家给予掌声更为有益。"

我希望借此机会向约翰·西布尔（John Sibree）先生，伦敦大学的文学硕士（M.A. Univ. Lond.），表达我的感谢，感谢他能干且细心地校对了本次出版的书稿。我同样要感谢我的朋友斯特劳德的夏尔·韦瑟德（Charles Wethered of Stroud）先生，感谢他在未必符合文学审美的这本专业著作的撰写过程中，很有帮助的建议、体谅和鼓励。

作者序

1-3 一年多以前，由于我的朋友和兄弟建筑师的热忱邀请，我决定为学生开一个工作室，讲授一个关于建筑学的讲座课程。除了为那些会经常出入工作室或者参加讲座的人们，对我来说，这一任务，并没有特别的兴趣。在我简单的观念中，我认为我所需要做的所有事情是租用一间工作室，并且尽我所能，着手准备一个口头讲授的课程。但是在一个艺术共和国里（Republic of Arts）（追随威尼斯共和国的后尘），事情并非能如此容易安排。一开始，房间是免费为我的讲座提供的，并且所有人都表达了给我派遣学生的意愿。但是当我准备好以后，房间却没有提供：我被鼓动着仓促开始，并且听到了好些恭维的话，但没有物质上的帮助。现在，我成了一个非常无关紧要的乞求者，所以，在一些尝试之后——我必须承认这并不持久——我回家安静地等待。我很快就明白了兴趣衰退的原因。巴黎美术学院（École des beaux-arts）和皇家图书馆（Bibliothèque impériale）的某些教授，希望通过这些预先采取的措施对我的“动向”（tendencies）进行攻击。我刚刚出版的一本专业著作，它的内容只包含了一部分关于建筑艺术的内容，被一位非常精通希腊古代文物研究的考古学的教授——一个聪明的饱学之士——认为是排外的并且危险的教条的传播媒介（vehicle）。这位有学问的教授对于我关注与他的研究无关的一门艺术尤其感到不快，但这一艺术是属于我们的，正像希腊艺术属于希腊人，或者罗马艺术属于罗马人一样。1-4 把我们的主张放在一个严格的法律权利的程度上进行讨论，这位作者针对我的著作发表了聪明而激烈的长篇演说，但除了一些简单的反对主张之外，并没有真正证据支持来反对我的观点。这当然有点道理，但对于手上拿着圆规，并且有几何学知识的我们来说，这并不足够。在为了处于危险中的文明抗议，并自以为是其捍卫者之前，先检查野蛮人是否真的就在门外也许更为理智。在根本没有敌人的地方，或者在进攻的火力和方式都不清楚的时候拉响警报，只能让一支军队陷入混乱。我的朋友们示意一场全面的武装起义即将爆发——一场即将发生的猛烈冲突，双方都在期待枪林弹雨的战争景象。现在骚乱成为研究的敌人，我喜欢研究但是憎恨骚乱。这场风暴没有遇到任何抵抗，就徒然地耗尽了它的能量，因此我认为这场风暴已经平息。我将讲义的原稿放回了我的公文包，将精力投入其他事情。现在，我非常愿意把我的教席让给那些有着我无意追求的才能和无可争辩的权力的人。

这些毫无结果的争辩，咬文嚼字远胜于事实本身，在其中，我们的艺术一无所获；由于忙于这些争辩，艺术家失去了一些好的灵感，而我们大家是如此需要它。但有一些永恒的原则是超脱于对学派的崇拜之上的，这也是我们每个人根据各自的才能所肩负的责任，真诚且认真的人不应当把注意力放在不值得的学派身上。放弃了教席的荣誉之后，如我预言教席只是我无暇继续参与的那些论战的舞台，并且我认为它充其量可以用无用来形容，我决心要为我的朋友，合伙建筑师、我的学生、我外省和外国的通信者贡献我的《建筑学讲义》(*Lectures on Architecture*)，他们的同情和鼓励对于我来说是如此宝贵的支持。我刚才所提及的宽容的读者，以及那些需要一个对手以显示他们对于文明与进步的“正当理由”(good cause) 的热忱的读者，将会承认我的主要目标是真理，并且承认如果我应该受到谴责的话，那也是因为我并不属于任何的学派。这是事实，只这一个原因就足以使得他们一起来反对我。

1-5

当前，“专业性”被史无前例地认同。一个学者、艺术家或者一个作家可以共同进入一个广泛的领域是不可想象的。每个人都被限制在一个狭窄的范围内，如果超越这一范围，他在公众眼中，就会失掉一大部分的重要价值。比如，一个艺术家，在他的职业生涯中已经显现出某些特性（谁又会身在其中却没有特性呢？），很快他就被归类，贴上标签，可以说：除了这些特性注定会给他带来的东西之外，他不会被关注或者被聘请，他的才能也不会得到公认。如果他反抗那些强加于他的学识和品味的观点限制的话，他的抗议没人理会。如果他企图在他们的领域内迈出一步的话，他的对手，或者那些自以为是他的对手的人，将会竭力逼迫他退回的他自己的狭窄圈子；因为每个人以尽可能把邻居的领地缩小为追求，并且一旦邻居胆敢越界就随时准备宣布他为侵犯者。在我看来，这些态度自身是荒谬的，对科学、艺术以及文学的利益是有害的，对个人来说也是不公正的。然而，我并不会着手去批判这些态度，我一直认为同它作对是徒劳无获的：鉴于它已被热烈地讨论着，很显然我管的范围太宽泛了。

在向公众提供建筑学的一般观念上，我的犹豫起因于以下的进退两难：要么我的教学必须限定在我被限定的范围（circle）内，从而会停留在一个非常狭隘的基础上，且事实上带来的危害会大于益处；或者超越那个范围，我将会失去每一个作者或教授在那些读者或者听众身上都应该激发起的信心，如果他希望他所给予的指导是有用的。

因此，长期以来约束我的这些顾虑——最后被我的建筑师兄弟善意且持久的请求战胜。他们对我的能力的夸大估计蛊惑了我，同时看到许多对建筑学的实际施工一无所知的人，居然在他们的教席上或者通过书本向我们传授建筑学知识；而我的建筑师同事中那些最负盛名的人，却对这门艺术的原则保持沉默，不将他们的学识传播出去，似乎在等待别人，——我满怀惶恐地斗胆承担了这个新的任务：因为，在我看来，关于建筑学的课程必须包括领域广泛的研究——研究民族的历史，考察他们的制度与习俗，并且对引起差别或者导致他们衰败的不同影响因素作一个正确的评价。仅仅向关切的读者介绍我们早已熟悉其艺术的民族建筑的形式特征，而不指出决定它们特性形成的原因、与民族特质的关系以及相关的影响，不探究这些形式所附属于的不同建筑体系的“为什么”（why and wherefore），将只会写出一本枯燥的诸多建筑作品的资料汇编，这些资料所有人都能轻易获取，或者至少

1-6

在我们的公共图书馆都可以查阅得到：对那些已经拥有这些资料的人来说，这本汇编不能教给他们什么新的东西，对那些刚入门的人来说，这本书只能给他们的思维造成混乱。这种混乱对艺术的教育非常不利，就像在其他门类的教育中一样——我们这一时代很好地证明了这一事实。把其他的东西放到一边或者干脆无视它们，而选择建筑体系中的一种进行讨论，在我看来这种课程设置是更应该被谴责的，尽管在其他人看来我从来都没有停止过对它的谴责。因此我会怀疑自己的能力，并且胆战心惊地走上一条困难重重的道路，也就不足为奇了。

只有一件事情能让我坚持下去并且给我希望——就是我对真理的尊重（entertain for Truth）以及对我付诸一生且心怀敬意的一门艺术的热爱，不管它是在何种条件下缘起亦无论它自身呈现出什么样的具体形式。我一直对自己说："如果我的讲座能引起我们的学生对过去的尊重，养成通过细致且深入的研究而非先入为主的偏见来建立自己的判断的习惯，此外，如果它们还能在艺术家中培养出方法论精神，我就已经很好地完成了任务"。我了解我们正在成长中的下一代建筑师对学习和认知的渴望；对他们来说那些辩论是如何的徒劳无益；他们被我们时代的实践精神影响如此之深，这一精神适时地评价了时代的价值，并且立刻要求一种的自由的、振奋人心的、消除偏见的教育方式。 1-7

关于建筑学，我自己是这样设想的：探究每一形式的成因——因为每种建筑形式都有它的原因；指出作为它们的基础的不同原则的起源；分析它们最典型的发展过程使它们的优缺点得以呈现，以此来追溯这些原则逻辑上的结果；最后，关注如何将古代艺术的原则应用于今天的需求：因为艺术从未死亡，它们的原则永远都是真理；人类总是相同的——尽管其习惯与制度可能会有更改，思维结构是不会改变的；人类推理的能力，本能与感觉，现在与 20 个世纪以前一样，来自同样的起源：它被同样的欲望与激情驱动着；而它所采用的不同语言在每一个时代都可以表达相同的观念并且满足同样的需求。我必须强调，如果我的读者认为我在这些流派的原则中间有所偏好的话，他们错了，并且我的讲义将会证明这一点。我并没有用手中的笔去推动某个体系获得胜利或者去驳倒某些理论；我将这一任务留给那些一时兴起，自以为在保卫艺术的人。而我则在思考另外一件事情——真理的学问——我们的艺术在应用于不同文明构成时,其永恒原则的发展。我不会将其总结为某一建筑形式优于其他形式，也不会说："你已经听完了原告的陈述，请做出选择！"因为事实上，这将得不到任何结论；但是所有有用的教育，如果要求的不是一个非常确实的结论的话，至少也要指出明确的方向或方法。如果学生们带着实际应用的视角去学习一门科学或者一门艺术的话，他们理所当然地会要求为他们清晰地描绘出道路。如果一个老师为我们指出所有可能道路,而没有告诉学生哪一条是更好的并解释其原因,那么这位老师并没有履行他的职责：他给那些开始探求秩序与光明的思维带来了混乱与含糊。但是，所指出的道路一定不能是狭隘的：对所有人来说，它都必须是宽广和自由的，这样每个人都可以根据他自己的品味、灵感和天赋沿路前行。这条道路——这条唯一正确、唯一自由、唯一不会导致错误概念的道路——是所有时段人类理性共同指向的道路，这条道路在所有古代或者现代的伟大艺术家们脚下，走出了变化的轨迹，并且有各自的风格。

1–8

"凡事都需检验"，圣保罗[1]说:"并且要保持住好的东西。"这是我的座右铭，我应对此无比忠诚。对我的观点的误解，导致了一些对被某些人赏脸称作我的"学说"的攻击。我将只需用我的教学来回答这些攻击。如果我的教学能守住阵地的话，那么它将要受到的那些预料之中的批评，那些被用来反对我的"起诉的倾向"（*indictments for tendencies*）将很快被淡忘。如果,正好相反,像其他许多例子一样，它注定会被遗忘，那么为什么还要回应那些对没有人记得的观点的攻击呢?

巴黎　1860 年

1　新约圣经的第一封信。

第一部分

第一讲　野蛮？——何谓艺术？——艺术依赖于文明的程度吗？——什么样的社会条件最有助于艺术的发展？

现代的艺术评论将艺术史划分为伟大时代、壮丽时代和野蛮时代。不容置疑的是，历史上曾经存在过这样的时代：艺术发展充满非凡活力，它们被尊重，被热爱，被细心培育；在遭受忽略甚至藐视的其他时段，艺术不再被关注，仅留下一些它们曾经存在过的几乎难以察觉的模糊踪迹。但是将一个民族或者一个时代社会制度中的野蛮与艺术的野蛮混同起来，这合理吗？像其他许多例子一样，这难道不是一个由术语的误用而导致的错误吗？从现代的观点看，一个人粗俗，迷信，狂热，被不符常规的和难以预测的冲动支配，这不是野蛮吗；在不完善的制度下，就不可能拥有完美的艺术吗？ 1-9

人类在变得文明、优雅、宽容、品味温和、见闻广博的过程中——事实上正如我们的社会条件使其成为的那样——在艺术的领域中，会更加聪慧且更富才能吗？达观、文雅的举止、公正和教养，形成了适于生活的社会状态；但是这样的状态对艺术的发展并无益处。

“野蛮”这个词有两种意思。一方面，它意味着粗俗，无教养；另一方面，指残忍。一个非常粗俗的人可能是非常温和的，而一个非常有教养的人可能是非常残忍的。残忍是文明或多或少成功压制住的人性的本能。因而不必将这个形式的野蛮纳入考虑范围，艺术也并未受其影响。历史给予我们很多民族残忍行为的例子，而其中很多民族的艺术已经到达了他们最完美的程度。

当帕提农神庙在雅典开始建造的时候，希腊人正沉湎于伯罗奔尼撒战争的残暴。当罗马人将互相并不憎恨的奴隶们的致命搏斗当作消遣，以及在供平民娱乐和满足兽性好奇的竞技场中让野兽撕开人体的时候，他们正在建造着令人惊叹的纪念物并且正在教化野蛮的民族。后来，基督徒因为某一教义或者原文的意见分歧而杀戮和烧死对方；但是他们独特的艺术作品，却遍布东西方世界。在17世纪中期，国会仍然对自以为懂得巫术的无赖或傻子施以刑罚——毋庸置疑的残忍；但是这一世纪见证了凡尔赛宫和荣军院的建造，并且拥有其作品永远为我们顶礼膜拜的诗人和艺术家。所以，只有在这里我们可以避开残忍这一种意义来讨论野蛮这个词汇。对我们来说，这一术语可 1-10

以理解为未开化的。如果一个民族还未开化，或者只能观察到微弱的未来的文化迹象，那么就能得出它的艺术是野蛮的这样的结论吗？我们并不这样认为。

讨论艺术的时候，兴趣点不在于人类历史上的某一阶段是否更加开化——或者更加野蛮；而在于所讨论的这一阶段是否更有助于艺术的发展。确定的是，某一文明的不同分支并非在同一时间开始萌芽——制度、政府、科学、文学与艺术的发展都不同步。假如这些社会不同方面的发展都会同时出现的话，按照这个逻辑，我们的制度、我们的管理、我们的科学发现都应远超（比如说）17 世纪，我们的现代戏剧和喜剧也理应超越拉辛和莫里哀的悲剧与喜剧；我们的画家也应当将 16 世纪的意大利远远抛在身后，因为那时尤利乌斯二世（Julius II）不能乘火车旅行，查理五世也不能用电话将他的政令传达到庞大帝国的每一个省份。

艺术的价值与它从中发源并成长的元素并无关联。艺术不可能是野蛮的，最简单的原因是它是艺术。它有它的幼年，预示着未来华丽的成长；也有它的晚年，不断唤起过去回忆。唯一真正野蛮的是，它不再是艺术——当它因伪装与违背自己的原则而自甘堕落时；当它盲从地跟随着我们称之为时尚的空想女王的变化无常；当它没有固定想法或者信念而变成人类的玩物的时候；以及当它不再反映民族的精神和传统的时候，它只是一个多余的东西——一个仅仅满足好奇和奢侈的东西。

1-11

是的，艺术有它的青年时期和衰老时期。它的成熟像世间所有的东西一样——在某个瞬间，某个时间点——进步和倒退之间微不足道的间隙。那么艺术在它的青年时期是野蛮的吗？在它的衰老时期是野蛮的吗？这才是真正的问题。个人和民族——民族也只不过是习俗和制度相同的共同体组成的群体——在他们的幼年时期，与文明的巅峰时相比，确实比较接近绝对意义上的野蛮。团结这些群体，并在群体的不同部分之间努力建立和谐与平衡的原动力耗尽之后，民族重新落入野蛮；就像老人，在他的器官不再能规则地完成它们的功能的时候，进入智力衰退期，并且再也不能充分发挥他的能力。艺术必须经历同样的变革吗？我们相信并不是这样。但是在进一步展开讨论之前，让我们清楚地理解艺术到底是什么；因为要想得到真理，首要的就是对术语进行定义。

用两三行文字来定义并不是我们的目的，虽然这样做的主要优点在于反映了作者的智慧，但也只有跟他一样聪明的人才能理解。我们认为给出稍微详细的定义是必要的：因为谈论艺术时，很多人会发现很难告诉我们艺术到底是什么。

中世纪时，有七门被认可的“人文科学”（Liberal Arts）；但是现在，其中的一些，即神学、天文学、几何学、医学——尽管要对索邦神学院（the Sorbonne）、天文台（the OBSERVATOIRE）、巴黎理工学校（the ÉCOLE

POLYTECHNIQUE）以及其教员（the FACULTY）致以十分的敬意——归类于科学。因此，我们要将界限划定在音乐、建筑、雕塑、绘画的范围内。我们把艺术以这样特定的顺序排列的原因是，人类在建筑房屋之前，先天就会发出声音；在雕饰之前先建造建筑，在刷饰之前雕饰好建筑，——因为磨尖的燧石是他用来加工木头和硬度低的石头所唯一需要的工具；而从矿物或者植物提取颜料以及接下来颜料的应用，则包括了一个假以时日才能完成的推理和观察的过程。假如这一顺序与任何一个读者的认知有冲突的话，我们不必十分坚持。至于诗歌与戏剧，它们自然与音乐同属一类。这四门艺术是姐妹，其中前两者，音乐和建筑，是孪生姐妹：因为，它们都不是起源于自然物的想象，像雕塑和绘画那样。　1–12

艺术在其源起之初是一种天性的渴望，为了满足这些渴望，采取了一种服从于某些精神本能的形式，长期的观察转换为规则的本能。人类很早就认识到仅用文字和符号不足以表达所有的情感；并且因而试图通过调整声音的音调和转调给人留下印象—— 一种可以更生动表达他的思想的韵律。婴儿并没有被教给声音的转调，可是在他们能够讲话之前，他们通过某种节奏和一系列特定的声音来表达他们的需求或者情感，不管是他们是出生在巴黎或是北京。他们用富于表现力的易理解的手势辅助声调和节奏。艺术已经出现在我们面前了。动物不会用手势来辅助它们的叫声；而且这些叫声仅仅能表达直觉的情绪，比如高兴、痛苦、恐惧、疲倦。但是人类可以预见、期待、回忆，他的声音服从于他的愿望，表达了他希望传达给他的同伴的情感；尽管他预见、期待、回忆的原因或者目标，他的听众并不了解。用和“我们去吃晚餐吧”同样的语气对集会的人群说：“你们的房子被掠夺，你们的妻子被杀害，”——没有人会被鼓动。但如果你的声调很适合说话的内容；如果那个声调有富于表现力的手势支持——明显是被鼓动你的情绪所激发出来的手势——你很快会看到群众被你自己的情绪和愤慨感动和激发。

特别重要的是，这种初级的形式的艺术对初级状态中的人类的影响强于文明程度较高的人类。后者会用逻辑思维来分析推理。你的声音可能是富于表现力的，你的语气是令人同情的，你的手势真实且有说服力；但是尽管有这些你在转调和举止中的艺术，他们还是会说：“他从哪弄来的这些不可靠的消息？”

从简单的转调到悦耳的音调的路程是短暂的，音乐立刻诞生了。现在，我们来研究一下在年龄上排位第二的建筑学。用树枝建造一个棚屋并不是艺术，这仅仅是一种物质需要的满足。但是在软质岩石崖面挖出居所——根据居住者的数量和习惯，将洞穴分成大小不同的隔间——留出柱子以支撑天花，为了使得悬于洞穴以上的山体更安全而将上部扩大；然后逐渐在空间内留下的实体表面覆以雕刻与符号，以纪念一个事件，比如一个孩子的出生，一位　1–13

父亲或者妻子的死亡，或者一场征服敌人的胜利——这才是艺术。

我们不再需要多费口舌去阐明，音乐及其派生的门类，诗歌、戏剧以及建筑，是原始人类唯一的艺术——由表达想法、保留记忆或者分享愿望的要求促使，将它们与一种形式或者声音联系起来——原始人类在其中显示出天性内与生俱来的某种创造本能。

雕塑和绘画之于建筑，类似于戏剧和诗歌之于音乐——是它的衍生物与必然的结果。

一个比他的邻居有智慧与力量的人，杀死了一头狮子。他将它的皮挂在他居住洞穴的入口上方。这个有纪念意义的战利品腐烂了；他因而尽其所能地在石头上刻出一些类似狮子的东西，这样他的孩子和邻居可以保存关于他的力量和勇气的记忆。但他又希望，这一使得对他的英勇记忆不朽的符号，在远处就能看到——即吸引人的注意。他已经注意到，红色是所有颜色中最显著的，因而他将雕刻的狮子涂抹上红色。它对所有看到这个图像的人明白地表示："这里是那个知道如何保护自己和他的家人的强壮的人的住所。"这就是艺术。它是全部的、完整的，唯一需要的是手法上的修饰。

我们的原始英雄去世了。他的家人在岩石上凿出一个龛室存放他的遗体，他们在上面雕刻了一个与狮子搏斗的人。人的图像大，狮子的图像小；为了故去的人的亲属为死者祷祝——通过它可以知道图像中所描绘的父亲或者丈夫是一个有威力的人。确实，一个身材小的人杀死一头大狮子比一个身材高大的人制服一个小动物有胆识；但是这个复杂的观点并没有进入原始艺术家的思维。在印度甚至埃及所有古代雕刻纪念物中，征服者都用庞大身形来表现，而他征服的敌人则都表现成侏儒。

要如此从起始阶段来追溯事物，我们的意图是要更加清楚地理解什么是艺术，以及在本质上而非形式上，艺术并不依赖于文明的程度。

在罗马圣彼得大教堂的门廊内，有一尊伯尔尼尼（Bernini）的君士坦丁国王的骑马雕像，他绞死了他的岳父，掐死了他的内兄，割断了他侄子的喉咙，砍了大儿子的脑袋，在浴缸里闷死了他的妻子；他把在莱茵河边界处征服的所有法兰克首领都喂了野兽，并且完全摧毁了再也没能恢复古代庄严的古罗马残余的公共机构。

1–14

确实，野蛮人门上雕刻的红色狮子或者他墓中描绘的格斗场景，比基督教堂门廊内的君士坦丁国王雕像更符合艺术的原则。狮子可能是一个变形的图像，君士坦丁的雕塑是一件令人钦佩的作品；但这并不影响这一问题——制作的品质与艺术永恒的原则完全没有关联。

当一个有天赋的人，虔诚地维护着这些永恒的原则，拥有关于美的品味，与能用可感知的形式再现它的实践手段时，我们就可以确定地说："这是一个艺术家。"

历史上，这样的人一度存在于东欧的某一角落。然而，在政治上，雅典人也许可以被看作是最反复无常的人之一。他们不稳定的政治在我们看来是野蛮的；他们关于行政的观念是非常模糊且不切实际的；他们不遵守诺言（they had but slight regard for their word）；他们拥有奴隶制度；他们的平民是妒忌贪婪的，他们的大部分公共人物是奸诈腐败的；他们完全不知道印刷术、蒸汽动力、电报以及铁路。但是他们的演说家、诗人、哲学家、建筑师以及雕塑家的地位，却远胜于任何一个自以为身处最文明时代的艺术家们，包括我们这个时代。

讨论得越深入，我们将越清楚地认识到我们必须避免草率地得出结论。因而，关于希腊人（à propos of the Greeks），与我们现在所知相比，他们对于人体结构的知识非常不准确：伯里克利时代的解剖学与我们的时代相比非常落后；我们并不知道希腊人有解剖学的教育。我仍然无意贬低当代艺术家的能力，但为什么希腊人的雕像远胜于当代？可以肯定的是，艺术与科学无关；与一个国家的政治情况亦无关。

我们现代文明的政府机器与管理着希腊本土和希腊群岛的早期文明的政府相比，显然更加完善更有秩序；但这并不能阻止《伊利亚特》（*Iliad*）和《奥德赛》（*Odyssey*）无论在过去或是现在，都远胜于其他诗歌。因此，我们可以得出结论：艺术与一个民族的政治状态无关。不管罗马的政权和它的制度如何强大，我们都有足够的理由去怀疑它的警察机构是否与巴黎、伦敦或者维也纳的一样有效。甚至在帝国时代，在没有护卫的情况下走出永恒之城（Eternal City）是不安全的；一位罗马绅士去他位于郊外的别墅往往也是危险的。如果这是都城内的情况的话，各省的情况将会是怎样？在当代，任何人都可以独自游遍法国，甚至大半个欧洲，无须担心在路上遇到一个抢劫者。但在当时，罗马帝国，不仅仅在罗马城内，还在高卢、德国、西班牙、非洲、亚洲，建造了以无上的伟大震撼着最原始的心灵的艺术纪念物。

1–15

如果奥古斯都有机会参观巴黎，他毫无疑问会对我们的警察机构（每时每刻统治着这个人口稠密的城市的秩序），和复杂但无形的地方政权机构心生敬意；但如果他走进歌剧院，他会把我们看作一个玩偶一样的民族。他将惊讶于在家拥有无比舒适的人们，怎么会愿意挤进一个琐碎的装饰覆盖的小木箱，假装享受地听着一两百个歌手和乐师制造无法忍受的喧闹，并观看舞者在几平方码的场地上于色彩鲜艳的画布条中旋转。他可能还想知道人们怎么会违反传统与常规地在他们脚下放置人造太阳灯，从下面照亮这些东西和这些人。

如果他参观我们的火车站和大型公共设施，他会不会认为我们是游牧民族，以一种不牢固的临时的方式建造建筑物，以便某天将它们迁移到其他地方？如果他看到我们在同一时间同一城市建造公共建筑，一些是尖顶一些是平顶——住宅建在纤细的铁柱上，宫殿建在厚度惊人的石基础上，他会说些什么？毫无疑问，奥古斯都会认为我们是完全没有艺术概念的人类。他当然错了。但很显然，艺术并不依赖于文明的程度。

很多我的读者会说："你并没有教给我们什么新的东西，这些都只不过是人人都知道的真理。"如果这些真是人人熟知的真理，如果艺术新纪元的开创依赖于天性而非文明的程度是公认的事实，我们所需要的就只是不再将文明的进步或者工业的发展与艺术的发展混淆起来；我们只需要独立于法律、偏见或者人类的某种野蛮习俗之外来判断艺术：我们不会再因为一个民族是迷信的，或者被压迫的，就得出它的艺术劣于其他自由的、有教养的、被很好地管理着的民族这样的结论。我们必须消除所有的这些惯常的陈词滥调，例如"野蛮时代的艺术"等——因为这些野蛮时代的艺术可能远远胜过那些文明飞跃进步时代的艺术。

1-16

我们关于的先前任何时代的艺术的研究都可能会遇到这样的异议："你正将我们带回野蛮；"——回答是显而易见的，古代艺术的任何时段——从早期印度到路易十五——都会招来相同的责难，因为没有人会怀疑当前社会状态较之于古代、中世纪乃至前三个世纪的文明的优越性。

我们必须立场坚定。艺术或者是紧紧跟随着物质文明和精神文明的进步——正如我们生存在文明对艺术最有帮助的时代，我们比以往任何一个时代都享受着文明带来的益处，我们也因此认为先前的所有艺术都是相对野蛮的；或者，艺术是独立于物质文明与精神文明的，在这样的情况下，唯有个人偏好或者突发奇想，可以支配我们对艺术形式的喜好。事实上，这两种经过严密推导的结论，都是错误的。艺术在非常不完善的文明下，可能高度发展并达到完美，为了恰当地估计它们的相对价值，我们必须根据某些规则来进行判断，必须指出这些规则的来源——这些艺术专有的规则，与民族所可能达到的文明的状态无关。

比起其他文明的民族，我们更易于在一些惯用语上建立我们的观念，这些惯用语将被错误推崇的（ill considered）的词语当作理所当然毋庸置疑的真理，而被普遍接受，是由一个完全不了解艺术的研究与实践的聪明人说出的，而他的话又被不加思考的后辈继承并重复。

我们有某些观念，类似保姆教给我们的简单诗句（jingles），被一辈又一辈人重复着，但它原本的意义已经不为人知。但是如果你胆敢跟民众说："你错了，你在不属于它的语义里使用了这一词语；恢复它的正确含义；这不是它的词源吗，某某？因而你将可以更理性且恰当使用这一词语，并且不会被当作不知道正确的意思就脱口而出的无知的人；"你会立刻被视作敢于质疑被古代就有的用途神圣化的事情的……年轻人（youth）而遭到咒骂。你抗议说你的意图是好的，你的主张是正确的，都是徒劳：你求助于常识判断，提供出你的立场的证据也都是无用的。“被诅咒的人”（Anathema）！两个世纪以前，你将会被烧死——至少你的著作会被烧掉。现在不再有火刑或者焚书的习惯；但是你将会被视作危险人物——至少是一个烦人的吹毛求疵的好事者。你曾希望恢复一个误用的词语的正确含义。你被指责为妄图篡改语言——将它带回野蛮。你也曾试图发表符合逻辑推理的演说。你被控告为强迫今天的人们用六七个世纪前的方式讲话。一旦认真地检视问题的两方，为什么这些争辩，这样的尖酸刻薄，为什么要得到真理并达成一致？但是在艺术和科学的领域中，每个人都有他“固定的观点”，并且不会有所改变，不管接踵而来的新思想和新信息。人们会写满整整一百页纸来证明他们是正确的，而有人也足以说明他们错了。斯卡利杰尔（Scaliger）声称所有的战争都源于错误的语法（*bad grammar*）。他也许是正确的；同样的，我们可以说，所有在艺术问题上的争论源自我们对通过艺术所表达的意义的正确理解的追求。 1–17

艺术是一种本能—— 一种精神的渴望，它采用了不同的形式来表达自己，但是艺术又是独特的，因为理智、智慧、激情都是独特的。艺术是单一源头，通过许多渠道扩散出去。演说者、诗人、音乐家、建筑师、雕塑家，甚至画家，都在寻求表达每一个有理解力的人身上呈现出来的完全相同的情感的不同方式。所以，这是正确的：艺术家，不管他是诗人、音乐家、建筑师、雕塑家还是画家，都能用他自己的特殊语言来表达，并且可以传达给本性相同的大众情绪——可以触及灵魂深处的同样心弦；因为每种艺术虽然都有它自己的语言，它们在人类身上所产生的印记是有限的，并且在脑海中再现的时候是与所使用的语言无关的。

艺术随感而发，感觉使得类似的想法以不同的方式表现。比如：悲痛的景象，悲痛的语气，以及悲痛的图像（representation）都可以产生相同的感觉——怜悯。对于长期从事艺术的人和热爱艺术的人，我所表达的意思很容易理解。但一些读者，可能只能模糊理解，因此需要进一步论述；尤其是一些人会误用这一特性，将艺术的不同形式普遍化，妄图用这些形式表现完全与艺术无关的观点——比如哲学的或者纯粹形而上的观念；我很担心我的意思被误解。

我们中任何人在他的一生中恐怕都至少经历过一次——不管是在聆听诗人或者是音乐家的表演的时候，还是在参观纪念物、浅浮雕或者绘画的时候——这些情绪，例如庄严感、悲痛感，或者神秘的恐惧感、自豪感、喜悦感、期待感，或者悔恨感？甚至艺术与对自然的直接模仿的距离越大，越能打动人的心弦——留下深刻且长久的印象。演说者的语气和动作，一个简单的手势，一段乐章，或者一座高贵的建筑物的景象，往往能产生这样的情绪波动，使得眼泪盈满眼眶，我们也会经历一种冷或热的感觉；虽然我们不能描述那个感动我们的情绪的性质。这种情绪就是我们的艺术本能，被艺术的不同表达 1–18

所感动。

我们来分析一下这种情绪；追溯它的来源，逐一检查赋予人艺术本能的那些神秘纤维。自然的现象，通过感官在我们的脑中产生某些印象，这些印象是随我们的天性而来的，与物质的影响无关。因而，一种香味让我们想起一个人，一个事件和一个地点。如果某种情景的附属物（an accessory）以及纯粹物质的感觉比如嗅觉的重复，可以把我们带回先前经历这种物质感觉时曾身处的那种精神情境，那是因为对我们自身来说，这种感觉和我们的想象之间存在着某些深层的紧密联系。但尽管我们的感觉是不同的，我们的想象只有一种，思维中的一部分不适合嗅觉，一部分不适合视觉，一部分不适合听觉，同样的心弦因而可能是被来自耳朵和眼睛的刺激所触动。

大海的喧闹，风的呢喃，日出或日落，崎岖的坡道或翠绿的牧场，黑暗或光明，都能唤起精神上的感动和畅想，它们与我们的现实世界无关，如果用更好的语言形容可以称之为诗意的。这些感觉的产生来自于外部的纯粹自然界的感受与个体内部的观念的结合。因而，海浪的咆哮只不过是一种我们知道其成因的声音；但我们仍可以长时间地倾听。为什么这种声音唤起了一种奇妙的感觉，既不是欢乐也不是悲伤，既不是烦躁也不是疲倦？这是因为这种盛大的和谐，在我们脑中唤起了一些特定的情绪，而它们其实早就潜在其中。现在，我们假设，艺术，在用音乐家的语言表现的时候，让你想起了波浪的声音——你的脑中立刻充满了你在海边时的感受；不仅如此，它还给你带来了茫茫大海的宏伟景象，你甚至仿佛闻到了海滩上的清新味道。再假设，在听到风声的那段时间里，你正在处于一些欢乐或者悲伤的事件中；你在当时所经历的同样的欢乐或者悲伤的情绪将会被音乐家唤醒。

1-19

很容易理解，在海滩上时你脑海中曾经浮现的想法，可以被音乐家或者诗人唤起。建筑师拥有同样的能力——甚至有可能更显著。音乐家用他独特的语言——音符的和谐——让你想起大海的波澜壮阔；诗人通过在你的脑海中唤起与让你在海边时产生幻想时类似的想象，来将你带回海滨。建筑师同样用他独特的语言，将你重新置于同样情境中。如果他在天空下勾勒出一道很长的水平线，你的视线范围可以不受任何阻碍，你的脑海中就会产生一种宏伟、宁静的感觉，它会在你的脑中产生与夜间的海洋带来类似的感觉。

我们看到大海，听到海浪的声音；我们因而能够理解，音乐家和建筑师，各自通过什么样的技巧，作用于听觉和视觉，用他们各自独特的语言，给我们营造出大海带来的感觉。但是，我们并不能听到太阳的升起；那么一曲交响乐能够在人的心灵中唤起与日出这一日常现象类似的情绪如何可能？为什么我们常常说："那首曲子散发出令人愉快的清新气息。这首的特点是阴郁，令人情绪压抑"？声音如何能"清新"或者"阴郁"？然而这是事实；很不幸那些不能领会这一点的人似乎无法理解艺术的语言。

将一个人带进一个低矮的延伸很远的地窖，粗壮厚重的柱子上支撑着拱顶：尽管在这一空间内，他能够直立行走并且自由呼吸，但是他仍会低下脑袋，脑海中只会充满忧郁的想法和阴沉的画面；他将经历一种压抑的情绪，渴盼光线和空气。但如果把他带进一座高耸的充满光线和空气的穹隆顶建筑内；他会把视线移向上方，他的脸上会浮现出此刻充满他心灵的庄严感受。这是任何人都能观察到的现象。

观察一个人进入一间低矮昏暗的房间的行为：他们不会首先就把目光投向上方离得很近的天花，不管那里装饰得多么华丽；他们会首先水平地观察，最后会把目光移到地面上。除非你特地唤起他们注意，否则他们直到离开也不会注意到天花上有没有装饰。相反，观察那些进入罗马圣彼得巴西利卡教堂的人；一开始，他们的眼球会被覆盖建筑物上部的巨大穹隆顶所吸引。教堂的柱子被大理石包裹，墙壁有华丽的墓碑装饰：然而他们不会看到这些，而是继续前进——继续刺探这个巨大穹顶的深处。你必须不止一次地在他们的目光注意到之前提醒他们错过了雕塑，踩到了斑岩，而这些东西与他们的距离已经近得足以让他们仔细观赏。因此，长的水平线，低矮或者高敞的天花，阴暗或者明亮的空间，都会引发天性差异很大的人的内心情感。这是自然且明显的；所有人都能理解这一点。但是人类的思维是复杂的，出于人类根深蒂固的本能（其运作还不能为我们所理解），它在视觉、声音和观念之间建立起某些联系，这令人惊叹，但确实是真实的；因为我们发现它们被同一地点同一时间的组成群体的每个人认可。因而（如果要让大家理解，我们的推论必须举一些熟悉的例子）为什么在音乐中，小调与大调带来的感受不同？也许可以这样说，在所有艺术中，都存在着一个小调与一个大调，这也存在于组成艺术各种门类的无数细节中。　1–20

一个天生就失明的人，被问到他是否可以形成红色的观念，“是的”他回答道，“红色就像是小号的声音。”这里在艺术的不同表达之间，就存在一种紧密的交互作用。为什么呢？因为所有这些表达都有完全相同的源头。一个有美感的人均等地理解了艺术的所有不同语言。一个建筑师，能够听一首音乐或者一篇诗歌，能够观赏一个雕塑或者一幅画，但不能像他在观察建筑时一样体会到同样强烈的情绪，那么他并不能成为一个艺术家，而只是一个从业者；这同样适用于音乐家、诗人、画家以及雕塑家。那些人类心灵中为艺术而震颤的各种纤维之间的联系是如此的紧密，以至于几乎所有的人类，尤其是原始人类——儿童们——在他们希望在其他人心里激发起他们自己曾经体会过的感情的时候，很自然地使用了隐喻的方法。只有那些被赋予了艺术领悟力的种族，结合了艺术的不同表达方式，遵循了一条共同的原则，才成功地创造出了伟大的事物（effects），他们的动机直到现在我们也没能理解，但他们产生了如此强大的影响，以至他们的记忆在很多世纪之后仍然伴随着我们。

1-21 一个民族这样幸运地组织起来，一切都成了艺术的表现方式，这些表现方式完美地协调一致，并在同一地点同一时间，趋向于对完全相同观念的完美表现。这种和谐达到这样的程度，以至于哪怕在这种艺术的氛围中出现最细微的不协调，对原则的最小的疏忽，反对的嘘声立刻就会从大众中响起。第一次领会到艺术不同表现方式的结合而产生的巨大能量的人，创造了剧场，这实在是所有那些表现方式的结合体。从那时起，剧场成为任何有艺术天赋的人最不可缺少的建筑物。

但是，将艺术的不同表现形式的同一处结合起来，在大众中激发起同样的感情，一种同质化的情感（如果我可以使用这一术语的话），并把这些不同的表现方式混合为一种交响乐，其中每一种方式，共同地在一个特定的瞬间，达到和谐完美的一致，这仍旧是多么大胆的一个想法！而希腊人的这种大胆的尝试又是如此的成功！他们如此精准地理解了它，它在那些天才的人们身上激发起了多么强烈的情感！我们不是保存下关于那场艺术的音乐会的记忆，保存下他们对离我们稍近时代的公众的影响的记忆了吗？

中世纪人建造起那些伟大的教堂，其中那令人难忘的仪式场面、音乐以及演说者的声音，结合在一起，将人的心灵领入一种共同的思想境界，难道中世纪时代对艺术不同语言之间的紧密联系毫不了解吗？

如果古典时代拥有这种艺术的结合来表现无上庄严的能力，那么中世纪至少是有相同的本能，或者天赋，如果我可以这样定义它的话；我们将有机会来陈述这一切。

因而，从哲学的观点看，艺术是独一无二的——唯一的——尽管它为了作用于人类的意识，而呈现出种种形式；当这种种形式在同一地点同一时间达到和谐的时候——当它们从同样的灵感中产生，并以各自不同的方式影响人的感官的时候——它们便产生最鲜明最持久的印象，这一印象被赋予将来的思维。

1-22 我记得我童年时一次极其鲜明的感受，至今记忆犹新，尽管我们所要讨论的那个事件发生在一个所有的一切只留下模糊记忆的年纪。我那时常被交给一个年老的仆人照顾，他总是将我带去他那些古怪念头指引他去的地方。有一天，我们走进了圣母院（Notre-Dame），因为人群非常拥挤，他将我抱在怀里。大教堂室内装饰成黑色。我凝视着南侧玫瑰窗上的彩色玻璃，阳光透过它洒进来，染上最鲜艳的色彩。拥挤的人群阻挡了我们前进的脚步，我仍然看着那扇窗户。忽然，管风琴的声音响起；但对于我来说，这声音是我眼前的玫瑰窗在歌唱。我的年老向导徒劳地为我纠正；但那种感觉越来越逼真，逼真到我的想象让我相信有些窗格的玻璃在发出低沉且严肃的声音，而同时，另外一些发出尖锐且更加有穿透性的音调；最后我感到强烈的恐惧，以至于他不得不将我带出教堂。让我们在艺术的不同表达之间找到紧密联系的并不是通过教育。

那些艺术盛行的年代——艺术作为永恒的存在——有能力以不同的艺术语言表现艺术，这曾经是且永远会是艺术史上的重要时期。某一重要时期所持续的时间可能是短暂的，但那并不会减低它的价值，不会像（any more than）花期的短暂使人没有注意它香味的甜蜜、色彩的光鲜或者花瓣的精巧。

关于讨论的范围和主题，有一些误解必须理清。例如，“兽医艺术”（the veterinary art）以及“断代艺术”（the art of verifying dates）是与艺术无关的。故弄玄虚地滥用术语，艺术的本源已经被淡忘了。艺术是出身高贵，但它很容易变得低贱。我们将其总结归纳为一条规则，就像道德和理性是人类不可分割的整体一样，艺术也是不可分割的。制度是多样且易变的，但各民族间道德是相同的，推理的方法也是相同的。所有的人类出生时都是野蛮人；但他们拥有领会道德的永恒规则的天赋，拥有推理和使用推理来自我保护、防卫、占有财产和娱乐的天赋。领会艺术、教导与实践道德、依照推理行动，这三种本能是人类所独有的。

狗无法辨别出柱子和雕像间、提香（Titian）的绘画和空白画布间的任何差别；如果鸟儿去啄画中的葡萄，那一定是因为希腊的鸟儿跟我们的完全不同。1–23 故事继续发展下去的话，如果看到主人的肖像就会嘶鸣，亚历山大的马匹一定不只是一头牲口。但原始人却一定能看出一座雕像代表的他所熟知的人类。那么原始人能够辨别出菲迪亚斯（Phidias）创作的雕像和一块酷似人形的石头的区别吗？当然不能。

对这两者，他只会得出相同的一种联想，与材料的加工而产生的价值完全无关。在孩提时代，他被告知：“这种天然的石块是决定战争命运的神，如果你每日奉之以果实，他将会为你带来征服敌人的胜利。”这石块尽管可能是不成形的，但在他眼中是无上的生命：他对之倾注以感情，他心存畏惧，他在梦中见到，他在战争中见到；他的想象赋之以形象和激情。如果这个未开化的人是印度人或者埃及人，很快他就会努力地按照他的想象，以物质的形式塑造出他的神。他所追求的并不是对他所熟知的人类的模仿。模仿仅仅是对自然物的复制？为了实现他的理想，他将动物的脑袋安放在人的身体上，为他的神做出十只臂膀，将他涂抹成红色或者绿色。他曾经纠缠于骄傲、高贵或者猛禽的狰狞表情：他采用了主要的面部特征并且进行了夸张：他本能地超越了自然雕琢的面部轮廓，并将这个头颅安放在他的战争之神的躯体上。没有人想到过反对，这个神话被所有人接受。但要想被永久地承认，神必须更加巨大；它在表现物质能量的尺度和外观上必须是壮丽的，还必须借助于其由之而生的观念的结合；或者，它必须被放置于一个阴暗的空间内，远离普通人的视线：它被从岩石上砍削下来，被放置在一个狭窄地穴的深处，只能在穿越越来越小的重重洞穴之后才能到达。把这一神性的观念形象化的那个野蛮人，假设他的同伴在深入地下这些洞穴的过程中，会产生敬畏并且尊敬的情绪。他自己也经历了这种感觉，尽管那个偶像是他亲手制作出来的。当他在努力制作的时候，他脑中完全被将他的想象形象化的想法占据着，除了凿子和石头之外，他眼中什么也看不到。但从他的偶像完工被放入洞穴的时候起，他将会像他没有参加这一制作的邻居一样畏惧它，并且用同样的热忱膜拜它。这位艺术家被他自己的创作愚弄；他忘记了那块经他加工的粗糙石头，眼里只看到他的想法的实现。具体的劳作被忘记：他的作品像在他的同胞们心中一样，成为他的偶像。人类思维中的这种倾向也不只存在于原始文化的情况下：它在所有人类中都是天生的，并且永远存在。一个用一块木头雕刻成一个玩偶的聪明孩子，会将那些观念和情绪与这一粗略形象联想到一起，而对吉鲁（Giroux）最近创作的英俊玩偶，他却不能产生这种感觉：他赋予玩偶一个名字，并且带着玩偶入眠：有时候（我们常常注意到这个事实）因此而产生的图像只是一个难以形容的形式的奇怪混合体，它渴望传达的是孩子气的思维的某些梦想，没有人可以准确地描述。这种要求，这种渴望就是艺术。因此，艺术是被赋予了一种思想的形式；艺术家就是那个在创造这种形式时成功地通过它向与他同时代的人传达相同的思想的人。对于建筑师来说，艺术是感官世界中的表达，是所有人都可以看到的形式表现，是一种因而得到了满足的渴求。

1-24

甚至在我们当代的文明国家中，我们不是也常常看到孩子们或者未开化的人们，喜欢有瑕疵的传统图画，更甚于一幅真正完美的版画，并且对他们来说一幅更完善的作品不能唤起的感受，这一劣等的作品却可以。他们的这一倾向可以被贬低为无知的结果吗？我们不认为这样。这是一种来源单纯的感觉；是一种自然的渴望：没有适当的引导，它当然会导致野蛮。

对这一驱使人们制作偶像的本能渴望，必须进行详细说明：它在以下这些观念的结合中产生：——（1）对我们自己的技艺和劳动的产品，会有一种情结——伴随着创造而生的一种虚荣的感觉；（2）通过献祭仪式，所创造的对象所必须具备的神圣观念；（3）在创造某些超越自然的东西时，就已把神性观念具体化的自觉。制作出有大象脑袋和十只胳膊的怪物的印度教徒，相信他所制作的东西是超自然的，因而是有神性的。他的邻居在观察这一偶像的时候将会感觉到恐惧：对于他们来说，它是神性力量的表达。所有的民族在企图模仿自然之前，都从制作畸形的怪物开始。希腊人中，最早的美杜莎（Medusa）的头像有一张巨大的嘴巴和野猪般的獠牙。但是当希腊这样的民族结合了作为它们艺术源泉的原始本能，如对美的热爱，对丑陋、不和谐、不协调以及粗俗的厌恶时，这一民族的人民到达了艺术的顶峰。希腊人用将

1-25

丑陋骇人的戈耳工（Gorgon）头像戴上无比美丽的面具作为结束：这位雕塑家仍然保持着雕塑原来的外观，一种震撼的恐惧；当他周围的世界变得更优雅且聪慧时，他认识到畸形和夸张让人感觉厌恶而非恐惧，最终他成功地为大多数人呈现出一个恶毒、可憎但不丑陋的人的形象。进步并没有在这里停止：他开始明白他周围的优雅智慧只能被美的东西所感动——美是让他的观点被顺利接受的唯一装扮。

一个时代如此喜欢艺术，而从我们的文明的立场，它被认为是野蛮的。它可能屈服于狂热，受偏见的摆布，并且被非常不完善的法律所统治；它可能生存在我们看来不可忍受的暴政之下；它可能拥有完全没有秩序的政府机器或者警察；它可能有一半的人口是奴隶，可能因为国内的不合而分裂。但是所有这些并不能阻止艺术成为一种被普遍理解的语言。

我们已经尽力展现了文明的第一缕光线如何在人类中破晓而出。想象力是它的源泉；对自然的模仿是它的表达方式。人类不能创造，严格来说，他只能将神性创造的要素放到一起并将它们结合起来——将它们结合成他称之为二次创造的东西。但这里我们必须有所区别。如果心中没有一个迫使其赋予幻想以真实的外表的控制原则的话，人类的想象只能产生模糊和无形的幻影。这个控制原则就是他的理性，或者更恰当一点（因为我们的语言没有一个词语能准确表达），是他的推理能力。

这一天生的能力使他观察到，想象的创造离自然的真实越远，赋予这一具象的结合物更多的凝聚力和更和谐的形式就越发必要，如果要让想象力的创造可以更容易地被理解的话。想象力构想出一个人首马身的怪物——也就是一种不可能的存在，与自然界中曾经产生过的任何东西都不同——一个有四只脚，两只臂膀，两对肺，两个心脏，两个肝脏，两个胃等等的动物。一个印第安人可能会构思出这样荒谬的东西；但只有希腊人在他们的控制能力下，能够赋予这个不可能存在的动物外观上真实的形式。他的推理能力让他去观察动物的不同部分是如何组织和连接到一起的；然后他就会把人类的脊柱与马的连接在一起，马的肩膀就会让位给人的臀部。他用如此完美的技巧将人的腹部与这一四足动物的胸部连接起来，以至于最有经验的批评家都会想象到他正思忖着一个来自自然的恰当而精致的研究。不可能的事情变得如此真实，甚至到现在，我们仍觉得人首马身的怪物（centaur）是活的会移动的，就像我们熟知的狗或者猫一样。生理学家——比如居维叶（Cuvier）——来证实这种你仿佛曾经看到它在丛林中奔跑的动物，从未存在过——按照科学的方法来讲，它是一种嵌合的怪兽（chimeras）——它既不能行走也不能消化——它的两对肺和两颗心脏是最荒谬的假想。谁才是野蛮人，学者还是希腊雕塑家？二者都不是：但是学者的批评表明，艺术和真实的知识——艺术和科学——艺术和文明——完全分离地拥有着各自的进程。如果我已经有了

1–26

它存在的意识，我已经熟悉它的步态和习惯，我想象它在丛林中的画面，我赋予它激情和本能，但一个研究科学的人向我证实了那样的生物不可能存在，作为艺术家，是什么让这困扰我？为什么要夺走我的人首马身的神兽？当他证明了我是把虚构的怪兽（chimeras）当成真实存在的时候，那个从事科学的人能得到些什么？亚里士多德时代的希腊人知道足够多的解剖学，明白人首马身的怪兽不可能真的存在，这是完全有可能的；但是他们与尊重科学一样尊重艺术，并且不能容忍一个去摧毁另一个——可以看到，这是他们这样的民族至少对于我们艺术家来说，并非野蛮的充分证明。在希腊人的雕塑中，科学为我们揭示了多少不符合规律的存在！解剖学家发现了多少错误！然而为这些作品带来光环的高贵又从何而来？在充满趣味相同的竞争对手的博物馆中，一座希腊雕塑——尽管有损坏，被摆在不适当的位置，在微弱的光线下，并且经常被安放在不适合到荒唐的基座上——如何仍然保持着使所有与之毗邻的雕塑显得笨拙而平庸的外观上的庄严？我们难道假设所有的雅典妇女都有女王一般的风度和雅致、美丽吗？当然不会。是艺术赋予了她们的举止以独特的优雅气质；事实上，她们被艺术重新创造了。

艺术，同样根本地存在于其他文明类型不同的民族中，它以同样的方式继续着——源于人类的想象，将自然作为一种手段，它必须熟知自然的各种玄妙工具，但不能成为自然的奴隶。创造出人首马身的神兽的雕塑家，通过仔细研究真实事物的结构和微小细节，成功地赋予他虚构的东西真实的气质。1–27 这位雕塑家是通过他非常接近和细致的观察，让他的第二次创作获得所有人的认可——甚至那位诗人，他赋予了这个东西独特的行为方式、习惯和感情。但我们可以假设这样的创作只属于原始的文化吗？在当代，艺术不再努力地赋予幻想以真实的外表了吗？它不再总是以同样的方式继续发展了吗？

譬如你是一个诗人或者小说家：你希望给予神话以真实；你想象一些不可能的东西——比如鬼魂；但是你知道你的读者并不相信鬼魂的存在；那么你将如何使得你的故事获得一种控制力，在他们的脑海中留下一个真实事件的印象呢？你将着力描写你所编造的故事的地点，给予每个细节以真实的氛围；你将描绘一幅图画，其中每个事物都有明确的形式，戏剧中的每个人物都有清晰明确的容貌和个性特征；简而言之，你不会留下任何模糊或者不确定；当你的布景准备好，你的读者被带到它前面且成为你的戏剧中的假想演员的时候，你开始介绍你的鬼怪幽灵。接下来，在你的故事中那些原本不真实的东西，相对于你先前的对自然的忠实描写，将以一种真实的面貌震撼登场。这就是艺术。

如果那位诗人不是文字的艺术家，《伊利亚特》中的海伦，尽管美貌，也是令人讨厌的，对特洛伊的远征也会变成最荒谬的事情。如果他将海伦与百合和玫瑰相比来描述她的魅力，读者不会被打动，并且会厌恶她、连同她的爱人、她的丈夫和所有的希腊人与特洛伊人。诗人没有仅为我们描写她如凝脂的皮肤和蓝宝石般的眼睛。他为我们展示了平和高贵时代的特洛伊人，如何向蒙克劳思（Monclaus）的妻子发泄他们痛苦的责备，因为她让他们的苦难延长并让他们失去了如此多的勇士。当海伦经过，在她那无上庄严的美丽面前，老人们就会立刻起身无言站立。艺术能够带来的没有比这更好、更崇高了。这一章节之后，没有任何一个《伊利亚特》的读者不原谅巴黎，他们都可以理解那种激发了无数英雄的愤怒；战争的起因不再显得荒谬，所有的不幸和灾难都只能归结于命运。

希腊人将永远是艺术之王。他们扩大、并进一步提高了人类的意识、本能、激情和感觉，用他们高贵的一面不断接近它们。他们从不庸俗，甚至在描写最庸俗的行为和对象的时候。效仿者们多少接近了这种艺术上高贵，但并没有达到它；因为，要比得上他们，了解他们的艺术的奥秘是不够的；全体人民的同感，同样有利的气氛是必需的。“我讨厌这些亵渎的下等人，把他们赶走”（*Odi profanum*, *vulgus, et arceo*），贺拉斯（Horace）[1]说；但贺拉斯是一个身处野蛮人之中的被流放的希腊人。没有任何一个雅典诗人、建筑师或者雕塑家会说，“我憎恶这些亵渎神灵的平民，赶走他们，”因为在雅典，没有野蛮人。

1–28

我们在希腊人的诗歌和雕塑中发现的艺术，同样在他们的建筑中体现；因为只有艺术遍及他用自己的双手和智慧创造的所有形式，一个人才能被称为艺术家。此外，建筑，同音乐一样，是艺术门类中人类的创作才能最为独立地发展出来的一种形式。事实上，它不是在自然的物体中寻找灵感，而是要遵循一些以满足特定的要求为目的制定的规则。谁制定了这些规则？人类的理性，人类的推理能力。

艺术怎样以及为什么在满足物质需求中突出自己？因为艺术与人类一起诞生，只要他的本能倾向没有偏离正常轨迹，艺术也许是他的首要必需品。接下来的事件来自于我们自己的观察。一个孩子打破了他的小狗的盘子；他的父亲说，“你太愚蠢了：由于你的不小心，菲杜（Fido）没有办法喂养，它会因此饿死：去市场用你自己的钱买一个盘子回来。”孩子被带到市场，他见到的所有盘子都是彩绘的，他不愿意买任何一个。他回到父亲身边说，“我没有给 Fido 买盘子，”——“为什么？”——“因为所有的盘子都画满了花朵；如果我买给 Fido，它就会看着这些花朵而忘记了吃饭。”这里调皮捣蛋多于儿童的天真烂漫；但虽然那孩子在推理的时候有他自己的目的，他却借用艺术的影响来辅助他的论证，并因而对之表现出明显的敬意。没有人教过他画在碟子上的花会转移对食物的注意力；这是他自己的观察；他自己认识到艺术是一种力量——它促发了想象力。正是这种人类与生俱来的艺术感觉，促使

1　Horace，Quintus Horatius Flaccus（公元前 65 年 12 月 8 日 – 公元前 8 年 11 月 27 日），奥古斯都时代重要的罗马抒情诗人。——中译者注

他去装饰自己的居室和为神而建的庙宇，不管他生于野蛮的还是文明的环境中。

单只教育就能够扼杀这种先天的感觉，不幸的是在那些自我标榜为不野蛮的时代，它经常招致这一令人不快的结果。美的本能也许是人类本能中最为微妙的，因为人类从刚可以开始看和感觉的时候，就拥有它：它的纯洁很容易受到污染；但是要发展它在任何时代都是一件困难的事情，尤其是在像我们现在这样认为可以依照某些习俗和教条控制每个人的行为的文明下。

1-29

在特定的人之中，艺术是不能被控制的，所能做的极限是为它提供有助于其发展的氛围。这是希腊文化包含的真理，并且这成为它那伟大光荣的本质—— 一种永世不会枯萎的光荣。

我们的时代有一个不能弥补的不利条件：我们生得太晚。古人，生在我们之前，先于我们拥有这些简单美丽的思想，否则的话它们将属于我们。我们不能像他们一样把事物还原到一种和谐的系统；作为艺术家，我们的任务是非常困难的。我们保持了属于以往文明的古老的观念和习俗的多样性，加上我们时代的渴望、习俗和需求。不过，我们像古人一样，享受推理和某种意义上情感的能量；我们探寻真理和美正是靠着这两种能力。我相信当代人的品味可以通过学到推理的习惯而得到提高。观察很多的案例可以发现，理性使依靠品味所作的判断得到确认。我们称之为品味的常常——或者永远——只是一个无意识的推理过程，它的步骤避开了我们的观察。获得品味无非是让我们自己熟知好与美；但是要熟知美，我们必须知道怎么发现它——也就是说，如何去辨别它。现在是我们的推理能力帮助我们的时候了。我们看到一座让人肃然起敬的宏伟建筑，我们会说，"多美的建筑！"但是这一本能的判断并不能使我们艺术家得到满足。我们问自己，"为什么这座建筑是美的？"我们希望发现它对我们产生影响的原因，要发现这些原因我们必须求助于理性。因此，我们尝试去分析这一吸引我们的作品的各个部分，当轮到我们来建造时，我们能够综合地进行下去。这种分析在现在是困难的，我们因偏见和制度而感到困惑，而它们都假定自己是绝对正确的。然而，我们要尽力让自己不受这些偏见与制度的影响。

我想现在我已经说明清楚了为何一个人是野蛮的，而他拥有的艺术是非常完美的：人类任何作品中，艺术出场时如何被认可，以及艺术会在农舍和洞穴中被发现，而在巨大尺度的宫殿和庙宇中却找不到，这样的情况是如何发生的。我还要说明什么是最有助于艺术发展的社会条件。对这一问题的全面讨论将留在后文，它需要详细地对待。现在，我必须限制自己先说明一些普遍原理。

1-30

艺术繁荣或者腐朽的社会条件在每一种社会形式中都会出现：埃及的神权政治，多变的反复无常的希腊政府，组织严格的罗马统治，寡头政治的或者无政府主义的意大利共和政体，中世纪的封建奴役。艺术在当时绝不是被我们所定义的政府形式影响。相反，艺术通过它们与一个人的风格和习俗铆接在一起，并成为它们的真实表达时，艺术充满活力地发展。当与民族习性的联系严重时，它们开始衰落：它们成为一种专门的研究或者文化，像独立的国家或者制度。接着它们的领域就开始渐渐狭窄，直到如我们所见它们被限定在一些流派的范围内，并采用一种不再为大众所理解的语言方式。艺术成为一个陌生人，偶尔会被接受，但不会伴随着日常生活。最后，它被完全放弃，成为一个累赘而非帮助；它表现为一种规则，但不再具有任何内容。

为了生存下去，尽管受到规则的严格控制，艺术在它的外部表达上必须解放出来；当艺术的规则被忽略，它的表达被奴役时，艺术就死亡了。希腊艺术死于它的天才们被罗马政权的征服镇压的时候——当他们开始在雅典建造那些类似罗马的宏伟建筑时。在并不遥远的时代，我们看到中世纪的艺术，紧紧跟随着时人的风俗，在他们中间艺术开始繁荣；我们看到16世纪艺术参与了那个时代伟大的理性运动；在路易十四时期，它们仍是那个时代风俗的生动表达；尽管它们像这些风俗一样，是独特的——一种戏剧性的表达，随着那位君王统治的结束而结束。之后，人类的风俗发生了异乎寻常的改变，而艺术在它的形式上仍维持着17世纪的样子——至少，我们是这样被告知的。至于它的规则，则化为乌有；对此，读者们自有判断。

我观察到所有的早期文明在艺术上显示出几乎相同的创造力；它们具有相同的物质和精神渴求，在其表达中，它们遵循了朴素且有限的思想指导下的类似的秩序。在原始文化的情况下，艺术家的任务相对简单；他不必记住无数的细节，而现在正是这些细节扼杀了我们最初的热情；他也不一定要知道所有我们现在必须学习的东西。获取早期所有科学的知识是比较容易的——人类心灵的知识，当他们还整天处于田野或者公共场所中，并参加所有进行中的活动的时候——这是文明尚在幼年时期的民族的案例。感觉、激情、邪恶、美德、品味和需求在原始条件下的人类中比生活在中级或者高级文明下的人类中更明白地表达出来。 1–31

要成为艺术家，必须首先要善于观察，简单的社会状态让艺术家受益，其朴素的机制很直接地呈现在他面前。这只是指那些艺术可以为我们准确评价的古代的民族——埃及人、东方和西方的希腊人和伊特鲁里亚人——在他们的雕像和绘画中，我们找到了对姿势的认知与欣赏，其真实和微妙激起了我们的最高敬意，且似乎是无法超越的。同样的特征出现在12世纪的西方。当然，12世纪的法国画家和雕塑家的风格，没有学习底比斯的浅浮雕，也没有借鉴希腊人或伊特鲁里亚人的装饰花瓶；但是他们用与埃及希腊和伊特鲁里亚艺术家同样的方式实现了它。

埃及人、希腊人、伊特鲁里亚人和法国人的观察都指向了同样的外在表现。

现在，动作（因为这是我们讨论的要点）不再能通过造型艺术表现，除非当它表达的是类似的感情，简单地说，即一种朴素的感情时，朴素的感情只能在原始状态的人之间发现。在一个较高级文明的社会中，人类感情常变得复杂且分裂。

妻子的死亡对野蛮人的影响，跟失去了一件他习惯与之共同生活的东西的影响差不多；但是这样一个事件在文明人中间引起的痛苦后面还接续着其他有因果关系的情绪——茫然、对命运的期待——的发生和消失，以及伴随着一个以非常复杂的方式存在的变化的所有细节。如此多的不同情绪如何用一个简单的姿势来表达？事实上，人类的姿势是一个文明程度的公平的指标。高级文明下的人不再采用它们。那么造型艺术家必须求助于什么呢？他模仿低级文明里的前辈们为他提供的那些姿势的艺术处理方法；这样的话，除了效仿本身这一缺点之外，二手的拷贝显得虚假且夸张，艺术家也不能让自己的作品被理解。他模仿了风格，并且向一群完全不知道风格为何物的人去表达它；而原始艺术家，并不知道风格，但却把它融入自己的作品，让他自己能够被完全地理解。

1–32

我们关于姿势的讨论适用于同属于艺术领域的所有其他方面。建筑师在为神明建造庙宇上并无困难，当那位神明是神话人物——一种狂热或道德的扮演者的时候，甚至当它是宇宙组织的一部分的时候；因为这位神话人物是有形的，有可见的外表；它有它的属性；某些特征与之相一致，其他情况下则不然。但要为上帝建造一座庙宇——像基督徒所构想的——是一个更加困难的任务。因为他将所有的事物结合于他自身，他主宰所有；他是开始也是消亡；他是浩瀚无边的。那么怎么可能为无所不在的上帝建造一所居室？这一抽象的神学观念如何能用石头来诠释？人类怎么才能构想出一座为基督徒的上帝建造的居所？中世纪的艺术家作出了尝试，但是并未成功。他们是怎样着手开始工作的？他们将他们的基督教堂建造成仿佛是创世纪的缩影——所有创造出来的东西的集合，可见的和不可见的——一部石头的宇宙史诗。如果这项事业是困难的，谁还会再去责难这些尝试它的人？

现在的我们因此应当更谨慎，并且应该在将那些艺术步伐领先我们的人冠以“野蛮”称号之前犹豫片刻。我不是那种对当代感到绝望，并且带着遗憾往回看的人。过去已经过去；我们应该真诚仔细地深入探寻；不是要将其复兴，而是彻底了解过去，以便可以通过它获益。我不能容忍古代、中世纪或路易十四研究院艺术形式的复制品可以强加给当代——完全因为这些形式是那些时代风俗的表达，19 世纪的我们，风俗与希腊人、罗马人、封建时代或者 17 世纪的人们，毫无共同之处；尽管指导以前的艺术家的那些原则永远是正确的，是相同的，并且永远不会改变，只要人类还是上帝用同样的泥土创造出来的。

那么让我们努力去重新遵守那些永不改变的原则吧；让我们探究我们的先辈们是如何用那些真正表达他们时代的习俗的形式来诠释它们；然后我们就可以自由地踏上前进的道路。让我们进行研究，用我们的理性作为向导，因为至少这一能力在现代时期的混乱中，在我们身上保留了下来。 1-33

在第二讲中，我们将进入我们讨论主题的主干部分。我相信，我的读者们将会原谅这一导言的冗长。

第二讲　原始时代的建筑——存在于希腊人中的建筑艺术的简要回顾

1-34　在前面的第一讲中，我竭力按照我的理解对艺术进行定义——展现它如何生成，如何继续，以及它的不同表达形式。现在我们必须把我们研究的范围进行限定，并且特别专注于艺术的一种形式，也就是建筑学。我只是稍微谈一谈希腊时代之前的建筑学；我的主要目标是为我的读者描绘出西方民族所采纳的建筑体系——智力天赋和政治工业的增长总是趋向于一个不断进步的观念的实现的那些民族。希腊人是西方文明的先锋；是第一个挣脱枷锁约束的民族，东方世界则仿佛被其束缚，并且希望永远以之束缚其他的所有人类。

让我们立刻开始对主题的讨论。

在希腊和希腊殖民地，至今仍然有伟大古人的纪念物遗存，并对考古学家有着巨大的吸引力；但对它们我没有熟悉到能够详细阐述它们的历史、起源、结构或者目标。我也不希望因为讨论这些我并不完全了解的主题而招来责难。比我更精通考古学研究的其他教师，在别的地方会发表他们的研究成果。关于那些我没有亲自调查、草绘、研究和分析，只能从其他人的描述或者已出版的图画中形成概念的纪念物，我所进行的评论不像那些潜心于此多年的学者的博学研究那样，有资格得到关注。1-35 我将尽可能地局限在我曾经看到过的东西——也就是一个建筑师可以充分欣赏并准确描绘的东西。此外，我必须说明，在斗胆发表关于任一艺术的起源、特征、缺点、进步和衰落的观点之前，我还必须有一段空闲时间来研究艺术，洞悉它的奥秘，理解它的语言。我不喜欢先入为主的观念，也没有对我不熟悉的主题可以发表滔滔不绝的谈论的才能，我宁愿在那些话题上保持沉默——我的读者们毫无疑问都会赞成的策略。

许多作者和教授都曾断言，希腊那些石头和大理石的庙宇在它们的结构上显现出来木结构的传统。这一假设或许是创造性的，但基于对这些纪念物的细心研究，我并不这样认为。这一观点的始作俑者并不熟悉，或者只是非常表面地熟悉希腊的建筑史，并且像此类案例中经常发生的那样，之后研究这一主题的作者们，发现重复这一假设比挑剔地检验它是应该被承认还是应该被质疑要容易得多。“希腊神庙”，大多数曾经撰写过这一民族的建筑物内容的作者们说，“源自木建筑：柱子是剥去皮的树干；柱头，是一块伸出以承托梁的木料；三陇板是门廊天花格栅的端头；倾斜的檐口滴水槽，是上面钉有木板的屋面椽子的端头，其他所有东西都是这样。”乍一看这一理论似乎有道理；然而在一开始我们就遇到了一个难点——原始的木构建筑在形式上是圆形的：它们由树干组成，树干的下端呈圆形排列植入地面，它们的顶部结合在一起呈圆锥形。维特鲁威本人—— 一位以他的古老著作而值得请教的作者——维特鲁威，一个讲述了他那个时代通行于各种学派之中的关于爱奥尼和科林斯柱头起源的所有故事的人——维特鲁威，一个无关紧要的批评者，尽管我们给予他尊敬——在谈到原始的小木屋时，完全没有认为它是希腊多立克神庙所采用的形式。这是他第二部著作第三章中的话："早期的人类，将有枝丫的树干植于地面，中间间以树枝，在外面涂抹黏土做成墙体。有些人用干黏土制成的砌块来建筑墙体；然后在上面搭上木板，并用芦苇和树叶覆盖在上面，遮蔽雨水的侵袭和阳光的曝晒；但由于这些遮盖物在冬季的糟糕天气下，并不能维持很久，他们将屋顶倾斜，并仔细地用黏土涂抹屋顶，以便让雨水可以更快地排走。" 1–36

维特鲁威的原文仍然非常有意思："现在，既然证实了最早的建筑物是用这样的方式建造的，我们就可以相信，完全相同的建筑，在当代的其他民族中，比如高卢、西班牙、葡萄牙以及阿基塔尼亚等，仍然是可以看到的，那里的建筑用劈开的橡木瓦或者细枝条覆盖屋顶。在庞托斯和科尔基斯森林茂密、木材丰富的地区的居民中，建筑物是用这样的方式建造的：树干左右纵向放置在地面上，中间间隔的距离等于它们的长度。在它们的尽端之间，当地人放置其他木料围合起这个打算用来居住的空间。然后，他们在方形的四边放置更多的木料，在它们的转角处一个搁置在另一个之上，在保证与下部垂直的基础上，他们将木料堆积到塔楼需要的高度。树干之间的空间，填满碎片和黏土。屋顶上，他们在每一边放置砍削成以规则的差级逐渐缩短的树干，直到它们形成一个金字塔的顶点；然后覆以树叶和黏土，他们用原始的方式建成了一个四坡顶。但弗里吉亚地区的居民们，没有可以得到木材的森林，他们挖空天然的小土丘，把旁边清理干净，在环境允许的地方，整出一条可以进入洞穴的小路，在洞穴周边的地面植上结实的柱子，柱子一起向内倾斜形成锥形，把顶部绑扎到一起;上面覆以小树枝和稻草，并在椎体上堆土，他们构筑出冬暖夏凉的居所。在其他国家，人们用芦苇覆盖屋顶……在雅典，一种奇特的古代遗物仍可看到——由泥浆做成的雅典最高法院（Areopagus）的屋顶;朱庇特神殿（Capitol）内的覆以茅草顶的罗穆卢斯（Romulus）棚屋，是这种原始建筑模式的现存例证。"这些例子足以清楚地表明，原始的木屋与希腊神庙在建造上没有任何的类同之处；因为它的形式几乎总是圆锥体或者金字塔式。事实上，一个想用树枝为自己建造一处住所的人，第一个就会想到这样的方法，将树枝在地面上呈环状固定，然后在顶部将树枝结合到一起。甚至在今天，非洲的原始部落仍采用这一方法。 1–37

现在进入细节。让我们设想一个不熟悉建筑艺术的人，想把木料安放到木柱或者垂直杆件的顶部。我们假设这个人非常聪明，像希腊的土著部落和原住民那样；并且他如果没有发明锯子或者开榫的工具的话，至少已经发明了斧。当看到排成直线的柱子时，他能想到的第一个办法——如果他想要用横梁把它们连接起来的话，这是最基本的方法——将会是把它们加工成方形；因为当树干是自然的形状，总呈扭曲或者不均匀状态的时候，要把它们放置成一条直线并不容易。这个聪明的工匠当时（必须记住他很聪明）已经注意到这些达到极限的水平放置的木材，在它们自己的重量下就已弯曲，如果有荷载的话，弯曲还会加剧；他因而在柱顶和水平构件——梁或者楣梁之间插入一个中间构件，来减小它的跨度。他会为了这个目的采用一个像图 2–1A 中所示那样的木质方形的平行六边形（parallelopiped）吗——这块木材非常难以找到，它的宽度比柱顶的直径还大，没有锯子的帮助的话，这个形状也难以加工。当然不会；因为除去上述缺点之外，这个柱头，这块平行六边形，

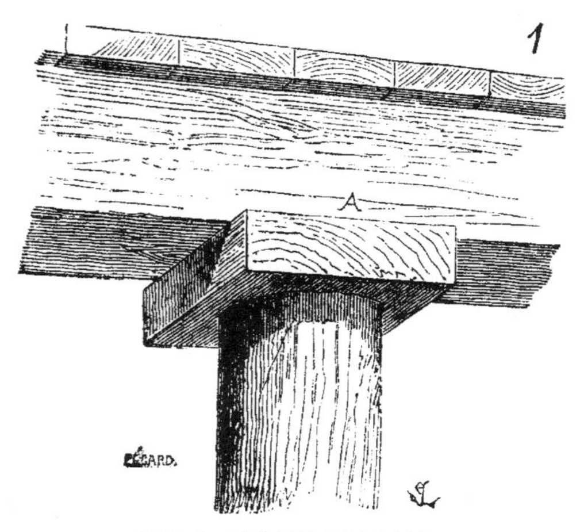

图 2–1 不合理的原始木结构

不会为梁的受力提供任何帮助。他不会那么麻烦地去追求一个无价值的结果，他会砍削一块有一定长度的木材，宽度与柱子相当，并把它安放在柱顶和梁之间，通过两个相当可观的图 2–2 中所示的凸出物 B，他就能有效地支持梁的承受力。这是一座真正的木建筑，也正是像我们在印度古代纪念物甚至最近在尼尼微（Nineveh）发现的纪念物中看到的用石头模仿的那样。方形的柱子有四个笨拙的尖角；原始的建造者将它们削成八边形的棱柱——圆柱是木匠在垂直支撑上最后选择的形式，因为它需要最长的加工过程——在木构架建造中，将木材加工成方木是首要的步骤。一个普通的木匠会告诉我们这些；我们可以顺便观察到，当我们努力建立关于艺术中特定形式的起源的理论时，总是想要向工匠请教，他们的平常技艺可以让我们复原这个过程的原始方式。

1–38

远东民族（所有艺术的共同来源）的原始建筑，在它们的整体配置和它们的细节上，比其他地区的建筑更多地为我们呈现了石材对木结构的真正模仿；并且这些模仿影响如此广泛，印度建筑师甚至在岩石上开凿的纪念物中，

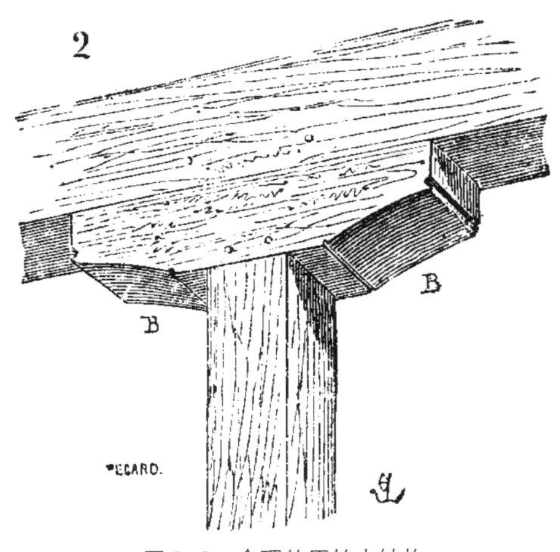

图 2-2　合理的原始木结构

制作了模仿木板和木格栅的天花。另外一个例子，很多中国的房子，有木制的前廊，前廊的檐檩由柱子辅以弯曲形式的木材支撑，如图 2–3（1）所示。　1–39

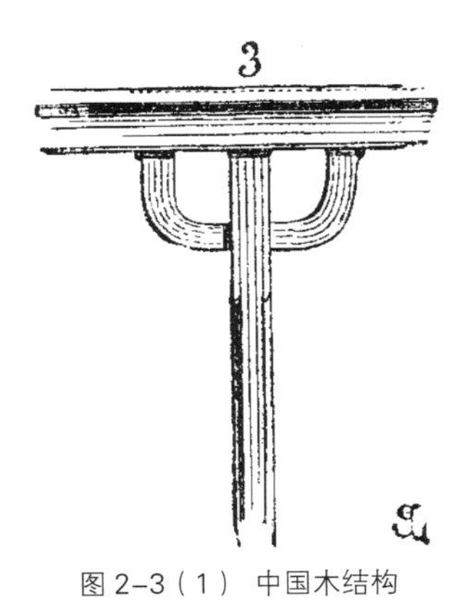

图 2-3（1）　中国木结构

现在，印度卡塔克（Cuttack）的嘎诺莎（Ganosa）地穴中，仍可见到坚固的岩石上这种形式的柱子，图 2–3（2）。还有其他例子，在阿旃陀的一座庙宇中，也呈现出这样的结构形式，图 2–3（3）。[1]

在这些实例中，从坚固的岩石上砍削出来的承托梁的曲线形支撑和伸出的柱头，都明显是木构架的传统。这一传统，从方形开始，到八边形，然后　1–40 到案例图 2–3（3）中一个十六边形，在顶部附近重新恢复到八边形、方形，运用于木材的加工和构筑比运用于石材更发人深思。对于曾经尝试过设计木构架的人来说，毫无疑问，木构架的下部应该刚性、坚固，并且应该在材料属性允许的范围内尽可能轻巧。　1–41

1　参见《建筑绘图手册：各式建筑简明图汇》, J. Fergusaon. 伦敦 ,1855, 第 i 卷。(*The Illustrated Hand-book of Archtecture:* Being a concise and popular account of the different styles of Architecture prevailing in all ages and countries)

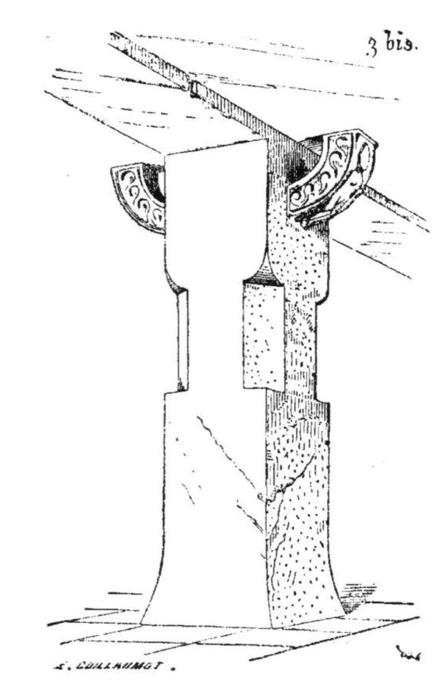

图 2–3（2） 仿木结构的石柱，卡塔克，印度

图 2–3（3） 仿木结构的石柱，卡塔克，印度

我们都知道波塞玻利斯（Persepolis）遗址中的柱头：它们影响（affect）了图 2–4 中所示的形式。现在在相同的国家——在亚述和波斯——农民的

图 2–4　石柱头——波塞玻利斯的遗存

现代棚屋，屋顶是架在枝杈的柱子上的，如图 2–5（1）所示，这毫无疑问地表明了波塞玻利斯石柱头形式的起源。这一分叉的形状有两个好处：不但支撑了前部的梁或楣梁，而且在分枝间为与前部呈直角的木构件提供了搁

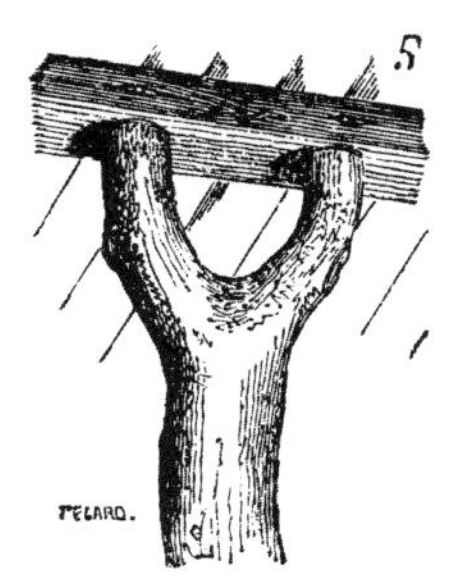

图 2–5（1）　分叉的柱子

置点——用作支持楼面搁栅的梁，它们因而可以在楣梁的进深方向确定它们的位置。图 2–5（2）显示了这一原始的木结构的构造，这是建造者在没有相关工具和装置被改进之后才开始采用的榫卯的时代探索出的方式。这些是被亚洲的部族用石头模仿过的木构建筑。他们的纪念物遗存，不管是砖石建造的或是在岩石上凿出的，都用最清楚的方式证明了这一事实。但是这些工艺方法与希腊神庙并无联系。我们还要找出更显著的例子吗，如果这有可能的话？我们来考察开凿于天然岩石中的小亚细亚墓葬，参照特谢尔先生（M.Texier）完成的图版（图版一），任何人都能从中得到这样的观点——这些地穴似的墓葬，入口表现为并且应当被认为是木结构。留心的话可以看到，中美洲的原始建筑也呈现出同样的特征[1]；所有文明的开端都以同样的方式起步。

1–42

1　比如 Chunjuju 和 Zayi 的建筑．

图 2–5（2） 古代亚洲的木结构

在东方的原始建筑物中，对木结构的模仿甚至表现在最微小的细节上：

1–43 比如我们常常看到柱顶常有一连串一层叠着一层的涡卷，如图 2–6 所示的装饰特征。

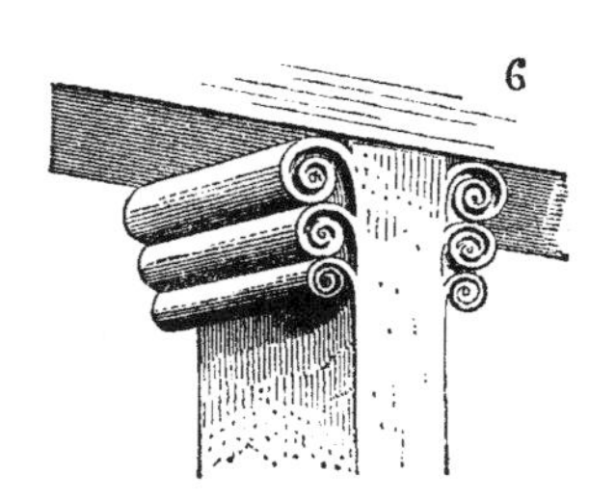

图 2–6 呈现出木作构造的古代石柱头的形式

这些涡卷不正是木匠在将木柱切方的过程中，从上面砍削出的卷片吗？这种装饰表现了很多串果实和多种雕饰（gravings），易于在木材上完成，有着足够闲暇的所有原始人类可以慷慨地在其上付出大量的时间。再从细节回到对整座建筑的检视，我们在印度发现了某些石头的神圣建筑，它们异乎寻常地与维特鲁威描述的木制金字塔联系到一起；——即树干或者竹子水平叠放，从底到顶逐步收进[1]；——还有的形状上类似巨大篮筐，由交错的竹子组成，并饰以浆果、小塑像、圆环的花冠。

1 Barolli 的神庙，Canaruc 的塔等。

图版一　利西亚人的墓葬

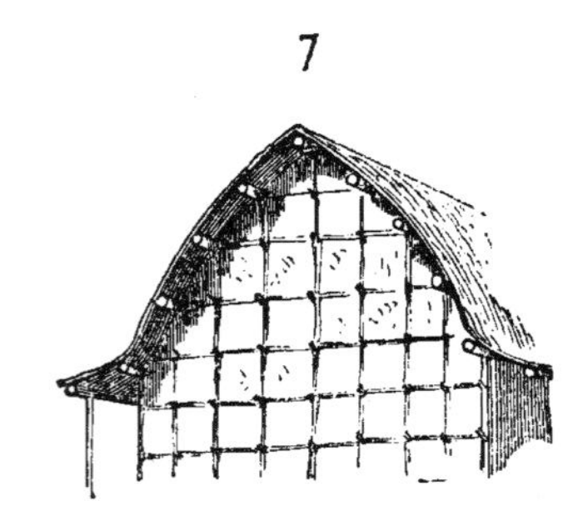

图 2-7　印度网格结构（lattice-work）建筑

在印度，很多建筑仍然是用竖直的网状竹材结构建造，表面涂以调和的黏土，顶部仍采用竹网格，上面覆以树叶、麦竿或者灯芯草（图 2-7）。在同一个国家，可以发现这一形式在极古老的石建筑中被复制。在木结构概览的末尾，让我们再看看不列颠博物馆中利西亚人（Lycian）的石棺，它是用耐久材料制作的一件纪念物的复制品，在那个国家这一纪念物毫无疑问是在遥远的古代用木头制成的。这不明显是一个巨大的由木匠制作的圣棺吗？木块、结点和凹槽，甚至用来运输它的基座都非常明显。让我们仔细观察图版一绘制的这一切分为三块石头的奇特纪念物。任何人都能看出这是木匠的作品，由柱子、横杆、圆木和嵌板组成。这难道不明显是一个木制的盖子覆盖在由一块大理石雕成的石棺上吗？如果这座墓葬的年代如其上的雕刻所示不是特别早的话，它只能是更清楚地证明了，当小亚细亚和希腊的人民确实在用石头模仿木结构的时候，他们更明白地表现了这些结构：这里檐口托饰或檐部椽端的末梢并没有像希腊神庙那样呈圆形：柱子是方形而非圆形，屋顶是名副其实的，有框架的山墙支撑着承托屋面的檩条，屋顶是曲线的并且并不倾斜，与原始的木建筑的概念相一致。屋脊呈两块厚板的形式，两侧暴露在视线之内的地方进行了雕刻。构成中间地板的梁与纵向的木杆紧扣在一起以抵抗弯矩（prevent any giving）；上层楼板的梁固定在两个卡接构件（clips）之间。四根柱子的柱脚通过特别显著的栓子固定在两个承重构件上。这座纪念物为我们展示了一个非常奇怪的事实：首先，我们看到在这些民族的早期时代，死亡的人被置于石头或者大理石制成的石棺中，上面覆以木制的饰板或者神龛；其次，它为我们揭示了希腊神庙是一座石构的建筑，并不是对木构建筑的模仿。

1-44

这里，我观察到从中国延伸到里海、黑海和波斯湾的广阔的东方大陆，因为它们的高山大川，山谷间土地的肥沃富饶，它们的广阔沼泽和宜人气候，在任何时候都能提供相当多的木材种类，希腊则从来不是这样。我承认它现已贫瘠的土地，可能一度有过森林。但是这些木材怎么能与印度大陆如此丰富的资源相比？希腊曾经拥有过那些适用于建造的巨大竹条吗？如果希腊曾经存在过适用于建筑的木材的森林，那么它们也一定很快就被破坏。接下来让我们看一看希腊神庙。

首先，它建造的程序是什么？需要建造一座内殿—— 一个围合的房间——在它周围环绕以柱廊，提供遮蔽的同时保护内殿。没有比这更简单的了。四面开门洞的墙壁，一连串的垂直支撑围绕着它们，支撑住有突出的檐口遮蔽的楣梁：——在上面，将屋顶倾斜以向没有入口的两侧排出雨水。只用理性可以得出这样的步骤。那么，实际实施的方式是什么样的呢？建筑师在紧邻的周边寻找一处采石场；在附近很容易找到，因为在希腊和西西里富藏石灰质类的原料，并且希腊城市一般建造在高地和山坡上，拥有一座卫城——即天然或者人工的岩石陡坡——在卫城周围，聚集着居住区和公共建筑。提供丰富原料的山脉和海岬都位于很近的位置。找到了采石场之后，建筑师却并没有那些在机械科学诞生之后我们所熟悉的强大的工具；奴隶们的臂膀是他的唯一力量；他因而试图尽可能避免非常重的石块运输的困难。不过，他所熟悉的艺术传统让他习惯于使用尺寸巨大原料——他从埃及和东方接受的艺术：他所认知的唯一体系就是柱梁的系统；因此他要寻找出解决艺术形式和他可以采用的手段之间的矛盾的办法。他是这么做的——这些困难并不会使他气馁；相反，它们会成为对他的艺术天赋最有效的激励。艺术将从中受益。这位希腊建筑师理性地认为，他建造的神庙中的内殿应该用小尺度的材料建造；它仅仅是一堵有两个可见表面的墙体—— 一面在内，另外一面在外。两面——从他的观点来看，也就是两块石头；一堵材料并不填满整个厚度的普通强度墙体，用只有外表面凿平的料石厚板组成，就像两块厚的铺路石背靠背设置，这从建造者的观点来看，是错误的，但是从逻辑学家的角度看却是正确的：现在这位希腊人首先是一位逻辑学家；因而，他在采石场准备了料石的厚板，或者只加工了外表面的石材，他将用这些料石建造他的内殿。但他明白这两面形成了两堵不相连接的墙；因此，每隔一定的间隔，为了将它们连在一起，他插入连接石，也就是长石块形成的穿墙石。他需要垂直的支撑——也就是柱子；他意识到，这些孤立的扶壁柱，要达到完美的稳定性，必须由尽可能大的石块组成。在他那个时代的施工方式下，采石和运输的方式，使他无法建造单块巨石的柱子。他在采石场选择他能找到的最厚的矿床，靠近石灰质地层开采出来的斜坡。在这些矿床（beds）的表面，他画出一个直径与他计划中的柱子相等的圆形：在圆形周围，他凿出一条沟，宽度足够凿石匠站在其中；因而，从岩石上他可以分离出一个圆柱体。到达矿床的下表面，并且在斜坡的一侧完成开凿之后，他把圆柱体调转过来，也就是，把它翻到侧边，然后像一个巨大的圆板一样，将它滚到斜坡的山脚。在山脚下，他在圆板的每个圆形表面中心挖出一个方洞，在洞里装上两根枢轴或车轴；然后通过一个木架子和一些绳索，他把这些圆柱滚到神庙的位置。

1–45

1–46

因而，是这些获取原料的困难才让他不得不为大尺度的部件采用圆柱的形式，因为这样最易运输。这不是一个假设性的描述；因为任何人都能看到西西里塞利农特（Selinuntum）附近的那些为希腊人聚居地的居民所使用的采石场。直到现在都仍然名为 Cava di Casa（建筑采石场）的这个地方，展示了所有这些连续的操作过程。这里可以看到，还未从它们的石灰质矿床中分离出来的巨大圆柱——直径不小于 12 英尺，高度 7—10 英尺；因它们自身的重量而滚到山脚下的圆柱——还有其他在去往建筑工地途中的在圆形表面的中间开有方洞的圆柱。人口稠密的塞利农特城被迦太基侵略者残酷地毁灭，造成了这些石块在运输途中被遗弃；再没有别的遗物比这些依旧鲜活逼真的仿佛昨日才中断的人类劳动痕迹，更能够激发起更真实的情绪了。

但是，不仅仅是神庙的柱子需要大体积的石块。如果神庙的尺度很大的话，柱子间承托的楣梁也需要巨大的尺寸。这些石块的开采，希腊建筑师会采用与他准备建造内殿的墙体时一样的方法；他将会用两块长条的石头并列放置来形成楣梁，在两块石头中间留下垂直的结合点，一面朝外，一面朝向门廊内。经验很快告诉他，这种方法除了运输时候的便利之外，还有一个很大的好处。他一定留意到，所有的石灰石，包括大理石，很容易有裂缝，或者矿床的断裂，开采的时候看不出来，但是在上部重量的压力下，就会显露出来，并引起楣梁不能补救的断裂；然而两根楣梁并列放置，就有两次机会抵抗，因为如果其中一根是有缺陷的，它的同胞兄弟就会抵挡住压力，并因而阻止立刻坍塌。实际上，在使用像西西里岛的那些强度不高石灰岩的时候，希腊建筑师们一致地采用这一方法。建造神庙用的材料都被运送到了工地上，

1-47

图 2-8 提升楣梁石材的希腊方式

建筑师将会用创造性的方法把它们安放就位。对于圆鼓形的柱子，他会利用柱子中间的方洞，并且在其中嵌入一个楔形榫头构件，通过起吊楔将柱子吊起来；或者把圆形表面再凿进去一点，留出两个突出的榫头，作为绳索的抓点，这样可以把石头一个叠一个地抬起来；如果这些石块紧密地堆叠到一起，没有使用楔子或灰浆，它们将会采用悬吊的方式到达它们的位置——一旦就位，就不再可能撤换。所有的悬吊方式都必须是精心设计的，以便让它们的层间接缝处完全不受力。通过柱顶板上突出的角，柱头将很容易被垂直提升。对于组成首尾相连的楣梁的石块——长但是并不十分厚，有两个必须隐藏的结合点，一面或两面是可见的，底面也是可见的——它们必须有两个端点保护和承托；建筑师为了悬吊这些构件，在每块石头两个垂直端的接头处挖出深度足够一条粗壮的绳索穿过的沟槽，如图 2-8 所示。希腊人在密缝连接的石工技术上达到了极致的完美。在这种石工技术里，石块不能依照我们的方法，被放在高度不同的脚手架台子上滚动，也不能用撬棒将它放到楔子上；为了可以轻缓小心地将石块落到位置，它们必须被提升到恰好越过它们安放高度的位置。如果它们被歪斜地搁置，因为两个完美水平面和紧贴表面的精密黏附，起重设备就没有能力再将它们分离。在那个时代，保持安放时精确性的唯一方法，是大型吊架的运用，它们要相继地越过并稳定在每根柱子上方，然后——在所有这些立起来之后——为了提升起楣梁、三陇板、柱间壁和檐口等构件，它们又要到达柱子之间的空间上方。我们必须记住，关于这一点，希腊人是海上的民族，同样的，他们一定很早就拥有智慧、简洁、完美的建造用的器械。

1-48

简单地描述了建筑实施中的材料手段之后，让我们进入到对建筑本身的考察；来观察一座希腊神庙的建造。内殿的墙体建造好，柱子树立起来，建筑师认识到水平构件——承托在柱子之间的楣梁——可能由于它们的长度，在它们承托的重量下垮塌;因此，在柱顶上，他放置了伸出的构件——即柱头。

希腊多立克式柱头的柱顶板是方形的；在宽度方向突起的两边，对称地支撑着楣梁结构；但是其他两边——朝外和朝内的两边——什么都没有承托。如果希腊多立克式柱头是模仿木柱头设计的话，这两个延伸出梁表面的内外的突出部分，如我前文所说，将既没有模仿的对象也没有意义。然而，在一座石建筑中，这些突起是非常合理的。实际上，构成希腊多立克式柱式的最大构件，必然是在柱子间承托的过梁或楣梁；因为柱子可以以鼓形分段竖起，但楣梁则完全不同，它的长度必须等于柱中的间距，高度必须能提供足够的抗弯能力。但是我们刚刚看到，这些构件的抬升是通过两个隐藏的端头，以密缝连接的方式搁置。为了将这些很重的构件恰当地落到搁置地点，即柱头的柱顶板上，熟练、精确、肯定的操作是必要的，以免使柱子有偏离垂直的风险。这样，柱头内外的突起就非常有用；它们为在前后柱之间安放木梁提

1-49

供了方法，木梁使柱子可以保持在一条直线上，并且可以互相支持；它们也使安放石头的工人，可以不需要脚手架的帮助，直接站在楣梁的两边来引导石构件仔细地准确无误地安放到柱头上，因为在两根木梁之间已经准确地为楣梁留出了位置。

我们应当观察到，所有的原始建造者都很谨慎地使用脚手架；他们不喜欢进行显然无用的劳动，即没有成果的劳动，希腊人尤甚。一些希腊神庙是未完成的，仍可以看出来它们是在表面加工的过程中被废弃[1]，例如索格斯塔(Sogesta)的神庙；哪怕是稍许熟悉艺术实践的人，都很容易发现构成建筑物的材料，是以最简单的方式完成它们的悬挂和装配的，建造者通过设置凸出构件作为工程所需要的纵横安放的木材的支点，尽可能地利用建筑物自身作为脚手架。此外，建造者们很好地注意了，在可以避免的情况下，绝不去抬升尺度大的构件。在楣梁之上，发现的只是尺寸相对较小的石块；很明显，为了避免太大花费和难度，建筑物本身让步于施工方式。包围着楣梁的雕饰带（frieze）只是一连串小块构件，之间竖直安放石板，背后用填充物分层填满。檐口只凸出一点点，并且没有砌满雕饰带的整个厚度；它的尾部刚好可以满足防止倾覆。（见图版二）但是建造者，在节约材料的同时，用他的智慧补偿了在力量和耐久性方面可能出现的任何缺陷；比如，他观察到，根据自然规律雨水会流到突出的檐口的水平面下；因而，他使雨水变为水滴，即，他给檐口下表面一个斜度，使雨水在到达边缘的瞬间立刻下落。

1-50

这是唯有人类的推理本能才能介入的改进。我们或许会猜测，他将会满足于此。但并非这样。这一次，艺术介入进来。建筑矗立在晴空之下，一年中的十个月时间，灿烂的阳光倾洒下光明。艺术家很快观察到，他那神庙的圆形柱子，因视线的错觉，显得顶部比底部粗大。这对于他的理性和视觉都是一种缺陷；他把这些圆柱变成截去顶的锥体。也许稳定性的要求，已经迫使他采取了上述的柱身削减。他更进一步观察到，中间的部分——支撑楣梁的柱头——似乎要以其巨大的体量压垮柱子，他保留了它们上部的方形，以适应稳定性的要求；而作为从柱身到方形柱顶板的过渡，他以曲线形式加工下部。

然而，这位艺术家对他的工作并不满意：在光线充足的时候，柱子显得非常单调，阴暗的时候，显得暗淡不清晰。因而，他将柱身表面改作成一系列垂直的小面，他决定挖出这些小面，以形成边缘足以捕捉到斜向光线的凹槽，但深度也并不会让这些边缘对经过的人造成不便或者危险。因而，太阳的光线在每根柱子上重复着垂直的光线和阴影，给它们带回了仅仅采用圆柱体时所缺乏的引人注目。此外，艺术家的感觉，告诉他自己要想用一种特定的形

1 希腊人用除了 bed 和结合部以外，只是用粗略砍凿成形的石块，砌筑神庙的柱子，和有同样的轮廓精确性要求的其他部件；这些石块后来才被表明加工成必要的形式；现在的法国石匠在用质地软的石材建造时，也同样如此。——英译者注

E. Viollet le Duc del. L. Gaucherel sculp.

图版二 多立克

式去吸引眼球，这一形式中的主要线条必须被多次重复；正如音乐家感觉到，如果他希望某一段短句打动听众的耳朵，这一短句必须在他的音乐作品中被重复多次。现在，柱子竖直线条的重要性与这一直线在表面上的出现次数成比例地增长。然而，艺术家同样知道，没有什么比使自己为人所理解更加必要，他不能让太频繁的重复使人感官疲劳：因而他只在柱身上凿出预期效果所必需的凹槽数量。

柱子、柱头以及楣梁，现在都已经就位，如我刚才所说，建筑师再也不用被迫使用大尺度的材料：他可以在他建造的神庙楣梁上安放中等尺寸的构件；他成功地实现了这一点。首先，在顶部冠以嵌条（fillet）的楣梁的每一结点，

1–51

以及每一柱间距的中心之上，他等距地安放构件，使楣梁的负荷尽可能地轻。但这位艺术家是希腊人；他渴望他那经过深思熟虑的设计能够清楚地表达出来——为众人所理解。因而，在楣梁和檐口之间，在形成仿佛很多分离的小柱子的每块石材的外表面上，他切出三陇板：换句话说，他在这些可见的外表面上凿出竖直的凹槽，他将其当作支撑重量的表达；他的感觉是非常正确的，并且他的推理也是有根据的，因为他采用了与在寻求表达柱子垂直支撑功能时正好相似的方法。三陇板同样是一个垂直支撑，他清楚地指出了这一点。

这位希腊建筑师具备了推理者的优点和缺点：他坚持让每个人都能看出他建筑物的每一部分都有有用且必要的功能；他不会让别人因他的突发奇想不惜一切代价而责难他；他也不满足于只是自己心里清楚了解他的建筑是坚固的——他必须让它外观看起来亦如此。但尽管他从来不隐藏他所采取的方法，他的艺术直觉让他赋予建筑物的每一部分，与其所在位置及预期产生的效果完美适合的形式：他的良好品味不允许出现让公众厌烦的学究式的重复，并且不允许以过度的推理导致公众对理性的厌恶。

为了封闭三陇板楣梁和檐口间的开口，他在那里插入了竖直放置并且向内凹进的厚板；之前，要求他的伙伴，雕塑家，在这些石头上做出浅浮雕，然后再将其装入三陇板、楣梁和檐口形成的框内。图版二展示了这一诚实建筑物的总布置图——如我所判断，它并不像一些人主张的那样，是某个遥远时代的木构架传统——而是名副其实的石构建筑。这些柱子，锥状圆柱形式，方形的柱顶板的柱头，装有三陇板，插入的柱间壁以及开槽的檐口的柱顶盘，连同所有这些构件组合起来的方式，从头到尾都表明了石材的特征——开采、加工、运输，清楚地表明了它的属性和所履行的功能。木材在希腊神庙中也扮演了它的角色，但完全是第二位的——与石结构截然不同。希腊人在过梁或梁上，投入了过多的关注——纵使过梁如果原本是木质的——其构件尺寸是按照三陇板的尺寸来的，仅仅用来覆盖——什么？ 7 英尺或 10 英尺宽的门廊。

1–52

每一个事实，毫无例外，都反驳了这个假设的起源。门廊木天花的搁栅，或者覆盖门廊并形成天花的梁和大理石板，从来都不放置在楣梁上，但是总

是在中楣雕饰带（frieze）上——即在三陇板上；为它们预留的空间及用来搁放它们的凸起，在现存的每个神庙中，仍然可见。这个空间表明只有与它们的承受力成比例的尺寸的木材的使用——即六到九英寸的方形，或当石材代替木材的时候，这是仅能承托水平向大理石板的空间。

正如三陇板被当作天花搁栅的末端，所以檐口的滴水被当作椽头的象征。但是即使这一假设在神庙的两横边有可能的表现——前部山形墙下的椽子端头可能会有什么样的含义呢？对于希腊艺术家，我们有太多好的主观评价，以致我们不能允许他们可能曾经公然违反理性和常识。如果滴水确实表现了椽子在饰带表面的突出物，他们不可能在山形墙的底部安放类似的滴水。在山形墙檐口的突出物之下，他们也应该设置了表示檩条端头的构件；因为，按照这一令人怀疑的推论，他们是如此小心翼翼地在石构建筑中表现着每一微不足道的木构件。图版一利西亚人的坟墓，真正的一座仿木结构，就没有显现出这样的荒谬：檩条在山墙的端头明白地表现出来，支撑屋顶的天花搁栅就没有出现在山墙的前面；它们只出现在侧面。

希腊神庙是依照着理性和品味来设计梁的体系的石构建筑：为什么不把它们简单地看成它们原本就是的东西呢？为什么要认为作为逻辑学发明者的希腊人——有着优雅美感天赋的人类——以用石材模仿木构——一件根本很荒诞的事情——来自娱呢？这样的模仿在印度人中曾经发生并影响亚述人和小亚细亚居民的建筑，是有可能的；但是在西方的希腊人中作这样的假设根本完全误解了他们的精神。

是这些关于古代和中世纪建筑的起源的解释——它们往往比一般认为的更为精妙——使得建筑学研究的过程进入误区，结果导致建筑师的思维扭曲。在解释建筑时，我们认为把它们看作它们本来的样子而非我们希望的样子，是一个值得表扬的原则。希腊神庙用石材仿木棚的这一推测与认为我们的哥特教堂源于高卢和德国的林荫道有异曲同工之处。当我们被要求向以一种艺术的实践为职业的人们去解释那种艺术的起源的时候，二者都只是适于取悦空想家臆想的虚构，但却是非常有害的，或者至少是无用的。

1–53

三陇板在楣梁上完成了高侧窗的任务。它们是竖直的石块，如我们所说，以它们的分离和之间形成的空档减轻楣梁所受的压力。最初的时候，三陇板之间的空隙甚至常常是敞开的。

在《在陶里斯的伊菲革涅亚》（*Iphigenia in Tauris*）的悲剧中，俄瑞斯忒斯（Orestes）和皮拉得斯（Pylades）希望找到进入狄安娜神庙的入口，以得到女神的雕像。皮拉得斯打算通过三陇板之间的开口进入内殿。“看三陇板的间隔”，他对俄瑞斯忒斯说，“有足够的空间可以让身体进入”。[1] 从希腊文本逐字翻译过来的译文并没有说“在三陇板之间（between）”，但是说话者并非

1 《在陶里斯的伊菲革涅亚》，第 114 行，一“看三陇板里面”等。

建筑师，且在惯常的用语中，我们可以说“三陇板中（in）”，或者“三陇板的间隔中（in）”，就如我们现在说“在栏杆柱中”意味着“在栏杆支柱之间”。这一段欧里庇得斯（Euripides）的文字，对我们来说，有双重的重要性：这里所指的不可能是柱顶三陇板之间的空隙，因为两位英雄通过它们只能进入开敞的柱廊，而从柱间的通道进入比从三陇板间的小洞钻进要容易地多：显然，这一文本所指的一定是内殿墙壁顶端的三陇板，这也是常可以找到三陇板的地方。这些内殿墙壁顶部三陇板间的开口难道不是故意留出，让光线和空气进入内部的围合空间的吗？这一假设与内殿被完全包裹在内的推测相一致。

让我们回到希腊神庙的结构问题。希腊建筑师认可对称美的必要性：它是人类精神的本能；但是他并不认为这一本能可以超越理性。在建造他的神庙的过程中，他从内殿开始——为神保留的围合空间，将其作为一个独立的结构，一个墙体围合的小尺度空间，周围他安置了柱廊，在内部的空间与柱子之间，留出一个与内殿尺度相比宽敞的用于环绕的空间。在内殿（the antæ）转角处的壁柱中心是否要与柱廊的柱子一致的问题上，他并不担心。他察觉到，事实上，这种中心的一致并不能被体会到。他唯一关心的是，安排好柱子使木天花可以安置在内殿的墙壁和柱廊内的中楣饰带上。这一因素是他唯一的标准。他的理性让他进一步忽略所谓对称美的原则；柱廊的转角吸引了他的注意，他看到了那些独立的柱子，它们比其他柱承受着更大的重量，他预见到如果这一转角支撑的某一根楣梁碰巧断裂的话，将导致转角的柱子向外倒塌。理性使他审慎地决定，角柱和与其相邻的两根柱子间的允许间距应小于门廊中的其他柱子，并且应加大这一角柱的直径；并且他也这样做了，而不管所谓对称美原则的约束。柱间距的差别使他能够在中楣的转角再放置一块三陇板（这与理性同样是一致的，因为三陇板是一个支点，并且如果支点是无论何处都需要的，那么在一座建筑物的转角，它们尤其必要）而不必故意在那里增加最后三块板的距离。

1–54

这些总体布置上的难题解决之后，建筑师开始深入细节的思考：他察觉到，当下雨的时候，雨水混杂着灰尘顺着外檐口的垂直表面滴下，留下褐色的污渍，会黯淡建筑物的屋顶，而他原本希望屋顶尽端的边缘能够在天空的蓝色背景下闪耀光泽。他在檐口设置了大理石或者赤陶的檐槽，并且每隔一段便安装突出的怪兽形的滴水嘴——这样便成功地将雨水排离檐口表面：但是檐槽本身暴露在雨中，很快就老化变色，他在表面饰以雕刻或绘画使这一瑕疵不致太过明显。这位天才艺术家观察到的越多，视野就在他面前展开越广。现在，这位艺术家的观察与专家的观察在它们导致的结果上完全不同，专家的观察是为了比较——得出结论——简而言之，是为了求知。艺术家也观察，但他不是停留在结论的层面：他的结论使他扩充、修改或者中和自然法则带来的影响——与之呼应或与之对抗。艺术家注意到，圆柱体被光线打亮的时候，只呈现出一道亮面和一道阴面：他通过在圆柱体上刻槽制造亮面和阴面的分布，改变了这一效果；并因而使得自然光线环绕着柱子。他观察到，在一天的大部分时间里，柱顶板在柱身上的投射出拉长的影子，而影子被下部地面对光线的直接反射渲染得十分透明，因而相对明亮，以至于柱头和柱子的结合处不再能被清晰地识别——这一影响导致了薄弱和含混的外观，它使得建筑的某部分的外表看上去似乎很不牢固，而这本应在凹槽带来的亮面和阴面的垂直线条上得以强调；于是，建筑师在柱头与柱子结合点上刻下很深的线条，为了赋予这些线条更明显的特质，他将它们涂成深色的调子，并借此打破了阻碍艺术感觉的那些影响。他留意到，阴影中明亮的光线的反射光线，也是很亮的。他已经知道，突然被光线照亮的柱顶板下的阴影是强烈的——即它们之间的过渡太过突然——柱子的顶端从视觉中消失，并且楣梁看起来不是被搁置在一个坚固的而是一个虚空的形式上；他必须为柱头找到一个确定的方案；他那建造的理性要求他必须这样做。那么他怎么继续下去呢？他探求并且发现了这一深思熟虑、外观优雅的形式——承托柱顶板的圆形花托——在与柱顶板的结合处，他将花托以环状急剧地向内卷曲，在相交的那些点上，花托的圆形边缘会捕捉到强烈的光线，用这样的方式，通过重复柱顶板上的光亮，以渐变的中间色调向颈部过渡。这样，他结合了柱顶板的过度光亮和它投下的太浓重的阴影：他再度对第一次结果不满，并赋予曲线倾斜的几乎呈锥状的形式，一直到颈部，这样它的表面就可以接收到尽可能多地面反射的被阳光照亮的附近墙体上的光线。通过对光线、阴影和反射的精密观察，他依靠他那无与伦比的智慧，利用了这些自然现象来满足他自己感官上的要求，并保证理性引导他所采用的甚至是外观上的形式，都是最好最纯粹（solid）的。　1-55

每一个建筑系的学生，多少都知道希腊多立克柱式（Greco-Doric order），并且都能很容易地证明这位希腊建筑师观察的正确。希腊建筑中，建筑外部所采用的形式，其发生原则是源于太阳，这是毫无疑问的。希腊艺术家认识到，从一定的距离外来看，他那神庙的柱子，尽管有凹槽，但当它们被从与之垂直的方向照亮的时候，仍然不能清楚地从内殿的墙面上脱离开来——它们身上的光线消失在照在内殿上的光线中，柱子在身后的竖直墙面上投下的影子，完全扰乱了外观上虚和实——也就是，柱子本身与它们之间的空间——的和谐分布。因而，建筑师求助于他的助手油漆匠，要求他在后部的墙上涂上一些吸收光线的强烈色彩——褐色或者红色；为了消除（哪怕是外观上消除）与建筑的真实结构上的一些矛盾，他要求油漆匠用一种浅淡的色彩，等间距地在这面墙上画出纤细的水平线条——这在视觉上唤起墙是水平排列建造起来的事实；并且从光影统统为竖直线条的柱子的间隔中来看，可以帮助清楚辨别前排的支撑柱列和后部的建筑。在一个空气好到几乎透明的国家，色彩在建筑物外部的运用是如此的必要，假如我们参观阳光下雅典　1-56

的特修斯（Theseus）神庙（比如），它现在已经失去了彩绘，我们将会发现要从内殿墙壁上的投射的光线中区分出前部柱列的亮面是不可能的——这些不同空间平面上的光线混合到了一起，看上去好像是投射在一个单一表面上的。

如果我们将一座希腊神庙的所有组成部分分开，单个地研究它们，同时研究它们与整体之间的直接联系，我们将总会看到那些天才的精巧观察的影响，它们证明了艺术的存在——使一切形式遵从理性的细腻感觉，不是几何学者那种冷冰冰的书生气的理性，而是通过人的感性和对自然规则观察而得出的理性。

这一对希腊艺术家行为方式的简短回顾，充分说明帕提农神庙在雅典才能拥有它的地位的话，如果在阳光只在一年中的少数几日才会战胜薄雾的爱丁堡，它只能是一个谬误；——它向我们充分证实了，我们所坚信的，如果大自然赋予了爱丁堡的人民与希腊人的同样敏锐的感觉，他们将会以与后者在爱琴海或者地中海沿岸的活动完全不同的方式行事。因此，艺术并不存在于这样那样的形式中，而是存在于某种原则之中——一种逻辑的方式。因而，没有理由认为某种特定的形式才是艺术，除此之外的其他所有形式都是野蛮的；在对易洛魁印第安人（Iroquois Indians）的艺术或者中世纪法国人的艺术不应该是野蛮的争辩中，我们被证实是正确的。需要确认的是，不是印第安人或者法国人是否或多或少地接近了希腊艺术的形式，而是他们是否用与希腊人同样的方式进行他们的艺术——以及在不同的气候条件下——有其他要求和习俗——他们是否以与希腊人一样的理性，在他们的气候、需求和习俗完全不同于希腊人时，必然地脱离了希腊人所采用的形式。时至今日，在建筑学领域，没有人真正欣赏对希腊艺术形式的模仿——这说明这些形式的研究是无意义的吗？当然不是。对于建筑师来说，这样的研究是绝对必要的；但是只在它不仅限于形式本身而上升到原则——普适于一切艺术的原则——的发现时才必要。在伦敦或巴黎的大街上复制希腊神庙是野蛮的——对这座建筑移植式的模仿表示出对指导其建造的原则的无知，无知即野蛮。无视对希腊艺术的透彻且仔细的研究是野蛮的；因为希腊艺术是最完美地使形式服从于希腊人民所认同的思维和感觉方式的——原则并不是艺术的发明创造，而是艺术充分综合并且正确追寻的。无视与希腊模式无关的其他艺术模式中显示出来的真实的原则，同样是野蛮的。

1-57

前面的评述已经清楚说明了在建筑的细节中，希腊人在它们不能一致的时候，如何使对称原则服从于理性的安排。但这一事实不仅仅体现在建筑的细节上，在建筑安排的总体形态上也体现得非常清楚。雅典卫城的伊瑞克提翁神庙（Erechtheium）是一个最显著的例证。众所周知，它由一组三座厅堂或神庙组成，其中两座通过三个不同标高的柱廊连接：两个采用的爱奥尼柱式，第三个的柱顶盘由女像柱支撑。在被认为最不被对称美规则限制的哥特建筑中，要找到任何这样奇特的或者用现代的术语“如画的”（picturesque）来形容的建筑物也是非常困难的。导致伊瑞克提翁神庙的这些不规则性有几个原因；地面不能被扰动，因为这座建筑要覆盖尼普顿（Neptune）的三叉戟在地面上戳出的洞口中流出的泉水以及密涅瓦（Minerva）制造的橄榄树。这是一个神圣的地方，位于卫城所占据的高地的北端，在形成一个陡峭的斜面之前，这里的岩石已经开始向北倾斜。伊瑞克提翁的建筑师不得不遵从岩石的自然坡度；但他通过利用地面的不同标高使他的创造性得到满足——向自己提出一个独创性的问题——表明在背离对称美的通常规则时，建造一座有着愉悦外表的建筑是非常可能的，看起来好像他甚至曾以寻找困难并大胆地解决它们而感到兴奋——不是通过掩饰平面和立面的不规则，相反是通过布置上变化将这些不规则凸显出来。这座希腊小建筑被公认为是一件杰作；但是我们时代的哪一位建筑师有勇气如此彻底地将自己从对称美的原则中解放出来，即使是通过细节上的精致优雅和技巧上的完美修饰这一缺陷——如果这是缺陷的话？在雅典，这一大胆创造可能并且一定是允许的，因为艺术家知道他周围有着这样的民族，它自身有着能理解促发了如此大胆概念的意图的足够的艺术感觉；在雅典，当每一个新的观点（new idea）被讨论时，这位遵照他的理性及品味的灵感而特立独行的艺术家，确信可以为他的理由辩护并获得成功。 1-58

伊瑞克提翁神庙建成了；环绕着它的脚手架拆除了，现在我可以想象我能见到某位雅典批评家（在雅典好辩敏感、喜欢讽刺诗句和讥诮言词的人们中，这样的人从不缺乏），我看到他在好奇的人群中独自沉思，并且对建筑师说：“为什么有这种平面标高上的差异，为什么看起来是偶然地组合在一起的三座建筑的结合？如何使较低这一柱顶板紧靠内殿前端的柱廊？我看到有三个正门，一个在内殿的前面，另一个低一点的，偏在一侧并形成一个突起，或者回头面对着主体建筑的另一端，仿佛第二个门廊对于它所占据的空间来说显得过大。我环绕周边，发现另外一个门廊，低矮狭小——它的檐口由女像柱支撑，不在内殿的中心，而在其角部。太混乱了！参观者从某一角度看这座建筑，能够形成对从其他角度看到它的外观的印象吗？一边有一个硕大的门通向一个狭窄的小室，而在另外一边，一个标高较高的小门同样通向同一个房间。公众的钱难道应该故意花费在这些既不满足品味又不符合理性的作品上吗？”对于这种夸张的长篇大论，雅典建筑师会这样回答，雅典人——不假思索就说话的人很可能是个门外汉，因为他需要事先将一门你的实践远胜于他人的艺术的原则向他解释清楚。在对一座场地和宗教目的都不太清楚的建筑物评头论足之前，他显然没有费心思在雅典城或者卫城四处看看，或者在里面多走几步。对于他的或其他人的评论，我会解释我的理由，使他明白一个在乎自己声誉且更在意雅典荣誉的雅典建筑师，在对托付给他的建筑应该采取的布置和设计进行充分考虑之前，是不会莽撞行事的。如你所知，我不得不采用三座神庙的形式，或者说是两座神庙结合为一体的形式；一座是 1-59

尼普顿（Erechtheian Neptune）的神庙，一座是密涅瓦神庙，另外一座小一点的是潘多苏（Pandrosus）的神庙；但它并不是讨论神圣事物的适合场所。你知道我是否敢于扰乱这块我要誓死保卫的让人崇敬的土地；供奉尼普顿和密涅瓦的两座圣殿，像你看到的那样，在同一个屋顶下，尽管它们伫立在不同标高的平面上，尼普顿的泉水位于密涅瓦橄榄树的上方。但是，看，雅典人，在我们站立的卫城的这个位置；我们已经接近北端的城墙，地面从这里已经开始下倾；南边 50 步远就是密涅瓦大神庙。在东侧，尼普顿神庙的内殿前面，我建造了一座与神庙地平面等高的门廊，它与神庙组成了一个完整的整体。但在北侧，那里需要的是将密涅瓦圣殿入口的门廊与尼普顿门廊提升到同样的高度吗？在这一侧，提供一个向场地开敞的宽大的遮蔽场所是必要的，对一个快被太阳烤焦的场地来说，这是最受欢迎的，用这样的方式来安排也是为了给保卫城墙的士兵留出足够宽裕的空间。我将通向密涅瓦圣殿的前厅的门作为门廊的中心。为了遮蔽并保护门廊不被南风侵袭，如你所见，我延长了内殿的墙体……我因降低了北边的门廊而被责备——因为不能使其檐口与两座圣殿的檐口在同一标高上；但是难道你没有感觉到，通过这样处理，我突出了最主要建筑的重要性——突出了神圣场所的重要性；难道你没有感受到赋予门廊一定的深度与宽度的期望，原因如前所述，难道你没有发现如果我将柱顶盘提高到与内殿等高的话，这一附属的部分将会压倒主体，对于居住在雅典城中较低处的雅典人来说，在特修斯（Theseus）神庙附近，尼普顿和密涅瓦圣殿的视角因为透视的关系，将会被这一附属物遮挡？此外，你有没有注意到我因而能给这座门廊一个比较适当的比例，并将屋顶的最高点控制在内殿檐口之下，这对屋顶的有效排水是非常必要的？

1-60

“现在，让我们去看岩石高起的南侧；我应该为潘多苏建造一座与密涅瓦和尼普顿门廊形成竞争的建筑吗？我难道不应该为陌生人标示出两个进入我那由三个独立的神庙组成的建筑的主要入口吗？难道不赋予这第三座门廊纪念性——使它成为一种附属物是不应该的吗？但除此之外，看那些伫立在我们面前密涅瓦神庙的巨大柱子。在帕提农神庙宏伟的柱廊面前，哪一种柱式不显得卑微？通过在女像柱上安放檐口，我避免了任何一种比较、任何一种相似，这些比较与相似可能会导致这样的思维：你们雅典人如今除了微缩过去时代的创造之外，什么也干不了。另外，如果我为这座门廊采用爱奥尼柱式，那么不论是技巧的微妙还是细节的优雅，它都无法与密涅瓦神庙宏伟壮丽的柱式相提并论。你我理解的我们的艺术有一条原则——尤其是在神圣的事物上，我们应该永远避免任何外观上的吝啬或低劣。我们不应该让来到雅典的陌生人有这样的机会：从远处看卫城时看到两座紧邻成组的神庙，一座大而壮丽，另一座低矮狭小，但二者却在形式上非常相似——并且说：这座神庙如此壮丽，它旁边那座如此狭小？你看，雅典人，在我努力建造与这里的神圣相配的圣殿时，我通过不同寻常的，或者如果你同意的话，我称之为独一无二的深思熟虑的安排，消除了那些有损我们对神的恭敬的比较。如果我不考虑卫城的总体状况，建造一座在内部分开但外观上采用英雄时代形式的神庙的话，例如像特修斯神庙的那样，也许我可以获得批评我作品的人的赞扬；但是让我问问你，帕提农的微缩版在这个场所会获得什么样的地位，哪怕它设计得更为华丽优雅？反之，通过为这座我刚刚完成的不同寻常的建筑采用一种精巧的秩序，并且通过在其上饰以工艺精湛的雕塑，我削弱了对它的不规则的注意，使参观者全神贯注于对细节的检查。此外，注意这些不均衡中阳光的情况；整日暴露在灼热阳光下，女像柱门廊以它的低矮，提供了一个多么完美的庇护所。如果你在一定距离外仔细观察这些雕像，她们看上去只如真人大小，然后转身，凝视密涅瓦神庙被阴影包围的柱廊，你难道不会开始在它们之间进行比较吗？当你对那座宏伟庄严的柱廊心生崇敬时，你的眼睛难道不会再充满愉悦地回到潘多苏的门廊上吗？"这样，也许伊瑞克提翁的建筑师这样说了之后，雅典人就会赞同他所说的话。 1–61

希腊艺术的根本特征之一是清晰；仅就建筑而言，也就是指意图、需求和完成方式的清楚表达。清晰，作为和品味不可分割的同伴，不仅在希腊建筑那总是简单易懂没有任何怀疑和不确定的结构中无处不在——同时存在于细节中——与建筑紧密结合的纪念性的雕塑或者绘画，它们目的不是为了掩饰，而是为了使建筑的形式更加明确。希腊建筑中的雕塑从来不会改变整个建筑的轮廓或者某一部分的外形；它只不过是作为一个适度的装饰存在于那里，它微弱的突起并不会破坏建筑的线条：有时，它甚至仅仅是一个色彩上加重的雕刻；因为在那样的气候条件下，空气的透明和阳光的明朗使得一切细节在远处就可以看得一清二楚。如果雕塑突出的表面是直接暴露在阳光下的话，装饰性的雕塑就会减少突起。如果浅浮雕设置在柱间壁上，而立面门楣中心（tympanum）的雕像有相当的大突起的话，这是因为当太阳在地平面上高度较高的时候，这些雕塑常常会被檐口滴水的阴影遮盖，并且因而只能被反射光照射到；当太阳高度低的时候，浅浮雕就会被几乎水平的光线照亮，并投下很小的阴影，这样它们大的突起并不会扰乱建筑的主要线条。

如果我们翻检已有大量出版物的对希腊建筑的描写，我们会看到装饰性的雕塑只占据了非常次要的地位——它只是从属于建筑外观的形式。希腊人对形式的爱好，是远超一切的，他们坚决抵制任何程度上妄图削弱形式的和谐与统一的一切行为。正是这样的本能，让他们在雕像中更欣赏裸体。他们似乎只为了配合一些宗教习俗才为雕像着装；但一有可能，他们就会将自己从这些规则中解放出来。维纳斯最早的雕像是完全按照规定着装的；但希腊人的本能似乎比宗教的教条更有影响力，甚至早在伯里克利（Pericles）时代，雕塑家就已经不再尊重它们。 1–62

希腊人是一个独一无二的民族—— 一个艺术家的群体；前面已经提到，在他们之中找不到野蛮人。只要他们不受外来的影响，他们就会保持他们的艺术语言纯粹不被混杂，不会有任何折中妥协，他们坚信自己可以被理解。如今，我们身处非常不同的状况，为了得到理解，我们不得不作出无尽的让步。在艺术的领域中，不再有任何的权威，因为那里已不再有任何信仰。我们有学派，或者小圈子，互相为他们并不遵守的原则争吵，因为在它们过于严苛，没有人会遵守这些原则。有人主张古典时代艺术的研究应该被给予特别的尊重；尽管他们自己在建造建筑的时候，并没有理会那些艺术的原则；另外一些人，也许没有那么排外（exclusive），但同样不合逻辑，他们要求向成长中的下一代传授中世纪和文艺复兴时代的艺术，而实际上，他们自己也忽视这些艺术的基本规则，并且满足于一般的仅仅外观的复制，除非“时尚”要求有一些不同的东西。

在这样混乱和论战的奇特状态下，所有研究，为了有利可图，必须有洞察力和预知实际成果的眼光。现在，时间比以往任何时候都宝贵——最勤奋的劳动力，最博学的研究者也只能走向痛苦的骗局，除非我们为这个劳动力和这些研究者注入一种文明批判的精神；除非我们抛弃那些可怜的破衣烂衫的成见，大约两个世纪以来，我们抱着它们不放将其当作我们唯一合适的外套。希腊古典时代的研究是，或许永远是将年轻人领入艺术之门的最可靠的途径——品味以及因之而来的良好艺术感觉的最坚实的基础，因为二者不能独立存在；它教授了如何辨别真理与诡辩——它开拓但不扰乱思维。不管希腊人的想象力如何具有诗意，它从来不会导致他越过真理的约束；他最重要的目标是清晰化，易理解，以及人性化；因为他居住于人类之中，他将一切归于人性。对我们自己，如今，我们崇拜希腊人中多样的表现形式；但是对那些表现形式的复制却超出了我们的能力范围——我们过着完全不同的生活。但是，他们的原则，对永恒真理的具体表达，可以为我们所用；总而言之，我们可以像他们一样推理，尽管我们说着不一样的语言。

1-63

如果希腊艺术的研究对于建筑师来说是必要的，罗马艺术的研究就不是那样，尽管罗马人遵循的原则与希腊人认可的那些并不相同。

罗马的天才们与希腊天才们有着本质上的不同。罗马人本质上是管理者和政治家；他是现代文明的奠基者：但是他是同希腊人一样的艺术家吗？当然不是。他拥有某些有天赋的民族的那种条理性的本能，让他们可以将他们所有的概念以艺术所投射出的形式表达出来吗？没有。他是以别的方式进行的。如果我们从总体上分析希腊人的建筑，如我们刚才简要分析的一座希腊神庙，我们将总会看到那种敏锐的智慧，以及那种知道怎样把每一个困难和障碍转化为艺术的最大优势的精妙的感觉，甚至是在最微小的细节上。一座罗马建筑的分析向我们揭示了另外一种不同的性质的本能和对象。罗马人只考虑整体——一个要求的满足：他不是一个艺术家；他统治——他管理——

他构筑。形式对他来说，仅仅是他穿在建筑物身上的外衣，不需烦心去考虑这件外衣是不是与它覆盖住的躯体完美地协调一致，它的所有组成部分是不是遵循着同一原则。这些是他不会停下来去考虑的细节；只要这件外衣是富足且持久的，配得上它所包裹的内容，并且可以表现出建筑的建造发起者的荣誉，他并不关心它是否满足了希腊人所追寻的艺术的规则。

追溯希腊与罗马艺术的分界线是明智的。彻底了解这两种文明专有的特性使我们可以更好地审视现代艺术的发展——评估我们早已得到的和仍在从二者之中吸取的东西的价值:如果我们有拉丁人的语言、政策和生活习惯的话，我们在思维和天赋的构造上可能稍微有点希腊人的影子。

土著的希腊居民早于希腊人自己就使用了艺术；但他们成功地接受了土著人的艺术并通过使那些艺术从属于他们自己基于人类理性建立起来的独特品味，而成功创立了艺术的原则。他们既没有发明任何建筑类型，也没有发明任何结构体系；但是他们对建筑艺术采用了逻辑的原则，并且这一点他们既不是得来于东方民族，也不是来自于埃及人。在这一点上，希腊人是西方世界之父——是他们开启了进步之旅。尽管他们是形式的爱好者，但他们从不为之牺牲原则，直到他们的天赋在罗马统治下被扼杀；但那时他们已不再是希腊人。在帝国统治下，罗马文明像一个巨大的海洋，不仅吞没了野蛮，也吞没了每个民族原初的天赋。在罗马的支配下，希腊人仅仅是工艺精湛的专业技工——这一事实证明了在希腊人中，如同在其他缺乏天赋的民族中一样，自主权是艺术发展不可缺少的条件。罗马人，作为他的管理和政治组织的一个必然的结果，不断地自我同化，并使罗马成为任何它所触及的东西。

1-64

无论如何，是希腊艺术天生的力量，贯穿了整个罗马的统治，直到东罗马帝国的灭亡甚至还要往后延伸，我们一直能发现它们的痕迹；经过整个中世纪，我们仍然可以追寻到它们。我们还有更多的机会来观察它，它绝不是建筑与艺术的历史中的最无趣的思考。

希腊的建筑准确反映了那个民族的智慧；在第一讲中我们也谈到，当艺术独立于民族的政治状况或者文明程度而自我发展时，它们是天才们与生俱来的。希腊人组成了一个社会或者一个社会集合体，而不是我们现在所理解的一个国家。尽管他们是第一个表现出爱国主义精神的民族——东方民族甚至今日都很陌生的情感——这种感情没有超越对这座城市的热爱——也就是说，有共同爱好的个体组成的社群。他们的强大足以抵御游牧民组成的波斯军队——游牧民更近乎奴隶而非士兵；但是很快就被罗马人更强大的政治组织吞并。

我们在依照现代人的观念对民族的历史发表看法的时候，往往会陷入误区。雅典人的爱国主义情绪决不会与一个罗马公民或者一个19世纪的巴黎人相同。这种社群而非国家的状态，对艺术的发展尤为有益。我们不只是在雅典或者科林斯找到了证据。中世纪的意大利共和国——比如威尼斯、佛罗伦萨、比萨、锡耶纳——这些呈现出类似希腊城市社会状态的城市，都是如此耀眼的艺术中心。我们必须将我们的主题进一步深入。在雅典这样的希腊城市，所有的市民参与公共事务，并且都对此有直接的个人爱好，由于他们是同一个社会的一分子，所有人都互相熟识，他们的兴趣没有像我们现代人一样过度分散。因而，雅典人的爱国精神其实是一个社群成员的联谊会，而非罗马或者现代欧洲国家中发展出来的国家情绪；这种情绪热衷于维护诸多领土广阔的省份集合体的政治统一，常常导致个人兴趣的丧失。现在，当受到社群精神影响的人们都在公共事务中承担了（或者幻想自己承担了）自己责任的时候，这样的社群在它所涉及之处带来了非常显著的效果：第一，因为相互责任使得管理更为容易；第二，因为每个成员认为他对所有的社会行动都负有责任，他的虚荣心是苛求且警觉的；第三，因为个体通过很快团结起来形成党派的方式提高了自己的重要性，然后党派领导们成为对手，很不幸这不利于公众的安定，但是对于智力劳动的发展及智力的进步却非常有益；第四，因为公众的赞同——我们称之为公众舆论——是产生号召力（appeal）的唯一力量，要得到公众舆论的支持，社群的凝聚力必须得到保证，并且必须持续为之努力以赢得好感。雅典的民主政治远胜休闲娱乐，所有的事务都靠奴隶来完成。雅典人都在公共场所，在柱廊下或者运动场（gymnasia），进行精神讨论、哲学辩论，或者就关于无数学科的高深讨论交换看法。我们不该忘记雅典和它邻邦的人口中，没有超出3万或者3.5万的人身自由者，其中最多2万人参与了共和国的公共事务；其他1万或者1.5万人是士兵或水手，经常不在国内，他们为共和国带回信息和新的观念。我们可以假设希腊每一个开化的城邦都以同样的方式自我统治。我们知道在希腊只有一个贵族政府——斯巴达政府；它并不像罗马帝国那样不断充实人口——没有人可以成为斯巴达人。社会地位给斯巴达人带来的唯一满足的是他们的骄傲：他被强迫比那些隶属于他的人更穷困、穿得更破、吃得更差。除了战争或者军事演习，他蔑视所有的工作；直到晚期，一个出身最高贵的斯巴达人才可以参与政治。斯巴达人的贵族政府对艺术一无所知；我们简单看看罗马贵族的情况，尽管组织方式完全不同，他们同样不能对艺术施加任何影响，并且事实上，他们甚至从未打算去这样做。雅典的民主制，尽管或许只在一个城市内涉及很少的人口，而且我承认它并不长命且危机四伏，却是一种使艺术有巨大的能量进行自我生长的社会制度。

1-65

1-66

为什么呢？取悦有批评或者好辩倾向的——不仅仅是某个小团体，或者统治者，甚至是一个有好感的委员会，而是每个人（且“每个人”是很难取悦的）——是必需的，尤其是在希腊人中。但如果任务是困难的，那么成功者的报酬也是想当可观的；舆论裁定的成功才是唯一真正让艺术家满意的。

当艺术作品诉诸全体人民的评论时，而人民的天赋和教育也让他们能够胜任时，艺术家才是独立的；因为在他可以诉诸全民普选的时候，谁还敢制止他表达他的想法？相反，当艺术成为，可以说，政府机器的一部分的时候，当它们被“管制”的时候，像在罗马人中那样，它们能制造出伟大的作品，它们可以富丽堂皇，并成为物质要求的完美表达；但是它们失去了那种穿透人心的个性特质——感动灵魂时迷人的独创性。

这就是人性的弱点，艺术在追求我们描述的独立和个性的道路上，很快从创造沦为矫情。良好的感觉很快丧失殆尽，理性沦为诡辩。在研究希腊历史的时候，我们发现一连串的冲突，新鲜的永无止境的斗争。从政治的观点考虑，历史正是一群人与另外一群人的战争，内部无政府状态的牺牲品。希腊城邦即便在统一宗教信仰的联系下都没能统一。可是，处于在我们看来非常不完美的社会状态下，艺术却深入各处；它们自己主宰自己的命运，赢得尊重，并且稳步前进。

甚至在英雄论调下，希腊人的艺术是联邦的唯一胶粘剂。雅典之王特修斯（Theseus），创立泛雅典娜节（the festival of the Panathenæa），来引导阿提卡（Attica）的人民以一种宗教联邦的形式认可雅典是他们的宗教中心。这一民族的所有制度都是如此，为了获得民众的认可他们采取了一种艺术形式。希腊神话是诗化的形式，自然的现象，威力和变化，在其中各处表现出来。希腊人并非神话的发明者。我已经提到，我再重复一遍：希腊人并不发明；他们赋予身边所发现的或者存在于眼前的原则以特别美好且适合的形式。他们的宗教和艺术是一致的，总是以综合的方式不断前进。希腊人中最虔诚的雅典人，也最倾向于让艺术支配一切，或者将一切转化为艺术作品。在希腊人中，每一事件、事实和现象——所有好的，所有罪恶的，所有存在于世界的物质或者非物质的秩序中的——都以艺术的语言进行表达；并且是以精妙的观察，以逻辑的顺序，和简单且充满激情的表达，远胜于其他人（human）。但如此宝贵的能力只能在一个非常均质的社会中发展出来，其中的所有成员都被同样的智慧推动，互相理解，并且对艺术的不同表达都同样敏感。

1–67

如果我们打开帕萨尼亚斯（Pausanias）的著作，我们将会发现在他的那个时代，希腊艺术的作品被认为是值得崇拜的。作者常常提及那时几乎废弃的城市，居民们仍然尊重他们前辈伟大壮丽的遗迹；毁坏的神庙仍然保留着男女神的雕塑，尽管它们常常是用易碎的材料造成的，或者容易引起贪婪的诱惑。在这些废弃的城市中，我们常常看到纪念某种神圣记忆的公共纪念物，但如果限定在我们讲课主题的范围内，作为建筑师我们在这些希腊城市中最应注意的是它们的设计方法，表示着它们的建造者从一开始就有的一个艺术概念。说这一艺术的概念是必须满足的第一个要求可能有点夸张；并且，如果我们观察这些建筑的位置，比较它们各自的尺度，留意它们被组织起来的“如画”方式，可以很明显地看出外形和全局构思的考虑从本质上影响了它们的基地选择。

只有在我们意识到如今这一出于本能的考虑几乎不再被注意到的时候——它们对如今城市政府的决定毫无影响——我们才会悲哀地意识到那将我们与那些艺术被无限热爱的时代分隔开的无底鸿沟。我们称自己为文明人；但在很大程度上，什么是我们的城市，它们在未来几个世纪会变成什么样，什么时候满足物质需要的粗鲁要求可能席卷以前时代仅余的遗迹？新世界的城市是什么样？英格兰伟大制造业的城镇会是什么样？我们称之为文明的东西在19世纪让我们建造了宽阔的街道，并以外表统一的房子沿街道排列。我们的城镇和城市因而成为思想的沙漠；它们不再庄严伟大，而充满了乏味的千篇一律的孤独。这整个巨大的棋盘状街道，会带来什么样的历史联想？观众烦乱的情绪该憩息在何处？他的注意力将停留在何处？他在哪里才能找到在他之前千百代人曾行走在同一土地上的暗示？事实上，我一点也不为以下状况感到遗憾：老城中弥漫着臭味的曲里拐弯的街道，房子表面上看来似乎是偶然地组合在一起——巷道迷宫，被货摊遮挡积满污垢的公共建筑——无秩序地堆积在一起——一种难以形容的混乱：然而，在这种混乱中，至少有人和他的劳动留下的印记——他的历史的记忆——不仅仅是时间的物质痕迹。

1–68

我很能理解为什么如今爱好艺术的人们的思维（比我们想象的更多，尽管大部分常常只是一知半解）如此乐意摆脱石头、木材和铁的荒漠——对他们来说确实是荒漠！并且急于到雅典、锡拉库扎或帕埃斯图姆的废墟中提神醒脑、寻找灵感；因为对他们来说，这些已经死去的城市比里昂或者曼彻斯特的街道更适合居住。

希腊人察觉到一个被赋予丰富想象力的民族应该有适合于表现这种想象力的一种语言，它应当让人愉悦，并且简单物质需求的满足并不能使他们满意。如果目前废墟状的希腊城市在它们的衰败过程中仍然保持了艺术的芬芳的话，那么这是因为在希腊人心中，艺术并不只是一种装饰品——一种多余：它是从基底向上延伸的一种控制原则；是促成城市创建的天才。

让我们再看看阿格里真托（Agrigentum），多利安人的殖民地；首先来看关于地点选择的考虑。邻近一个优良的避风港，有一片走向与海岸平行的石灰质山体：希腊人将这一连串的山体作为城市最开敞易被攻击的一侧的防御城墙。他们将山顶建为开门道的厚墙的形式。岩石山脊成为宽阔的城墙，其上建有与墙平行的多座神庙；呈现在从港口来的初到者面前的是，伫立在砍削的岩石壁基座上的大小不一的一长排建筑。在这绝妙利用的天然屏障和卓然矗立统治着周围村镇的卫城之间，是城市所在的山谷——完美地保护了住宅不受北方和东南方风的侵袭，在西西里这些风是令人讨厌的。卫城里有神庙，然而已几无痕迹。城市南侧也被一长片石灰岩山体限制，山顶被人工砍削，

1–69

并建有一群带状神庙，在天空背景下以醒目的浅浮雕形式突出来——北侧通过将卫城与较矮的其他山体连接，卫城的顶点是高贵的纪念物。

在另一个多利安人在西西里（Sicily）的殖民地塞利农特，我们发现神庙建造在两座高地上，之间是港口所在。不仅仅是这些建筑的选址有伟大的判断力和品味，建筑则建造在宽大的基座或巨大的台阶上，将它们与周围的私人建筑分离和辨别出来。希腊建筑师，忠实于将自然作为一种工具并将其融入他的艺术作品的原则，以敏锐的智慧检查他不得不于其上进行建造的场地的构成。如果他希望建造一座剧院，他沿着岩石山体寻找——在他建造城市的地方，这样的山体数量众多——适合演员和观众方位的天然山谷：接着，他在现存的山体上辟出台阶状的座席和 *præcinctures*，然后建造完成场地本身的构成不能提供的建筑物。在伯罗奔尼撒半岛和锡拉库扎为数众多的剧场中，我们有很多这样布局的完美案例。因为天气的缘故，希腊人，在他们的公共纪念物中，并不会被那些在北方建造者首要考虑的围合或者遮蔽的要求限制住。如果要满足一大群人的集会的话，一个柱廊围合的空间，或者岩石中简单布置方位有利的空间，就可以完全满足他们；他们在赋予这些作品以一种单纯的庄严气氛上远胜他人，从不需要故作姿态。没有什么会比它们更简单——没有着力过多的外表；我们没有体验到那种在参观一种已灭绝文明的纪念物时常常感到的精神的惊愕和紧张；相反，我们在每一个希腊作品中都能观察并体会到生命的痕迹，甚至是在那些几乎完全湮灭的作品中。

不幸的是，我们几乎没有希腊人的任何平民或者家庭的建筑留存，除了岩石上砍削的一些痕迹。被埋葬的城市赫库兰尼姆和庞贝——尤其是后者——可能会帮助我们的想象，将我们带回一座希腊城市中，短暂地在古代的居民中生活。所有现有的遗存——庞贝城的精巧遗物，一些民间建筑的分散碎片、一些壁画，以及塞杰斯塔城一些依稀可辨的痕迹——明白地表明了希腊居所在平面的布置上与他们的宗教建筑几乎没有不同。但希腊建筑最主要的可贵之处并非设计上的多样性。一旦发现一个好的平面，希腊建筑师认为任何程度上的改动都无必要。他良好的品味让他不会去寻求任何偏离常规的、空想的或是让人惊异的东西。对艺术的真爱从来没有被满足过；对他来说，一个好的东西从来都是新鲜的、值得赞美的；或者至少是让人愉悦的。希腊艺术家感觉到这些，在完善他的作品的过程中，他既没有改变原则也没有改变主题。他仅仅努力在手法中注入更多的精巧；甚至在他陷入精巧的泛滥的时候——当优雅变成做作，纤巧变成僵硬，细心变成过分的谨小慎微的时候——我们仍然会在形式的衰落之下发现原则的生命能量。希腊人，甚至在他们成为他们强大邻居罗马人的雇用艺术家的时候，仍然长期地保持着支配他们艺术的原则的历久弥新。然而，随着这些生命力的残余逐渐耗尽，在帝国统治之下，希腊人沦落到纯粹的专业技工地位。在下一讲中，我们将会解释这一衰落的原因。

1-70

第三讲　希腊罗马建筑异质特性比较——它们的起因

1–71　我们早就认识到，罗马人的主要特征是他们在组织和统治上的天赋。我们了解的那些早期的获胜民族，都不是文明人；他们的征战除了获取奴隶和财富之外没有其他目的；他们践踏而非养活那些他们征服的民族。罗马人有时是贪婪的雇主，与向被征服的民族传播文明的光辉相比，他们更渴望自己的富足；但这并非罗马人征服的主要特征。我们无须回顾罗马人最终战胜意大利半岛的民族之前所经历的持久而血腥的斗争历史—— 一场更加社会的而非政治的战争，因为所争执的问题，一方面是保护一些贵族家族的财富和势力，另一方面是人民要求将自己从农奴身份的状况中解放出来以及争取市民权力的努力。这段历史已经由我们同时代最著名的作家梅里美（Mérimée）很好地完成；他以恰如其分的标题《论社会战争》（*Essais sur la guerre sociale*），生动地为我们呈现了共和国晚期可怕的争夺，并且为我们揭示了罗马人的艺术的不同源头（尽管这并非他们的目标）。在共和国的早期，罗马人并没有像埃及人、东方人以及希腊人那样，有自己的艺术。他们的历史的真实视角，呈现给我们这样的观点：一个由少数贵族统治的人口寥寥的民族，决心以牺牲他们的邻居为代价实现自我扩张—— 一种土地的掠夺，从开始就是被征服和攫取的普遍本能冲动所驱使，而少有或者没有任何对艺术的教养或者热爱带来的愉悦的欣赏。然而，罗马人却是历史上艺术发展最迅速的人民之一。1–72 伊特鲁里亚和坎帕尼亚满是神圣的、公共的或者居住的建筑，那些美得惊人的遗存证明了它们在艺术上的卓越。伊特鲁里亚人，早在遥远到无法确认的年代，就已经采用了拱顶，而希腊人当时还对此一无所知。他们是从哪里学到这样的屋顶结构形式的呢？我们无法判断，并且，我们提出的任何假设仅仅是一种考古学的爱好，尽管它可以引导我们超越我们自己设置的障碍。拱顶在我们现在认为的西方人开始使用的时间之前，就已经为一些亚洲人所采用，这里我们注意到这一点就已经足够了。最近在尼尼微的发现揭示出一些用有韧性的黏土或泥土在模子上夯打而成的拱顶建筑，以拱石形的釉面砖做表面的分段拱。罗马人以特殊的天才，吸取了在与他们产生联系的外地人中发现的任何有用的东西。他们的士兵吸取了不同民族的武器——闪米特人的小圆盾，西班牙人的剑，等等。恺撒在塞勒斯特的著作中说过：“当在同盟或者敌人中看到任何有用的东西时，我们的同胞，总会在返回的途中，好学地将其为自己所用。”[1]

---

1 “…Majores nostri…quod ubique apud socios aut hostes idoneum videbatur，cum summo studio domi exsequebantur”——塞勒斯特的原文——中译者注

他们在伊特鲁里亚人身上，得到了由石块接合（jointed stones）组成的圆拱；——从坎帕尼亚人身上，吸收了神庙的总体布局、希腊柱式，以及居住建筑的布置和装饰。因而，他们从两个不同的源头借用；他们努力去结合两种完全对立的规则——希腊人的直梁和伊特鲁里亚人的拱：通过这样，他们直白地表明，他们对于艺术的观念，只是剽窃者的观念，它是由炫耀的心理而非品味支配的，它们用不同来源的战利品装饰自己，结合起来的时候非常难以调和。

引导希腊人以无与伦比的精妙来观察任何精神或者物质现象的才能——拥有它人类就在科学中占有一席之地，并且可以使其超越任何科学的完美作品——没有在罗马人中发展出来。罗马的天才们是不同的类型；他们是卓越的政治家、立法者，以及管理者：他们的艺术必然会采取与希腊艺术完全不同的方向。在罗马，我们看到强大的贵族政府，拥有显赫的政治传统，并且，经常从各个阶层甚至从它的反抗者那里补充成员。罗马参议院是罗马的力量所在，它控制一切。参议员们或者是古代家族的后人，或者是那些公共事务中的杰出者。参与公共事务的方式就通过参议院；对于一个罗马人来说，公共事务或者是战争，或者是被征服地区的管理，或者是法律的实践——即辩护和判决。这些职位中没有一个是对艺术的培育有利的。公共职位是每个罗马公民的目标；在罗马，这一倾向是如此强烈，以至到共和国的后期，拉丁领土上的居民，只有两种截然不同的阶层——官员和奴隶：——前者，土地的所有者，完全拥有他们财产的支配权，或（尤其是）政治阴谋；后者则处于可怜的状况，沉溺于偷窃或者奴隶制度造成的其他所有恶习，愚昧且懒散。而拥有人身自由的罗马平民，他们是大城市中最野蛮，最残忍，最腐败的平民；他们肆无忌惮，迷信，公然贿赂，并完全受古代家族中最聪明、最精力旺盛，尤其是最富有的成员的摆布。希腊人则是勤勉的，商业化的，对物质和精神的美非常敏感，极度热衷于讨论和争辩，并因那些使他们受到尊敬的人而自豪和喜悦——他们的诗人，他们的辩论家以及他们的艺术家。在人类历史上，一个显著的事实，就是商业天赋——商人琐碎枯燥的计算——和对艺术作品的细腻感觉在这样的同一个体中共存。富有商人的虚荣并没有扼杀我们称之为品味的艺术真实的原则：非常突出的是一个民族可以如此轻易地允许每一条原则被质疑——今天崇拜一个人，而明天又不可思议地倒戈排斥他；可以在发展（我们如此定义）的道路上以前所未闻的速度前进；可以在几年内，经历哲学的所有体系和政治制度的所有形式，为每一门科学打下了基础，对所有的邻居发起过战争；而在思想的混乱中，却仍然能在艺术上保持一种有秩序的且逻辑的进步；赋予其新的、原创性的、美好的形式，而不使之陷入光怪陆离的荒诞（如我们现在所称的时尚）。

1–73

这里的一个事实显示出这个民族同时作为商人和艺术家的巨大活力。在公元前480年的萨拉米斯（salamis）战争之前，雅典人不再拥有任何一座城市；他们的整个领土都被摧毁；除了船只什么都没有剩下。20年后，他们建造起了帕提农神庙；曾经在萨拉米斯战争中战斗的埃斯库罗斯（Æschylus），将他《波斯人》（*Persæ*）的悲剧搬上舞台，在其中他让野蛮人首领成为一个高贵的英雄式的角色。毫无疑问，这是对征服者的巧妙恭维；但是它更显著的是优雅品味的标志，是大众同情心的保证。难道我们可以肯定这样一种尝试放到我们中间不会被嘘下台吗；我们可以肯定这种向征服者和被征服者致敬的恭维方式会被认可接受吗？

1-74

希腊艺术有它的幼年时期和衰败时期，但它在任何时刻都没有背离它的道路：它是个整体（one），尽管这些非凡的人们的智慧与无尽的激情派生出的所有其他产物，偶然出现，生长，并且毁灭对方。罗马人则呈现出一种不同的场景：他们只有一个观念，统治世界，并且这一观念根植于罗马公民的意识中，以至于在两个世纪的时间内他成功地征服了四分之三个欧洲，整个西亚及北非；尽管在共和国的末期令人担心的衰败征兆，已经预示着古代异教社会的崩溃。罗马人用来达到这一结果的体系是简单的：罗马公民自封为统治者，在任何一块领土被占领的时候；他占有公地（*ager publicus*）——他的敌人的公共领土，并且将其分配；接着他鼓励被征服的殖民地居民向这里移民；他向罗马人和他们的同盟者保证了在被征服土地上的生存，并且这些将来的所有者进行自我保护与防卫，并很快建立起罗马的殖民地。如果罗马人授予同盟者一块土地，罗马人会将其纳入保护之下，用其来帮助他防卫更遥远的敌人，使其服务于罗马人的兴趣并纳入他庞大的组织。这样，罗马权力的威望逐渐传遍当时已知的每一寸土地——根据它的兴趣需要，划分、取悦、保护或者惩罚野蛮人。罗马人有他们的政治统一，希腊人没有；因为，如我前面所说，希腊城市只是社会或者群落，而罗马城，是一个有等级的巨大政府的中心——大厦的登峰造极，除非社会革命和野蛮人的群起攻之，否则无法撼动。

对罗马政治系统的这一简要回顾对于我们理解罗马艺术是什么是必要的，因为，正如前文所述，罗马人是政治的群体，并且艺术对于他们来说是一种工具，一种途径，而不是像希腊人那样是一种兴趣。罗马人拒绝一切没有进入他们庞大组织系统的东西；并且他也费心考虑但他并不知道艺术的某种特定形式是否与它所属的艺术分支的原则相一致：他不会像希腊人那样，就他的观察是否是逻辑地推导出来的进行讨论；他不会用一个剖面或者光影的演出来取悦自己；他只需要一件事情，就是他的作品是罗马的——成为伟大的证明，权力的证明，并且，成为一件专门与他的政治组织系统一致的作品——首先是一件有用的东西，尤其是要完成为它设置的任务。他规划了道路、桥梁、河道；通过巨大的输水道为城市输送水源，建造为集会设置的圆形剧场，实际上是市政厅以及为公众娱乐而设置的建筑。对于罗马人来说，被他征服

1-75

的人或者与他结盟的人，如果遵守了罗马的法律的话，那么是否坚持他们自己的宗教信仰并不重要；事实上，他把他的臣民所信仰的神加入罗马诸神的集合体，因而通过人类最强大的纽带——宗教和既有的制度，他将他主宰的人民与罗马的命运联系到一起。并且，在艺术上，他的程序是同样的。罗马人在希腊人中发现了艺术家和技术出众的工匠团体；他雇用他们，付给他们工资，并允许他们根据自己的品味装饰罗马人的建筑；但对于他来说，希腊艺术家只不过是一个工匠。对于建筑的总体布置，建造系统，样式，作为一个罗马人，他所追求的只是将它们从黑海（Euxine）贯彻到不列颠最远的海岸的权力。我们很容易察觉到就建筑艺术而言，这种模式的庄严，或者观察到它是如此明确地与现代政府的精神相一致。但它与西欧人的性格一致吗？与法国人自己的性格、习惯和传统一致吗？我们或许可以怀疑它，因为在法国（像所有有艺术感情的天赋的民族一样，他们的想象力胜于他们的意志力，他们的思想常常需要营养并且很顺从地），思想的独立，探究，批评和讨论已经成为她的艺术发展的必要要素。证据是，在无拘束地自由发展的时候，我们看到了艺术的繁荣，而在试图规定它们的表达方式或者规范它们的发展的时候，艺术就会衰败凋落。

为了消除误解，这里我必须更加完整地解释我的意思。艺术是一种宗教，或者说是一种信仰：每一种信仰都可以被一个国家的政治阶层认可或者仅仅容许，或者可以再次独立于这一阶层而自由发展。在第一种情况下，艺术既没有被推动也没有被阻碍，它自由地且愉快地发展，它制定规则，并且不被任何东西牵制；在第二种情况下，艺术是从属性的，它被装配入政治机器；在第三种情况下，它将自己罩上神秘的外衣，它有它自己的秘密，并且通过模仿的方式展开。对于希腊人来说，艺术是至高无上的，它的规则是毋庸置疑的，它的原则表现出不加掩饰的朴素，代表着无敌的且无拘束的思维的每一步动作的特征。对于罗马人，艺术成为国家兴趣的附庸，屈服于它的需求，并且纯粹成为一种工具，一种达到目的的手段。在中世纪的西方，尤其是法国，艺术是自我独立的；它有自己的一套语言，它悄无声息地前进，独立于周围的环境调整或者发展自身。

1–76

我斗胆这样希望，我们的讲座可以解释古代文明或者现代文明中曾经存在的或者仍然存在的艺术与政治因素之间的关系。我说它仍然存在，因为现在，对默默地关注着在艺术领域中发生的讨论的人们的说教，仍随处可见。一边，我们看到古代艺术的倡导者，另一边是中世纪艺术的追随者。我谈到有信仰的坚守原则的艺术家；必须说明白的是，我认为那些对相似的艺术的每一种形式都感兴趣的人是被排除在名单之外的——不是因为我鄙视他们的判断力，而是因为这种泛泛的全面物质崇拜，必然会渐渐将我们领入漠然。现在，在这两种敌对的阵营中，我们可以见到一些超出艺术家范围的东西，一些超出了古代的标签，另一些超出了中世纪的标签；在我们面前有两条伟大的原则——从古希腊时代开始，就势不两立，并且它们的敌对还远没有到达终点：这两条原则，一条是个人的智慧从属于政治的兴趣，另一条是在道德和智力灵感方面人类思维的独立。我再重复一次——它们的竞争还没有结束，在竞争的持续中，我没有见到任何损害，因为它没有伤害到任何一方；但是，它很容易知道我们为什么而斗争，谁是我们的同盟，谁是我们的敌人。古典时代孤傲的鼓吹者很长一段时间都把希腊人和罗马人归于同一标签下，但这两种文明的艺术却是从完全相对的原则发展而来的；希腊艺术是自由且独立的，罗马艺术则是服从的；如果设置在古典和现代两个阵营之间的屏障被撤销的话，可以确信希腊艺术家与被视作他们的同盟的罗马艺术家相比，有着与中世纪艺术家类似的更激动人心的洞察力，事实上，罗马人是希腊艺术家的反对者。

1–77

罗马制度与罗马人的性格是一致的，或者更可以说，罗马人自身就是一种制度—— 一个巨大的管理部门和政治机器，完美地适应于那个时代和它的需求。它的艺术只是那个特殊系统的一种表达形式，一个西方世界的历史中例外的系统。让我们浏览一下罗马时代之前的历史，但之后的历史可能更是如此：我们会见到一种完全不同的景象；我们看到人们几乎一直在与他们的政治制度斗争。在中世纪，比如，在法国，我们看到高卢—罗马人被野蛮人征服，他们从不放弃任何一个反抗征服他们的制度的机会。封建制度——在德国完全是这样——他们是极度讨厌的。神权统治对于征服者的后代来说，与对原住民一样，是令人反感的。皇权，一旦在某种程度上建立起来，利用这些冲突的要素，依次削弱它们——它掌管着，而不是试图结束这场战役。在这样的社会状况下，什么才会成为艺术？谁会关心艺术？谁为它制定规则？没有人能确定。艺术独善其身，它继续着自己稳固且坚韧的过程，竭尽所能地一路前行，避开这些冲突。起初，它将修道院作为自己的庇护所，但是很快就在僧侣系统中被压制。它用我们在城市（*communes*）的建立中看到过的相同的能量，将自己从这种抑制中解放出来。依然存在的政府——如果互相抵制的机构的古怪混杂还可以被称为政府的话——没有这样的睿智能认识到艺术是文明中一种强大的要素；他们利用艺术而不去探索怎样使它更有帮助。看起来好像艺术是自由的唯一庇护所。因而，从一个极端到另一极端，在几种权力中动荡的社会中——陷入遥遥无期的残酷斗争——我们看到艺术遵循着自己规则的秩序井然的过程，没有丝毫的偏离，就像我们在希腊人中看到的，艺术在希腊社会的混乱和争辩中继续着自己的稳固道路。中世纪的我们，像古代希腊人一样，艺术为什么可以准确无误地沿着它所设定的道路前进呢？因为，它统治着自己，因为它服从于自身的需求与批评，因为它遵循着一个不被干扰的推理过程，因为它的活动是自由的，并且没有人要把它约束在固定的套路上，亦即套入理论的公式中；因为它来源复杂，并且除去理性和公众意见之外，没有任何其他引导。

1–78

希腊社会，与中世纪的工业阶层一样，随着商业与艺术的发展而兴起；并且艺术与商业一样，没有自由就无法存在。罗马人既不是商人，也不是艺术家，对于从属国，他们的立场与我们的现代政府完全不同：对于他们来说，世界的征服者，如果存在的话，一定是罗马人；为了在文明处于低级状况的人群中，尤其是在与军事或者政治机构相关方面，确保这样的霸权，在武力征服后，他们首先要在被击败的国家或者新近的同盟中组织起罗马的制度。所有的殖民者，作为他们在这方面天才的结果，都保留着他们的殖民地，并迫使他们为母国的伟大与权力作出贡献——比如今天的英国人——总是采用几乎完全相同的方式。他们的计划是这样的：完善宗教自由，公民权，所有权，以及所属城市挑选出来的审理委员会，委员会拥有向罗马法官上诉的权力，罗马法官的介入只是为了节制地方权力的滥用，并表示出罗马政府优于它所取代的那个政府；不被任何复杂的管理机器阻碍的一种最高的权力的保护；被征服和同盟人口的兵役，以及（与我们的主题更有关系）非常重要的公共工程——道路、桥梁、运河、广场、城墙、输水道、港口、市民建筑、巴西利卡、pretoria、剧院、浴室、永久性的兵营、大型仓库、下水道、喷泉等。一旦罗马成为一个国家的主宰，国家就会被如此安排：他雇用军队开辟道路、排干湿地、建成军营；然后他征用大量工匠，很快城市就被换了模样：它们在规划上被完善或修正，被城墙环绕；城内或者周边的公共建筑被用统一的方式建造；在几年甚至几个月内，高卢人或日耳曼人的城市就成为一座罗马人的城市，在其中罗马公民与当地土著一样，可以找到所有在罗马城内可以找到的东西。很容易理解，通过采用这样的系统，被征服的人民会欣然地接受罗马的方式与习惯——失去他们本土传统，甚至他们自身的民族性。除此之外，罗马人也确实为这些半开化民族带来了文明、有秩序的政府、财富及繁荣；因此，这些民族很快就忘记了他们落后于罗马的习惯和传统，因而受惠于侵略者，这也不足为奇。这一简短的回顾对于廓清艺术在一个全部是政治和管理的制度中所占的位置是必要的——它只是并且一定是处于一个非常次要的地位。

1–79

像我们看到的那样，罗马人的天赋与希腊人的天赋完全没有任何共同之处。希腊人永远是分析和辩论的，他从不会保持平静，他在研究上孜孜不倦，永远都在追求完美，他探索所有的一切；不过，他是一种逻辑原则的奴隶，这些原则基于他的理性，他的观察，以及他对和谐的追求。在思想的领域内，他的哲学家们会提出最为针锋相对的体系，智慧的领域对于他们来说是不会被荒谬限制的——因为，当思考自然的非物质方面的时候，根据逻辑推理的严格顺序，这可以被描述为一种常识中不可能的可能性——比如运动的不存在，或者存在本身的不存在。但是在物质的领域内，逻辑并不会导致这样的异想天开，因为可见可触摸的物质，呈现在我们面前，有它自身的属性和毋庸置疑的规则。一位希腊建筑师可以找到不同的，甚至荒诞的地心引力法则的原因；但是他不能忽视这些法则的存在——他知道他不能违反这些规则。在原因上，他可能犯错，但是在结果上不会；因为希腊建筑师首先是一个专注且敏锐的观察者，并且在观察的实际应用方面总是正确的。一位希腊的雕塑家不熟悉血液循环的机制，或者骨骼和肌肉的确切功能；但他会以他完美的智慧观察人体可触摸可见的外表形式，并赋予他的雕塑真实的自然线条和运动——甚至超越自然——可以说，在不违反它的规律的前提下，纠正且完善了它。希腊建筑师在他的柱子上安放柱头，但他不会把柱子放在一个基座上，因为基座会妨碍行人；或者，如果他确实设置了基座，这一基座也会像柱子本身一样，平面呈圆形，并且他会仔细地将边缘从地面抬高稍许，使其不要阻碍行人的脚部；所有这样方法都从观察和可见的自然现象绝对正确的应用而来。

让我们将视线从细节转向别处。这里有一个非常重要的事实，它值得我们倾注全部的注意力。在我们的上一讲中，我们看到希腊建造者在建造神庙时，是如何开展工作的，以及通过什么样的逻辑顺序的程序，他最终成功地组合出那些共同的建筑分类，我们称之为柱式——也就是独立的支撑点和被支撑物的一致。柱式——所有的部分安放在适当的互相关联的位置上，这首先是必要性的推动，其次是对它们相互影响、功能、表面的或隐藏的材料属性的仔细考虑——已经熟知了比例（建筑元素之间的相互关系，满足了他的理性和高雅精致的感觉）的希腊建筑师——相信他创造了一件作品，在不违背理性和感性的情况下，不能作一点改动，因为它是那些能力的综合结果。他很确信他的理性的公正，像几何学家对待他求证的真理一样；他确信他的感觉是完美的，因为它们用他所有的同伴都能理解的语言与他对话：也就是说，他对他的理性与天赋是有信心的，他不会容许他的理性与天赋会有两种同样优秀和简洁的方式去解决同一个设定的问题。哲学家是充满怀疑的，作为一个艺术家他不是怀疑论者：他认为物质是可以经过确定的科学的处理的，他通过实践证实了这一点。如果他并不清楚它的构成方法的话，至少他已经注意到了它的受力和重量的影响；它表面的光线和阴影，以及对外部作用力的反抗。他获得的结果对于他来说因而是唯一的。从关于希腊人思维中的善与美的信念——同时有特定的社会环境——到同样的纯粹和完美在相似条件下准确再现，推论是真实且逻辑的；并且因而，说服了这位希腊人："因为我已经建立了一种所有的形式都在必要位置的建筑柱式——因为我已经成功地让这些结合在一起的不同形式形成同时满足理性与感性的效果——这一形式就是一种近乎理想的完美秩序。如果我拿走其中的任何部分——如果我改变它们与任一部分的关系——我就破坏了我的作品——但我的作品是完美的，因而我应该保持它的完整无缺。为了达到这样的完美，我是如何进行的？首先，我让自己遵从于理性的引导：这告诉我如何把横向的石头放置在垂直的支撑上；我应该在这些支撑中留出什么样的空间；我如何才能把柱廊与内殿的墙

1-80

联系在一起，以及如何才能将它们整个用屋顶覆盖起来。然后，我的感性选择了应该赋予我的建筑的形式与比例，以及我如何装饰它们。我的作品因而是各方面都很完美的；它具有统一性；它有它不受尺寸影响的和谐原则因为尺寸并不会改变比例；因此，不管我是得建造高 30 腕尺（cubit）还是 10 腕尺的门廊，门廊不同部件之间，即柱子、柱间距离以及柱顶盘之间的相对比例是不能改变的。因而，我的柱式是独一无二的样式，不管在任何尺寸下，我都可以重复它的比例。” 1–81

这是希腊建筑师推理的方式；如果推理的严密性可以用它被应用的时间的长度来评价的话，希腊人的推理是令人尊敬的。事实上，希腊柱式，在确立后一直保持了它们与尺寸无关的相对比例；罗马人采用希腊柱式，经过了一些修改（我们将会有机会讨论这一问题），到中世纪建筑就被建筑师完全抛弃。希腊建筑有基于自身的模数。中世纪建筑有自身以外的模数——人的尺度。罗马建筑构成这两种方式之间的过渡，并且这一转变来源于罗马人对实用和材料要求的欲望的偏好，超出了希腊艺术本能与抽象的形式。

我们非常简要地回顾了罗马社会的状态和罗马在她所获取的大面积领土上所采取的统治制度：她的建筑是其政策的忠实写照，因此，它为我们提供了一个永无止境的研究课题—— 一个它处没有的操作指南的来源；但是这一研究必须具备一定的洞察力，要思考真实形式下的罗马建筑，而非细节下的罗马建筑，罗马建筑对细节毫不关注。在希腊建筑中，可见的外部形式是建造的逻辑结果；希腊建筑最适于比作一个剥去外衣的人，身体的外表只是器官组织结构、他的需要、骨骼框架，以及肌肉功能的结果。人如此美丽是因为身体的所有部分都与它们的使用目的和谐统一，没有什么是多余的，它们足以承担它们的功能。

相反，罗马建筑，可以比作一个穿着衣服的人：有人，有衣服；衣服或好或坏，材料或者华美或者寒酸，裁剪或者精良或者粗陋，但是它并不成为身体的组成部分；如果制作精良且美观堂皇，它就经得住检验；如果它妨碍人的行动，并且样式既不理性又不优雅，它就不值得注意。在罗马建筑中，有结构——真正坚固有用的结构，以满足技艺高超的大师的方案的需求；并且也有外表面——装饰——独立于结构，就像衣服独立于人的身体。对于主要以政治为倾向的罗马人来说，它的形式是第二位重要的问题。对于他的建筑的外表，他只要求一点，就是外衣必须让他引以为荣。其他方面，它是否具备结构上的逻辑性，它是否准确地说明了建筑物的基本结构形式——它是否是这些形式的合适且纯粹的外表，它是否解释了结构形式的目的，对于罗马人来说，并不是值得关心的事情。与希腊的推理家相比，罗马人占据了高高在上的地位，或许我们也是如此；罗马人并不能理解希腊人。 1–82

我有时被指责在建筑的理性上进行了过多的强调，低估了感性的价值；

并且如果我不对我的意图展开论述的话，我前文所说的或许会让人觉得这一责备某种程度上似乎有理。那么，关于艺术，什么才是感性呢？它不只是一个简单的所受教育结合了本能的理性的无意识行为吗？一只牧羊犬，只是一匹本能被兽的理性支配着的狼，训导培育出野兽的理性——它守卫羊群防止它们被窃或被骚扰，而不是吃掉它们。我们的本能促使我们发出不同的声音；我们的感性告诉我们有些声调是错误的，有些是正确的；为什么呢？难道不是因为理性在我们的本能上作出了反应吗？为什么一个音符是错误的？为什么在建筑中，某些比例是不协调的？独立于我们的意愿而作用于我们的感觉——控制我们的感觉并使它们形成我们称之为感性的，不是理性吗？希腊人不是那种因理性的推理而产生许多陷入荒诞谬论的哲学家的民族吗？现在这一推理者的民族同样是最具艺术天赋的民族；他们是第一个在建筑上建立秩序的人——即将天赋变成法则（比例的法则）的人。我们发现在希腊人之前，每一个留存了建筑纪念物的民族都被相同的本能驱使着——在建筑的各部分之间建立某种联系与变化的与生俱来的愿望；但我们知道，没有一个民族曾经赋予这种本能以法则的权威性，一个优秀的法则，因为在不损害感官效果的条件下，它无法进行任何一点修改。

世界上所有的建筑，从远东到西方——当然，我指的只是那些值得一提的建筑——对于见到它们的人产生了双重的印象。崇拜、愉悦，是让人兴奋的；但除此之外，还有在看到一件需要努力思考才能理解的事物时也会感觉到的茫然、混乱。在这种综合复杂的印象下，除非被很强的学习欲望所刺激，否则观察者是困惑的，一带而过而不会试图去理解它。关于建筑的样式，唯有希腊人创造出了简单的感觉；认知并了解希腊建筑不需要任何努力；对于初来者和有造诣的艺术家，它是同样清晰的。它直白地向所有人表明建筑的含义，奇怪的是，这一独特的让人尊敬的品质在习惯于将建筑视作一系列难解之谜的人眼里却成为败笔；我常常听到有人问："帕提农神庙究竟美在哪里？"这或许就像问："一个裸体的，好身材的年轻人到底美在哪里？"对于这一问题，唯一的答案是："一个裸体的男人之所以美，是因为他本来就美，因为，不需要任何思维的努力——不需考虑——我们就知道他在运动，他是健壮的，他感觉、观察并思考——他是完美的，他是一个和谐体。"通过他们柱式的法则，希腊人在他们的建筑上，成功地创造出这种感官的质朴印象。希腊建筑既不需要解释也不需要阐述：它是美丽的，因为它不可能用其他的方式形容，就像人是美的，因为他完美。我不相信除了用理性来说服本能之外，还能有其他方式来获得这样的完美。

1–83

维特鲁威并非伟大的哲学家，但在艺术上仍深受希腊思想的影响——作为一个真正的罗马人，对他的影响只是表面上的——开始了他关于神庙的第三部著作，在某一章中他着手在人体比例与神庙比例以及组成它们的柱式之间建立一种类比关系。维特鲁威的这一章事实上并没有建立什么观点；我们从中得不出任何结论：但它为我们揭开了希腊人在他们的建筑中所运用的哲学体系的面纱的一角，如果我们试图找到一种方法，而非试图找出人体结构中度量比例的话，就像维特鲁威为了在建筑的各部位之间建立比例关系而进行的尝试一样。我们不要忘记，希腊人将人作为一切的中心，没有人曾经从心理或者物质的观点更好地研究人。为了为建筑的比例确立法则，就像希腊人所做的那样，找到一个基础或者出发点是必需的：因为比例首先仅仅是武断的关系——不能被严格定义的本能要求。现在，希腊人，尽管是诗人，并不会停留在仅满足于含糊观念的程度；他们必须为一切事物采取确定的形式或者原则，甚至是非物质的方面。他们的神话就是最有力的证明。如果伊克蒂诺（Ictinus）关于建筑的论著保存下来的话，我们或许可以对人体与建筑组成，特别是柱式的类比有一个准确的解释。在这部著作缺失的情况下，我们将像伊克蒂诺曾经做过的那样去尝试和推理。在组合起来的事物中，人是最完美的；这种相对的完美如此显著如此真实，使得人类成为一切的主宰。他是结构的典范；如果我们要建造什么的话，我们应该以他为原型，不是把他的形式赋予要建造的事物，而是将合适的方法赋予这些结构。人类的美胜过所有其他动物，因为他的结构与他的需求、功能以及智慧完美和谐。因此，如果建筑要是美丽的，它的结构必须严格地遵循这一原则。有许多动物的某些器官比人类的更完美；许多更强壮或者更敏捷；但是没有一个身体机能与体力和智力需要如此和谐一致地完美结合。要建造一座完美的建筑，在需求与外部形式之间这样的一致和这样的类比关系，必须能被找出来。从这一角度看，在建筑学发展起来以后，人体的结构一定被希腊人视作应该被遵守的好的方法的代表，并且，为它找到一种可以解释结构并与之和谐的美的形式是必要的。但，如我所说，希腊人首先是观察者和形式爱好者；他在人体上所看到的并不是我们所看到的——作为解剖学家的我们，一切都服从于分析；而他只是简单地用一种无与伦比的智慧观察到骨骼被包围着它的装在弹性组织中的几组肌肉移动；他只通过肌肉和皮肤的运动研究骨骼学；他不会为了分别研究它们而将个别部分解剖开来；但他很清楚地知道它们的功能和连接，即它们的样子。因此，当他建造的时候，他赋予建筑物的每个部分与功能一致的和谐联系——他保留了人体中最有魅力的布置上的高效与适当。因此，当维特鲁威谈到人体组织对希腊建筑的影响的时候，真理如果不在他的文字中的话，或许存在于他的精神之中；我认为在对一门确定的艺术比如建筑学的哲学研究中，我们应该提防那些异想天开的观点。如果读者容许的话，我将通过检验与这些原则的建立有关的希腊建筑中的某些形式，来证明我所叙述的这些原则。 1–84

在每个有机体的结构中，尤其是在人体的结构中，任何动作或者姿势，不 1–85

但骨骼系统总是可见的，而且还会呈现出弯曲连接的明显的点，根据存在于它们之间的肉体组织的性质，凸起或者凹陷。动作越剧烈，连接的曲线就越接近直线。希腊人像他们所期待的那样，在雕像上理解并观察到了这一规则，并且他们第一个在建筑上采用了这一规则。在他们之前，埃及人在他们的建筑轮廓上，一定考虑过对植物系统的模仿。例如，他们的柱头，显然复制了花朵或者果实的曲线。希腊人不是这样：他们的轮廓更多的让人联想起末端连接并覆盖骨骼之间空隙的肌肉形成的曲线。当艺术家希望赋予他的设计中的每一部分以强壮有力的外表时，他很仔细地研究他的轮廓，采用当肌肉因剧烈运动或努力而绷紧时人体呈现出的有力的线条。因此，他不是通过任何机械的工具，比如圆规，来得到他的轮廓；他的手只被他所观察到并深刻理解的高雅感觉指引。比如，希腊最古老建筑物中的多立克柱头的线条，是一条非常肯定的曲线（图 3–1，剖面 A）。[1]

1–86

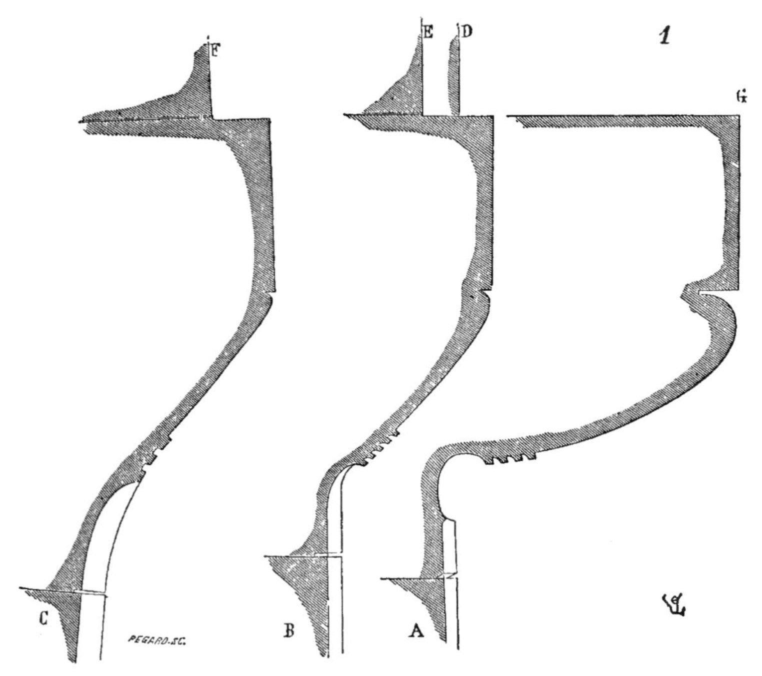

图 3–1 多立克柱头的先后形式

艺术家越理性地对待他的艺术，他就越试图使表达他思想的表现形式更加完美；他被指引着加强原型的表达——使它更清晰：早期多立克柱头的线条很快在他的脑海中出现，缺乏活力，也缺乏作为一个支撑的表现力；他慢慢地将其修改成剖面 B 的形式[2]；接着，他将柱子延伸入柱头，并不再将柱顶

1 Seliniiutum 卫城。

2 帕提农神庙。

板下的凸起圆盘设计成任何形式，而只是一个简单的圆锥，如剖面 C 所示。[1]

这样，追寻着他的推理过程，希腊建筑师以一种觉察不到的方式，从花托类似软垫的柱头 A——插入柱子和柱顶板之间的柔软身体，转变到轮廓坚硬到刚性真正成为有力支撑的柱头 C，承受柱顶板以及柱顶板所承托的柱身以上的重量。

如果我们仔细检查这些剖面，我们将会看到建造者的理性与艺术家的感觉是携手并进的。三个当中最为古老的柱头 A 上承托的楣梁的表面在 D 处，也就是与 shaft 表面垂直。帕提农神庙的建造者已经感觉到柱头的凸出影响了他的感觉，建造起来之后，DG 显得毫无用处；因此他改进了架在柱头上的楣梁的表面，成为 E 所示的形式——也就是说，他让其伸出柱身外，让柱头显得更有活力。很快，希腊建筑师进一步改善了楣梁 F 的表面，进一步伸出柱子的表面，加强了柱头作为支撑的表达。

很简单，如果希腊人不会在岩石或大理石构筑物（至今遗存诸多）的建造中模仿木构的话，他们也不会像罗马人和后来的中世纪艺术家那样在细部上模仿埃及人常常使用的植物形式。

我已经说过，希腊人是第一个建立了某种比例规则，我们定义为柱式或者部位的分配（distribution of parts）；但是我们不能得出结论认为希腊柱式只是观察到的绝对比例。这些比例之中的法则并不妨碍艺术家的自由。恰恰相反，它们不是绝对的，而是相对的；尽管我们能够在同一时期的多立克柱式的各个部分之间建立某些比例联系，然而这些规则的应用，仍然有很大的自由度和无尽的变化；多立克柱式永远是多立克柱式，就像人永远是人一样；只是有的健硕，有的纤细；这个矮而结实，那个高而瘦长而已。这样的变化并没有损害相互的比例和和谐：无论我们看他们的雕像或者建筑，希腊人从未将赫拉克勒斯的头颅与躯干安放到巴克斯的下肢上——一个沉重巨大的檐部安放在纤细且互相分离的柱子上。他们把应该存在于一个组合体中的相互关系以及同一建筑物的所有部分相互关系的研究，渗透到最微小的细节中。这些比例，以及它们相互关系——柱子、柱头、檐部、支撑点的距离、虚实之间——的关系，不只存在于设计的基本组成部分之间，也存在于外轮廓之间——它们的形状和凸起；它们甚至在建筑着色的过程中也会被考虑到。

1–87

在建造更重要的建筑时，希腊人常常只采用两种柱式，多立克和爱奥尼。比较这两种柱式，我们很容易看到每种柱式都拥有其自身的和谐，尽管它们都源于相同的原则。结构是相同的，只有时尚在变化。设计和整体比例庄重简洁，多立克柱式在它最微小的细节上呈现出相似的庄重和简洁；外形、轮廓、光与影在巨大表面上的变换，以及线脚的形式都帮助了效果的形成。而比例优美的爱奥尼柱式则相反，它在细节上、数目众多和制作精良的线脚上，以

1　席瑞斯神庙（Temple of Ceres），位于艾琉西斯。

及雅致且节制的装饰上也都体现着这样的优美。多立克柱式看上去似乎是为大尺度的建筑设计，或者因它们的位置而需要远观的建筑；爱奥尼则适合于近观的建筑，以它们细节上的精致吸引眼球。可以这样说，多立克柱式是男性，而爱奥尼是女性；二者从未背离希腊建筑师认为秩序上或者组合上必需的总体规则。如果爱奥尼柱式的柱子比多立克柱式的柱子更纤细，它们的表面就会有更多的凹槽：它们的柱头饰有雕刻并且使之更加重要；柱顶盘更加巨大，柱身站立在圆形的基础上；因为希腊艺术家的本能使他感觉到，要使柱头装饰和柱子做工显得更加细致，他不能把它们生硬地放置在基座上——转换构件是必要的。可以看到，大多数一般原则被同样地用于两种柱式中；壁柱（the

1-88 *antes*）从未像那些柱子一样有柱头；因为希腊人有太好的感觉，他不会将他认为适用于断面为圆形的柱子的柱头置于平面化的壁柱上，或者置于墙体的顶部。两种柱式中，结构是相同的；只有在后期，希腊人才在多立克柱式上摈弃了某些结构上附属的部分——比如三陇板。

可以认为，柱式的使用并没有束缚住希腊建筑师；原则并不会毁掉艺术家的个人自由，他们永远在追求改进，并从不认为自己已达到了绝对完美。我们已经努力阐释了他对效果的重视；他如此精确地观察光影在表面上的变化以及建筑轮廓线与天空的分离。希腊艺术家太优雅的感觉天赋使他不能盲目地遵循一个专横的法则。如果对称的原则为他所采纳的话，毋宁说它是一个平衡原则，而非一个几何原则。希腊艺术家从不会考虑赋予两座为不同目的建造的建筑同样的外表。他们的纪念物遗存以及帕萨尼亚斯（Pausania）的珍贵文献证明了希腊人从不允许现代建筑师糟糕的应急对策，现代建筑师只想着，不管它们各自的目标是什么，让一个公共广场上的所有的建筑遵从同样的设计，从而创造出一种宏大的总体构想。希腊人观察自然并像自然一样思考；如果自然有她自己的法则，她也有她多样性。一个希腊建筑师，我们可以努力为其指出我们伟大的现代建筑概念设计中对称设计的美——那些立面，尤其是，内部设置与朝向不相同的建筑——他会同情我们，并且会跟我们说："你相信美主要存在于对称中，那为什么不叫老天让太阳同时在东西方升起和落下，这样你的建筑就可以在同时在两侧被照亮？自然界中，任何事物都是在矛盾中存在的：她证明了善只在与恶的对比下，才能显现出它自己——没有影子，光线也不能存在—— 一个事物大只是因为它的相对尺寸——不存在完全相同的两个同类物体；但你想通过改变事物的自然秩序——用单调取代多样，来达到善与美。我观察一个建筑围绕的广场，这是一座法庭，那是一座大臣的官邸，另一座包括了办公室或职员的房间，第四座是军营，第五座是银行，第六座是为公众娱乐的场所，你这样告诉我，我愿意相信，但是除非你在这些不同场所的门上写上它们所包含的内容，不然我怎会知道！

1-89 广场的一侧整日曝晒在阳光下，另一侧在阴影中；而在阴影一侧，我看到与阳光一侧同样的门廊。我看到职员的办公室有与音乐厅同样的窗。我看到这六座建筑的饰带上，雕刻有同样的装饰，顶部有同样的符号；你以这种非理性的方式与你所声称的秩序出发以遵从艺术的法则，你假装被我们的精神所感染。你从未到过阿提卡，或是伯罗奔尼撒，或是我们的殖民地。或者，你假装被我们的艺术所鼓舞，因为我在这里看到了顶部冠以希腊柱式与檐部的柱子？——柱式随处设置而没有明确的目标？你认为建筑师存在于在入口部位重复你从我们这里拿去的东西以及水平低劣的复制中吗？我不知道你是谁，但我知道你不是希腊人，甚至也不是罗马人。我们的建筑师不会以这样的方式工作。他们当然有规则，但是是可以被阐明的规则，而不是像一群绵羊在牧羊人引领下遵循着同样的路径一样，奴性地盲从。希腊建筑师，被委托一座建筑的建造任务之后，首先就致力于完全满足给他的条件；他希望他的建筑的目的对于所有人来说都是显而易见的，不仅是通过总体的安排，而且还包括装饰的雕塑；考虑了建筑几个部分功能最值得注意的方面，他设计了建筑；他不会像对待首席长官的宫殿和集会空间那样装饰一座职员的住宅建筑。他爱自己的作品，研究了它的每一细节，并继续重新检视并改进它，他希望不留下任何遗憾；他不会将松木板或板条与灰泥的笨重的隔墙隐藏在辉煌的表皮背后；他可能会带着遗憾地结束他的工作，害怕忘记了某个细节，忽视了某个偏僻角落，或者给批评家留下了什么把柄。并不是说，如果你从我们这里抢走了一些碎屑并用它们装饰自己，你就遵循了我们的方法，就像认为在肩膀上披上了一件深红色的衣服就会获得尊重的野蛮人。你既没有理解我们的精神也没有理解我们的语言。这座城市中，在你之前几个世纪的那些人，以及被你称作野蛮人的人们，远比你更接近我们。如果他们使用了一种不同于我的语言，我仍然知道他们推理、他们感知，并且知道如何表达他们想说的内容。我听说我们的艺术家在你们的学校里常常被提及；这是闹着玩的吗！你相信当你选用他们的外衣，一件不适合你的外衣，你也不知道如何去穿的外衣时，你是用忽略他们的智力或者智慧的方式，向他们表达恭敬？”一个被带到现代的巴黎或者伦敦的古代希腊人，可能会说这么一堆；但这并不足够。 1–90

熟悉了作用于艺术行为的希腊精神之后，我们现在再来看看罗马。

罗马人支配着为数众多的军队，可以被雇用进行公共工程的建设，还有至少是罗马市民数目两倍的奴隶人口。如此多的劳动力。它的征服，以及它实现征服的方式，为它的国库注入了新的财富。有劳动力，它可以建造建筑；有财富，它可以聘请艺术家并购买贵重的材料。它的政治和社会构造使建筑的建造与装饰成为两种不同的行为。卓越实用的罗马人的方法，在于在建筑中采用与他们的社会条件一致的方式。如果他能够（并且他的财富也允许他这样做），他将以光彩壮丽的形式装饰他的建筑：但是首先，他提供了难以置信的劳动力数目，并安排他们工作。现在，每个人，如果他的胳膊强壮，都可以砍削石材，制作石灰，运输砂子，制砖模并烧砖；完成这些初步的工作不需要任何指导。从欧洲各处选来的士兵或奴隶都有这样的能力。罗马人这样思考，他也这样行动。在这样的条件下，什么是建造大型建筑最便捷的方式？一定不是花费大量的劳动和心思去开凿尺寸巨大、比例合适又难于运输的石头，需要熟练的砖石工进行加工，复杂的机器抬起并放置它们，以及大量的时间，专业的工作团队。对于罗马人，这种建筑模式是非常少有的。他惯用的方式是非常不同的。用他掌握的大量的其中大部分都缺少教育的劳动力，他可以积累大量的小块材料——做砖模，在基地上烧石灰，采砂；接着，建筑师们会开始建造墙壁和支墩；以军队的纪律进行工作的数以千计的劳动力，通过管理者监督下的工头，混合灰泥并运输石头、沙砾及砖；除了这些劳力之外，还有一些专业工匠建造立面，劳动力们在石工工程中填上混凝土。当建造到拱顶的起拱点时候，建筑师的科学就会加入；他准备用木质的拱架。木材并不缺乏：高卢和日耳曼行省覆盖着浩瀚的森林。在这些拱架上，他紧贴着放置厚木板，这一操作结束后，同样的泥瓦匠和劳力将会来把这一木结构形式覆以砖、毛石以及灰泥。一个熟练的领导者，一些木匠，一些泥瓦匠，以及数以千计的劳动力，因而可以在几个月内建造起最大尺度的建筑。在我们今天，没有什么比我们的铁路工程更接近罗马人的建造方式；他们最具艺术性的建造是以同样的方式进行的，雇用一些技术熟练的工匠以及大量的劳动力盲目地，但却在有秩序的严格的管理下，以依靠经验建立起来的特定规则工作。为了支持我所说的，且作为罗马人不关心他们建筑装饰的证据，多少未经雕琢的罗马公共建筑可以被引为证明？——尽管罗马人有几个世纪的时间去完成那些精美的外表。在罗马，为克劳狄输水通道（Claudian water）的设置的伟大之门（Great Gate）——胜利拱门——一座以建筑学要求（pretension）设计的建筑，外表并没有装饰完成；值得特别注意的是，这座由德鲁苏斯（Drusus）的儿子提比略·克劳狄乌斯（Tiberius Claudius）建造的拱门，与输水道一起，由韦斯帕西恩（vespasian）与他的儿子提图斯（Titus）修复。这座伟大输水道的创立者与修复者，认为通过碑铭可以使人们回想起他们的慷慨，但却没有能给这座公共建筑一个完美的结束。在将他的名字刻到他赞助建造的建筑物上以前，希腊人会首先希望看到他的建筑已经完成，并值得向子孙后代传递建造者对艺术的品味与爱好。甚至在竞技场中，也有一些部分外表只是粗加工。但这种忽略尤其会在离中心城市一定距离的地方发生。在普罗旺斯的尼姆圆形剧场，也未完全装饰完成，被称为加尔桥（Pont du Gard）的输水道除了某些点之外，也同样如此。在帝国的每一个省份，对艺术形式的漠不关心的证据随处可见。罗马人主要关注的是建筑的平面，即他想要建造的建筑物每个部分的确切位置——这些部分表面或者高度的相对尺寸——除此之外（我们试图从罗马人的角度思考，但很难考虑到

1-91

的东西），还有方位、选址、利用不规则的地形，以及经济。罗马人从来都不吝啬，但他们节俭；也就是说，他不允许空间或者材料的浪费；他不能像希腊人或者中世纪的营造商那样，理解独立工作的艺术家；他希望他雇用的雕塑家为大众工作，并且要求他的财富必须为他带来荣耀——罗马人；甚至在材料需求满足之前，他不会召集艺术家，同样，艺术家只是一种装饰。罗马人很少为形式或者细节的完成伤脑筋。他更倾向于在他的建筑上覆满价格昂贵、色彩丰富的大理石，按照它们的稀少程度和加工难度调整它们：这里他的暴发户品味显露无遗。　1-92

这样的生产方式与希腊人何等不同！希腊人中，所有的劳工都是艺术家。不要要求他们建造其中人力只能扮演机器角色的建筑。在他们的建筑中，他们不会使用过多的灰泥；他们的基础草率地用干石铺设；他们尽可能地避免机械的以及不能被看到的劳动，在可能的情况下，他们把建筑设置在岩石上——一种他们的国土上大量存在的建筑基础。而地面以上的建设，他们努力地表现出每一部分；石匠有着雕塑家一样的自豪感；他希望他的石头可以被看到——至少它的某一个表面可以暴露在外被欣赏。如果说希腊人没有使用拱券结构的话，那并不是因为他对其不了解——我们不能承认这一点——而是因为这种建造模式要求有强大的拱座支撑，需要大量的石工；且他不希望雇用大量人力建造一个需要烦冗的机械劳动，但没有活力的体块，其大部分都是不可见的。不管拱券建筑有什么样的优点，这些优点在希腊人眼中并不能补偿（如果我可以这样表达的话）拱支点部分使用的有损尊严的劳动：除此之外，希腊的土地，使得建筑基础变得毫无必要的同时，提供了丰富的最优质的建筑材料。如果大理石恰好需要的话，在大希腊（magna Græcia）、在西西里，他在所使用的石头表面小心地以高超的技术墁上质地优良的灰泥，并以突出他的作品的方式在灰泥上用刷饰；希腊人有卓越的艺术感；他尊重他生产的东西，并且不愿意作品任何微小的细节不能呈现到眼前。

当罗马人以上述方式建造了他们的建筑时，如果他能发现有能力的艺术家并且可以获得大理石——尽管它极其昂贵且产于遥远的国度——只要他的项目的必要条件得到满足，他在建筑物表面覆盖切成板片的昂贵的材料，用束带层装饰它，并且将柱子与檐部联系到一起。在拱券上，他铺设雕刻的灰泥，彩绘并镀金：事实上，在材料效果上，他竭尽所能地效仿希腊人。但是希腊建筑物体量较小，而罗马建筑物体量大且高耸；罗马人将希腊柱式叠放；更值得注意的是（罗马人对希腊理性的漠视在这里表现出来），希腊柱式只支撑楣梁，而罗马人在他的公共建筑中，除了拱券和穹顶之外，几乎不采用任何东西；靠着拱券的扶壁建造附墙柱，并且在拱门上方，他在柱顶放置楣梁；也就是说，他利用希腊的构成作为框架来装饰他的建筑物的必要部分——一种奇怪的错误，很明白地说明了罗马人如何将装饰从结构上分离出来——将　1-93

装饰仅仅作为奢侈品——一件用途或者来源他并不关注的外衣。

在为罗马建筑采用了与希腊的建造相矛盾的希腊建筑形式的这方面，罗马人不应该被效仿；然而我们必须说，从文艺复兴时期开始，这已经成为我们研究罗马建筑的起点；真正的原则——尽管显然符合理性与良好的判断力——甚至被那些应该知晓并应视之为公理的人们所忽视，这种情况非常严重且随处可见。当然没有什么可以比在拱券上放置过梁更应该被良好的判断力反对的了，因为拱券的职责在于自身重量的抵消，它反而应该被安放在连自身重量都不能抬起的过梁之上。柔弱的事物不应该保护强大的事物，而应该被其保护。这是一条永恒的真理。去城镇市场购物的乡村妇女一路都将鞋子拎在手上，直到进入市场时才会穿上它们；任何人都能观察到这个事实。如果一个人就此认为，为了坐下的时候可以穿上它们，鞋子在走路的时候是要一直拿在手中的，我们会怎么看他？谁会愿意接受这一习惯，谁会把穿上鞋子走路的人视作野蛮人？脚的形式是无可指责的，鞋子也是完美的；但鞋子是用来穿在脚上而不是拿在手中一点也不会假。一味地尊重古人的作品是不够的：我们一开始就应该查明它们是否合适于它们所处的位置；拱券上方柱子支撑的过梁一定会让一个伯里克利时代的希腊人震惊。看到这些混杂拼凑的建筑组合，他不得不问："是不是过梁已经折断，是不是为了支撑它，后来建造了用来稳定柱子的扶壁，并设置了作为支撑的拱券？"但当被告知这一结构是这样设计出来的，它是一个建筑混合体之后，我们可以想象这位希腊人一定会无奈地耸耸肩膀。我们不是希腊人，也不能每次见到这样的无知错误时都耸肩膀。但我们总是可以进行逻辑的思辨，并且不需要因为它们大量地流传下来，而接受罗马建筑：我们可以将罗马建筑（它们自身是值得赞美的）与它们借来的包装区别开来；我们必须强迫自己这么做。

1–94

在明白了关于希腊和罗马建筑的优点之后，我们不应以同样的赞美将二者混淆起来；我们可以将它们区别为不同的表达，或者甚至相对立的原则；在前者身上可以看到高贵的人类本能最自由且精致的阐释；在后者身上，可以看到对物质需求和强大国家组织的绝对遵从。希腊建筑仅余下了少量遗存，且大部分都已是废墟，但它们表现出同样的特质；它们无法被评价；我们只能对这些伟大艺术的遗迹顶礼膜拜，并且在其中寻找那些被遗忘的，我正努力重新揭示的极其重要的原则。

然而，在罗马建筑中并不是这样。罗马建筑的每种类型的作品都可以见到，从罗马的道路和输水道到凯旋门和纪功柱（votive column）。从共和国结束之后，罗马人的历史我们非常熟悉——甚至，超过对我们自己历史的熟悉程度；它的法律和习俗也被清楚地了解。因此，通过这一伟大民族的历史，了解其艺术逐步进步的过程或者并不容易，却是有可能的，因为罗马人的艺术，像他们的宗教一样，是他们永恒政策的工具。"罗马人宗教信仰的产生既不是因为恐惧也不是因为虔诚”，孟德斯鸠（Montesquieu）说，“而是因为所有社会都必须要有宗教”，并且，“我发现在罗马立法者与其他民族的立法者之间的区别，前者宗教是为国家而设的，后者国家为宗教而设。”这一段也可以同样应用到艺术上；罗马人拥有艺术，因为他们认为所有文明国家都应该有艺术；它是一件成为惯例的事情，而不像对于埃及人与希腊人一样是关于信念的事情。观察罗马人建造一座庙宇——神的圣所——他们从希腊人那里找来它的布局与设计；他们没有像埃及人与希腊人那样完全属于自己的神庙。罗马的国家宗教也是由希腊传入的。在神话学中，这两个民族有同样的神话观念——自然力的神化；但是神话本身呈现出不同的形式。举例说明这一不同，比如，Sterquilinius 神（of manure），罗马人中富饶神力的象征，相当于希腊人中的爱神（Eros）。但是当涉及为国家服务的建筑的时候，罗马立法者就会介入；他发号施令；他知道他需要什么，并且从其他民族那里只借来建筑的外表。

然后，他使之适合于他的喜好。他不允许艺术家以艺术的原则来束缚他：他并不关心如何解开戈尔迪之结（the Gordian knot）——他快刀斩乱麻地剪断它。他像克劳狄乌斯·普尔契（Claudius Pulcher），在一场海上战斗的前夜，对待士兵的迷信一样对待艺术。在战前向神鸟祭祀的时候，神鸟不肯进食，这是一个不好的征兆。“它们既然不进食，”他说，“让它们喝水；”他将它们扔进大海。艺术家深信艺术是一种宗教，一种生动的、炽热的信仰，而对于不是艺术家的所有人来说，它仅仅是一种约束的成见。设想很多建筑师、雕塑家和画家，遵循着不变的原则，活在没有任何关于艺术信仰的状态下；那么无数的困难就会出现。罗马人，卓越的政治家、立法者和管理家，在他们的社会机体中，不能允许这样的约束。在罗马人中，艺术家不是奴隶就是自由民——或者最多是被刻意置于卑微地位的市民。他们宁愿让一名长笛演奏者成为官员，而非一名建筑师。对于罗马人来说，建筑师在他的建筑中采用了哪种柱式、檐口、线脚，只是一个无关紧要的问题。但是，在他试图推理的时刻——提出某些他认为对营造司的意图来说非常重要的一些原则——当一座建筑物建成两层的比例会更加好时，他能拒绝将其建成三层吗——不管他援引什么样权威，无论他辩解的理由怎么优秀——罗马营造司都会不由分说地要求他服从命令，并要求他不要以争论所谓的艺术的原则自娱；对于罗马人来说，除了国家的利益，罗马人不认可任何权威。一个著名的事件表明了什么是罗马人关于艺术的观念。穆米乌斯·阿卡伊卡（Mummius Achaicus）为一些有价值的艺术作品从希腊到罗马的保存传递进行了规定，如果宙克西斯（Zeuxis）的某幅绘画受损，粗心或有错的人就一定要复制它。我们不能确定艺术家被罗马官方如何对待，或者说他们被允许有什么程度的独立性，因此，我们只能进行推测；但是我们知道这些罗马权威们关于宗教的某些派系的态度，这些宗教派系的地位本应是那些在罗马社会中仍坚持不变的原则的艺术家们应该占据的。

1–95

没有一个政府比罗马更加宽容；在宗教本身宽容的状况下，它认可所有的宗教：只有埃及的宗教、犹太教以及基督教，被它禁止，因为这三者本身都被认定为不宽容的，并且被认为对国家来说是危险的。有时，它们之间不1-96 被区分；因为，在国家的视角下，在埃及、犹太教和基督徒中，牧师形成了一种独立于政治权威的团体——用现在的说法，是在精神上和世俗上有所区别。例如，罗马人压制了巴克斯（Bacchus）的信仰，不是因为宗教信仰，而是因为他对公共秩序的违抗；正如现代的国家赞成自由的信仰，但是不能允许任何宗教团体在公众间散布流言或者引发动乱。在罗马，牧师或者神父是民间权力（civil authority）。“在我们的城市中，”西塞罗说[1]，“国王，及继任的统治者，总是维持着双重性格，并且在宗教的帮助下统治着国家。”如果罗马政府接受这些关于宗教实践的观点，它就会更加果断地在被它认为一点也不重要的艺术方面坚持这样的观点。这里，我们不需要仅从艺术的角度证明罗马人是对还是错；——在民间权力的压制下，艺术是可以自我发展还是必然地渐渐被淡忘。这里，我们唯一的目标是呈现出这些证据，使我们的读者可以认识到希腊艺术和罗马艺术之间存在的非常大的差别。并且，我们的任务不是书写民族的政治史，而是指出在什么样的程度上，艺术——尤其是建筑艺术——反映了发展出这些艺术的人们的精神生活和习俗。从宗教的角度看，希腊人不如罗马人宽容；以苏格拉底之死为证，是艾西巴第斯（Alcibiades）以玷污了雅典赫耳墨斯（Hermæ）为名义对他的迫害；以及意义相同的，伯罗奔尼撒人（Peloponnesians）因要庆祝一个宗教节日，在马拉松（Marathon）战役结束时才加入希腊军队；他们的制度与罗马不同，远不能用强大和开明来形容：他们没有坚定且连贯的目标和行动；然而，这样的状态最适合艺术的发展。如果我们不得不从中得出严密的结论的话，这些结论将是令人沮丧的，因为得出的结论有这样的倾向：统治国家的制度越开明，越强大，越井然有序，艺术就越不能自由地展现出它们的活力，并产生出完美的作品。也许，没有人在路易十四面前以这种方式推理；但是导致这位王子在法国建满罗马样式的建筑的想法，与他君主专制政体的原则完全一致——作为国家联合体的领1-97 导：罗马建筑可以与他的政治制度一致；并且罗马不能容忍这样的观点，即如果一个民族渴望艺术，它必须允许与艺术有关的匠人拥有一定程度的自由。一言以蔽之：我们讨论人类的不同的感觉与关系，以及理性与感性的产物时，严格的逻辑得出的结论很少是正确的。我们必须考虑到人类本能的巨大差异；构成人类的矛盾要素；他的传统、偏见以及脾性。不过，如同在地球上存在了多年的很多民族那样，精神现象有着某些规则；尽管有发展过程以及宗教上的差异，它们还是自我表现出来，并且总是有着同样的表现。艺术发展过

1 《论责任》（*De Divinatione*），Lib. I.c.xl。见《论罗马人的宗教政策》（*Dissertation sur la Politique des Romains dans la religion*），孟德斯鸠（Montesquieu）。

程中这两种对立的原则，我们刚指出过希腊人和罗马人中它们产生的原因，正在并且将会永远斗争下去；而且我们可以看到它们，从出现之后至今的很长时间里，如何作用于建筑。接下来，我们会问，面对呈现在我们面前的历史和其中体现出来的人类智慧的强大思潮，讨论这一学派杰出还是那一学派厉害，或者贬低一种艺术的形式而抬高另外一种，难道不是幼稚的吗？确实，我们还有更重要的事情要做。

我不得不再重复唠叨：艺术是无与伦比的。它的基本特征是它呈现出来的与民族风俗、制度以及天赋的和谐。如果它采取了不同的形式，那正是因为这种天赋、制度和风俗的不同；如果，随着时间的推移，它似乎又回到了起点，那是因为在民族的制度、风俗和天赋中，一种类似的现象又表现了出来。如果它已迷失道路，并且正尝试着各种方向，我们不应急于断言，“这是唯一正确的方向——我所选择的才是正确的。”让我们因照亮它的道路，为整片区域带来光亮而感到满足；让我们用专注的研究、诚恳且可靠的分析来帮助它；但是我们不要用将它引导到正确道路上为伪装，来强迫它往右或者往左。对艺术的研究与热爱——不是针对艺术的某一形式——并对它真实的原则进行深入的调查，是当艺术似乎要衰落或者走入迷途时，使其复苏唯一的途径。

我们刚才已经谈到了民族的天赋；但究竟什么是民族的天赋？——我希望在我的读者的思维中不留下任何的模棱两可——即避免这些徒然增加混乱的含混的词汇；因为我们应该对所有的问题都有清晰的理解。在社会组织中，存在着三个清晰的要素：我们称为民族的天赋的要素，它所采用的习俗，以及它所自愿或者被迫服从的制度。我们所熟知的古代民族——希腊人和罗马人——二者如此不同，都有他们自己的天赋，与他们的习俗和制度完美一致。这种和谐一致在基督教建立以后，并不总是能保持下来。大陆上的野蛮人入侵引起的可怕的混乱，留下了至今依然清晰可见的深深的印痕，需要更长的时间才能消除。因此，人类天赋、统治着人类的制度，以及他们的习俗之间的巨大矛盾，既存在于中世纪也存在于现代。因此，人类总是在不断地追求遵从自己的天赋灵感，也会采取暴力的手段去遏制这些灵感，因为它们常常与他们不得不遵从的制度相冲突。

1–98

这个短暂的题外话对于解释我所指的什么是人的天赋是非常必要的。人的天赋，只是表达他物质和精神需求的方式。希腊人的天赋让他们在概念方面突出，并且赋予他们理性的形式。罗马人的天赋让他们一切服从于公共利益的考虑——我们称之为政府。希腊人让他的制度服从于他的天赋，而罗马民族的天赋是附属于它的制度的。“*Morituri te salutant, Casar*”这一语句，“恺撒皇帝，我们这些愿意战死的人向您致敬”是罗马人天赋的最真实的表达。雅典有它的苏格拉底；罗马不可能有这样的人存在。苏格拉底是一个身在雅典的雅典人；他是被听从的，他是危险的，他将信仰作为讨论的对象从而摧毁它；他被宣判死刑：他不可能是一个身在罗马的罗马人，不可能被听从，也不可能是危险的。在罗马，格拉古（Gracchi）才被认为是危险的。还有，在饥荒时将玉米无偿发给人们的斯普利乌斯·莫比乌斯（Spurius Moelius），被塞尔维利乌斯·阿哈拉（Servilius Ahala）以用这种方式取得对国家危险的声望的理由杀害。在罗马，不是哲学家，而是社会结构的改革者，或者让自己站在法律的对立面上的人，才被认为是危险的。存在于古人的艺术，以及历史为我们所知的那些民族的天赋和习俗之间的和谐，是如此完善；这些艺术如此忠实地反映了与制度关联甚密的民族特性，这些艺术的研究是唯一最基本的事情，它应该首先引起青年人的注意——事实上，它的地位无可替代。如果我们讨论我们的教育设置所处的状况的话，我们可以说我们中所有从事

1-99 中世纪和16世纪文艺复兴时期研究的人，在他们没有对异教的古典时代进行研究之前，还不能够有效地达到这一要求。我们应当将中世纪艺术的专门研究视作迈向野蛮的一步。但是我们又认为局限于异教古典时代的教育课程是狭隘且不充分的；并且我们认为忽视艺术史的某些阶段的课程是不合逻辑的，从恺撒时代跳跃到弗朗西斯·尤利乌斯二世（Francis I Julius II.）、利奥十世（Leo X.）和亨利二世（Henry II.）时代。认为希腊人和罗马人的艺术与统治他们的制度有密切的联系这样的观点是正确的；从这一角度研究他们的艺术是理性的有益的，但如果我们坚持要在中世纪的艺术和制度之间建立相似的紧密关系，我们就会陷入错误。在这一历史时代，人类的天赋几乎总是与统治他们的制度相冲突。艺术就是这一斗争最真实的表达；并且作为其直接结果，寻求的方法是复杂的，不再像古人那样简单，而需要细心的探索和详察，需要批判和分析的指引。我们应该认为这一研究是多余的吗？相反，根据我们的判断，它必定会对思维的进步有贡献，必定会对赋予我们思维的灵活性有贡献，思维的灵活性是非常必要的，今天各种情况林立，各种矛盾不断出现的复杂社会状况，是过去的传统与此刻的物质精神需求的概括（résumé）——一种所有事物都处于变动和不确定之中，都要随着科学研究的进展而不断更新的社会状况——在其中民族的天赋通过怀疑、制度和革命寻求确定的表达——在其中制度不再趋向于压制这一天赋，而是经过多次实验，达到一种与之和谐的状态。

这样，我们的计划，就确定了（marked out）。如果它太过宽泛，这不是我们的错误；是我们所生存的时代要求它成为这样；它至少不会被指责为过于狭隘。我们将先考察表现出罗马艺术（只要它们真正是罗马的）特点的原则的伟大统一性——接着考察导致统一性毁灭的不同要素；基督教中产生出来的精神对建筑的影响；中世纪第一个百年的混乱中建立起来的新秩序——起先在修道院的怀内，12世纪之后，在政治世界中；存在于新秩序与人们天

1-100 赋之间的联系和差异，完全反对艺术进步的政治制度下艺术神秘、持续、独

立的进步，以及作为政治制度与艺术之间斗争的结果的萧条；因为中世纪的艺术形成了一种共济会制度，它像其他所有的独立组织一样，变得狭隘且乏味。接下来我们看看伟大的文艺复兴运动，它奇怪的矛盾，及它为了达到和原初预想的相反的目标而进行的努力。最后，今天我们从许多代劳动力身上得来利润的方式——引导他们的原则的运用。

通过回答要求我们提出一种我们这一时代的新艺术形式的当代人，我们可以来对本讲作一个总结："首先，我们的时代并非它实际的状况——它是古典时代传统、基督教精神影响、中世纪人类天赋与野蛮人征服之间长期斗争、神职人员和皇室为保护绝对的权力而付出的努力，以及下层人民对封建倾向的不断的抗争——工人朝着这些趋势相反的方向持续不断的抗争——的混合物。清除我们记忆中的宗教改革，大量知识和批判的堆积。让我们不同于我们祖先的后代。要阻止怀疑的时代成为固定的存在，也不要让怀疑破坏所有的传统、推翻一切制度；在古代欧洲的土地上，找到没有被废墟覆盖的地方——完全相同的制度、风俗和品味，但与过去并无联系——找到不是我们先辈的劳动成果的科学。事实上，让我们忘记所有在我们之前就已完成的东西。然后，我们就会有新的艺术，就会创造出前所未见的东西；因为，对于人类来说，学习是困难的，而让他忘却则更加困难。"

第四讲　罗马建筑

1-101　　前文已简要提到了罗马人所理解和实践的建筑艺术的基本原则，需要更多的阐释；因为，无论一种建筑形式有多简单，艺术总是由各种不同的元素、多样的要求以及绝对的需求组成，以至于在没有深入到组成它可见外表形式的无数细节的情况下，不能对其妄加评论。我早就说过，希腊建筑的外在形式只是与需求及建造方式对应逻辑的建造结果，是对光影效果的细心观察，以及一种和谐比例的感觉的结果。

让我们暂时离开希腊建筑。它那如此显著的成果将会在我们的讲义中不断被提起；因为它是源泉，二十多个世纪以来每一件人类作品都通过不同渠道从中获得过灵感。希腊建筑——不幸的是，我们只有很少的希腊建筑实例——在我们对它的使用中，将为现在的需求下它真正适合的目标服务，也就是我常常请读者注意的原则的最肯定、最完美的类型。罗马建筑，我前面已经解释过，它所遵从的原则和控制希腊建筑的原则直接相对。它的结构仅仅是满足某种需求的方法；它不像希腊人那样，让建造成为艺术。

在希腊人中，建造和艺术完全是一件事情；形式和结构紧密联系：在罗马人中，我们有结构，有包裹在建筑外表、常常独立于建筑结构的形式。但我们马上就会看到，罗马人仍然从希腊人那里借来了很多东西。希腊建筑总是通过垂直水平的线条与表面的结合展开。罗马建筑在这两个基本原则的基础上增加了拱和穹隆——曲线和凹面。从共和国时代起，我们就发现它运用了这一新的要素，这一新要素很快成为统治性的原则，并以将其他两个要素变为附属而结束。

1-102　　但是，我必须首先指出，罗马人借用了希腊人什么，以及他们用自己独特的天赋对其进行的调整修改。罗马人没有自己的宗教建筑；建造神庙时，他们从希腊人那里拿来了总平面和柱式。希腊人已经创造了三种柱式，或者更应该称为三种建筑的类型，每一种都有它特定的比例和装饰：它们是多立克、爱奥尼和科林斯柱式。三者中，最华丽、最典雅、时代可能最晚的是科林斯柱式：然而，希腊建筑师，直到伯里克利时代，仍然表现出对多立克和爱奥尼柱式的显著的偏好；在他们的宏伟神庙中，他们常常采用多立克柱式。在罗马帝国之前的时期有为数不多的几个科林斯柱式的实例，似乎只被希腊人用在小尺度的建筑中，例如，被称为列雪格拉得音乐纪念亭（Choragic Monument of Lysicrates）的雅典圆形的小型纪念建筑。在共和国之后，罗马人在他们的神庙门廊的组成中优先采用了科林斯柱式。这些世界的未来统治者就像暴发户：对于他们来说，艺术的真正表达不在于形式的纯粹，而在于外表的华丽。罗马人对多立克柱头的优美曲线没有兴趣；他的性格促使他更欣赏雕刻的华丽，而非外形的细腻精巧；他是富有的，并且他希望表现出来。科林斯柱式很快成为罗马宗教建筑采用的唯一形式，因为，作为最华丽的柱式，它被认为是最令人震撼的。但是，大部分希腊神庙的有限的规模很少能与罗马人的精神相一致，在帝国开创之初，他们就试图使他们的城市布满巨大的建筑：因此，这一柱式的尺度被加大。在采用希腊柱式的过程中，罗马建筑师——卓越的建造者——显示出他独特的天赋。希腊柱子常常由鼓形的岩石或大理石组成，要极其小心地叠放起来；因为希腊人认为，从其功能来说，一根柱子应该表现一块巨石。如果他所使用的机械工具，无法开采、运输以及抬升尺度巨大的石块的话，他会用更精湛的技巧，补偿这一不足；此外，当他所采用的材料非常粗糙时，如我们谈到的，他在外表涂上有色彩的精致灰泥——当他认为必要时，他会赋予组合物同质性的效果。相反，罗马建筑师，用一块单独的岩石、大理石或者花岗岩加工柱子。采用了柱身相对多立克柱式轻巧的科林斯柱式，并显著地增大了柱子的尺寸，他很自然地将柱身做成了整块巨石。多立克柱没有基座，而爱奥尼和科林斯柱子有；但它们的基座没有方形底座；它们的圆形柱盘直接落在地面上。当然，希腊人从未想过要在柱脚下放上一块有尖角的石块，它会阻挡通道，且威胁到进入门廊的人们的脚部。不久，罗马人就为他所用的所有柱式的柱子底部都加上了基座；这一基座有一方形的底板；他需要在他的巨石柱下安放一个支撑底座；对于巨大石块的稳定，这是必不可少的。他表现出这一底座；他赋予其显著的地位。他发现，多立克柱式过于简单严肃。意大利的阳光不如阿提卡和西西里的明亮；他在他柱式的柱顶板上增加了线脚；他用凸出的半圆饰取代希腊多立克柱颈部的优美的内凹和尖锐的扁带饰。取代希腊艺术家凭精妙的感觉设计出的轮廓——座盘的装饰曲线不是规则的几何形——他设置了一个曲线是四分之一圆周的座盘。他的建筑师没有空闲去研究线条的纯粹性；他的石材加工者没有时间进行这些精雕细琢；用圆规描绘圆周的四分之一要比找出一条无法描摹的曲线麻烦少得多。希腊多立克柱式中，当壁檐呈方形的转弯时，建筑师会小心地在转角放置一块三陇板，并减小转角附近两柱的间距。罗马人希望绝对的对称；对于他来说，这是规则。所有的柱间距因而都设成相等。多立克柱式的三陇板被安放在柱中心上方。这种安排方式在转角处会留出方形的半个柱间壁——也就是说，转角下是空的：这与理性相悖，但满足了对称的要求，且罗马人常常将要求对称的法则错误地当作是艺术的美感。希腊人除去理性之外，不认可其他任何规则；但是理性地思考，而不能被约束：这并不适用于罗马人的立法精神。将对称作为艺术的第一法则，罗马人为自己省

1-103

去了大量的麻烦和不确定；因为每个人都能理解对称的法则，且很容易实施。1-104 但是你看：当对称法则与建筑需求的满足发生矛盾时，将这一法则使用于艺术形式——运用于建筑的外表——的罗马人，将大胆且理性地把自己从法则中解放出来，比如，在他的公共建筑的一些布局和微小的细节上。这里，我们可以得出罗马建筑的特征之一，我们希望读者对其足够注意。

在谈到希腊柱式被罗马人采用并改造，不是因为人的品味，而是作为对财富的丰裕和渴望的展现时，我不是要描述这些柱式和它们的绝对比例，或是重复那些已经说了一百次的年轻建筑师如果不清楚的话可以很容易地在其他地方查到的东西。我们拥有奥古斯都时代唯一论述了建筑的作者，维特鲁威。因为唯一，所以我们可以推断他是同时代人中最好的；尽管不能据此得出他是优秀的——他是绝对的权威——他不能犯任何错误，或者他的著作是详尽的。我并不精通奥古斯都时代的语言，无法肯定地断言维特鲁威的文字已经被篡改，或者一些失传的比例是文艺复兴时代根据当时的观点补充进去的。但从建筑师而非拉丁语学者的角度判断，我会倾向于这样认为。除了其他观点，他关于柱式比例的论述在我看来与他那时代的建筑物所表现出来的证据恰好矛盾。维特鲁威有时将希腊柱式归结于奇怪的起源；从中我们可以想象，至少对于他来说，引导着希腊建筑师的理性是没有被认识到的。然而，维特鲁威的著作中有一段关于希腊多立克柱式的论述，非常有意思，且显然没有被文艺复兴的拉丁语学者篡改；因为他们对于希腊神庙并不熟悉，或者至少他们的熟悉程度不足以进行这些评论。这一段文字有意思是在于我们看到一个奥古斯都时代的罗马建筑师，因为前文我们谈到的希腊人的某些建筑设置方式，并不将理性视作希腊人的特质，而完全将之归于罗马人；甚至，对称的法则似乎被认为是极为重要的。

这是一段译文[1]——

“一些古代建筑师认为多立克柱式是不适合于神庙的，因为它有对称的困难和不协调。阿耳喀西俄斯（Tarchesius）、庇提俄斯（Pytheus）还有赫耳摩格涅斯（Hermogenes），也已经这样断言；因为后者，有大量大理石来建造一座多立克柱式的巴克斯神庙，他更改了他的方案，并采用了爱奥尼柱式。1-105 反对的理由并非多立克柱式在优美和壮丽方面的欠缺，而是三陇板的安置以及它们之间的空间在实施中的困难；因为最关键是三陇板必须跨过柱子的中心，且三陇板之间的陇间壁高度必须与其宽度相等；然而，转角处的三陇板并不能放在柱子的中心，而是靠尽端放置。因而，紧邻转角三陇板的陇间壁也不可能是方的，而是长方形的，且每块都宽于三陇板宽度的一半。希望中楣上的陇间壁尺寸都相等的人，必须减小转角处的柱间距大约一块三陇板宽度的一半的距离。现在，不管陇间壁有没有变宽，或者最后一个柱间距有没

1 “多立克式神庙的均衡”（De Ratione Dorica），第四书，第三节（Lib.iv.cap.3）（《建筑十书》的第四书第三节——中译者注）。

有变窄，效果都是不好的。关于对称的考虑阻止了古人在他们的神庙建筑中使用多立克柱式。”

我并不认为这是导致希腊人在某些情况下更喜欢用爱奥尼柱式而非多立克柱式的真实原因;更可能的原因是，这是那个民族的对新的组合方式的探索，让自己摆脱惯例的束缚和热衷于发展的永恒追求；以及很快让他们走入矫揉造作并且很自然地最终走向衰败的对完美的渴望。在我看来，在说到多立克柱式中让转角处的柱间距比其他地方略小是为了使陇间壁各间相等时，维特鲁威似乎有所误解；因为他们如果这样做，就是为了毫不重要的细节而牺牲总体布局，这有悖于常识的。如果我们研究他们的建筑，我们将会发现希腊人并不为如此无关紧要的问题而庸人自扰。但无论如何，维特鲁威的这段话说明了罗马建筑师的精神；他热爱规则，并希望将其运用于一切，甚至包括只应该由推理和美感来进行的事情。但在奥古斯都时代，甚至在之后很长一段时期，罗马人雇用希腊艺术家为他们的建筑进行装饰，在与希腊艺术家的理性或者直觉冲突时，他们并不在意那些规则：因此并没有产生出阐释维特鲁威给出的规则的罗马柱式——也没有任何与它们类似的东西。罗马建筑中柱式的相对比例关系是根据材料的属性、柱式的位置、建筑的尺度、柱子的数目等修改而成的。罗马柱式遵循着一条专横的法则，即对称法则；它是唯一符合这一民族气质和它的法律精神的。然而罗马精神需要其他的认可。我们已经看到希腊人的优雅本质和艺术天性在建筑形式的表达中如何将效果和极端微妙的层次变化结合起来，而没有任何的冗余和样式上的牺牲。我谈到过关于多立克柱式的凹槽和柱头，很充分地说明了希腊人对一切艺术的精致微妙的感觉。

1–106

不用过多重复——希腊人是有品味的艺术家及他们周围有品味的人们；他们知道如何适度地表现真理，并相信可以被理解；他们中没有野蛮人。

相反，罗马人坚决；他必须坚持让自己被理解；他要且必须影响大众；他是巨大的——巨大到令人敬畏；他用敬畏激发大众；他很清楚地知道在他统治下的形形色色的人面前艺术的精致必须被丢弃——他们中的大部分都是没有教养的。他蔑视作为希腊艺术特点的神经质的优雅：他想要的是财富和宏伟的表达；成为他的工匠的希腊人，很快就失去了他的民族独有的精致品味，回应主人的帝国虚荣心。不过，在希腊艺术家手中，罗马建筑的外表很长一段时间内唯独在技巧上非常优秀。即使希腊人是被迫用装饰覆盖建筑外表的，这也保存了他们民族的优雅和严肃的某些特质。技巧的精致让位于烦冗无度是一个渐变的过程。但稍后，我将不得不更全面地讨论更多罗马建筑采用的装饰系统的问题，并唤起对技巧的美和自由的关注，这是装饰雕刻的特点，首先是在希腊人中，后来在罗马共和国的最后一段时间和帝国的开头几年。目前，我们会只讨论建筑中在真正罗马的部分，也就是建筑结构的部分。

罗马人很早就采用了两种独特的建造方式，然而它们是先后被结合到他们的建筑中的；它们是——用石材建造和用碎石及砖建造。前者只作为厚外壳砌筑时使用，由不用灰泥接缝紧密的大石块堆砌而成，靠金属（有时甚至是木质的）暗销和拉筋将其拉结在一起；外壳之内，是嵌入优质灰泥的大量小石块。拱顶是用同样的方法建造的，主要是石或砖加工的拱券支持的混凝土填充物。 1-107

这一建设系统迫使罗马建筑师采用自己特有的平面布置方式。大量的扶壁支墩组成支点，以支撑拱顶的重量。在这些建筑物中，没有墙体，准确地说，只有分离的支撑点，通过相对较细小的不承重部分连接在一起。这一原则导致了运用在布局上的令人赞叹的处理手法，要求大尺度的建筑必须包含有数目众多的不同部件；例如，大空间的周围围绕着小的空间——许多形式、平面和高度各异的房间，过道以及楼梯间等等。举例说明，我们假设一个方案，一个主要的大厅，周围环以平面和高度尺度都较小的房间：罗马建筑师建造了四个主要的支墩（图 4–1）；在每两个支墩之间，他在他认为合适于外部房间的高度处设置了筒形拱；在角部的支墩上方，他继续建造两个圆筒状的拱顶交叉形成的十字拱顶（groined vaulting）。建造薄的外墙，并且如果需要的话，建造附加在中央大厅周围四个房间的分隔内墙，他就完成了他的建筑。 1-108

1

图 4–1 罗马建造系统

拱顶下，四个筒形拱上，他可以留出为中央大厅提供光线的开口。通过赋予下层拱券上的几个屋顶和十字拱顶上一片有四面山墙和四条排水沟的屋顶一定的坡度，他将因而获得一个同等的简洁、坚固且耐久的建筑物。

尽管罗马人丝毫不关心劳动力的耗费，然而他拥有一个过分程式化的思维，有太多的良好感觉，是一个如此优秀的经济学家以至于不会在不必要的工作上浪费任何精力。作为一个建造者，他的计算很快说服自己，支撑大厅拱顶的支墩以及四个小空间的拱券，可以以更少的材料提供同样的支撑力；他把支墩掏空，如图 1 所示，在筒形拱起拱点之下，紧邻小空间的两边留出平面为半圆且呈 1/4 球形拱顶形式的内凹壁龛。这样，他为四个小房间增加了空间。这种建筑——实际上仅仅由有砖表面的粗石工程组合而成——无论在内部还是外部，都不允许有由结构而来的任何装饰。但是罗马人是伟大的；他不满足于严格完成计划的要求，而是为他的建筑添加细节；比如，他在一座建筑的前部设置一个门廊。门廊当然有它的用途；但是它并不构成他的作品原始概念中的一部分。所以，他会召集艺术家，并促成了巨石柱——巨大尺度的石块；因为他的工具是强大的，且当他希望表现财富的时候，他会不惜代价。我们刚刚描述的建筑结构是他的——是他自己的艺术；外来的装饰，他会从希腊人那里借来。

然而，现在正在讨论的建筑，不像神庙建筑，没有独立可观赏的正立面轮廓线；有大块的砖结构阻碍，希腊多立克柱式的精致——它的线条是如此仔细地根据围绕它的光线和空气考虑的——为了不压碎下部的构造而做成钝角的山花——所有这些因最微小的细节而让人愉悦，并只为自己存在的艺术的审慎精致，都将被抛弃并只会显得荒谬可笑。我们无法判断罗马人是否感觉到了这一点；很可能他感觉到了；但是希腊人一定懂得这一点。他会采用一种更华丽的柱式，但线条没有希腊多立克那么纤弱。他会采用爱奥尼柱式，或者科林斯柱式；后者尽管典雅，却有更多的浮雕和姿态——引人注目的印象和生动的对比会使它更明显地突出于建筑实体的背景。在室内，罗马人在拱顶上覆以精细的灰泥，为了让它的实际尺度更清晰，将其划分为几个部分。这些灰泥将被施以适合于这一材料的雕刻：也就是说，它只允许平坦的装饰，适合于施以壁画并描绘地更突出。他将在墙的下部覆上用微凸的线条作划分的彩色大理石板；因为他不愿意破坏漫射光照亮的室内保持的统一效果。因为希望建筑的外表能够呈现出显著的凸起，这样可以留下与建筑体量比例适当的宽阔阴影，他在室内装饰中更倾向于一种宁静完整的华美效果。罗马人因而有他自己不应该——完全不应被轻视的品味。罗马人关于艺术的独特品味，应该被欣赏，因为它至今仍可以指导我们：因为我们的制度，我们的法律，我们的行政，我们的统治方式与罗马人的政体、行政、法律和制度有诸多的一致之处；我们的语言源于拉丁文，我们的体质实际上也是罗马的；但我们

1–109

法国人的性格、感觉、思维模式，却与雅典人非常奇怪地类似。我们拥有他们一些优秀的特质和几乎所有的缺点；他们的语言——很不幸我们现在对其非常不熟悉——似乎作为一种调味品加入了我们的语言。政府的公告或许是用拉丁词源的单词写成的；但我们不能研究或者进入智慧、哲学或者科学的领域，或在不用希腊语的派生词和希腊语逻辑（Greek dialectic）的情况下，表达新的观念。

这两种要素，希腊的和罗马的，在我们身上的共存，使得探寻什么构成了罗马人的品味并定义了它的天性变得更有意思。像我常常谈到的——希腊人是诗人，是艺术家；而罗马人善于统治和支配，并拥有适合于这种使命的品味。这一品味的建立，基于对人类与他们互相区别的不同特性的深入了解；他知道如何做到人尽其才，如何让人的才能服从于纪律并使他们为一个他自己设定的目标联合起来；他知道他是领袖，并且作为领袖他支配一切——从不会屈尊来取代成员的地位。他的品味存在于对他所赢得的世界之王地位的永远忠诚中。正是通过对这一政策的坚持，罗马人能够长久地成为一切的主宰者，尽管帝国的崩溃已经有明显的征兆。对各种宗教的宽容和对教条的冷淡，通过赋予地方官员民事和宗教的职责，并让一切服从于国家的法律，他们维持了政治上的霸权。当皇帝自己成为信徒，并开始在教会的集会中维护宗教的论点，他受到了致命一击——伟大的罗马集团将陷入混乱。让我们看看开启罗马帝国衰败的最后阶段的君士坦丁在他与他的姐夫李锡尼（Lucinius）于公元 313 年在米兰共同颁布的法案中如何表述："我们赋予每个人信仰他自己选择的宗教的自由，以使上天的祝福可以降临到我们和我们所有的臣民身上；基于所有人都应享有同样的自由的理解，我们宣布我们赋予基督教信徒自由，并许可他们一切的宗教活动，来保卫我们的安宁。"君士坦丁当时确实不是一个基督徒。罗马人通过完全相同的过程，控制了艺术——通过强加必要性的规定——通过采用与他们的社会状态一致的建筑体系，而非属于艺术家职责的艺术的细节——他赋予艺术的形式。

1-110

罗马人的庄严，并不依靠夸张，对于伟大来说，夸张是致命的；他们就是伟大的，没有刻意或做作；他们从不超出合适的限度。罗马品味因而是一种介于两种完全相反的原则之间的中庸适度——通过采纳这些原则，并通过它们得出一个确定的结果的固定方法，这能创造出他们认为合适和满意的作品。与罗马式的伟大部分近似的路易十四，尝试了与我们讨论的模型类似的方式；但是仍有着悬殊区别！例如，当讨论任命伯尔尼尼或者佩罗（Perrault）完成卢浮宫的时候，对完全受皇权支配的艺术的辩论，现在我们看来如此痛苦且毫无诚意。罗马人关于艺术的高贵感觉对我们来说是一种教训，我们不能太专注地学习它。

1-111

我们应当看到，这一范例是如何被后世参照或者忽视的，艺术在第一种情况下如何飞速地发展，在第二种情况下如何迅速地衰败。

让我们回到罗马建筑的结构——回到它选择的建造的方法。因为只允许垂直支撑和水平梁，希腊的方法，只能适用于很少种类的平面形式。不管室内空间上覆盖的梁和板是石材的还是木材的，这些方法都无法建造巨大的厅堂——水平使用的木材的承载力非常有限——石头甚至更是如此。因此，需要容纳大量人群的希腊建筑只能是顶面向天空敞开的四面围合空间。希腊的天气有利于这些简单的安排，我们并不质疑它的伟大，但这并不适合于罗马，他们皇帝的领土从意大利延伸至德国,高卢和不列颠。但我们所举实例（图 1）中的建造系统，能够用一种耐久的方法建造大空间的覆顶，简单且易于在各处实现；因为，砾石，黏土砖和石灰石随处都可以找到。如果必要，罗马的建造方法可以完全省却装饰性的石工。罗马建筑师的注意力首先被平面的布置吸引；因为他是这样的民族，他必须且一定会强制采用与罗马的社会和政治状况一致的确定的布置方案。

实际上，如果我们看真正的罗马建筑，比如浴室、宫殿、别墅和其他宏伟的公共建筑，首先打动我们的是它们纯粹原始的平面布置。这些建筑是各自有着自己适当尺寸的房间的集合体；它们的支撑点有着仅仅相对于这些尺度的重要性；这些不同部件的结合组成了一个局部之间互相支撑的整体——最小的支撑最大的，巧妙地利用了支撑点之间的空间。指出这些巨大的建筑组合之中，空间如何被有效利用——在不牺牲坚固性的情况下，结构体量如何被掏空——平面的内部配置如何适应于它的目标，是令人期待的。如果我们从平面的基础上，继续检查剖面和立面，我们可以看到小房间的高度是与它们的周长有着适当的比例关系的；然而，所有全部只形成了一座建筑，像是一个蜂巢是由大小不同的蜂房组成的。在这里，罗马的天才这样展示自己；这里罗马人就是他自己，不从任何人那里借用任何东西；从这些创造中，我们应当寻找的是严肃、有利且尤其有效的经验指导，而非那些当需要建造神庙时，罗马人仅仅从希腊人那里借来的建筑形式。

1–112

讲授一门考古学课程并非我们的目的，但是在建筑学中，我们也不需要检验罗马人在平面中和他们觉得合适时从希腊神庙的设置中借鉴来的或许恰当的改动。这一研究不可能有任何实际的目标；无论它多么有意思，它也不是我们应为自己设定的范围。我们只在罗马建筑中寻找哪些是罗马本身的东西，因为这一范围已经相当巨大。

早在共和国时期，罗马人就建造了一些小建筑，平面为圆形，上面覆以半球形的混凝土拱顶。提沃利（Tivoli）维斯塔（Vesta）神庙的内殿正是这样建造起来的；但在帝国早期，这样的建造方式得到了一个到那时为止不为人所知的发展。宏伟的浴室首先由阿格里帕（Agrippa）在罗马第九区建造起来。他同时建造了被称为万神庙的巨大的圆形大厅吗，尽管没有直接的交流但却与浴室相近？或是他已经知道这一大厅的存在，并让浴室有意模仿它？两种假设都是合理的；狄翁（Dion）宣称万神庙由阿格里帕完成于罗马729年[1]，即公元前24年；但这一“完成”还包括后来建成的圆形大厅门前的门廊，门廊檐壁上依然可辨的铭文可以证明。阿格里帕是否建造了圆形大厅，或者他是否只是用辉煌的大理石布置装饰了室内，用灰色花岗石和白色大理石的门廊装饰了室外——我们很容易证明，要我们说明的是这座大厅的构筑或者建造，以及它的装饰如何形成了两个独特的部分。阿格里帕装饰的圆形大厅，供奉的是复仇者朱庇特，如普林尼（Pliny）所述。大厅的内直径为142英尺9英寸，支撑拱顶的圆形墙体厚度为18英尺；约为内径的1/8。从铺砌地面到拱顶的最高点的高度是147英尺；内直径与整个建筑的室内高度几乎相同。圆形墙体不是完全的实体：除去入口的地方打开，它还空出了四个椭圆形的内凹和三个大的半圆形壁龛。

在这些内凹之间，在墙体厚度内地面高度上，布置有8个半圆形的小室；在拱顶起拱点高度有另外16个内凹的空间，如果没有被4英尺厚实墙围合的话，它们可以朝室外打开。关于坚固性和耐久性，没有建筑物可以构想地比它更合理：罗马的建造方法，全部的表面都是大的砖块；墙体厚度内填充固体的碎石混凝土，束带层是大理石。拱顶的起拱在地面以上74英尺6英寸的高度——也就是说，大约在整个室内高度的一半处。我们给出这些数据是有原因的：它们帮助表明罗马人有特定的可运用于建筑室内空间的规则——他们在这些空间的宽和高之间建立了某种确定的比例，且他们已经将建筑的外表作为室内布置方式的从属。但是我们现在要再次留意罗马建筑师的这种方法。盖在墙体围成的中空圆柱形上的半球形的拱顶，如我刚才所说，是砖和混凝土建成的；砖作为埋入拱顶厚度内的肋使用，室内拱顶上凹进的五个环状的部分减轻了它的负担。半球形的墙体，因为设计上厚度是中空的，事实上只是一些肋拱的结合体，将全部的压力引导到十六个主要的支墩上。我们显然可以看出，罗马人已经拥有了一个将法则强加于建筑之上的完整的建造系统，在建筑师对于建筑装饰给出他的想法之前。

1–113

让我们来看看阿格里帕的圆形建筑（Rotunda）平面（图版三）。在A部分，平面显示装饰室内的大理石柱子和覆盖物被拿掉了；在B部分，装饰被表现出来。很容易看到，大理石的装饰不属于结构部分——它仅仅是一层柱子的表面，与建筑的强度无关而绝不是辅助它的；设计的伟大与装饰无关；装饰可能以任何其他方式处理。柱廊是一座附属建筑—— 一座建筑靠着另外一座建筑。组成它的一个独立单元的柱子，以及它们承托的楣梁，与圆形建筑的建造系统无任何的联系，它完全是由巧妙地互相反推的内凹表面组成的。

1 罗马建城纪年，通常将始年定在公元前753年。罗马729年，是指从罗马城建立起729年。——中译者注

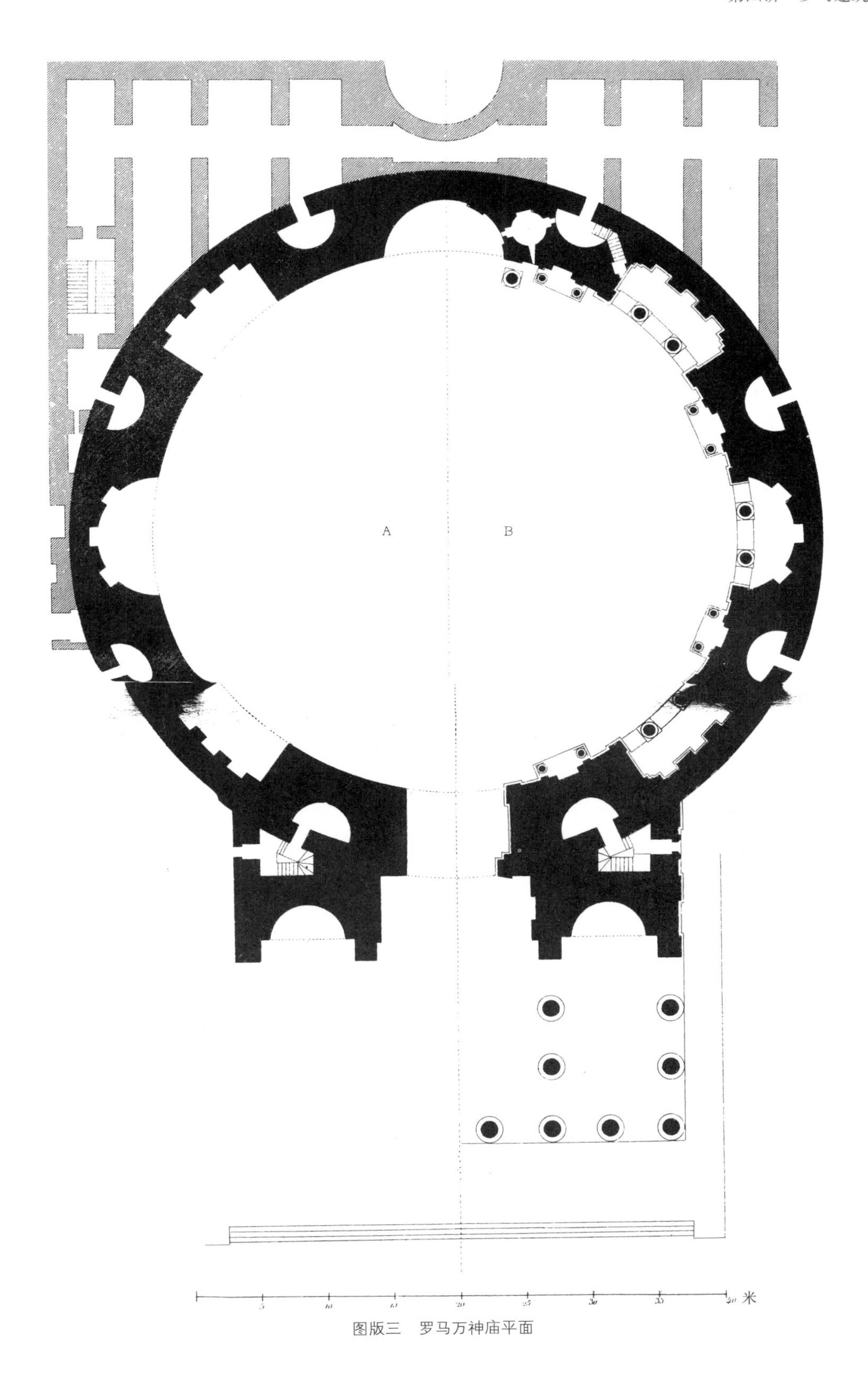

图版三　罗马万神庙平面

建筑的内部结构当然为装饰者提供了一个大显身手的空间；但是将这一室内委托给十个不同的建筑师，你就能都得同样多的不同的装饰设计；我必须承认，我不是那种毫无保留地欣赏已经实际存在的一切的人。每个人都能认识到的是，在建筑结构和装饰之间，不存在像希腊建筑中的那种亲密且不可分割的关系。那么，我们来检验这一巨大的圆形建筑的结构（图版四）：我们看到，建筑师以何等的小心避免了材料的无用堆积；甚至虚空间如何通过将压力引导到固定的点并增加受力面积，提高圆形墙的支撑力。在拱顶起拱的高度（在 GH 层上看平面），一系列分割拱形半圆天花的扶壁以及与墙体同圆心的圆筒状的拱券，强有力地支撑着宏伟的半球状的穹隆。一个纯实心的结构，有较小的抵抗力；它会更重，并需要更多数量的材料。

1–114

我已经谈了足够多的关于希腊人和罗马人中的建筑艺术，足以为我们指明在这些艺术形式的学习中，分别应该追寻的做法。依照希腊模式，将结构与可见的外表——形式——事实上是艺术——分开是不可能的；而在随后的罗马方法中，我们必须常常将建造者的工作与将覆盖在其外面的艺术包装区分开来。必须是这样吗：因为他们的方法始于相对立的原则，一个应该被赞美，而另外一个应该被鄙视？或者——更不理性的态度——我们应该不加区别地认为二者都值得尊敬或者让人厌恶？当然不能：我们应该分析二者，并从前者那里吸收真诚、逻辑、审慎思考，或者微妙地感受并表达；从后者那里，吸收宏伟庄严和好的感觉的东西，吸收在我们的正趋向于把一切精简成规则的现代文明——我们的制度和我们的习惯调和的结果——中可以运用的东西。我已经简要地谈了在阿格里帕的圆形建筑中什么是真正的罗马的；但是通过一幅图或者通过技术性的描述，我不能传达的是在参观者的思维中这个巨大的室内所产生的大体的印象。我应该首先观察到，在我看来，这座建筑的室内装饰——我注意到，它曾经更改过很多次——削减而非增加了纯粹的罗马概念带来的宏伟效果。一座建筑中细节的多样和突出——尤其是它们的用途不甚明显的时候——削减了宏伟的感觉。细节分散了注意力，让人看不到主要的东西。在一座希腊神庙中，总是服从于总体安排——服从于结构——的细节，给人留下了一种宏伟的印象，并且留在记忆中的图像会更加深这一印象；所以，在艺术中，尤其在建筑学中，结合相对立的原则并在尝试结合时让它们不至互相损害，的确是非常困难的。不要考虑细节的优秀以及它们技巧的完美，我宁愿罗马人在阿格里帕浴场（Thermæ of Agrippa）的圆形建筑上保留了它天才的外观——让这座厅堂的装饰能把它简单且美丽的结构很清晰地表现出来。在我看来，在 2/3 高度处分割壁龛的矮柱式，掩饰拱架的阁楼，以及将从地面到穹顶起拱处的建筑结构分成两个均等区域的划分，削减了这座美丽建筑的效果，而不是增添了它的伟大。在它的装饰中，我可以辨认出艺术家和名副其实的天才工匠——我看到被移植的希腊；但是他们在工作中

1–115

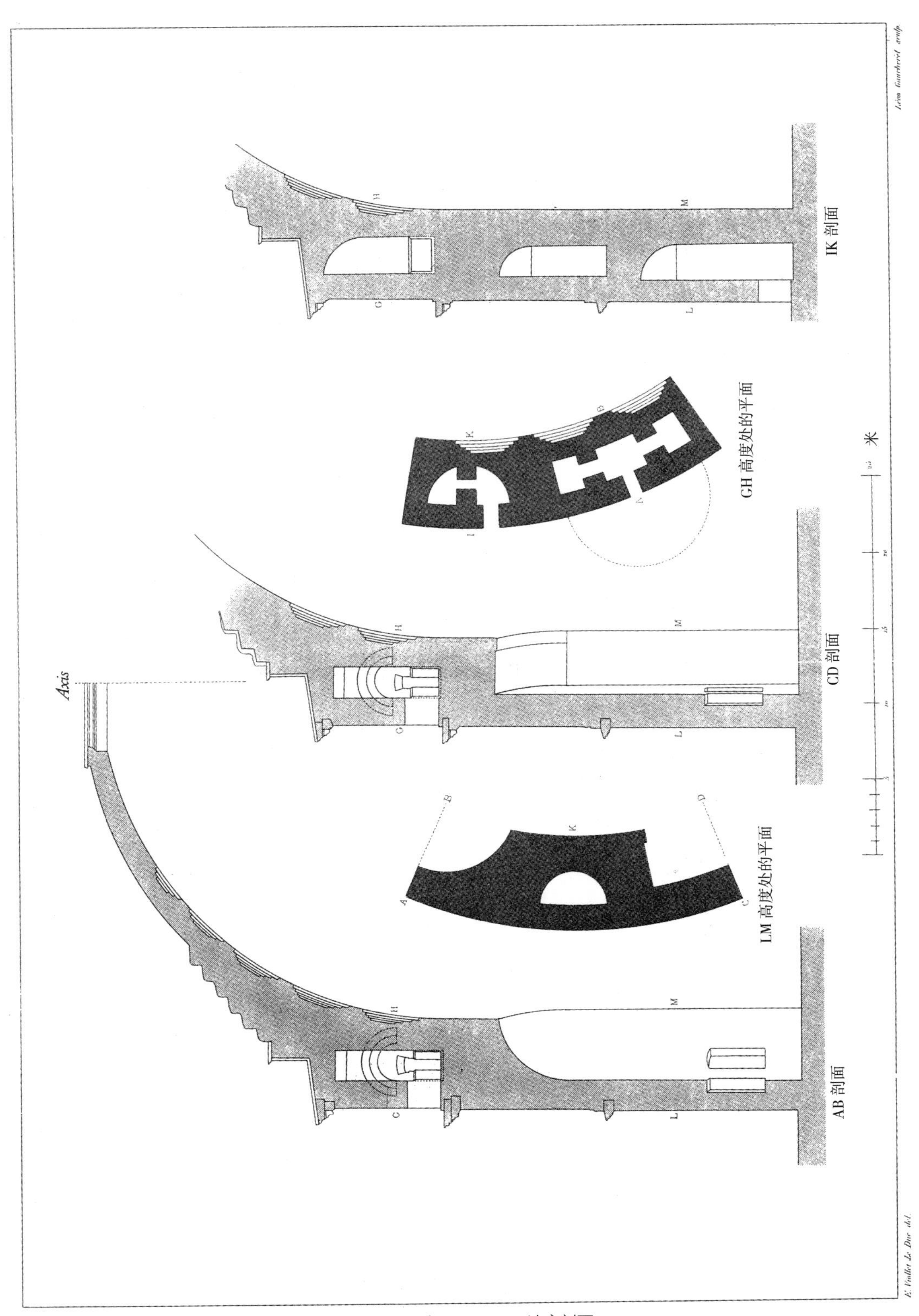

图版四　罗马万神庙剖面

不再像在希腊一样；他们妨碍了我；他们不理解罗马的宏伟设计，并迫使我经过分析才能理解它。

在罗马艺术的代表万神庙中，它的设计与希腊艺术家进行的装饰并不协调。例如，无疑是罗马建筑结构的穹顶的分隔，在壮观压过一切的束带层、檐口和大理石分块上部——是中空的。除了建造者，任何人都可以感受到它们属于这个设计的总体结构；它们看起来坐落其上的下面部分，仅仅是一个巨大的大理石护墙板，倚靠着室内的圆柱形表面安放。我应该会遭遇到反对：发现的线索表明，这些分隔很可能是用金属饰物装饰的；但这些饰物只可能赋予它们更强烈的特征，强调它们的形式，并使它们在半球体的内凹之上有更强烈的起伏。在这一如此让人印象深刻、如此特别、尺度如此壮观的装饰下方，大理石面板、微微凸起的壁柱，以及高度仅为装饰凹陷的分隔后部的玫瑰直径的一半柱子的柱头的不断重复能产生什么样的效果呢？

在一座所有的组成都尺度巨大的厅堂内，我能理解大理石或木质壁板，以它的高度以及细节的精巧，在基部回应人体的尺度；但我不能理解为何采用 80 英尺高的壁板。在圆形大厅的屋顶室内——可能是事后的想法——大理石的装饰在拱顶下部形成了壮丽的组合，阿格里帕进行了华丽但无品味的炫耀；但是这正是罗马人常犯的错误：他很富有——华丽；——他装作热爱艺术，因为他知道它们的能量；但他需要希腊人在毫无拘束并可以自由地跟随他们自己灵感时的品味——真正的精致的品味。记住一个希腊雕塑家对他的艺术家同伴说的话："你无法让你的维纳斯美丽；你只能让她富有。"罗马的遗迹如何带来如此深刻的印象？因为，在它们凄凉的裸露中，它们只展示出罗马建筑的基本特点。卡拉卡拉（Caracalla）浴场的部分厅堂，墙体垮塌，墩台裸露，并将罗马建筑巨大的结构展示在观众惊讶的目光中，如果我们看到它覆盖着无用的柱子、大理石的贴面、表面的装饰，或许会削弱这种。在罗马的万神庙中，是什么创造出了最生动的印象？是那个所有装饰都源于真实结构的巨大的拱顶——它简单地为光线开口，直径 26 英尺，在顶点处开洞以使天空可以被看到，并在斑岩和花岗石的铺地上撒下巨大的光圈。这是罗马的天才全部力量的表现。洞口离开地面的高度是如此的巨大，以至于它的开口几乎不会影响到室内的温度。最猛烈的风暴也不会让站在正下方的人感觉到轻微的空气流动；下雨的时候，雨滴垂直地落在圆形大厅的地面上，画成一个潮湿的圆。从高处穿越建筑的空间落下的雨滴形成的圆柱形，使空间的巨大更易察觉。这在概念上就是罗马人的伟大；因为这些都是他自身天赋的创造，因为在这些创造中，他没有任何的借鉴或者寻求任何与他天赋不同的艺术家的帮助。另一方面，当罗马人希望建造一座希腊神庙的时候，他将细节或材料的华丽作为伟大的象征；在他作品的每个部分，他都将作为希腊特点的概念的朴素和纯粹抛诸脑后。当希腊人来到并将他的艺术加入罗马建

1–116

筑的时候，他削减了它的伟大；迷失在相悖的要素中，他忘记了他自己的原则，并投入于细节的精巧。他只是技术高超的奴隶，主人并不理解他，且他也无法让自己被其理解。必须赞扬罗马人的是，他从不犯虚伪的罪恶（guilty of hypocrisy）：这一在 17 世纪以来的艺术中已经相当普遍的罪恶，他不屑一顾。我说“这一罪恶”，其实是不对的；我应该说“这一计谋”。罗马人覆盖在他建筑上的华丽的外套大致上与结构协调；对他来说，它毫无疑问是一件无关紧要的事情。他以一种温和的冷淡对待艺术问题，这些问题不是没有它的吸引力，因为它担负着宏伟壮丽的任务。但一切误解应该消除：当罗马人希望变得艺术的时候——在他自己的时代，以他自己的方式——无人可与之匹敌。 1-117 关于此，我们有一个著名的一座妇孺皆知纪念物的实例，它在未被清晰理解的背景下一直被崇拜着，并且从艺术的视角看，总体而言它有点被错误地欣赏——我指的是图拉真纪功柱（Trajan's Column）。我不知道希腊人在他们源于本土的艺术作品的设计中，是否有过任何这一类型的东西：我很怀疑，因为在这一概念中，罗马人是很清晰的；我们在这里发现了秩序和方法的思想，以及被提高到极点的在各民族中至高无上的意识。在螺旋状的大理石上记录征服者的历史，并在顶部冠以征服者雕像，这一思想有一些与希腊精神不同的东西。雅典人过于嫉妒而不会将这样的荣誉加在一个人的头上；在政治上，他们没有这些用图拉真广场中的柱子以如此强制的态度阐释的秩序观念。从底到顶，这一柱子承载着可谓罗马人政治和行政天赋的印记。广场石座的四面覆满成组的被征服民族武器的浅浮雕。在通往升至柱头柱顶板的螺旋楼梯门的上方，有一块两个胜利女神像承托的碑铭。在石台转角的檐口上，四只鹰的脚爪中抓着月桂花冠。台基的座盘装饰本身就是一个巨大的花冠。环柱身的长度，盘绕着类似缎带状的檐壁装饰，以最崇敬的态度雕饰着图拉真第一次战役的政治事件。在柱子中部，一个浅浮雕的胜利女神在一面盾牌上描述着征服者的行为。接着就开始了代表着第二次战役的浅浮雕的系列，一直上升到柱头的底部；它的轮廓，形式上稍微有点像希腊多立克，饰以蛋形饰。支撑着图拉真雕像的圆形的基座成为整个柱子的结束。如果概念是美好的，那么建筑物更是如此。柱子由巨大的白色大理石块组成，楼梯和中心柱是在内部掏空的。柱头是一整块石头，基座由 8 块大理石组成。图拉真柱非常明显地表现了希腊人和罗马人在艺术作品上的深刻的差异。帕萨尼亚斯对希腊的好奇的描述，集中于雕像、祭献的纪念物，以及由某某艺术家在某某名流的要求下为纪念一个特定事件而雕刻的浅浮雕——常常在街道上或者在不同城市的卫城中表现他们自己。希腊城市因而非常类似于露天的博物馆——艺术作品环绕并充满着主要的建筑物。对于罗马人来说，所有这些都被放置在仅仅是消遣的地位。对他来说，当他希望生产一个艺术作品的时候，是这样 1-118 的状况：它必须被正式地授权，它必须是一个整体，它应该有法律上的重要性—— 一种政治的或者行政的行为——并具备清晰性和有序的精神。艺术家退出了关注的视野——纪念物事实上是“元老院决议”。罗马艺术成功地表达了这些伟大崇高的思想，如在图拉真柱中的那样，我承认这一点——起码从我的品味来说——希腊艺术被超越了，如果不在于它的形式，至少也是它的精神。但是表达必须成功；因为纸上的法令相对于一个没有品味不能很好地阐释政治思想的公共纪念物来说，总是更加华丽的。

让我们回到为公共功能设计的结构，它们构成了真正的罗马建筑。

罗马建筑有这样的特殊之处，不能仅从它自身来研究它；它往往与一个巨大的系统联系在一起；它可以说，从来都不是独立的；它是整体的一个部分。在罗马人的政治组织中，一切都是互相联系的；一切——甚至宗教——为了一个同样的目标组织在一起；他们建筑也是如此。因此，最具罗马精神特征的建筑物是公共浴室、宫殿、剧场和它们巨大的附属部分，以及别墅——它们是一种市镇集合体建筑的微缩模型，是罗马人的物质和精神生活必不可少的建筑。罗马人在任何地方永远是一个罗马市民；一旦他能够，甚至作为个人业主，他都会让他的居所周围围绕着对罗马市民来说最基本的各种设施。如果他富有到能根据自己的概念建造一座别墅，它将不仅包括私人居住的建筑物——不仅包括同时有农业和军事的大家族的附属建筑，还包括提供为公众使用的巴西利卡、浴室、剧场、图书馆、博物馆以及神庙。因而，我们应该在这些相关联的建筑组成的群体中努力去探寻罗马建筑的基本原则——去详细地研究它所采用的一般方法和步骤。

我们将首先考虑一座罗马建筑最基本的部分——平面。比如让我们来对比功能完全不同的两座公共建筑的平面——兵营和浴场。在罗马第六区的东北端，以及提沃利（Tivoli）的艾德里安别墅（Adrian villa），大兵营或军队永久驻扎地的遗迹依然可见。这些建筑群由一个开有四门的方形围合组成内部四周设置了一系列以架在与四方围合呈直角的分隔墙上的筒形拱起顶的房间——在围合中间，一定数量的独立建筑也是对着纵长墙支撑的类似的拱顶房间。中心是一座方形的建筑——首领官邸（Pretorium）——是为总首领准备的；在一边围墙的中间，有一座神庙，里面藏有军事的徽章，在罗马人中它是需为之膜拜的圣物。没有什么可以比这更简单的了：没有任何安排可以更好地表明它特定的用途。每一部队都有它随意设置的独立的建筑。图 4-2 是罗马第六区执政官（Pretorian）兵营的平面，充分表明了这一点。建造的方式可以在图 4-3 中看到。

1-119

此外，健康措施也被显著地关注。如果这些房间是沿着山崖建造的，像在提沃利的艾德里安别墅那样，贴着山崖的墙体会被建成双层以防御湿气。罗马人从不节约土地，但他也从不毫无用途地霸占土地；他喜欢对称——他的军用和民用的组合建筑群都赞同这一点——但没有达到为其放弃功能的程度。

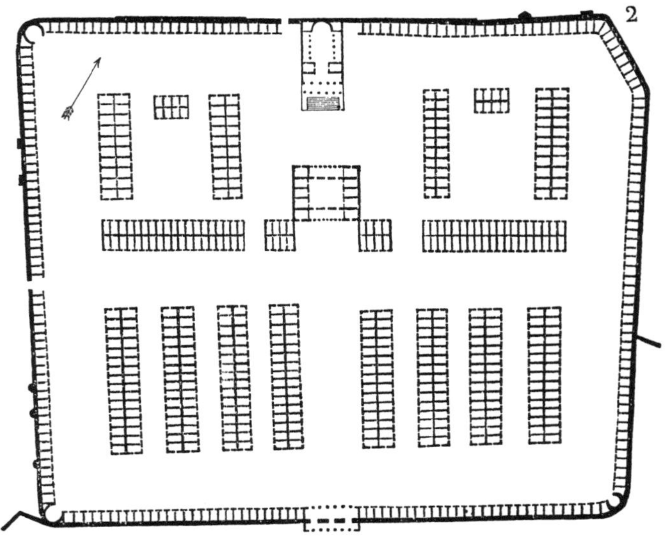

图 4-2 罗马大型兵营的平面

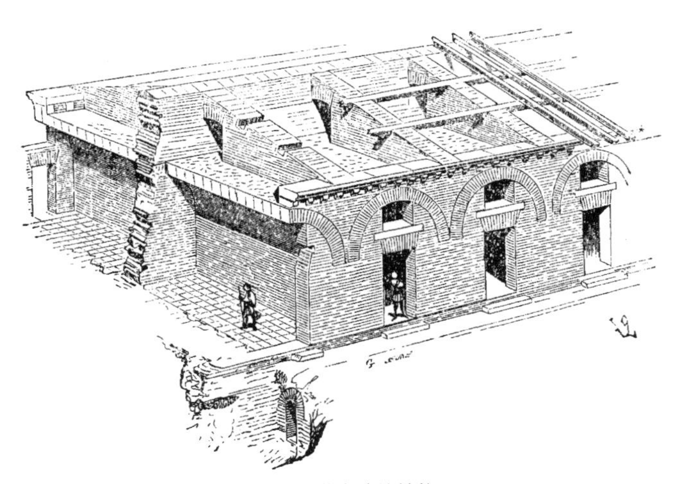

图 4-3 营房建筑结构

让我们现在来检查公共浴室的样本，在其中我们将会看到罗马人在将各种不同的设施组合为一个整体时的令人惊叹的构想和实施能力，且其中还处处体现着建筑的装饰与奢华。每个人都知道浴场的用途。在共和国的早期，除了从井或台伯河取水小的设施，罗马人并没有其他的洗浴场所；但是阿皮尤斯·克劳狄乌斯在罗马441年引来了Prasneste泉水，通过输水道输送到罗马城。后来的统治者仿照他的范例，罗马人很快模仿希腊人建造了公共与私人的浴室。 1-120

在诸位皇帝统治期间，有无数个这样的浴场；主要的组成部分不仅包括冷热水浴的浴池（piscinœ）和大厅，还包括室内体操场、集会大厅、图书馆、花园、散步场所——事实上，包括了所有具备满足人的感觉和智慧功能的建筑物。每个人花很少钱就可以去洗浴，并可以随意进入建筑的各部分。很容易想象，在一个繁荣的城市里，它们总是人声鼎沸，无论城中有多少座浴场。很多罗马人在浴场中度过他们一天的大部分时间。在安东尼（Antonines）统治时期，罗马已经拥有了三座巨大的这种建筑——阿格里帕浴场、提图斯浴场、卡拉卡拉浴场。

后来，戴克里先和君士坦丁在他们的统治时期也建造了一些浴场。必须说明的是，整个城镇可能都被这些浴场包围着；如果我们检查它们的平面，我们找不到任何混乱、无用或者浪费的空间，所有地方都有井井有条——这表示某个固定的设置方式被很好地贯彻执行着——简单但智慧地满足了需求。让我们来分析一下这一设置方式入口处，是一个开放空间，为进出提供足够的场所；对着这一空间开口的是为打算来洗几个小时澡的人设置的房间。这些房间数量众多，都需通过前厅进入，洗浴的人将衣服留在前厅处给奴隶看管。一座门廊让他们可以有顶遮蔽地进出这些房间。

1–121

在浴室的范围内，我们甚至发现了一座花园，有喷泉的滋润，并设有座椅——为希望休息并交谈的人提供室外谈话空间——为雄辩家和哲学家准备的宽敞空间。我们可以找到有为那些希望远离人群做健身活动的人们准备的巨大的开敞散步空间；为学术讨论准备的封闭大厅；角力场（palæstræ）或者举行各种比赛的开敞的室内体操场；开敞或封闭的演讲学术大厅；当竞赛的长官想远离角力场的喧闹时为他们准备的柱廊；存放摔跤选手使用的沙子、油、亚麻、木材等物品的储藏室；为需要宽敞空间的比赛——比如球类或套环比赛——准备的巨大的开敞空间或者室内运动场；为观众准备的逐渐升高的座位以及为浴场建筑的雇员准备的数目众多的房间。

以下的功能都是在浴场的主体建筑以外或是在其周边发现的；蓄水池；依据入口的数量设置的属于浴场建筑群范围内的一个或几个前厅；存放交给特别任命的奴隶掌管的衣服的房间；与之毗邻的更衣室；在离开温暖浴室准备进入开敞室内体操场之前为身体涂油的房间；为谈话设置的大厅；冷水浴室——有顶的巨大水池，从前厅进入；温水浴室以及足以进行各种运动并有提供观众座位的适度温暖的大厅；可以进入热水浴室的加热的房间——深度可以在内游泳的巨大热水池；以及为希望远离人群洗浴的人提供的一个小水池。在这些附近，有一个为那些从高温浴室或者热水浴室出来的人准备的微温的房间和浴室，作为温暖的房间和室外气候之间的过渡——为达到这一过渡设置的凉爽房间；为那些从浴室出来的人准备的锻炼的房间；为雄辩家和哲学家的讨论设置的房间，通往蒸汽浴室（sudatorium）——加热到可以任意调节的较高温度的房间，有热水池、蓄水池、加热器和炉子等等——的封闭温暖的房间；教育体操学生的大厅；以及图书馆。

这一方式不仅设置了一座超越我们熟知的任何最为显著的建筑物的建筑，而且使这些特殊的安排成为必要：它结合了尺度差异非常大的空间划分；它迫使建筑师将在宽度和高度上差异巨大的单元放在一起。也就是说，它呈现出了一个建筑师可能遇到的最严重的问题。然而，我们发现平面如此简单甚至幼稚的兵营的建造者，以无比的技巧、忠诚和判断力，实现了这一充满困难的设计。 1–122

是靠贯彻严格而逻辑的原则，他们成功地满足所有这些不同的需求。

让我们从罗马的浴场中选择那些被彻底地研究过，且包含了我们刚才详细列出的所有功能的案例。以安东尼努斯·卡拉卡拉浴场为例，它被一位教授——博学而谦逊的布鲁艾（Blouet）（他的去世令人遗憾）以巨大的细心与判断力描绘出来。我们来看这一建筑物的首层平面（图版五）。得益于基地的特点，建筑师构筑了一个巨大的高地，ABCD。在前部，入口一侧 G，是独立浴室的小房间，有门廊和简易的楼梯。这些浴室是一系列的两层筒状拱，让人想起执政官兵营的房间安排；每一个都包括了一间方案中描绘的前厅，以及一个足够容纳好几个人的大水池。这座浴场围合起来，通过 G 的中心处一个大的主要开口和沿着角力场（palæstræ）的几个次要入口进入。一走进入口，在被划分成花园和行道的巨大空间中，就能看到构成这一建筑主要功能的建筑组群。这组建筑呈现出对称的体量；事实上，建筑师得出结论为了避免拥挤，次要的服务功能必须被重复，需要巨大大厅的主要功能，可以是一处；因为拥挤不会在很大的空间内发生，无论人数有多少。那么，什么是主要的功能呢？——（1）冷水浴室；（2）温水浴室；（3）热水浴室以及它的加热的前厅。建筑师在 E 处设置了冷水浴室；F 处设置了温水浴室和温室；I 处是热水浴室和它的前厅。这三大功能因而很好地显示出来；它们占据了整座建筑的中心，并引导了建筑整体的分区；因为，建筑师首先考虑了必须赋予这三座大厅的相对尺度——既包括宽度也包括拱顶下的高度——以容纳在设计中安排的人数，这是证据确凿的。其他功能成组地环绕在这三个大的主要分区周围。建筑师以优秀的理性注意到一座在特定时段很容易发生拥挤的建筑物为了避免混乱，应该有多个入口。在 J 处，他设置了两个入口；他设计了两座更衣的大厅 K 及附属建筑 L——保管衣服的以及供给照看衣服的奴隶使用的过道之外的衣帽间；为涂油和存放为摔跤选手准备的沙子的 L 房间。想跳入冷水浴池的人或者只想观看游泳练习的人，可以从 K 处两个大厅进入有顶的空间 M。冷水浴池 K 是露天的；因为在有顶空间中的冷水是不利于健康的；此外，为正在洗冷水浴的人们遮蔽雨水也不必要。为希望休息或交谈的人们提供的房间设计在 N 处。因此，洗浴的人进入 F 温暖的大厅（温水浴室），同样分为三个部分：一个——最主要的——给练习者；另外两个——侧面的——给观看者。 1–123

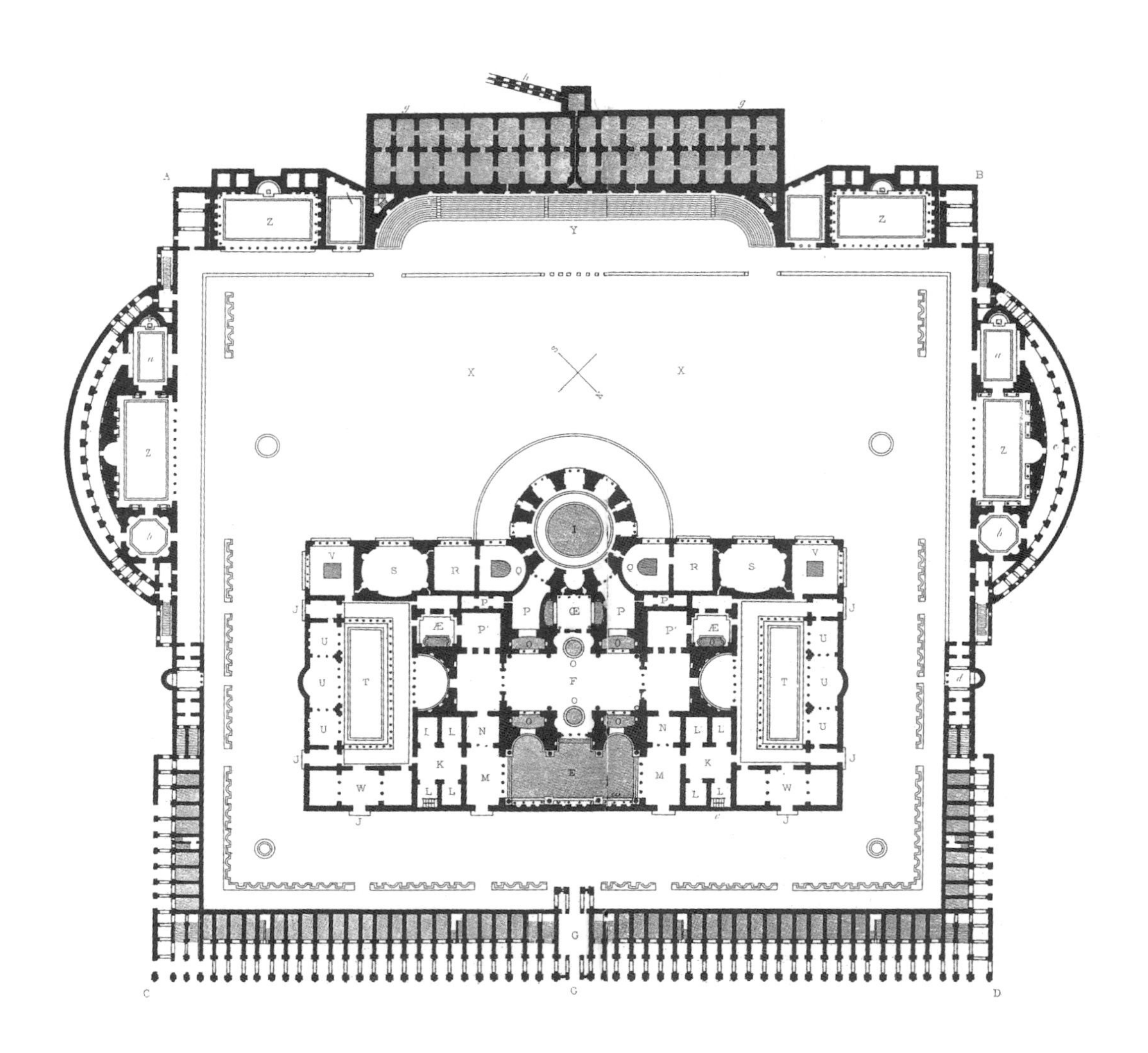

图版五　卡拉卡拉浴场平面

小浴池设置在内凹处 O，两个侧面部分在中间。P 处保留了两个庭院，设置炉子和热水蓄水池。在大厅 F 的中间，你可以进入第二个温水浴室 Œ，作为通往热水浴室（caldarium）的前厅。从前厅进入高温浴室的两个通道，相对狭窄和曲折，为了防止外部空气和气流的进入。热水浴室是一个巨大的圆形大厅，覆以非常高大的半球形圆顶，以便热水蒸气不会浓缩在浴池部分。圆形大厅左侧墙体的内凹空间内，为单个洗浴者设置了小浴池。安装了玻璃格栅的开口，允许光线进入到高温浴室的上下楼层。将要出去的洗浴者在 Q 处会发现带有温水浴池的温室房间，它们作为高温浴室和外部空间之间温度的过渡。这样，出去的人就不会影响到进入的人。接着是冷水浴室 K，向外部花园敞开。有一个入口通过用于锻炼的开敞空间 S，由狭窄的小道从这些冷水浴室通往发汗室（*sudatorium*）Æ 之前的小房间。为大锅炉准备的蓄水池设计在 p'p' 空间。末端处，设计了巨大的列柱中庭 T，为那些希望散步、讨论或者聆听雄辩家辩论的人们设置了室外讨论座椅（exedræ）；接着是为体操学生的教育准备的空间 U。两个带有图书馆的特殊门廊，设置在 W 处。在拐角的 V 处，为那些在室内运动场 X 进行锻炼的人设置了冷水浴池，运动场以为观看比赛的观众准备的一大片的升起座位 Y 作为结束。 1–124

在室内运动场的两边，是体育学校 z，有学术大厅，以及为讨论准备的房间 b；体操教师的柱廊在 c 处。哲学以及修辞学教授开会的房间 d，相对独立地处于一个僻静的位置。最后，奴隶——浴室佣人——的房间，在 e 处，上部有房间。两层高的巨大的蓄水池设置在 g 处；h 处表示的是提供水源的输水道。

如果说这一设置方式被精确地遵守的原因是它只建筑本身的布局方式，这可能会遭到反对。这一评论是不正确的；因为如果我们检查阿格里帕、提图斯、戴克里先或者君士坦丁浴室的平面，我们将会发现尽管这几座浴场平面布局上的差异显著，但这一布置方式同样被很好地遵守了。

此外，这也并非问题的核心；我们应该分析的是这一平面中令人敬佩的分区方式，我在前文中已详细介绍过它的总体与局部的布置。观察这些不同的功能在平面的总体区块中怎样天才地分布；看这个平面——注意它的方位；看建筑师如何将所有温暖的房间安排在西南的方向；为了让高温浴室的全天都能得到阳光的照射，他如何将其巨大圆厅突出超过其半径的距离。再看如此大的空间内，建筑师如何节约他的土地；他如何聪明地将房屋结合在一起，利用建筑物提供的所有空间；他如何让这些建筑体量站立并被支撑起来，依靠较小的平面和高度尺度承受住最大最高的体量。看拱顶的推力如何巧妙地抵消（contrebutted）；平面是如此的清晰易懂；每个部分如何恰当地占据合适的位置与空间；每套组织都设计得如此灵巧——人群易于聚集的地方设计得相对宽阔且数目较多——气流（draughts）让人不适或者不安全的地方，设计得较小、曲折并幽深，以形成一个屏障。罗马人从什么人那里学来了这些令人钦佩的平面（plans）安排呢？是从他们自身——仅仅满足他们自己的需求而来的。他们如何着手建造这样一座建筑的集合体，并使之形成一座完整的建筑？以最简单的方式，并且就经济角度而言是最适合于他们的社会状态的。我们所讨论的建筑的墙体以及巨大墩台，决不适合于石材的建筑物。这里罗马人没有使用这一材料的必要，它的运输是如此困难且耗资巨大，并且加工、安置以及装配都需要大量的时间：他们只采用砖和碎石。面层使用三角形砖，最大的面朝外；中间使用大的砾石和优质灰泥混合均匀的混凝土。然而，在间隙处，为了控制建设的进度，且保证水平，用大的平砖以4英尺9英寸的间隔砌筑。减轻建筑的砖拱券的负担，将压力引导到主要的支撑点上。拱顶中，带形拱（band arches）是由常常是两个环形的大砖块，以及由灰泥和浮石组成的混凝土填充物砌成的。但为了安全地在拱架的厚支板上灌入混凝土，建造者通过在这些支板上面朝下地放上两排宽大砖块，打散结合处，就像拱顶下的石工。这一建筑，立刻如此简单、经济，且易于实施——构思好且实施完成之后，建筑师又建造起有大理石柱子和檐部的门廊；墙体和支墩——至少在室内——到一定高度都覆上了大理石板；至于拱顶、山花，以及壁龛的后部，则涂以灰泥镶以马赛克。这样，这座巨大的混凝土和砖的构筑物就穿上了珍贵材料、绘画和不同颜色玻璃贴成的马赛克表面的华丽外衣。在所有的房间内，大理石镶嵌的地面设置在一个独立的基础上，下面有小柱子支撑，中间有大砖块双层铺砌的地面连接；大理石地面不仅干爽健康，而且可以通过炉子产生的热气流从底部进行加热。

1–125

我们的花费巨大的建造方式——我们堆积在建筑中的无用的石材，以及除了这样的挥霍之外的，内部结构细节的极度贫乏——灰泥和构造（composition）——必须承认，它们是最野蛮的方式，如果我们将其与罗马人的方式对比的话，罗马人的方式立刻显得如此简洁、真实且理性。我们用石头堆叠的建筑物花费巨大，我们几乎把所有的资源都花费在开采和加工它们身上。我们开采采石场来建造尺度有限的建筑，似乎它们是取之不尽的；并且，当我们花费如此多的无用的力气，且建造起在我们的气候条件下往往过于潮湿的墙体时（石头只能是潮气的良好导体），我们已经没有足够的方法来给这些昂贵的建筑披上美丽且持久材料的外衣。因此，我们只好求助于灰泥、构造、装饰物以及木材；这样，我们就像是在一个华贵的身躯上覆上了破布，对所有人隐藏了结构的价值，并使其看起来毫无用处。如果我们假装是罗马人——将我们的艺术归源于罗马人，并将我们的建筑看作罗马建筑的传承者——我们至少应该效仿他们的明智且理性的做法——不是像罗马人以混凝土和砖块的建造方式那样用石块垒起建筑——不是只遵循他们的建筑形式而是更要完美地适合于形式的建筑结构——像他们一样诚实，并且如果我们不再采用他们的建造手段的话，也不以模仿他们的建筑欺骗自己。材料的替换不仅仅带

1–126

来了无用的花费——不仅仅是对原则的忽视：它使得一切缺点都暴露出来。如我们所述那样建造的这些伟大的罗马建筑——天才地由多组巧妙地放到一个小区域内的不同功能部分组成，利用一定的高度和广度所必需的支撑点之间剩余的空隙形成的小空间——拥有我还没有提及的优点：这些伟大的建筑，在室内保持着与相同的令人愉快的温度，这在像我们这样的气候条件下是非常有利的。罗马还存在着一座巨大的建筑，它的总平面和建造系统让人想到浴场的大厅；我指的是圣彼得大教堂。现在，在这座所容纳之物超越了其他的著名建筑的房子中，夏日和冬日的温度几乎相同；夏日凉爽宜人而不潮湿，冬日温和干燥。这不仅是罗马特点的平面布置的结果，而且是建造的特性使然——混凝土和砖的厚墙，阻止了热量和湿冷从外部进入；对于外部温度来说，它们是绝缘体。

法国的石头建筑因为夏季建筑表面非常凉爽，而很危险；到了冬季表面则是冰冷的。

如果我们检查卡拉卡拉浴场的剖面和立面，我们可以发现原先有装配了青铜框架的巨大开口，可能安装了玻璃窗、半透明大理石或者仅仅是格栅。我们同时会发现这些光线，朝向了最有利的一个方位，能够带来大部分的太阳热能，并且避开了寒冷和潮湿。事实上，罗马人赋予建筑的朝向以极高的重要性。维特鲁威在他的著作中几次谈到这一问题；他甚至指出了规划一座城镇街道的方法，以便使住宅更为方便，且避免大的气流。他在第六书第一章中说："如果要很好地设计一座建筑，首先要注意的是气候（地域——纬度——如我们所说），因为同样的设计在埃及或者西班牙就不适合；在庞托斯和在罗马一定是不同的。在北部国家，建筑应该起拱，并且很好地封闭，它们的开口应该小，并有温暖的朝向。相反，在南部国家，由于阳光的强烈热量，开口应该大，并且朝向北或东北方，以避开热量：因此，由自然的极端状况导致的不便，将通过艺术的方法消除。"然而，当罗马人成为世界的主宰时，他们在各处采用了同样的建造模式，因为事实上，这些方法在各处都是适当的；但是他们很小心地根据建筑所在的地点设置房间和允许光线、冷或热进入的开口。 1–127

在结束卡拉卡拉浴场之前，我将以其描绘废墟状的真实状态中某处宏伟的内部布局（图版六）和同一部位的复原（图版七），尝试对这座巨大且美妙的建筑进行总结。我选择了平面图上标为 E 处的冷水浴室作为表现对象——这一美丽的整体中最原始、最宏伟的部分。视角（真实状态下的和修复后的）是从同一点 W 处选取的。很容易验证我们所说的关于罗马人所采用的建筑方法；即，建筑结构在本质上并不与装饰相关联——建筑结构可能是并且一定是首先建造起来的，当建筑立起之后，建筑装饰才开始。在图版七中，绘制了朝向天空开敞的冷水浴室复原，可以看到这后部的三个拱券之上，照亮中央大厅 F 的开口以及覆盖着这一大厅的三穹棱拱顶。

图版六　卡拉卡拉浴场中冷水浴室现状

图版七　卡拉卡拉浴场中冷水浴室复原场景

为了使我的读者在研究罗马建筑的时候可以直接了解在罗马建筑中什么是真正的创造，我认为选择这一民族某个进步阶段的建筑作为罗马建筑的实例呈现出来，是非常值得的。那么，我们就可以总结为罗马建筑总是以这样的方式进行的吗？当然不行。在奥古斯都时代，如果维特鲁威（的描述）值得信赖的话，木材仍然在建筑中扮演着重要的角色，不是支撑拱顶的临时方法——不是作为拱架（centres）——而是作为永久的建筑覆顶。圆形以外的罗马神庙的大多数——平面和结构从希腊借来的那些——都覆盖着木屋顶。巴西利卡的中殿也不是起拱的屋顶，而是覆盖着木板屋面。直到尼禄统治下罗马城被焚毁之后，罗马人大约才在各处放弃了木材屋顶，流行起石材的拱顶。但是，在帝国时代之前，阿格里帕浴室和万神庙已经建造完成，我们刚刚描述的建造体系已为人所知并且被广泛采纳。

1–128

卡拉卡拉浴场的圆形大厅与阿格里帕浴室的圆形大厅表现出不止一处的共同点；但是如果说卡拉卡拉的建筑细部不够纯粹且施工得不够精美雅致的话，必须承认，只要在现在可见遗存的基础上稍加判断，我们就可以发现在其高温浴室的构成这一点上，卡拉卡拉浴场优于万神庙。它的建筑，更加自由且内外被更好地表达，有着一种激发起我们的赞美的特质。研究后来布鲁艾先生(M.Blouet)关于这一建筑或者说这群建筑的严谨著作，很容易就可以发现这一点。

在他们的拱顶建筑中，罗马人似乎特别倾向于两种特别的布置方式：圆形布置，以半球状的穹隆结束，以及我们看到的为卡拉卡拉浴场、提图斯浴场与戴克里先浴场的温水大厅，以及马克西穆斯（Maximus）或者君士坦丁的巴西利卡建筑中，采用的隔间的布置方式。罗马人只发明了两种拱顶结构方式：半球拱以及筒拱或者半圆柱拱；两拱交叉就是十字拱。这三个体系足以应付一切；它们的结合仅仅是这些方法的必要结果。如果要建造一座圆形大厅，他们在其上覆以一个半球；如果是一座半圆形大厅，他们在其上覆以四分之一球顶；如果是长方形大厅，长边的后墙会较厚或者很好地与毗邻的建筑结合，其将覆以筒拱，即一个纵长向的半圆柱形；如果是一个方形大厅，它的直角提供了完美的反向阻力，其将覆以十字拱顶。如果长方形大厅非常宽——如果它的边墙不得不有大的开口，从而只有孤立的支撑点，他们会将其分成正方形的隔间（bays）（一般是三个，为了有一个中间隔间）；就在其上覆以三个十字拱顶——也就是说，一个纵向的半圆柱顶与三个直径相等的半圆柱形相交。

这样的布置，立刻显得自由且简单，传导了支墩上拱顶的重量——支墩在室内常常以承托筒拱起始点的柱子装饰。图 4 将清晰地解释这一建筑的全部。罗马人将柱子作为刚性的支撑柱（因为这一柱子常常是独块巨石的）——作为垂直设置在起拱点正下方的竖向支撑，外观看上去不会变形且非常轻巧。

1–129

但这里我们观察到罗马人不具备希腊人的恰当品味，或者说他很少因为艺术的问题庸人自扰。他在柱顶上设置了完整的柱顶盘——即包括楣梁、檐壁和檐口。尽管将承托水平结构的柱顶盘放置在柱子上是理性的做法，当它作为拱顶起点的垂直支撑时，也很少有这样的构造；因为那样我们要问柱顶盘有什么用途，并且建筑中柱子上的檐口——即凸出部分——又有什么用途。这些介于狭窄的交叉拱（其宽度与柱子的直径相等，很少超过）起拱点和柱子之间巨大的檐口凸出，破坏了外表的统一，室内本来看上去应该只是拱顶从墙体上起券的一座大厅。但是，如我前面所说，罗马人从希腊人那里继承了柱式；他们并没有思考它们的真实目的就采用了它们；他们完全照搬了希腊柱式，没有考虑它各个部分的构成；他们将它作为一个整体——并不对柱式进行分析。如果想在两个房间之间形成一个屏障，像我们在浴场中常常看到的那样，他们采用一个小的完整柱式，并像栏杆或者栅栏那样安装它。图 4-4 在 A 处表现了这些次要的柱式。他们会将一个小的科林斯柱式放在一个大的科林斯柱式旁边；它们的组成和轮廓几乎完全相同；只是一个是另外一个的微缩。因此，这导致了大的柱式似乎更加庞大，或者小柱式更加矮小。在建造活动中，罗马人如此善于创造且如此天才，而对于装饰他们的创造力则相对贫乏：他们展示的所有财富只能显示出他们的贫乏，甚至淡漠；因为使用的材料越珍稀，它们所采取的形式就越要富于变化。在浴室建筑上，罗马完全是罗马的，并且他们从希腊人那里借来装饰这些伟大的建筑物的东西，从整体上看，是次要的，所以我不打算进一步讨论这些细枝末节。

被召集来装饰公共浴室大厅室内的希腊人当然会非常为难，并且不知道如何在巨大的罗马体量中去布置那精巧的建筑——它产生于与罗马建造者相悖的原则；但是建筑装饰的价值必须被承认，因为它有它自身的伟大。图 4-4 表示了罗马人如何能够在砖和混凝土建筑上覆以华丽外表；他们如何将一个普通但却非常理性的建筑物隐藏于灰泥和绘画之下，以及他们如何将覆盖装饰线脚和构成柱式的珍贵材料与覆盖它们的灰泥与彩绘结合起来。图 4-4 和图版七中给出的实例清楚表达了他们的成就的价值。 1-130

但是在所采用的方法中，罗马建筑物并不只遵循这一原则。它们的装饰和结构并不总是相互独立的：其中一些——比如巴西利卡——平面、结构和装饰是希腊传统的产物。至少，这里两种原则并不矛盾；并且巴西利卡被我们认为是我们不应忽略的研究对象；因为我们后面就会看到这一建筑形式在中世纪西方人中如何变化，并成为最常用的类型之一。

如果说罗马建筑在覆盖结构的装饰外表上几乎没有什么变化，那么没有什么比平面或结构的布置的变化更丰富了。

建筑师对罗马建筑的不同设计表达出特征清晰且独特的安排。将浴场误作剧院，剧院误作巴西利卡，或者巴西利卡误作神庙是不可能的。建筑的外观只是真实内容的外包装，不代表任何东西；它们的平面只是方案功能需求的表达，他们从不为今天所谓的“建筑效果”（Architectural

图 4-4　罗马建筑的结构方式

Effect）牺牲原则。首要的考虑是找到方案最简单准确的表达，其次是给功能规定了的形式穿上有气势且华丽的外衣。如果设计计划是混杂的，如果所提出的要求没有足够严格的定义，比如在巴西利卡中——一座有着混杂柱式、散步场所、市场、交易场所、法庭、辩论厅以及前厅的建筑——我们会看到建筑师变化着平面，在方案的解释方式上进行区别；但相反，如果计划有清楚的限定——如果整体和布置的细节都是规定的，作为对它们的回应，我们就会看到建筑被设计成以不加变化地复制最好的经验形式。

例如，圆形剧场，杂技场以及剧场就是这样的例子。看看罗马大竞技场、维罗纳（Verona）的圆形剧场，以及尼姆和阿尔勒（Aries）的竞技场。在总体安排上，平面上，外观上，这些建筑是相同的。它们的建造过程采用了相同的建造程序。罗马人从伊特鲁里亚人那里得来了圆形剧场的概念——至少是圆形剧场的表演方式；希腊人只在罗马人以帝国统一了希腊之后才采用了它们。在格拉古时代，罗马人满足于木质的看台坐凳或者坐在脚手架上观看马戏表演，人们在其中随意地各得其所。但是，在帝国时代，人们希望使这些建筑物更加耐久，尤其希望为一大群观众提供每个人可有观看到舞台上正在进行的表演的适当空间。 1-131

圆形剧场的功能太过著名，这里似乎不必要再多重复一次；它们建造的目的是为了让为数众多的观众看到角斗士、野兽的争斗甚至海上战斗（naval combats）。"伊特鲁里亚人，"卡特勒梅尔·德昆西（Quatremere de Quincy）在他的《建筑历史词典》（*Dictionnaire historique d'architecture*）中说，"屈服于多种迷信，似乎总是沉溺于一种忧郁的精神，一种残酷阴沉的情绪，以及与他们有关的沉郁的预感。雷电以及每种自然征兆，在他们的想象中都代表着愤怒的神，他们的愤怒必须用鲜血来平息。我们讨论的残暴搏斗正是源于这些迷信的观点；因为在伊特鲁里亚，不像后来在罗马那样，它们不是闲散且残暴的民众的纯粹消遣。在伊特鲁里亚，是宗教信仰掌管着这些比赛，是宗教信仰建造了圆形剧场。"

意大利南部古希腊移民城邦居民的原始的圆形剧场只是地上凿出的洼地，周边环以观众可以坐的斜坡——这就是在帕埃斯图姆（Paestum）遗迹至今可见的圆形剧场——或者更常在比赛举行的时候临时搭起的脚手架。这一简单的布局后来被罗马人建造为巨大的石头建筑。在这里我们必须提到，当罗马人在他们的统治下，用石工替换简单的土工程或者木质的层层座席时，这些土工程的基本形式还是被严格遵循的。希腊人的剧场常常设置在山凹的一侧；希腊人选择一个有利的位置，在岩石上凿出舞台（prœcinctiones）和座位的台阶，并用木工将座位安于其上——部分用石头、部分用木框架建造看台。这就是锡拉库扎的剧场，其座位的所有台阶在岩石上砍削的痕迹依然可见；以弗所的剧场也是如此。但是希腊人没有斗兽场：建造用来进行残忍的表演的斗兽场不适合这一优雅民族的品味，他们在情绪的戏剧性发展和诗歌的虚构中而非在残杀的野蛮现实中寻求感情的刺激。相反罗马人更喜欢伊特鲁里亚人残暴的场面——也许，最初是由某种宗教原则的推动，但很快就成为壮丽城市中闲散人民的职业和消遣。不过，他们成功地在赋予这些建筑物——它们的起源被归结于一个狂热的种族——以规则的，我甚至可以形容为正式的设计中保持了他们的个性，这一设计完美地适合于它们的目标的设置，避免了混乱和无 1-132

秩序；尽管政府容忍甚至分享着这一民族残酷的本能，他们坚持这些本能至少应该以一种有秩序的样式展示出来，并且应该总是处于地方官员的眼皮底下。这是政府管理的途径之一。罗马人并不追求为渲染人民道德，在他们中培养人道的情感，而是调节并引导他们的野蛮本能。他们并不努力去抑制大众哪怕是最粗鲁的激情，而只是致力于找出与秩序和警察的法则相一致的情绪宣泄的出口；他们倾向于以一种合法的养料满足那些野蛮本能，而非看着他们在公共集会（Forum）中自由发展。

最大的圆形剧场是在罗马的竞技场（Coliseum），它非常宽敞足以容纳 12 万名观众。值得一提的是，竞技场由罗马两位最仁慈且开明的皇帝开始和完成——韦斯帕西恩（Vespasian）和他的儿子提图斯（Titus）；在这样的安排下，整个工作据说在两年九个月内完成。我们可以得出结论，这两位皇帝将这座竞技场视作对于罗马城意义重大的公共建筑之一。无论皇帝们对于伟大壮丽的纪念物的热情如何，我们决不会承认，他们中最开明的两位曾经为建造投入了巨额资金，并且如此急于完成这座并不被认为有急迫的重要性的建筑。意大利南部古希腊移民城邦（Italiot）的城市中最早的圆形剧场只是设置在圆形或者椭圆形舞台周围的土丘；在土丘的顶部设置木平台让大量的观众观看底部舞台上进行的残暴演出。为了在斜坡上获得一个位置，观众不得不先上到土丘的脊部，然后再从斜坡上重新下来。除了这样的不便以外，这些土丘还占用了大范围的土地；斜坡外部，必须有至少 45° 的倾斜以防止它们坍塌并且可以让观众到达它们的顶部。也就是说（图 4－5），对于一个为比

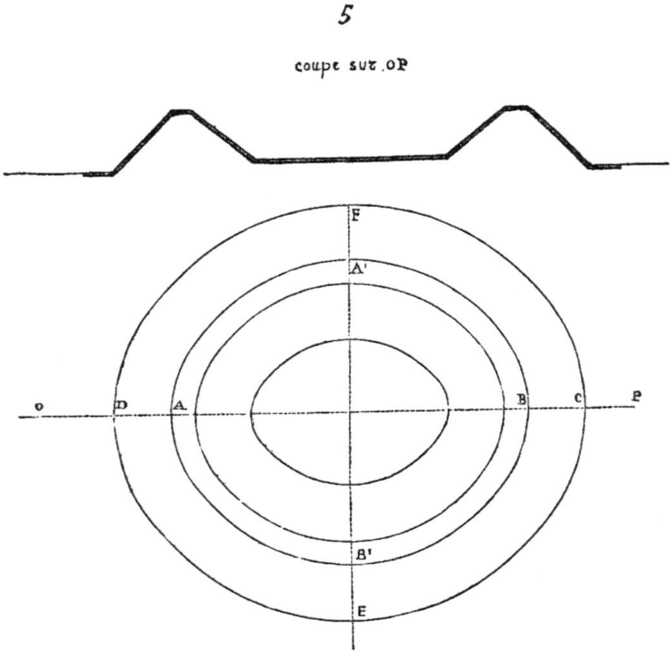

1－133

5

coupe sur OP

图 4－5 早期的意大利南部古希腊移民城邦（Italiot）的圆形剧场

赛和观众设定的空间的直径等于 AB 和 A' B' 的竞技场来说，整个的 BC、DA、A' F、B' E 都是必须设置的无用的空间。我已经说过无论罗马人公共建筑的设置如何自由，他们也许是第一个赋予土地价值以无比的重要性的人，也是尽管并不吝啬但却尽量将他们的建筑限定在它们必要的空间内的人。我们已经看到在浴场的案例中，建筑和它不同的服务设施占用的面积划分是如何地节约。对于罗马本身，在共和国的最后一个时期，人口如此稠密，共和国的建筑如此巨大且为数众多，以至于以最严格的限制限定分派给各类型建筑的土地面积成为必需。

在这种必要性的推动下，罗马人为自己树立了他们甚至在空间不再缺少的时候也从未背离的法律。当他们像希腊人那样开始建造剧场的时候以及像意大利南部古希腊移民那样建造圆形剧场的时候，他们首先仅仅用木材建造临时性的建筑，像现在的西班牙那样，甚至像现在我们中的某些人那样；但是火灾的频繁发生，不断维修这样大的木结构的困难，以及他们对耐久性和坚固性的需求很快就让他们建造起石材的剧院和圆形剧场。现只有遗迹留存的罗马庞培剧院，是第一座用耐久性材料建造的剧院。同样，不仅在罗马，而是几乎在该省的所有城市，圆形剧场很快都用石材建造。 1–134

在建造他们的圆形剧场时，罗马人保留了原始特点的土方工程的形式；也就是说，他们在椭圆形的舞台周围建造了逐渐升起的多排石头长凳；但为了支撑外部的斜坡，他们在多排长凳周围环绕了一面墙，墙体上借助以楼层形式设置的拱券开洞，以便在座位下 形成楼梯和通道，大量的观众可以由此进入、在各层的位子就座，并且很容易地退场。以规则的截面设置的楼梯踏步，可以经由被称为出入通道（vomitoria）的开口走到座位。阿尔勒竞技场，尼姆竞技场，以及维罗纳竞技场，尤其是罗马韦斯帕西恩圆形剧场，整体以及无数的细节都如此巧妙——建筑中没有一个房间是会让人迷失的，建筑中的一切都遵循着设定的计划要求完成，并且它的结构是以严格的经济要求来设计的，但建筑却是永恒的。我们可以欣赏罗马建筑物的单元体系，其原则是依靠支撑点和独立的墙体，以层叠的拱券方式联结稳定，树立并支撑起巨大的体量。整个圆形剧场的建筑简单地由向着椭圆中心的一系列交叉的墙体组成，覆以顺着台阶升起并容纳层层座椅的拱顶。连接在一起并且由众多的十字交叉墙体支撑的围合墙体只需要支撑住自身的重量；确切地说，它只是一个可以移走的围合，不会损害作为主要的结构组成的层层座椅的坚固性。这是真实可见的，例如维罗纳竞技场，尽管外墙几乎已经完全损毁，剧场仍然在特定的公共节日使用。

在伊利里亚的普拉，仍然可以看到一座在戴克里先手中开始建造的巨大的圆形剧场；它的座椅和楼梯都是木质的，只有外部的椭圆墙体是石头的。这是我们拥有的共和国时期由一圈石材包裹的最原始的圆形剧场。这一权宜 1–135

之计常很有可能在一些省份常被采用，主要是木材高产区；因为剧场为人民的会议以及公共比赛所使用，建造一座对于罗马人来说非常必要的建筑，这是一种经济且现成的方法。普拉的圆形剧场是其中之一，它表明了罗马人在进行他们的文明所需要的巨大的工程时如何总是采用最简单最现成的方式：当忠实于那些似乎像法律般严厉的工程要求时，他们如何能够使他们的建筑样式遵从在一定的地点与环境条件下他们可以支配的建筑材料、时间或者资源。包裹住普拉剧场的石块，很好地保存下来并且是用惊人的技术与坚固建造起来的，这也成为罗马建筑的典型特征，那些石块是罗马建筑最著名的实例之一，这无关于其细节，它们仅仅是粗糙地或者未完工的，且只是普通的样式，而是由于适合于其用途的整个结构的完美运用。它为罗马人关注的并不是形式的完美以及细节的内容，提供了更多的证据——实际上，这是希腊人主要考虑到东西。[1]

弗拉维乌斯·韦斯帕西恩圆形剧场（大剧场）的座位最初的时候在其上方有一个为女性观众保留的木质走廊或者柱廊；但是这一已被烧毁的走廊被希利伽巴拉斯（Heliogabalus）和亚历山大·塞维鲁（Alexander Severus）修成了有木天花的大理石材料。这座高处的柱廊只留下了一些柱子和柱头的残迹。这座大剧场为所有建筑师熟知——至少是通过绘画和雕版——尤其是通过我们的兄弟建筑师迪克先生（M.Duc）在罗马调查这座巨大的建筑物时所付出的令人钦佩的劳动为人所知。进行细节的描述是无益的，它毕竟不会比最不完美的绘画有更多的帮助；因而我将只对某些总体的设计进行评论，这将帮助我们理解当一个明确定义的计划被提出时罗马式的工作程序。在观察这座罗马剧场的平面时，立刻引起我们注意的是赋予舞台与环绕它的座席区域的椭圆形式。可以肯定的是某一强制的原因规定了这一安排，因为画一个圆比椭圆平面要简单得多并且容易实施。要让把楼梯段分隔并支撑座席区域的十字交叉墙体从一个椭圆的焦点呈放射状，是一件困难的事情，除非为必要性所迫，有经验的建筑师一定会尽量避免。

1-136

在罗马剧院中，座椅在舞台前排成半圆形。

这样看来，似乎对于一座圆形剧场来说，把两个剧院部分连接到一起就足够了——形成一个完美的圆形：因而两支乐队组成中央的舞台。但是我们一定观察到在希腊和罗马剧场中，舞台并非一个单独的点；它是一个可以吸引观众的视线一定范围的空间。演员一定要沿着长度远大于深度的舞台分布。在圆形剧场的舞台上，并不是这样。如果这一舞台是圆形的，无论是何种演出，场景都是趋向于中心的；并且因为为数众多的人和动物需要出现在舞台上，为了防止混乱，为那些残暴演出的演员提供一个长向的区域是必要的，这一

1 参见 Stuart 的《雅典的古迹》（Antiquities of Athens）第四卷中对普拉剧场细部的绘图和记载由 L.F.F. 翻译为法语，由伦敦、巴黎 Bance，1822 年出版。.

特定的形式可以迫使这些特殊的演员（据观察，他们并不能选择他们的位置，因为演出常常只是可怕的混战，其中野兽扮演着主要的角色）沿着它分离并散布开来。

观众们就可以有一个较好的延长的面来观看，而不是死死盯着一点。战斗将会占据更广的面积并且有更自由的范围。如果两方要互相搏斗的话，一个椭圆形的舞台要比圆形舞台更适合他们的小型战斗；而且，圆形剧场和剧院不是专门为公众游戏与戏剧表演准备的：一场演说即将进行或者一场选举即将开始，只要一个消息传到人们耳朵里，他们就会在这里聚集——也就是说，只要一个将他们召集起来的机会出现时；罗马所采用的政治体系中，这样的场合并非少见。对于圆形剧场来说，椭圆形比圆形更适合于观众和演讲，以及日常集会。我要引起对这一形式的关注的原因——当这一形式达到最优时，它没有再进行任何进一步的修改——是为了强调一座罗马建筑的统治性特征，它总是对方案要求进行仔细推敲、准确观察的最简单的结果，而从不使首要的考虑从属于我们今天提出的建筑法则，事实上，这些法则在很大程度上，只会限制自由并带来麻烦。建造椭圆形平面的剧场这样一座如此巨大的建筑时，会遇到无数的困难。首先是规划上的困难，其次是布置上的困难，再次是建设中的困难；关于总体布置和细节上的困难：因为建造一座圆形平面的这类建筑，在纸上或者地面上画出它的一部分就足够了——整体的四分之一、八分之一或十六分之一；但对于一个椭圆形平面，组成椭圆的四分之一的各个部分，必须分别进行研究。基于对建筑计划的精确研究，满足设计的所有条件而产生的困难并没有阻止罗马建筑师。事实上，正是罗马建筑的这些以如此深邃的洞察力设计出来的总体配置，值得我们作为范例主要关注；因为其他任何民族的建筑都没有这样明确的总体形式或者结构设计。 1–137

罗马人从来不会含糊不定；他们的状况显示出一种非常先进的一切服从于理性的文明。他像一个非常知道自己希望什么以及需要什么的大师一样支配一切；他们知道如何让自己被服从，因为他知道如何让自己被理解。罗马时代之后，在建筑艺术中，我们再也没有发现任何清晰定义的东西；我们再也没有支配艺术的政府，而艺术家们尽可能地解释着呈现给他们的模糊的观念；他们可以得到显著的成就，但他们不能获得在罗马人中成为建筑的本质特征的那种令人信服的理性，那种目标的统一。直到现在，尽管我们的文明先进，尽管我们的制度强大，我们的艺术观念仍然是模糊含混的；我们不知道我们需要什么，我们的公共纪念物在我们发现它们严重缺陷并察觉到我们必须耗费巨资修改或者重建的同时就已经完工。我们的艺术家争论风格问题——受建筑学某一特定学派的控制——谴责或者赞同这种或那种艺术的形式——接受或批判这种或者那种传统——但是至于让建筑学为更多人所欣赏的广泛且正确方式，他们从未想到——如果他们被允许随意创造他们喜欢的外形，或者将柱子或尖塔根据他们的喜好随处放置就沾沾自喜。据说我们是拉丁民族，那我们至少要在他们的优点方面稍许接近他们。我恐怕，无论如何，我们都更接近那些当穆罕默德 II 世的军队进攻他们的城墙时，仍在争论塔泊尔山上的基督显圣（the light on Tabor）的拜占庭的罗马希腊人。

1-138 罗马人的理性并不像希腊人的那样。希腊人可以允许他自己被他的艺术家情绪影响——认为物质需求必须服从于艺术规则。罗马人从不允许艺术的规则——对绝对的美的爱好，如果我们可以这样说的话——优先于那些需求的满足。让我们举一个著名的例子。看雅典或艾琉西斯（Eleusis）的卫城入口（Propylaea）；我们难道不应该把它们看作神庙吗？城堡大门的外表难道不会使人想起宗教建筑的正面，以至于可以与之完全混淆吗？如果不是因为入口门廊背后在墙上开的三个门洞的话，我们可以将这些建筑物视作神庙的前部。罗马人从不将城堡的入口做成神庙的外表。对他们来说，每座建筑采用仅仅是它目的真实表现的一种形式；并且如果建筑的细节——也就是装饰——有时与整体形式产生对比的话，这一外加的装饰并不会重要到从根本上影响建筑计划决定的建筑体量。

我们很快会看到这一罗马原则发展出来了何种形式，它如何被滥用；因为所有原则，无论多么完美真实，经由极端的滥用之后，最后一定会腐朽。

我们接着会看到，在罗马建筑复活的时代，建筑的品质如何为了那些并不真正属于它的东西而被忽略——那些仅仅是外表，即罗马人只将奢华的观念和肤浅的财富与之联系在一起的东西。

第五讲　研究建筑必须遵循的方法——罗马巴西利卡——古代民用建筑

在研究一条河的流向时，我们从河口开始，而不是从它的源头开始；我们溯流而上，并调查它的河岸，起初广泛地分段，然后逐渐收缩。我们观察它的支流，研究它们的河岸、激流以及大瀑布，直到它们各自的源头。我们因而获得了种种知识，关于主河道中水的特性，随着水流带下了什么物质，水量增减的原因，它们冲刷的河岸，以及注入它们的不同泉水的源头。但是没有人会想到从一条河流的源头开始，然后随之而下。艺术的研究同样如此，我们从纯粹的实际调查开始，去探寻它的源头——那些它们因之而诞生的常常互相矛盾的原则。我们是亚洲人、埃及人、希腊人、罗马人、中世纪民族以及文艺复兴的复古主义者的后继者，这并不是我们的错误。从 16 世纪以来，建筑的研究实际上是一种考古学——对早前时代的艺术知识以及经验和传统中表达出来的实际应用的研究。这是不幸的；但是任何努力都无济于事：这就是目前的状态，对于我来说，对学生这样说决非理性的表现："你们不能以从河口到源头这样的方式来考察这条河流，而只能在两条特定的支流的河口之间；因为只有在水道上的这个部分，河水才清澈河岸才富饶。""但你怎么知道，"可能有人这样回答，"因为，在你排除掉的这一段的以上或者以下，调查还有待开展；或者，如果调查已经开展了，它们也没有与有系统的河道观察联系起来，让我们可以比较不同河段的研究，并提出一个作为比较结果的观点？"文艺复兴面对异教徒古物时（Pagan Antiquity）表现出了更多的狂热而非反思；它的过程就像某个被埋葬的城市的发现者的心情，他们会因每个碎片的美丽而狂喜，并在研究遗存是否属于一座或者几座建筑之前——它们是否是同一年代，作为艺术作品它们的相对价值是什么——就迫不及待地将所有的东西无秩序地堆到一起。这一人人都有的自负使他们不仅认为他们创造的东西特别重要，而且认为他们偶然的发现也非常重要。"这块鹅卵石比你的更美，因为是我捡起了它。"我不是要谴责这一人性共有的天真(naïveté)的自爱(amour propre)，因为它是所有研究的需要，也是杰作(chefs-d'œuvre)的发现，否则的话它已经失传：但是当许多鹅卵石被收集起来并进行分类之后，我们无疑会被允许将那些珍贵石头从其他众多别无长处的鹅卵石中区分出来。赞美、狂热对于艺术家来说是必要的—— 一种作为性格的激情；但这一激情应该被投入更有价值的对象，否则它的火花很容易一闪而过，没有留下任何创造作品。喜爱一种高贵的智慧，一种高尚的灵魂，你将会很快反思

1-139

1-140

这一事物吸引了你的优点；但如果你的喜爱投入到庸俗的智力或者卑微的灵魂上，尽管这种爱依旧纯洁激烈，你将终身忍受你的错误带来的羞耻。在艺术中，选择和检验因而对于开始学习过程的青年人极为重要；我们必须注意到，选择现在比先前更加困难，与出现的事物的数量增加成正比。图书馆和博物馆，让我们可以观摩到遍布全世界的各个时代和各个文明的建筑纪念物；但我们没有掌握一种方法：因为我不会通过夸大对某一小集团的偏好来被证明，这一小集团不再有生命力必不可少的意志或者能量，他们存在的痕迹只通过毫无目的毫无结果的坐立不安或反复无常显示出来。

当考古知识没有广泛传播时，方法是简单的；因为教育一定会被知识的局限限制。观察古典文本和古代建筑纪念物遗存在我们之前的三个世纪如何被解释是有价值的。16 世纪维特鲁威的翻译者和解释者，毫不犹豫地以当时公共建筑的外观复原维特鲁威描述的建筑物。那一时期，以迂腐闻名的意大利学派，致力于比古人更有古风，并且赋予修复物与他们那一时代遵守的某些规则一致的纪念物的外观——所幸古代时期从未遵循过这些规则，像所有艺术的繁荣期一样，这保证了它的自由。在路易十四时代，我们发现佩罗翻译维特鲁威并以古典样式设计建筑，当然沿用古典时期的结构是不可能的，其形式仅仅逼真地带来了那一时代的杂交建筑。之后，对中世纪艺术的反感如此强烈，以至于它引起了对某些古典建筑原则的拒绝，只是因为中世纪知道如何运用它们，并且知道如何从它们身上吸取优点。无论 18 世纪或者 19 世纪开端那些著名的建筑著述者如何辩解，我们也很难以崇敬的态度去看待那些幼稚的言行或者浅薄的排他性。我们将会在维特鲁威 16 世纪的法文译本中找到路易十四时代佩罗的建筑中以及意大利注释者维尼奥拉或者帕拉第奥的建筑中的文艺复兴的样本——而非古典的结构。这些人，以及他们所生活的时代，很幸运地拥有艺术天赋（如果不是考古学的天赋的话），尽管他们为考古学的研究铺平了道路。他们的形势好于我们，我同意；但是我要再次强调——我们无法选择我们的时代：我们生于其中，必须让它如它应该的那样，以它自己的方式存在。

1-141

我认为这是应该做的首要的事情，建筑学的年轻学生必须被教会如何去思考——他们应该习惯于分析与检讨的思维。现在的状况恰恰相反：准备成为建筑师的学生中的大多数未能完成就退出了古典的学习；这不是没有原因的，因为他们认为建筑的学习需要大量的时间，并且不能很快地入手。但是这些还未成熟的聪明的人们还没有达到能够为自己选择最适合的食物的境界。如果教程拥有统一性、简单性和逻辑连贯性的话，这就不会有大的危险；如果——如两个世纪之前可能的状况——我们能够尽责地教授某些有毋庸置疑的价值的传统形式；如果我们能够专心研究个别的作者或者个别的建筑案例的话。但我们没有生活在教育史上的黄金时代，那个时候局限在狭窄的范围内的教育，没有接受者的左右徘徊，他们也不会在学校之外得到好的或坏的知识。新的事物层出不穷。到达永恒之城（the Eternal City）不再需要六个礼拜，非洲和亚洲就在“我们的隔壁”，摄影术使各个国家各个时代的建筑纪念物的图像铺天盖地地呈现在我们面前——历经多个世纪在各种气候下的人类劳动毋庸置疑的见证。路易十四时期审慎理性并适应于那一时代需求的学术方法，已经被知识的洪流完全淹没。50年前建筑学著作在图书馆中只占据了一个书架，而现在可以充满一整个大厅。学生们拥有或者可以拥有先前锁在大师密室内只有精选的少数被呈现出来的知识的源泉。旧的藩篱是陈腐的，它正被推翻，尽管还有争议——淹没在那些新事物的洪流中，它们以专题论著、雕刻、照片以及模型等形式出现，充满了我们的城市，并找到了吸引甚至身处大师工作室中的学生的办法，侵蚀他的知识体系，驳斥他的教学，并攻击他的原则。那么我们该如何是好？我们应该回到粗笨的平底船与马车时代？——在我们的学校周围拉一条环境卫生警戒线，将我们的学生监禁在这一范围内？在坚决地与我们所处的年代斗争与充分地利用这一时代慷慨赋予我们的原料之间，没有中庸的办法。让我们为这一洪流准备好河床，因为我们不可能阻止它的进程。

1-142

当过去的艺术被以如此多相近但不同的形式阐释时，我们的学生将会满足于忽略过去的五六个世纪——他们既看不到也不会去研究它们——这一推测，只是一个错觉：对于我来说，为他们展示他们可以从那些艺术中获得什么，以及应该忽视什么，是更明智的做法。因此，我们就必须为了向我们的学生们解释什么值得研究什么应该放弃，而逐一描述古典时代、中世纪以及文艺复兴时代所有的建筑纪念物的缺点和优点吗？当然不是；这样的做法，即使极为细致，也只能揭示老师的个人观点，并且会给只看到仅存的外观和形式，但对形式的原则没有清晰理解的思维带来更多的混乱。因此，要通过教授学生如何思考他们的所见——通过慢慢给他们灌输对所有艺术对任何时代来说都是正确的原则，我们才能帮助他们引导自己进入那些已经丰富地呈现在他们眼前的艺术的范本——选择好的拒绝坏的。另外一个思考不能忘记：对于艺术来说，有比混乱的思维更危险的东西，即诡辩。当我们艺术家希望通过我们自己的眼镜观察，并希望说服我们的学生这副眼镜好得几乎独一无二的时候，艺术界却还存在着更多热心的而非有知识的爱好者，他们没有任何艺术的实践知识，但坚信自己熟悉正确的方法，并冒昧地将其告知所有人。某位这样的施教者见过帕提农神庙，或者曾使某座古典时期建筑的某些部分重见天日：他对自己生活的村子里的教堂一无所知，但他却希望说服你希腊艺术可以满足我们的所有要求。某人从未离开过他出生的省份；但却坚持认为装饰了地方的大教堂是唯一显示出“基督教感觉”的建筑。第三个人认为世界上的建筑是自奥古斯都开始，到君士坦丁终结。第四个人则相信，只有文

1-143

艺复兴的建筑师能够综合古典艺术的优秀之处，因此我们必须谨慎地遵循他们的指导。每个人都会以最强势的推理来为他的观点辩护；但没有人会得到理性的支持，因为他们没有人知道一块石头如何砌筑在另一块之上，一榀木框架如何结合，或者砖或者石材各自更适合于在何种目的下使用。每一流派的艺术家都为炫耀其热情或兴趣的诡辩喝彩，而没有察觉到在向那些没有相关实践知识的人的论断屈服的时候，他们自己他日也会受到其他批评家的谴责，这些批评家的观点同样是非权威性的。我们要自我调停，并且即使存在着影响同行之间和谐的众所周知的障碍，我们也要保持之间的相互理解；记住我们都必须受制于同样的规则，并且我们应该知道它们允许什么，禁止什么。

我的读者们应该不会允许我擅自禁止所有对我们的艺术的非专业的批评。我们应该经受大众的审视；我不希望建筑师团体形成一个接纳会员的独立组织，拒绝对它的教育和作品的检查和批评。不，我只希望，在艺术领域普遍存在的混乱状态中，不同的流派或者分支，应该使他们各自的主张基于比有点见识的业余爱好者所提出的观点更有价值的东西——他们应该求助于有事实支持的良好理性，而非沾沾自喜地盲从关于艺术不同形式的老生常谈的笼统规则；因为一个具备实践理性的人说出的一个词语往往足以摧毁一个肤浅争论的整个框架。我预料到将会有什么样的闲言碎语——事实上，这已经不是第一次了——“你使得建筑师的功能退化成仅仅是一名石匠：你对实践过于关注：建筑远不是以一种物质的便利形式聚集并将材料连接起来的事物：建筑是音乐与诗歌的姊妹——她注定要为想象力、灵感、品味提供更宽阔的视野，甚至使与音乐和诗歌呼吸与共的神圣灵感的相关重要规则甘拜下风。”是的：但在今日，无论一位音乐家如何有灵感，如果他不熟悉和弦的法则，他将只会生产出令人厌烦的噪声——无论诗人如何有灵感，如果他不精通语法和韵律学，他的诗作也只能自我欣赏。然而，不幸的是，对于我们建筑师来说，尽管每个人都能觉察到语法的错误或者诗行韵律的紊乱——尽管每个耳朵都被错误的音符或者不和谐的和声冒犯——但在建筑学中不会如此：很少有人能觉察到比例和尺度上的瑕疵，或者是对最普通原则的忽视。由于部分公众这方面的无知，每种破格都被纵容——我们每天都能看到太多这样的例子。

1-144

有太多渴望成名的人，他们的戏剧没有机会上演，他们的诗歌没有机会发表；或者，即便有机会，导演或出版者很快就会为他对戏剧或者出版物的资助而感到后悔。但即便是一个笨拙的人也可以说服公众他是一位建筑师；他可能会被同意建造一座建筑，关于建造艺术的知识并未普及到能够让公众明白是否要拒绝一个无法用理性或者美好来形容的设计。关于如何表达建筑的思想，我们可能有的不同观点——我们希望赋予概念的形式——但是我们都赞同法则的正确性，这些法则源于良好的感觉和经验，以及客观的静力学原理。那么，如果要决定建筑学的教授方法的话，让我们从认可这一观点并排除任何关于形式的问题开始，形式只是次要的东西。我们应该教给学生每个时代的艺术如何努力地遵循着这些永恒的法则；一个设想的方案应该如何被实现；我们在年轻人面前不应该卖弄那些偏袒或孤傲的偏见，它们没有理性或者品味的基础，会将无法解决的问题带给公众，但公众又往往会凭借自己的感觉和肤浅的知识草率地对这些问题自作主张。我希望这些提倡和谐的呼吁能够被听到；如果每个人都愿意审视同僚的真实观点，而非将低俗的观点归咎于他的话，本应该是如此的。如果这一理解存在的话，建筑学的讲授将会理所当然地重新获得它的地位，而不是衰败并陷入混乱。我们的学生，将不再是被盲目夸大的论战中的党羽（像他们现在所处的状况），他们会知道在我们的艺术中，只有唯一的由知识和理性指引的途径；我们不应以分享这一或那一学派的感觉为借口，向他们传授可以逃过严肃、辛苦和实用的学习的可悲的权宜之计。我不能断言建筑学是一门只源自理性的艺术——简而言之，是纯科学的一支；但是在危险的状况下，我们不得不多花精力对危险所在之处特别强调。当一处住宅失火时，我们不会讨论它是否是按照维尼奥拉的法则建造，或者是否是哥特式的住区模式；我们只会赶快去寻找灭火之水。今日，问题不是艺术的一种形式是否应该高于其他所有形式；这是超越我们的能力范围的；我已经解释了原因。重点是要传授给年轻人一种正确评价他们各自的价值观的确实方法；并且这一方法是推理和分析的——纯粹的科学，在比较之后，它划分等级并作出选择——它是在实际应用中的传授，没有排外，没有偏见，没有空洞的理论。当整个世纪的历史可以被忽略时，时间已经过去；如果某些动作迟缓的知识分子仍然幻想他们的沉默使艺术受益的话，这是纯粹的幻想，因为这一过程只激发了研究：他们的绝对沉默是一种挑衅，每一挑衅都倾向于加强它唤起的感觉。假装隐藏起所有人都能知道的东西，或无视已非常普遍的情绪，是所有制度在其衰退阶段都有的痴迷：政治上，它引起了武装革命；在科学与艺术上，它打开了一扇通往放纵、鲁莽的愚昧和无意义的反动的大门——导致了思想的混乱和对基本原则的淡忘。在我们身处的这样一个转折和效率的年代，我相信有助于效率提高的唯一途径就是老老实实地检视一切，避免个人感情的影响，并清楚地记录我们知识的状态；如果我们要冒昧地引导当代人——我们自己只是洪流中的微粒——就让我们用最好的向导来帮助他们——我们的理性——我们的比较和推理能力。即便这一向导并非完全正确，它至少也拥有照亮每一步路途的能量，并让那些追随它的人可以认识并纠正它的错误。这比沉默更有益；因为沉默即是黑暗，在黑暗中所有人都只能蹒跚而行。

1–145

1–146

总之，我要说——首先，教育不再孤芳自赏的时机已经到来；坚持我们认为好的合理的教条，就是要将学生的思想禁锢在高墙之内，这座高墙或许在一百年前就已经足够宽大，但已不复存在——而无视大量的已得到的知识和有用的研究及劳动，会让致命的混乱长久地存在。其次，对于教条，在即便是最敏锐的思维也可能陷入不确定的状况下，我们要教给年轻人的关于艺术的永恒的真理，并不是艺术的形式——而是它存在的背景，它的结构和方法，以及它们为了适应新的需求和习惯而产生的变化：我们应该拒绝的是模糊的理论、仅基于传统的体制，不能诉诸事实的逻辑关联的东西，以及那些在艺术的辉煌年代也从未被遵循过的所谓神圣的规则。当人类缺乏信心之时（我指的是真正的信心——从不怀疑自己的目标的信心），只有一个向导——他们的理性——对真理和正义的理智。我承认，这一工具并不完美；但它总胜于一无所有。现代的傲慢已经取代了古代的宿命论和中世纪的恭顺：让我们看看艺术界的变化，政府当代的统治艺术中所作的那样。谴责我们打算进行一场退化的运动的学校的领导者，扮演起雅典政府或者中世纪的行会的角色，我们被迫在艺术领域中坚持理性的独立性，这是很有趣的事情。伏尔泰（Voltaire）曾指出他那一时代的更为严重的矛盾；因此我们不必对未来丧失信心。

因此，我认为，我们应该训练当代艺术家的理性；并且我确信他们一旦习惯推理，他们的品味多少会获得提高。天生的艺术家通过直觉拥有艺术；但思考和经验加入进来可以证明这一直觉是正确的。有一个卓越的精神活动的范例：思考在我们脑中唤醒了很多古老的思想；瞬间一个新的诞生了，我们只知道通过两性结合，一个新的个体如何诞生。无论如何，为了创造出真正属于我们的艺术的新状态，我们当然必须激发思想，而不是扼杀它们；我们必须通过推理将它们的各个方面引入视野之中；我们必须通过比较和智慧的碰撞来尝试它们。古人相较于我们的优势之一是，他们没有我们现如今不得不考虑如此众多的材料；优势之二是所接受的教育与他们的社会条件高度和谐；而我们的教育只是无人相信的陈旧传统和与之格格不入的新奇科学的生硬杂烩。

1–147

所有选择这么做的人都应该痛彻肺腑地怜悯我们这个时代；这一同情是有理由的，我们应该允许放任这一情绪；但是，对于我自己来说，我并不认为我们的时代不好，我认为它本应如此。如果所有人都这样想的话，这一时代就能拥有自己的艺术：我们必须运用我们自己的一点点推理能力，并停止我们仍生活在路易十四时代，以及M·勒布伦（M. Lebrun）是法国美术的统治者的幻想。

在前面的讲座里，我们讨论了拱顶的罗马建筑——显示罗马人独特天赋的建筑——表现持久、财富和力量的感觉。然而它们并非罗马人唯一的建筑。在共和国晚期至帝国早期，罗马人还没有被毋庸置疑的优越感鼓舞，这种优越感在稍晚时候，促使他们在公共建筑中采用了统一的方式，这种方式用在各处，而不论当地的传统和外来的影响。尽管有着显著的罗马特点，尽管他个人偏好规则，维特鲁威的论著，仍然指出在建筑艺术中有某种程度的自由，这一点值得我们进行详尽的研究。有一种我们还没有谈到的罗马建筑，表现出了独特的配置和结构——巴西利卡。

巴西利卡的名称是希腊语，意思是王室的住宅。这一词语很可能来源于亚洲，并且这一建筑形式可能是由马其顿国王（Macedonian Kings）在东方创造的，并由亚历山大的继承者创造的。可能是作为法庭——他们进行司法活动的地方。维特鲁威没有区分希腊和罗马的巴西利卡，但我们恰好已经注意到维特鲁威似乎对希腊建筑和它在细节上的设计并没有一个确切的观点。他满足于注意到“巴西利卡与法庭或者公共场所类似，它们必须朝向最温暖的方位，这样冬季时常出入于其中的商人们就不会因严寒而觉得不便。”他又说：“它的宽度不小于长度的三分之一，也不会大于长度的一半，除非场地本身不允许采用上述尺度。”这里，维特鲁威像他习惯的那样，放弃了一般而言注意不到的比例的规则，比例也是他自己在建造法诺巴西利卡（Fano Basilica）时第一个放弃的东西。我们继续。“如果，”他后来说，“为建筑准备的场地是长向的，”——即如果它的长度大于宽度的三倍——“就要在两端设置卡尔喀狄斯式柱廊（chalcidica），如同尤里亚阿奎里亚巴西利卡（Julia Aqui-liana Basilica）那样；巴西利卡柱子的高度就会和柱廊的宽度相同，后者的宽度将是中央空间（教堂中殿）的三分之一，上层的柱子将小于底层的柱子。在顶层柱廊的柱子间的栏墙（女儿墙）的高度，将是柱子自身高度的四分之一，在其中行走的人们不会被底层的商人们看到。关于楣梁、檐壁和檐口，它们的比例可以从柱子的比例中推导出来，像我们在第三讲中指出的那样。”我尽可能遵循拉丁文本的原意翻译了这一段话，它清晰明确，但没有完全解释清楚。事实上，维特鲁威没有告诉我们这座建筑是否被墙体包围，墙体是否封闭，或者它是否有顶；他的文字没有明确的说明。当他开始描述在法诺他指挥建造的巴西利卡的时候，他谈到了那些墙体，谈到了关于这座建筑的柱子布置，它们的比例，以及建造上层柱廊时采用的平面；非常明显的是——如我前面谈到的那样——在这次建造中，无论是整体设计还是细节上他没有遵守他刚刚谈到的任何一条规则。

1–148

如他所说：“拱的长度，弓形屋顶（从后文可以很明显地看出来，这里维特鲁威没有提到砖拱券或石拱券，而是提到了木结构的屋顶）——柱子间的拱的长度是120尺；它的宽度是60尺；柱子和墙之间环绕中殿的柱廊有20尺宽；柱子的高度，包括柱头在内，是50尺，直径5尺；用以支撑承托楼板和柱廊的梁的柱子后部的壁柱，20尺高，直径2.5尺。壁柱的上方还有另外的柱子，18尺高，2尺宽，1尺厚，支撑承托上层柱廊的椽子的梁，这些梁向屋顶倾斜比拱（中殿的屋顶）稍低。（向上层柱廊的屋顶倾斜的）壁柱和柱子上的梁之间的空间是开敞的，柱间的光线可以自由进入。”

1–149

最后一段简短的结尾让这段文字显得有点模糊，但我们还是要努力来解释它：

“拱宽度方向上的柱子，包括转角的柱子，每边共 4 根。长度方向上，在面对法庭的一边，有 8 根柱子——包括转角的；但是在另一边，只有 6 根，中间的两颗被减去了，以避免阻挡奥古斯都神殿门廊看过来的视线，奥古斯都神殿设置在巴西利卡边墙的中部，面对着法庭的中心和朱庇特神殿。在奥古斯都神庙中，设置了不完整半圆形曲线的法官席，深仅为 15 英尺，弦向长度 46 英尺。法官席这样设置，是为了在巴西利卡中做生意的商人不会打扰地方法官面前的辩护人。柱子上方周圈是 3 根 2 英尺厚的梁组成的过梁，每到第三根柱子上（面对法庭的内部）这些过梁就回到由正面柱廊伸出的壁端柱，并与半圆左右相接。高 3 英尺方 4 英尺的支柱立在柱头上过梁的上方。在四周的支柱上方，放置了连接紧密的 2 英尺厚的双梁，梁上横跨着拉杆和屋架椽木，它们正对着壁端柱和内门廊墙上的楣梁。这些屋架承托了覆盖着整座巴西利卡的屋顶和神庙门廊中央的屋面。因而，在外部形成屋脊在内部形成拱顶，双折屋面的设置创造出一种令人愉悦的效果。这样的建造方式节省了相当的劳力和花费；为了楣梁上部的美观，上层柱和女儿墙的设置被压缩。然而柱子继续上伸到承托着屋架的过梁，又使得建筑更为高贵壮丽。”

维特鲁威自然极力地认为他自己的作品是好的，我尊重他的观点。他为我们提供了古人在他们建筑创作中的自由度的充足证据——一种属于所有的艺术优秀时代的特性。维特鲁威，不能凭借罗马建筑法则，让他的法诺巴西利卡设计在半个世纪前被巴黎美术学院关注。我的看法？他可能已经被排斥在竞争之外！——我们只会向维尼奥拉（Vignola）或者帕拉第奥学习罗马建筑。在柱子上不放置完整的柱顶盘！柱头上安置木过梁和搁在衬垫上木构架！以壁柱辅助柱子！如此异端！无视所有的规则！ 25 年前，法诺巴西利卡在一个浪漫主义者的作品中被延续。我记得尽管如此，如果这座建筑偶然地被批评家提及，那一定是一声长叹；它被轻易地忽略——以我们习以为常的“敏捷”的思考，指出这是最卓越的艺术家有时也会受其影响的失常。但是，如果古代仅剩的作者在他建造的建筑中，在他描述过的唯一建筑中，放弃了这些他自己记录下来的规则——这些规则在文艺复兴建筑师的著作中被仔细记录，但那些规则他们自己在实践中也没有遵循，那么谁还可以被信任？建筑学可以是形式随心所欲的艺术吗，它的原则是永恒不变的吗？两个世纪以来，我们坚持某些形式是不可改变的——作为品味的最高表达，忽视古人认为非常重要的对这些规则的研究，是不是走入了歧途？中世纪的建筑师对他们的规则如此有信心，形式的选用如此自由，是不是有可能比杰出的古典主义时代的伟大世纪（Grand Siècle）更接近古人？这些既有的教条思想真是让人苦恼！我们无法为思想开出任何处方，哪怕是错误的处方，就像我们为不确定

1–150

所有权所开出的处方一样！

然而，所有不迷信理论家所制定的规则的人（这些规则从不为实践者遵守），将会在维特鲁威建造和书写的关于法诺建筑及其描述中找到独特的处理方式，这一方式值得特别留意。首先，卡尔喀狄斯式柱廊（Chalcidicum）——法官席——设置在长边的一侧。室内柱子高度一致，由走廊地面划分空间。柱子不是支撑着完整的柱顶板，而是以承托走廊地面和屋面的壁柱的形式出现。柱顶部在周围柱廊的单坡屋面上分离，让光线可以从中进入室内。它们只支撑着木质的过梁、短石柱以及视线可及的木屋面的墙板。维特鲁威，作为一个理性主义者，宣称这避免了很大的麻烦节约了很多花费！因而，他以最坦率的口气，谴责罗马的檐口，然而是在奥古斯都时代，他才会这样说。那时候，合理的原则不是强制的吗？不是：建筑有行为的独立与自由，是希腊人和罗马共和国晚期最尊贵的特权；它没有让规则代替艺术；它属于艺术家，且还没有成为罗马帝国强大的政治和管理机器的一部分。

1-151

法诺巴西利卡的平面和剖面都是独一无二的。维特鲁威很仔细地为我们提供了他的建筑主要部分的具体尺寸。图版八是其平面，图版九是巴西利卡的剖面。

为了表达壁柱在柱子后面承托走廊楼板和之上单坡屋面的布置，我画了这些柱子在不同标高上的断面（图 5-1）。

A 处是基础，这时还没有设置方形基座，方形基座对于一个被频繁经过的场所来说是非常不便的，后来在爱奥尼、科林斯和混合柱式中无一例外地采用方形基座。B 是承托走廊地面的壁柱柱头，上留有凹槽安装剖面 D 中所示的纵向木板 C 铺成的通道。E 处为上层壁柱；两侧有为木栏杆 F 的凸榫留出的卯口，栏杆占据了由两层柱式组成的巴西利卡女儿墙的位置。G 处上层壁柱的柱头要支撑木檩，如剖面 D 所示，木檩承托着单坡屋面 K 椽子的上端。柱头下的柱身，为了木檩的通过有微微的砍削，也为了使黏土烧成的屋脊瓦重叠，以防止雨水渗入。L 处表示了木檩开槽与椽子的交接，上面先覆盖了一层小方砖，然后再覆盖一层瓦 M，瓦片互相交叠，屋脊处朝内一侧 NN’处施以装饰。柱头 P，拷贝了奥古斯都时代圣约翰拉特兰（St. John Lateran）博物馆的精美柱头，承托着三层的过梁 O。

文字中一切都很清晰，不需要花费很多精力用图解释维特鲁威的意思。关于木屋顶，必须承认，作者只给出了一个很模糊的概念；现已不存任何可以作为参照的古代木屋顶的实例。而且，平面的安排使得屋顶的构架异乎寻常地复杂。维特鲁威煞费苦心地告诉我们，在奥古斯都神庙内门廊的对面，他减掉了两根柱子，梁转九十度架在两颗剩下的柱子上，以便它们可以落在从内门廊突出的壁端柱上。这样，屋架就转了 90°，就像十字形神庙的翼部相对入口那样。他还告诉我们，他的屋顶配有水平拉杆，且是被包裹在内部

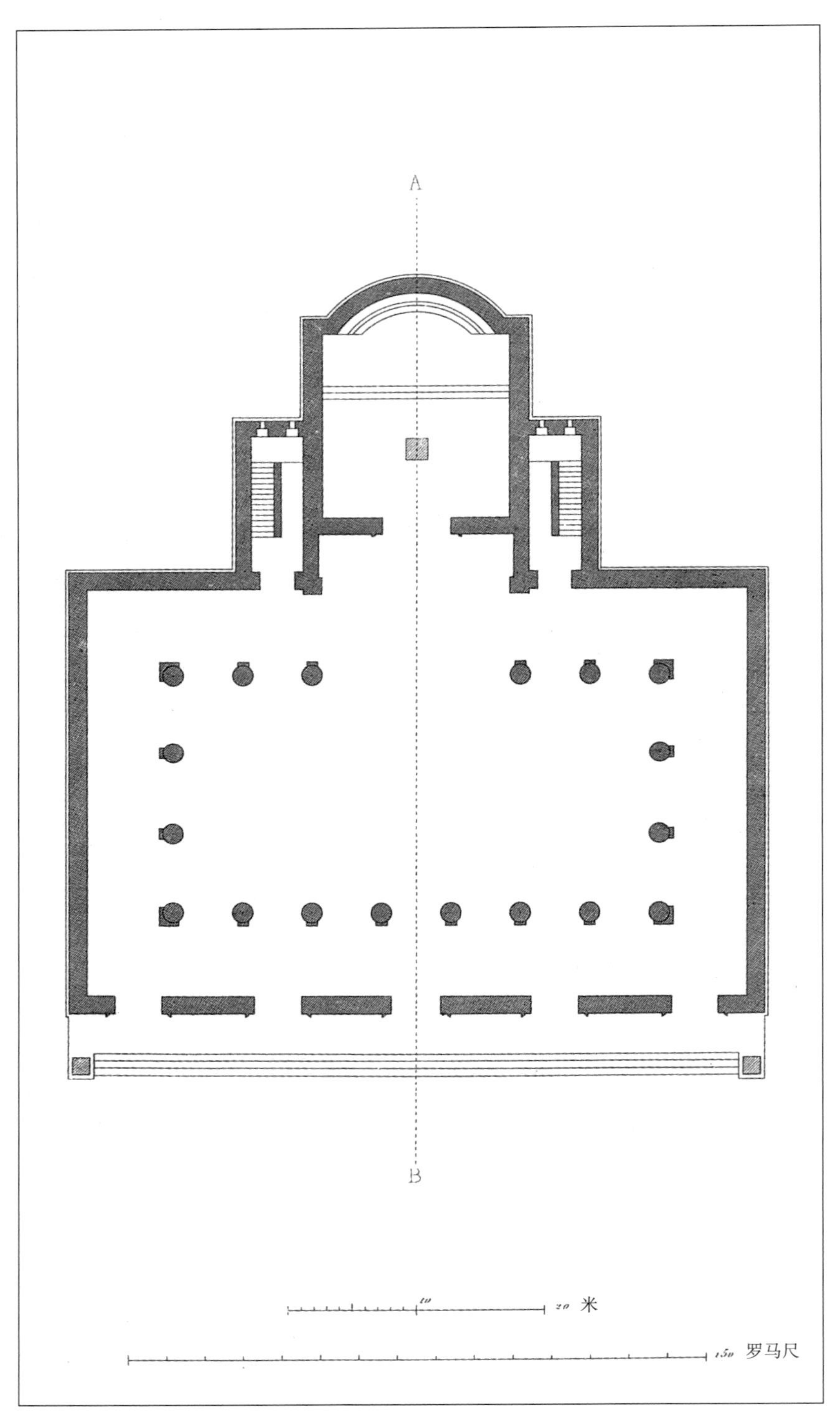

图版八 法诺巴西利卡－平面

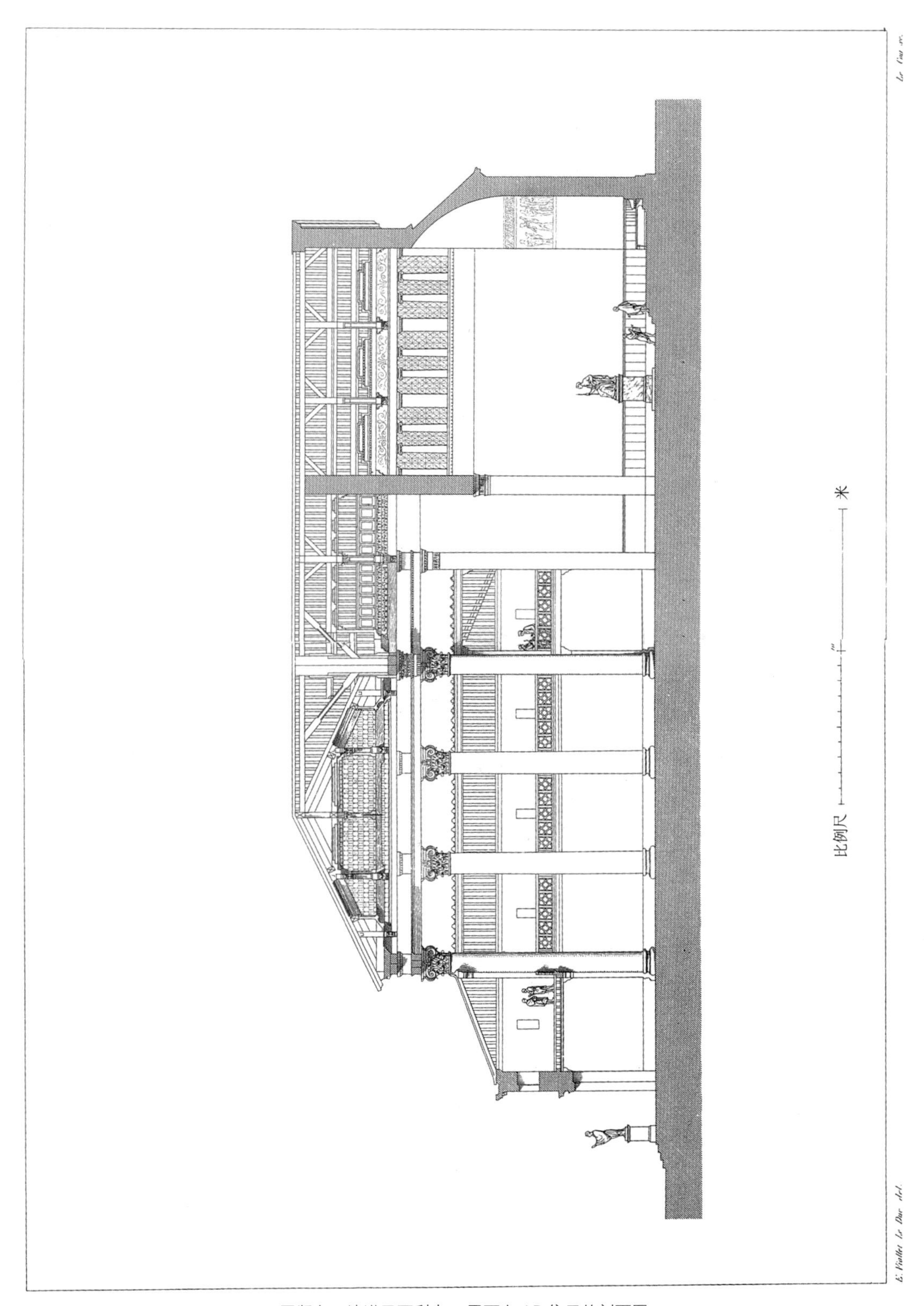

图版九　法诺巴西利卡 – 平面上 AB 位置的剖面图

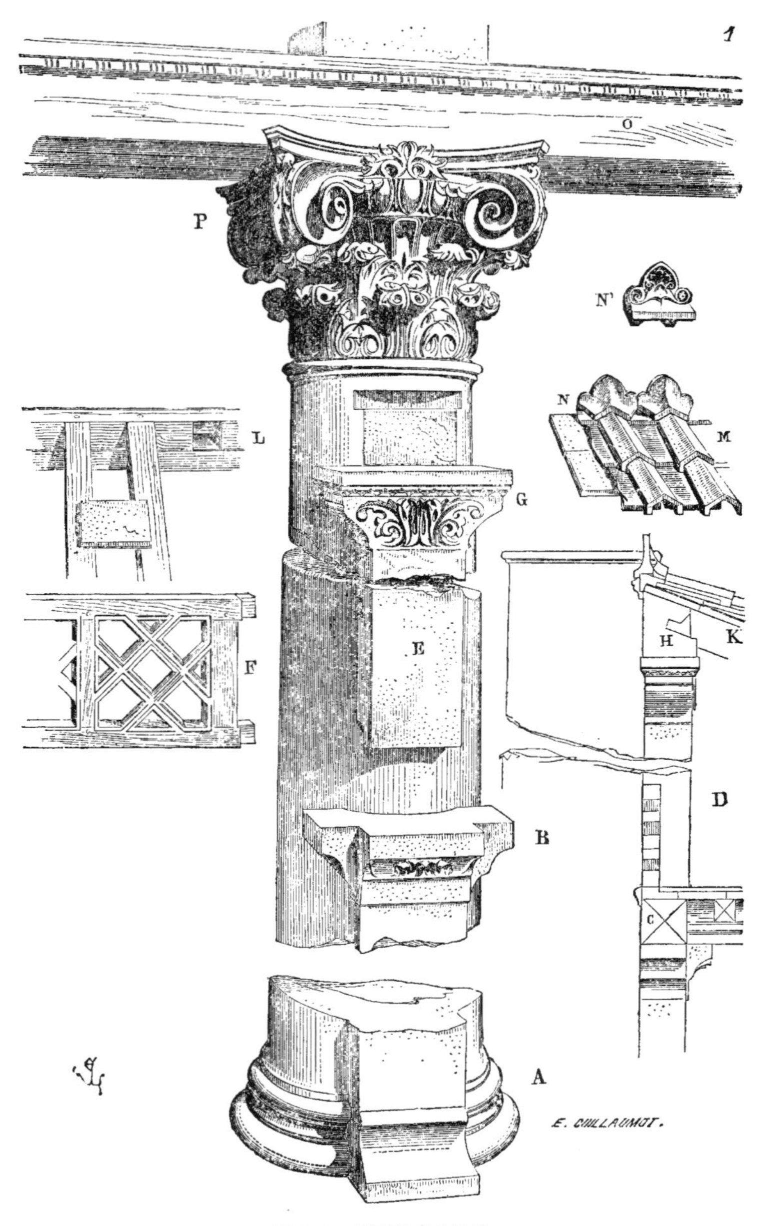

图 5–1　法诺神庙的构造

的，外部有两层屋檐，屋顶和内门廊垂直相对。这座巴西利卡非常宽大（60 罗马尺）。[1] 每一柱子上都需要一榀屋架（principal），我们不能假设在内门廊对面剩余的空隙中还有斜向的屋架。这样的设置会带来让人非常不快的影响，在受力上也是有缺陷的。以维特鲁威所绘的平面，我们想不出除了一个单一的框架系统以外的其他方案（根据古代方法给我们留下的数据）。这一系统由

1–153

1　在赫库兰尼姆发现的罗马尺，大约是 11.8 英尺，60 罗马尺大约为 59 英尺。

一连串的在教堂中殿每个柱子上规则分布的屋架组成，对着内门廊入口的两榀屋架落在与之垂直相连的两榀屋架的水平拉杆上，屋顶也因而转成垂直。两端柱上的小短柱承托的承椽板（wall-plates）延伸部位的这些水平拉杆一定是坚固地靠悬柱挂在屋架上弦杆上，并搁在牛腿上。我尽力在图版十中画出这一特殊的布置，尽可能遵守庞培古代壁画和图拉真柱的浅浮雕中所绘的木匠的方法。中世纪木构架也为我们提供了很大的帮助，让我们熟悉同样存在于罗马人中的木工艺术。在所有的建筑营造过程中，木构架当然是最忠实地保留了古代传统的；甚至在最野蛮的时代，木工工程在西方也一直进行着，早在恺撒时代，高卢人被认为非常善于加工和建造木结构。图版十中的屋顶，根据罗马人的习惯和雕刻中所表现的，应该有木天花。中殿的端头很可能是没有斜脊（hipped）的——那会使得屋顶的建造更加复杂，古人也不习惯这样做——而只是在山墙上用开敞的框架和格栅封闭，如图版九和图版十所示。

木材建造在这样的建筑中扮演着非常重要的角色，这一设计是原创的。古代巴西利卡的遗物以及法诺巴西利卡的记述让我们有理由相信，奥古斯都时代的罗马人在他们的公共建筑建造中，有很大的自由。

1–154

少数可以被称为巴西利卡的希腊纪念物，呈现出罗马人不曾采用的值得注意的布置方式。帕埃斯图姆巴西利卡和拥有相似功能的托里库斯(Thoricus)的建筑，从中心向下的一列柱子，形成两个走廊或者室内回廊，而不包括外部柱廊。这些仅存的建筑，与罗马巴西利卡之类的封闭的建筑相比，更像是开放的市场；在其中我们找不到像所有罗马巴西利卡中可以看到的法官的空间。然而，帝国时代的罗马人，丝毫不怠慢地赋予他们的巴西利卡宏伟壮丽，像对待他们同一时期建造的其他建筑物一样。由一位著名的建筑师大马士革的阿波罗多拉（Apollodorus of Damascus）建造的罗马图拉真广场上的巴西利卡，在尺度和所用材料的丰富程度上都一样显著。这座巴西利卡，遗迹仍然可见，某些古代的勋章上可以看到它的外立面，它由 5 个内殿组成——中间的较宽阔，四翼的稍狭窄，支撑着上层的走廊。法庭是个巨大的半圆形，直径横跨整个 5 座内殿，门廊和走廊在法庭前。一个入口及门廊和前厅，在法庭正对的一端敞开，另外 3 个入口在图拉真广场的南边。由元老院和罗马人民为了纪念这位君主而树立的著名的图拉真柱，位于正对广场的一个小院里。这座小院通向两座分别存放希腊文和拉丁文著作的图书馆，图书馆可由两扇巴西利卡北墙末端进入的门到达。巴西利卡的砖墙表面覆盖着一层厚的白色大理石，至少下部是如此。5 座内殿的柱子是灰色花岗石，柱础为白色大理石，上面的柯林斯柱头与柱身是同样的材料。天花板表面覆盖着镀金铜板。南侧连接广场的 3 个主要的门廊顶部是由四马二轮战车（quadrigœ）的雕像装饰的，像古代勋章为我们展示的那样。人行道现仍依稀可辨，由黄色和紫罗兰大理石板组合而成。覆盖着这座建筑的不是拱券，而是木屋顶。

图版十　法诺巴西利卡－屋面系统

法庭是有顶的吗？如果它是四分之一球体的拱顶，那么这一拱顶如何与走廊和它所制成的墙体连接？巴西利卡的形式与这一几乎占据了5个中殿整个宽度的半圆形很不相称。这样的安排，看上去似乎很不可行，或许侧廊与法庭之间剩余的间隔是向天空打开的。因为尽管我们可以想象巴西利卡的建筑和它的木屋顶，我们也不能理解木屋顶如何与法庭的半圆屋顶连接。　1-155

由于我不想进行任何假设，因此我不打算讨论解决这一问题的途径；引用这一例子，我只打算表明在某些特定的状况下，罗马人如何在忠实于社会一般需求的基础上，改变自己的概念。我们或许能在波斯宫殿中找到图拉真广场巴西利卡的关键，波斯宫殿几乎都是尺寸巨大的半圆，宫廷一侧柱廊环绕，顶上覆盖着以四分之一球体的拱顶。而且，现代的东方保存了某些罗马传统。许多建筑是现在为多种目的所建的，如我们巴黎的皇宫。清真寺和市场与罗马巴西利卡的相似，在于它们都担负着多重功能，都需要宏大的室内空间。他们的建筑源于君主的虚荣心，君主们都希望将自己的声名与长久辉煌的制度下的公共工程联系在一起，这些建筑可以吸引民众并以巨大的工程团结民众；当然，这类纪念物并不会产生于共和政体。因此，无论希腊巴西利卡可能是何种建筑，我们必须承认它与罗马巴西利卡的区别。除此之外，如前所述，罗马人从希腊人那里得来的只是神庙的建筑布局；无论何时，当涉及公共建筑时，罗马人从不取之于任何人，他们根据需要创造并修改他们自己的方案。而且，因为巴西利卡是多功能的建筑，这些功能可能会随着时间和空间的变化而改变，功能的相对重要性也多少会有不同，所以，罗马人无止境地变化着他的方案。

关于帝国时期公共建筑的观点不应该被误解。它们的设计不是绝对固定的并且排斥所有变化的；从奥古斯都时代以来，只有罗马大型公共建筑的法则是不可改变的；但一种法则，无论多么绝对，在运用中都会呈现出不同的形式；我们有更晚时期中世纪时代的证据。我认为，不仅仅对于公共建筑是如此，它在个人的生活中也起到重要的作用；尽管我们对于希腊人的居住环境仅有模糊的概念，但罗马人一定是与他们不同的。

1-156　我们不需要过多地重复，在我们所熟知的历史上的各个时期，在国家的风俗、习惯、法律、宗教和他们的艺术之间存在着非常紧密的联系。或许我们这个时代成了一个例外；我们的后代将会评判；但是，在共和国晚期和帝国初期的罗马古典时代，建筑严格地跟随着罗马社会的多方面而发生变化。在第四讲中，我们详述了帝国时期，建筑师遵循的方法，因为，事实上，只有在这个时代，罗马艺术才是真正罗马的；但观察共和国即将结束时艺术和风俗的关系，是非常有趣的事情；在不再是希腊的但未为成为罗马的建筑的转变中，有许多吸引人的东西。那是一个艺术盛行的时代，生活着西塞罗(Cicero)、卢库勒斯（Lucullus)、S·克劳狄（Servius Claudius）以及萨卢斯特（Sallust)。当然，相较于皇帝们及后来他们的宠臣的华丽别墅，西塞罗在塔斯库卢姆的住宅只是非常谦逊的住所；但是这些墙体浸透了如此美妙的艺术芬芳，它们是这位共和国最后的市民的所爱！对于熟悉古典时代的他来说，关于这一居所，作为一名风雅的智者，他在他的信件中所说的以及他显示出来的关心，表明这一建筑是高雅且精心设计的珍宝；因为他从未详述大理石或者壁画的华美；他也没有以唯一目的是以奢华使邻居黯然失色的暴发户的空虚谈及他的乡村住宅；他只是详细描述了他在那座建筑里的舒适，他那些珍藏的艺术品，以及地点的便利。此外，我们还注意到他信任他的建筑师：作为一半的希腊人和一半的罗马人，他没有参与关于艺术形式的讨论；但是很明显的是，他有着对形式的鉴赏力。如果要找出他尊重负责住宅设计的艺术家的例子的话，我们可以看他写给的阿提库斯（Atticus）信件中的一封，在其中他对他的朋友说道："指责我的窗户太窄，你就对赛勒斯（Cyrus）（他的建筑师）过于挑剔了；幸好这只是对建筑师。我这么跟他说的时候，他指出看向花园的宽大窗户并不能提供令人惬意的景色。假设 A 是观察者的眼睛，B 和 C 是他看到的物体，D 和 E 是从眼睛到物体的光线；你就能理解接下来的事情了。"这段未完成的陈述是希腊文的，西塞罗一定只是重复了那位可能是个希腊人的建筑师曾对他说的话；一段他似乎没有留心对他而言也没有很大价值的陈述。在一段说给伊壁鸠鲁学派（Epicureans）（阿提库斯属于这一流派）的警句之后，他继续说："如果你发现其他要批评的东西，我已准备好了可接纳的辩护，除非我能以很少的代价找到改良的方法。"只引用一段文字很难为我们提供罗马公民——那一时代第一位共和国公民，一个有着纯洁品味和敏锐智慧的人——和他的建筑师之间关系的鲜明的概念。可以肯定的是，那一时代的这位罗马精英有着对于艺术的激情：但因为他们的智慧足以察知希腊人是他们的导师，他们相信他们的艺术家的判断是最好的选择。而且，西塞罗不是让他住在希腊的朋友为他在希腊购买雕像，并且规定它们必须保存完好地到达他那里了吗？在那个希腊艺术混合着罗马生活的平常习惯的转变时期，只有少数遗迹尚存，这是多么遗憾的事情！在那个时代的建筑作品中，自由和高雅是优于华丽的——在维特鲁威关于他的巴西利卡的描写中，我们能找到这种自由的某些遗迹，但到帝国时代已经完全消失了。这座建筑与共和国晚期的社会状态是完全相称的—— 一种充满冲突的社会状况，高度文明且非常优雅，但还未陷入道德束缚，我们看到一个世纪之后它已为之所困。罗马社会与我们的社会有相当多的类似，且罗马社会——我们必须承认吗？——在智慧上胜于我们，因为现存建筑纪念物的缺乏，今天的建筑师从罗马社会的仔细研究中得不到什么帮助！在我们拥有的少量遗迹的帮助下，借助于对共和国最后时期我们所发现的人或事的熟知，通过对我们自己国家的习俗和历史的研究，我们将有可能把我们的艺术从正日渐深陷的糟糕套路中拯救出来。但为了获得这样的结果，我们必须有勇气承认现代教育是

1-157

不能让人满意的，承认写作或者讲授建筑学的古物研究专家并非建筑师，承认从事这门艺术的建筑师对古典时代（Classical Antiquity）或者中世纪的历史和习俗不足够精通。我们或许应该拥有属于我们自己的艺术，如果我们能了解自己的话——知道我们是谁，知道我们可以对我们的时代作出何种适当的要求。

古代（当然是相当可观的）研究带来的帮助是它对年轻人思想的高尚影响；但为了保证这一影响，不能麻木地限于对形式的研究——就像两个世纪以来在建筑学有关方面所进行的这样，但事实上，建筑学应当有更高的目标。我们必须研究希腊和罗马的社会状况，尤其是罗马的——尽管有其陋习与失误，但仍如此宏大，如此稳固；我们不能仅仅研究罗马住宅，而且应该熟悉里面所住的人，欣赏他的品味，体验他的生活，以领会他与他的住所之间的完美和谐。现在，当所有人所有事物脱离了它们的场所，当社会的所有成员将跨出自己的领域，在外表和真实存在之间创造矛盾作为目标时，建筑师所要扮演的角色就越来越困难，因为他不能将自己抬高为道德的检察官，也不能成为禁止奢侈的警察执法者。不过，建筑师的精神升华，他对文明社会的真知灼见，他所能提供的值得称赞的案例和良好的判断力，比想象的更有影响力；但回归本源的建筑师能够影响反复无常或犹豫不决的顾客，或者能够基于简单且可靠的理由提出最终只有傻瓜才会拒绝的建议，不是通过在罗马或者雅典第一千次重建马塞勒斯剧场、屋大维娅纪念柱（the Portions Octaviœ）或者帕提农神庙，在美第奇别墅（Villa Medici）的工作室中以费心的谨慎考虑柱顶板或者柱头的阴影明暗来实现的。 1-158

我们已经浏览了罗马人的公共建筑，也能够理解——不考虑形式的问题——需求被如此不受限制且深思熟虑地满足，建筑的外表如此清晰地表达了它所容纳的内容；所采用的方法是如此恰当地与当时社会的状态匹配；奢华与富裕从未沦为虚伪的高尚，而是融入了罗马人特有的宏伟庄严——一种没有矫情和浮夸的宏伟庄严。如果我们深入罗马市民的私人生活，如果我们看到他在自己的家中，我们会发现事情的不同方面：当一个罗马市民富裕到能够建造一座剧院、一座柱廊或者公共浴场时，他采用的是官式的建筑（official architecture），如果可以这样称呼的话——它们适合于公共建筑；——但是，如果他为自己——为他的家人——建造房子，他不是为了炫耀或者引人赞叹，他只要求满足他的个人品味——建造一座他与他所爱的人喜欢的居所。这至少是共和国末期罗马市民的习惯。在更晚的时候，虚荣——炫耀的心理——改变了罗马在这一方面的趋势；接着古代社会的衰败到来。不仅庞贝所有的住宅——最富裕的、最大的与最小的——在外观上都保持着一致的朴素，而且建造的方法和材料也完全相同。在所有的东方城市，我们也发现了这一特征。当一个人足够富裕，能够建造起装满雕像和绘画的公寓时，他总是将这 1-159

种豪华隐藏，避免招来嫉妒的目光。这些习惯在共和国时期是非常自然的事情；在为所居住的城市建造的输水道或者竞技场建筑中花费了数百万塞斯特斯的市民，居住在与他们不富裕的邻居看起来差不多的住宅里。我们甚至可以假设，对公众隐瞒私人住所财富的习惯，发展了罗马人对别墅的喜好，在那里，他们可以不讳饰自己对奢华和舒适的欣赏，而不用担心平民或者邻居的批评。在罗马，我们在西塞罗的生活中发现了嫉妒建造舒适居所的市民的线索，当他由于克洛狄乌斯（Clodius）的党派密谋私通而被迫离开罗马的时候；他走了之后，他的敌人所做的第一件事情，就是拆毁他的住所。由派系斗争激发的城市中昏了头的下层民众的暴力，迫使富裕的市民小心地隐藏他们的舒适与奢华。因此，罗马的私人住宅设计不同于公共建筑的设计，不仅仅在于各自的需求不同，而且在于与艺术相关的方面。一方面，罗马人认为他已经无法让公共纪念物在外观上的庄严和重要性更加卓著；另一方面，他又将对公众隐瞒私人住所的显赫当作责任。因而，我们可以很容易地理解，罗马城市与我们的多么不同，私人住宅的朴素外观又如何衬托出了公共建筑的宏伟壮丽。通过如此对比，这些城市一定有特殊的景观效果；且居民的观念也受其影响。视觉的联想，与其他感官一样，导致持久的印象；在简单线型的民居黯淡谦逊的统一外观中，壮丽的公共建筑带来的视觉效果，振奋人们的精神，并使人们更具有艺术作品的欣赏能力。罗马人大部分时间都不在家里渡过。早晨，有权势的市民总要会见聚集在住宅大厅里等候赞助人 接见的客户。他会随他们一同外出：因为，共和国时期，客户的人数，对于贵族们来说是一种保证他们在公共事务中影响力的途径。在他们的随从下，他向广场或者散布在城市中的几处巨大的柱廊行进，那些柱廊是散步或者作为交易的聚集场所；他忙于公共的会面，这要求他持续的注意力；然后他去浴室或者竞技场或者圆形剧场；傍晚的时候回到家里。那时候他的住宅就只对一些朋友开放了。住宅内的奢华因而完全是私人的；构成罗马住宅的公寓都很小，朝向内部庭院和柱廊开敞；外面的人不能知道一位罗马市民的住所中发生着什么。建筑也严格地遵照着这一状况。我们不应惊讶于，出生、财富或地位将其卷入为权利而斗争的党派阴谋的人们，也需要那种乡村生活能提供的安宁。因而，罗马人对乡村的喜好在共和国时期就已经非常普遍，但只在帝国时代的第一年才发展起来。在罗马，一位众人皆知的显赫市民不得不将自己关在他的住宅里，如果他希望享有一点点安宁的话；住所之外，他被朋友、客户、党派或者竞争者攻讦，完全不能保持中立并在无休止的党派混战中置身事外。对除了野心之外，同样热爱研究的人（这两种爱好尽管是完全相反的天性，却常常在同一个体中相遇），比如西塞罗，时时经历着通过离开罗马获得心灵的休息的需要；尤其在他们的乡村住宅中——他们的别墅——罗马民用建筑的真正属性才显露出来。

1–160

事实上，我无法想象，自16世纪以来流行的，这些被运用于私人住宅的作为古典建筑特征的对称思想，如何为大众所普遍接受；因为，我在建筑物或者其创造者中都没有发现任何端倪。庞贝没有一栋住宅平面和立面是遵从于对称原则的。西塞罗和普林尼在他们的信件中谈到了很多关于他们乡村住宅中几个方案的外观、位置以及设置；但丝毫没有提及对称。事实上，这些住宅是大厅、柱廊、房间和走廊等的综合体，它们的位置由光线、风、雨、阴凉和景观决定——除了对称之外的所有状况。关于普林尼的Laurentine乡村住宅，他对他朋友加卢斯（Gallus）的详细描述，是这一方面最严谨的文学纪念物。罗马永恒的实践精神在这封信中随处可见；他没有谈到装饰、马赛克、大理石和壁画；但他在用每一行文字强调了景观，房间开口的方向，每个房间的独特设置，某些房间清新凉爽，而其他的温和，乡村和海边不同的视野，地点的深远宁静适于研究和冥想，奴隶的秀美和健康，水和花园。他没有提到柱式、外表（casings）或者檐口。这封有趣的信件中看不到一点点自夸。他喜欢他的住宅，他根据自己的品味安排了这座建筑，他在其中找到了真正的满足——他的精神是如此卓越，他是一位如此多才多艺的罗马绅士，以至于这座住宅只能成为优雅和有品味的杰作——然而在与他的朋友讨论它的价值时，没有一丝一毫的自夸。如果我们一切都追随罗马人，当然是他们的理智诚实，他们真正的高雅，他们对心理和生理健康的明智的关注，而不是那些在浮华且自负的路易十四时代被尊重，被夸耀为古典时代传统重生的惯常规则。那些热爱古典时代，推崇它的作品并流连于我们渴望找到它最微不足道的遗迹的造诣深厚的罗马社会的人——我认为他们一定会积极地抵制这种对他们的艺术的错误解释。对于我自己来说，我必须断言我们深陷其中的杂交的古典（hybrid Antiquity），与库斯图（Coustou）或柯塞沃克（Coysevox）在米洛的维纳斯（Venus de Milo）的断臂雕塑中的*tete d'expression*同样令人反感。从古人处追溯只能表现出我们的无知与平庸的可笑法则——对称，千篇一律的柱式构成等冷漠法则，难道不是一个危险的错误吗，相反，我们在古代作品中只找到一种支配性的法则——需求的真诚表达，以及只由理性与品味限制的自由，即运用于艺术感觉的推理习惯。 1-161

我想贺拉斯（Horace）如果站在凡尔赛城堡前，一定会忍不住笑，他被告诉说这座成排开窗以柱子与壁柱装饰的对称的巨大营房（为什么对称？）是君主的离宫。让我们热爱并研究古典时代；热爱和研究，如果你愿意，伟大世纪的建筑；它有它的价值与伟大：但是我们不应将原则和表达不一样甚至完全相反的作品混同起来；首先，我们应小心断言后者是受前者启发的。我们应该说皮热（Puget）在埃伊纳岛（Ægina）寻找原型。路易十四时代的建筑师认为他们追随着古人的道路——他们真诚地这么认为——不应该被谴责为一种罪过；我们应当尊重过去哪怕是对它的幻觉；但今天仅以传统规则 1-162

的名义重复这些胡言乱语是不可原谅的。

普林尼领事不仅在奥斯蒂亚市郊的海边有他的别墅；在托斯卡纳他还拥有一座周边有花园环绕的非常美丽的乡村住宅；他同样对他的朋友亚波里拿留（Apollinarius）描述了这座建筑。不同的气候环境，不同的地点，我们看到的是不同的建筑安排；因为场所、视野、景观、水以及乡村习俗的不同，这两座令人愉快的建筑呈现出各自特有的设计。在奥斯蒂亚的海岸上，和在托斯卡纳亚平宁山脉的缓坡上，我们看到的仍是罗马的住宅，有许多不同功能的房间，它的门廊、支配着多个立面的大厅、它的浴室、它的书房、为陌生人或者朋友准备的独立的房间、室内运动场、进行体育锻炼的健身房、为大型聚会准备的房间、夏季和冬季寓所、自由民和奴隶的宿舍。所有这些不同功能的房间的设置，不是遵照一个理论上的方案，而是遵照主人的品味，并适合于他的日常习惯。

我们曾经提到罗马人在公共建筑中遵循对称原则；他研究建筑的外表；他为公众建造，他懂得对称是展现宏伟的有力途径；对于民众来说，他是地方官员；但是在家里他放下官员的身份，他为自己的品味而建造——只为他自己。在一个房间里，他追求温暖的阳光；而在另外一个房间里，他小心地遮蔽阳光：他利用场地提供的所有条件；他寻找着真正的舒适，从不为现代业主（modern proprietor）喜好的虚荣所左右，现代业主希望他的乡间别墅首先应该在建筑布局上就与众不同，哪怕他要每天忍受因此而来的不便与痛苦。在乡村住所中的罗马人（无论这个人多么有野心，他更喜欢这座住宅）以值得称赞的判断和精妙的品味，满足精神与物质需要；他考虑了身体健康，卫生装置——他家人和他的健康；他还必须拥有一个图书馆，用于研究的安静的房间，这样他就能够沉湎于安静的思考，这对精神健康是非常必要的；他有他的与身体同样重要的精神健康的健身房。奢华和装饰在他的住宅中并非不予考虑，但是他从不会以牺牲舒适和便利为代价。事实上，他知道如何成为一个隐私的人，就如他知道如何做一个公众的人；相较于权力的表现，他不会被对奢华的不理智欲望影响而无法自制。让我们成为罗马人：我不要求更多；但也不是带着路易十四时代的假发（periwigs d la Louis Quatorze）和穿高跟鞋的罗马人；我们应学习他们的礼仪（savoir-vi-vre），他们清晰且均衡的思维能力，他们的实践哲学，他们作为敏锐的普通人而非艺术家对艺术的爱好——不是竖起成排的柱子而不知为何，或居住于外观壮丽，但对于居住者来说不方便、阴暗、荒诞且到处都是看不见的不适的宫殿中，就是模仿了罗马人。中世纪的城堡和领主宅邸比上两个世纪的乡间住宅更接近于罗马人的别墅和住宅；对于建造了这些城堡和领主宅邸的人来说，以最舒适、健康和安全的方式居住是首先要考虑的事情，不需要考虑住所的一翼比另外一侧长还是短，或者房子的某个主体是比邻居的高还是矮。

1-163

让我们设法形成关于普林尼住宅的概念——他的劳伦蒂娜（Laurentine）别墅。它离罗马只有 17 英里，在海边，离小城拉丁姆非常近。“它，”领事说，“足够我使用，并且它的维护不需要花费太多。首先进入一个门厅，简单而不简陋；然后你会进入一个圆形的柱廊，环绕着一个小而可爱的庭院；在这里可以与外部气候隔绝，因为柱廊是有透明的隔断（玻璃窗或者石镜）封闭的，更有效的是突出的上层屋顶。第二个院子与第三个更大的院子是相通的，突出于海面的餐厅通向它，这样，当来自非洲大陆的风吹来，波浪经过了第一次的猛烈冲击之后，它们轻柔地洗刷墙壁的基础。这个房间所有的面均开门可以穿过，窗和门一样大，这样正面与侧面，三面都可以看到大海，在你进入的这一侧，依次可以看到大庭院和其柱廊，小的圆形庭院，接着是入口大厅，再向外是森林和山。在餐厅的左侧，是一个隐蔽的大房间，接着一个小房间在一边向东开口，另外一个小房间向西开口。这一面有朝向海面的景观，从餐厅并不能直接到达，但却非常安静。餐厅附近的外侧，建筑形成了一个内转角，保留并增强阳光的温暖。这个地方在冬天是非常惬意的，作为佣人的健身房。只有偶尔扰乱宁静天空的云气带来的微风时而吹拂。另外一个房间与刚刚提到的房间相连：它是起拱的半圆形，窗的设置可以让白日里各个时辰的阳光洒入。在墙的厚度中设置了壁龛，是装满了精选图书的图书馆，反复阅读这些图书让人愉悦。卧室与这一房间是分开的，只通过木板墙壁的走廊连接，以免温暖会通过墙壁散出去。这一侧建筑的剩余部分，是留给我的自由民和奴隶使用的，我的客人不适合住在这些没有那么整洁干净的房间里。”另一侧是一些房间和另外一个餐厅；接着是一套根据习惯由冷水浴室、发汗室、熏香室、温水浴室以及热水浴室组成的洗浴房，朝向大海。不远处是到太阳落山时都能暴露于炽热日光下的网球场。附近有两处避暑别墅，两层高，顶上有用作餐厅的平台，从那里可以享受到壮阔的海面、装点着官邸的海岸，以及设置了亭子，种植了迷迭香、无花果树和桑树，并以爬满藤蔓的葡萄架分隔的花园。另一个餐厅和一些房间通往这一花园，接下来是一个大房间，“是公共建筑的风格，”两侧都开窗面向大海和花园。充满着紫罗兰香味的室内运动场（xystus）在走廊前延伸，并且使得走廊免受冷风的侵袭。另外一组非常隐蔽的房间在走廊的尽端；这是普林尼最喜欢的静修处；他详细地描述了每个房间，并仔细研究了它们在位置和景观上的优势；这里有午睡的房间，一个暖气房，一个书房，各处都有令人愉快的荫凉或者阳光。普林尼当然不会愚蠢到在所有的设置中考虑对称，或者为了向路过者展示有秩序的立面而给自己带来不便。每个房间都是以最适合它的尺寸建造—— 一些设置在另外一些的后面—— 一些突出，一些退后；有小的低矮的，有大的高耸的：一些是拱顶，一些装有板壁，开许多窗口或者一扇窗也不开；但方位和景观总是支配着平面，内部的需求支配着立面。这些别墅只是联排或者支撑墙合并的

1–164

1–165

建筑集合体，各自有屋顶，窗子根据不同的用途或大或小，内外装饰与各自的功能相匹配。这与公共建筑的规则平面没有共同之处，因为罗马人有着太好的品味而不会赋予私人住宅以公共功能建筑的外表。罗马人希望在他的乡村住宅中，拥有一切他在共和国的城市中惯常见到的东西的微缩版。这些住所类似一个布置合理的村庄；它们在外观上保持了村庄的外表。如果古典著作没有真实地描述这一场景，还可以通过保存至今为数众多的古代表现乡间别墅的绘画了解它们。它们呈现出栩栩如生由各种形式各种尺寸的建筑组成的群体，之间有柱廊连接，有自己的屋顶，为了阳光或者景观，朝向各个方向或隐蔽在树或山的阴影中。中世纪时代的修道院、城堡和领主宅邸，完全遵照了这样的理性安排，我们也可以看到这种类似；这些后来的建筑比最近几个世纪我们千篇一律的巨大建筑更接近于古典时代的传统，建筑不只存在于对柱式或者外形的模仿中，建筑是总体布置的理性系统，是特定阶段文明的需求、习惯和风俗的真实表达。

在他的乡村住宅中，这位罗马市民意图将精神与肉体满足所需的一切聚集在自己周围——的确是一个值得钦佩的观点；只要他的资源允许，在特有的实践精神中他认识到这一点。乡村中的空间不像城市中那样寸土寸金；罗马城中的住宅是五层高，而在乡村地区，建筑是由大部分一层的房子组成的。当有房子周边有足够的空间时，人们一个居住在另外一个上方又有什么好处？我们会到了乡村还整天爬楼梯，而在周边广阔的土地上散步或者走动并享受乡村的安详和宁静吗？什么才是乡村的魅力，如果我们仍被关在一个大石头盒子里，听到仆人应答门铃的上上下下不间断的脚步声，门开关的噪声，客人们在他们的房间里来回逡巡的脚步声，女主人的喝令声，孩子们的哭闹声，以及那些在城市中无法躲避的没完没了的动静？我再次重申，如果我们打算一切仿照罗马的话，我们应该首先学习他们将自己的需要和习俗明智地融入艺术，而不是从罗马借鉴些许最多只具有相对重要性的建筑片段。

1–166

罗马人在住宅和别墅的建造方式方面的深刻判断力丝毫不逊色于住所的总体安排和细节设计中的能力；毛石、混凝土、砖——这些被认为是他们常用的材料；如果他足够富有，能承受得了这一奢华的话，柱廊会采用大理石柱子；暴露于水汽中的地下室的室内部分也是这种材料的保护性表面，其他地方则是制作精良并着色的灰泥表面——以及过梁和木隔板。罗马人建造的公共建筑要持续几个世纪，他们建造住宅时考虑的是——这一思考是理性的——私人住宅一定是每五十年就会更新。庞贝发现的住宅大部分的建造都只是简单的，罗马市郊为数众多的古代别墅的遗存显示它们只是以最简单最经济的方式建造的。这些住宅的壮丽辉煌在于绘于灰泥、路面和大理石外表的装饰，以及多种与建筑分离的物品，如花瓶、雕像、大理石喷泉、青铜器或者镶嵌了象牙和金属的昂贵木器。罗马人显然对堆积巨大的石块为自己建造住宅没有什么兴趣；他更喜欢将他的资源运用于考虑景观或者方位以最令人愉快的方式安排别墅的不同房间；将它们装满堂皇的家具和许多的珍稀物品——马赛克、绘画、希腊雕塑以及以昂贵的价格收购来的手稿。他希望能在夏季享受到凉爽，在冬季享受到温暖；他希望在住宅中的每个部分都有水的供给，以及适合于生活中的各种需求的房间；他希望他的家人，也就是他的亲属、自由民和奴隶可以像他一样享受到他们的舒适，他希望在乡村住宅中，秩序支配着一切，不是作为制定者的他或者作为服从者的那些人都不能忍受的约束带来的秩序，而是由英明的深谋远虑和秩序井然的管理带来的。在这些住宅中，奴隶们当然比我们的仆人享受更好的住宿和款待；他们有他们单独的住处有锻炼和比赛的大厅以及他们自己的浴室——除去社会地位，他们比现在的富人的侍从更自由更愉快，有更好的卫生条件。他们等同于一种财富形式，他们的主人也乐于保持他们的力量和健康。我们能够理解热衷于在乡间为自己保留的那种自由、宁静和规则的生活的人们，如何无法忍耐大城市中的压抑；因此，一旦罗马市民获得了能够为自己建造一座别墅的足够财富，他就尽可能少地住在罗马，甚至在大城市的包围中，许多市民也为自己建造了实际上是别墅的宫殿，也就是说，包含了罗马人安逸奢华生活必需的所有的服务设施、附属房屋以及从属物。在检视古代罗马的建筑平面追溯公共建筑遗存时，我们会问自己占据这座伟大城市人口绝大多数的人民的住宅在哪里——战神广场（Campus Martius）、竞技场和圆形剧场中熙熙攘攘的平民大众都住在何处？公共建筑、宫殿、柱廊、广场占据了城市范围内2/3的表面。住宅中，人们堆叠着住在一起到几层楼高；他们的生活多在公共休闲地。而且，平民的数量与现在的大城市相比，也没有那么多；后来成为世界的统治中心的罗马，有着众多尺度巨大的公共建筑。空间被用尽，在帝国时期，为了为新建筑腾出地方，巨大的建筑被拆毁；宫殿和重要的建筑不得不被一扫而空以建造更符合新的需求的建筑。从未有人为了重建而摧毁如此多的建筑。在安东尼（Antonines）时代，所有的军营都被迁移，以为巨大的建设提供空间；但是直至帝国晚期，在城市中许多地方仍然可以发现公共和私人花园。在今天的欧洲,我们无法想象这一城市。在城墙周边的乡村里，甚至四或五英里以外的地方，有为数众多大大小小的别墅，另外巨大的公共建筑——神庙、坟墓、为旅行者准备的旅馆和柱廊沿着道路；在许多的住宅和建筑纪念物中，散布着环绕着长长的输水道的花园，输水道们将整个湖的水源从山区运输到都市的中心。直到今日，这些城外（extra muros）建筑的遗迹隐藏在一块贫瘠的裹尸布（winding-sheet）之下；但如果它在任何地方被穿透的话，我们就会发现这里是一堵墙，那边是柱子、马赛克、铺地、水池、地下室——事实上，是城市之外的城市。

1-167

1-168

甚至到罗马帝国晚期，人口已经出现短缺，无法刺激并充满如此多的公共和私人建筑。强盗在罗马城门处袭击旅人；总之，需要有居民来构成城市，而罗马居民已不复存在。罗马人膨胀的势力在边远地区稳固下来，许多富有的市民住在他们在高卢、非洲、伯罗奔尼撒半岛以及亚洲的别墅中；在罗马城门口，奴隶们和破产的科拉尼（coloni）掠夺了他们的主人放弃了的乡村住宅。住在那些遥远地区的罗马人向不同的民族传播了他们的习惯、风俗以及建造方式；我们还发现，尤其在东方，他们留下的建筑传统几乎没有更改地保存了下来。波斯人和阿拉伯人建造的住宅呈现出与罗马住宅几乎相同的布置方式，而在罗马以及整个意大利，这一记忆已经丧失很久，几乎没有一座建筑比后代的法尔内塞宫（the Palazzo Farnese）更接近于古代的宫殿，比潘菲利别墅（Villa Pamphili）或者阿尔巴诺别墅（Villa Albano）更接近于奥古斯都时代的别墅。

到帝国的晚期时代，甚至君士坦丁时代之前，建筑的品质降低了。在罗马，艺术家短缺，而非工匠。新的纪念物以旧建筑上拆下来的碎片装饰；君士坦丁时代的建筑以从图拉真广场上拿来的浅浮雕和雕塑装饰。雕塑艺术已被遗忘，尽管有着无尽的权利，皇帝们还是不得不去抢掠他们的祖先的建筑；他们正进行着野蛮人的工作并摧毁着令人惊叹的纪念物来建造样式粗鄙、外表装饰缺乏品味、工艺蹩脚的建筑物。这一事实为我们展示了罗马建筑体系软弱的一面。罗马人在他们的建筑中如此彻底地与艺术脱离——他们如此果断地将艺术仅仅变成一层外表——如我们前面所说的一件外衣——被视作局外人的艺术，很快失去了自我重要性的自觉；在罗马，直到帝国晚期，艺术家是稀缺的；工匠们自己不再知道如何去切割大理石或者石材；权力和金钱不足以产生艺术家，这是真理。

在西方，从君士坦丁时代以来，我们只看到野蛮人长期以来一连串的毁坏。在这一段低落的时期中，艺术在东方在拜占庭得以逃避困境；在那里它获得了希腊传统中的复兴能量；它借鉴亚洲文明并被改造。我们很快就会看到，被亚洲人移植并修改的罗马艺术如何影响已长久文明的西方欧洲；它如何对亚洲和地中海南岸作出反应；它如何通过贸易以新的形式回归到它的发源之处；它如何与它自己留在高卢和意大利土壤中的传统混合；以及它如何适应于野蛮民族的风气。

1-169

这项研究不仅仅吸引着考古学的兴趣；我认为，它促进了当时尚未诞生的现代艺术的孕育。正是出于这一角度，我才要将它表现出来。如果我们成功消除了根深蒂固的偏见；如果我们熟悉几个世纪以来构成我们的艺术的要素，熟悉我们根据自身的天赋对这些要素所进行的改变，我们应该已经为所有保持了一定程度上的独立性的思想者们描绘出了未来的道路。

我们不能假设基督教在一天里就改变了古代世界的社会状况；在没有转变的世界中，没有物质（physical）或者社会革命发生，新的原则与被放弃的原则越不相同，这种转变就会时间越长，越费力。某些智力出众的人可能会立刻突然地从异教徒转变为基督徒；普通民众尽管在名义、仪式以及行为上成为基督徒，但是他们在用途、风俗以及习惯方面，仍然长期保持着异教的传统。因而，奴隶制度在基督教法律被认可之后，仍长期流行于整个欧洲。传统和新法律的对抗是斗争延长的起因。当数不胜数的教派和异端各处崛起时，基督教没有成为帝国的国家宗教——教派和异端其实是异教的礼仪和异教的哲学对这一新宗教的反对抗议。

在艺术领域，我们可以看到同样纷乱的状况，并且因为当时艺术与宗教有紧密联系，因此关于其前进的道路，一直不太确定。应该注意的是，尽管整个国家可以被劝导采纳某种教义，但以法令颁布一种艺术形式是不可能的，尤其是艺术的表达需要——例如建筑所需要的——众多艺术家、手艺人和工匠的帮助。基督教在它的诞生阶段就利用了异教艺术，它别无选择；逐渐地改变着被修改的风俗和习惯，慢慢地寻求着长期以来被争论的新的表达。我们因而期待找到尝试性的努力——艺术上的派别——介入古典时代和中世纪中间的尝试性努力。忠实于我为自己描绘的计划，我应该努力将我的读者引向不变的原则，这些原则可以将我们引向实际的结果——它的知识适应于我们自己的天赋和我们自己的时代。

1–170

第六讲　古代建筑的衰退期——风格与设计——拜占庭建筑的起源——基督时代以来的西方建筑

1-171　基督教对于艺术的发展有利还是有弊？假设世界还未被它的神性光辉启蒙，异教的艺术能够自我修正吗？它能在一度的衰落之后再度崛起吗？基督文明能够自我发展出艺术吗？艺术会和它们一起不可避免地趋向衰落吗？或者它会注定永远先进吗？为了回答这些问题，对于古代和现代文明的简单回顾是必要的。古代的文明（指那些我们熟知的文明）或多或少地都得到了全面的发展，接着衰落不再崛起。基督教起源的文明很长一段时间都在摇摆不决；它们有光辉与黯淡的时刻，但它们从未跌落到不能恢复元气重新开始的程度；它们不断地在取之不尽的灵活法则的源泉里复原能量；它们看似沉睡，但从未死亡。存在了 18 个世纪之后，经历了鲜血的奔流，不管是最恐怖的暴行，还是无知与伴随其左右的过失、狂热、偏见、骚乱、变革、战争、专制的暴政以及无政府的混乱，在过去的废墟上，西方非但未枯竭，而是走上了复兴之路。它所承受的考验，没有减弱在世界事务中的精神活力或者物质优势。我们应该承认艺术并不承担西方欧洲现代社会的重要动力——它并不参与到社会的推动力中——它只是一种自我的天赋——它会在一种每一次新的考验之后不断复兴的文明中死亡？可能：让我们分析最后的这个问题。艺术或者是独立于现代的西方文明的，或者是西方现代文明的一种表达。如果是独立的，1-172　现代社会并不需要它——没有艺术也可以；但很容易证明艺术是西方文明中最强大的力量之一。许多人不知道或者假装不知道这一点；但这依旧是事实。只在法国，很明显在我们的小星球上我们的影响力（share of influence）不在于我们的农耕，它只满足了我们的生存（我们当然应报以感谢）；也不在于我们的制造业，从物质的角度看，制造业逊于我们的邻居英国人；不在于我们的货币资金，因为我们不是政治影响的购买者（purchasers of political influence）；也不在于我们的武器，因为当武力不用于支持有益的思想时，它只会引起不信任——而且多年的战争之后，我们唯一的收获是证明了我们很能战斗并且一旦时机合适我们为原则而战。我们真正的武器，我们真正的力量，存在于我们的思想和它的多种表现形式里，这就是艺术的不同形式。整个世界阅读我们的著作，并慕时尚之名来到我们的女装店。是渗透到我们所有产品中的艺术，构成了我们真正的影响力。因而，艺术是我们的文明的要素之一；因此，如果我们不是一个急速衰退的国家——恰恰相反，我们正在进步发展——那么我们的艺术更没有衰退的理由；如果它们衰退了，我们的艺术家就应该对此负全责。

我承认在建筑艺术中，我们远远没有正确地认知我们的时代——它们需要什么，它们抗拒什么。对于建筑，我们只是处在西方世界在伽利略时代对于科学的模糊认识同样的位置。美学原则的守护者，像对待危险的疯子一样，把打算证明存在着与形式无关的原则（当原则不变时，它们的表现形式也不会固守着一种不变的形式）的人关入监狱，如果他们有权力的话。近4个世纪以来，我们一直在讨论古代和现代艺术的相对价值，在这四百年间，我们的争论并不随着原则而定，而是取决于模糊的术语和形象的修辞。建筑师，在我们的艺术中噤声——半科学半感性的艺术——只为公众呈现了一种象形文字（hieroglyphics），他们并不理解我们，也不理会我们的讨论。莫里哀（Moliere）饰演了他那一时代的医生，我们难道永远不会有我们的莫里哀来治愈我们吗？我们可以期待有一天我们（仍然尊敬他们）会与希波克拉底（Hippocrates）以及伽林（Galen）观点分歧吗？

我相信，没有人比我更可以确信，我们的艺术中没有创造；我们只能屈从于分析已知要素——结合并改造它们，而非创造：我们的艺术在实现方式上规定了如此严格的限制，以至于我们为了当今的创造而必须求助于过去。在建筑中，我们将收集来的东西用于目前的研究与运用：我们有两种完全不同的操作思维。假设过去的所有杰作都储存在一个人的脑中，如果他没有能够在那些杰作的帮助下——如果他不知道如何利用它们——他只能生产出拙劣拼凑的碎片的复制品——无创造力的模仿，从艺术的角度看，甚至不如什么都不知道的野蛮人的作品。

1-173

而且，在建筑艺术中，有两种不同的元素，被认为是我们必须遵从的，一是必须服从的需求，二是艺术家的想象力。需求是强加于设计方案的：我需要一处居所；我希望有空气与阳光。但什么是艺术家想象力？什么是想象？它是人类被赋予的将打动他们的事物在脑中联系并融合起来的能力。抽象的概念甚至也要披上形式的外衣，才能被人类的想象力领会。几何学家在木板上画一条线，并且说，“两点之间直线距离最短。”学生不会怀疑这条公理；他的思维立刻领悟到这一点，因为他的想象为他呈现出两点和一条连接着它们的直线。接着，他被教导，“一个点既没有长度、宽度也没有高度；一条线仅仅是一连串的点；因此它只有长度。”他的脑中会认可这一概念，但是他的想象，作为记忆的产物，总是呈现出两个可见的点和一条可见的线。思维中可以接受无穷大，然而人类的想象并不能给出无穷大的图像。一个人出生的时候没有手，且又聋又盲，就无法有想象力。当一位建筑师听到“我需要一座大厅”这样声音时，他的脑中立刻唤起了他曾经见过的一些大厅的记忆。如果再听到“我希望这座大厅高一些”，他的记忆立刻行动起来，并将某个高耸的大厅带入脑海。最后，如果听到“我希望它可以自由进入并有良好的光照”，他的记忆再次插上翅膀，他会看到一座符合这一要求的大厅。所有这些思维的过程发生的时间，远远短于描述它们所需要的时间。业主离开了，建筑师一个人独处，这一计划已经交给了他，他必须把方案做出来。接着他的记忆以一种混乱为他呈现出所有能够记住的一切：在这一时刻，理性介入，比较、选择这里和那里，抛弃这个和那个；接着想象开始构思并在建筑师的脑中呈现出完整的大厅。也许，它和他记忆中的任何一座大厅都不相似，但没有记忆的帮助，它是不可能被构想出来的。

1-174

记忆——将我们的所见、所听或者所感留在大脑中的能力——被称为被动想象；接下来，调动——融和这些感觉并以之形成新的概念——的能力，就是主动想象。动物们拥有第一种能力；唯独人类被赋予了第二种能力。比如，燕子们知道它们应该在特定的时间和地点筑巢；但是自燕子存在以来，所有的燕巢都一模一样。人类知道应该为自己建造遮蔽所；但在几个世纪的时间内，他就从小泥屋进化到了卢浮宫。为什么？因为人类会推理，并且他的主动想象只不过是将这种推理运用于被动想象。“这是一种不同类型的想象，”伏尔泰说[1]，“不同于大众所称的判断力的敌人。相反，没有深邃的判断力也不行；它不断地融合各种感觉，并纠正它的错误；它以秩序的原则建造起了所有的建筑。实践数学（Practical mathematics）以令人惊讶的程度调动了想象力，阿基米德至少与荷马有着同样的想象力。”所以，我们不应当跟随大众唠叨着理性抑制了想象力，或者如果想要创新的话，我们的记忆中不应该拥有太多相关的材料。为了创造，我们的判断力必须合理安排经由被动想象收集来的所有元素。通过判断，向理性学习，或者你会获得独创性。想象力在原始人——野蛮人——中与在文明的被教化的人中的作用并不相同；因为野蛮人的被动想象不完美地或者模糊地表现事物：它是一面放大或者扭曲了反射对象的镜子；而在高度文明的人类中，记忆是清晰准确的——一种枯燥的分类。他们各自特质差异的结果是，在原始人中被动想象是理想化的，它的复制品会更加逊色且没有进步；而文明人的记忆真实地表达了事物，同时他的主动想象可以进一步发展，并且更加理想化。假设一个大脑已经文明化的人去观察一个在绳索末端振荡的砝码，我的意思就能被理解了。他的被动想象只为他呈现了事实——他不会将这一现象归结于任何超自然的感应——对他来说，推动砝码前后运动的不是鬼神：他的主动想象介入，并告诉他，“有一种法则；砝码之所以振荡，是因为它受到两个力的控制，一个力是偶然的，它使得砝码偏离正常的位置，另一个力迫使它逐步回到原位。因此第二种力就是强迫砝码向垂直于水平的方向拉伸绳索的法则；引力迫使砝码逐渐地趋向于地球的中心。”另一位观察者，将球系在绳的末端，通过手的运动让它画出圆弧。他看到球的旋转运动中，绳索总是保持着紧绷的状态——运动速度越快绳索

1-175

1 《哲学辞典》（*Philosophical Dictionary*）。

就变得越紧。他的被动想象让他想起月球围绕地球旋转，行星围绕太阳旋转；接着他的主动想象让他想到离心力和向心力。让我们将这一规则运用于我们自己的主题。一个野蛮人来到罗马；他见到了各种建筑，然后回到自己的祖国。他未经教化的记忆让他想起这些建筑以及装饰建筑的雕塑和绘画。他当然没有注意到建筑各种部分之间的联系；相较于比例，各得其所的材料运用和贯彻良好的项目运作，他更被雕塑的细节和绘画的主题所吸引。他看到的事物在他的记忆中呈现出奇怪的形式，就像梦中见到的一样。留在他记忆中的是一些巨大的形象：如果他见到了巨大的体量被机器抬起，这些机器在他的幻想中是恐怖怪异的形象；雕塑是生动的；绘画能说话。一回到他的祖国，他希望集合他的记忆。他的被动想象兴奋了起来；他要建造；但是主动想象依然沉睡，并且在他从如此多的生动美妙的印象中创造出毫无章法秩序错乱的粗鄙建筑的过程中，起不到任何帮助。几个世纪之后，来了一位文明人，他平静且挑剔地检视了这些粗陋的尝试：他的被动想象将它们集合起来，但得不出任何结论。当他打算建造时，脑中想起了艺术的杰作（chefs-d'œuvre）：但我们不能用杰作来创造，我们只能赞美并复制它们。在这些完美的回想中——它们似乎是价值的标杆——当他的记忆唤起了那些粗陋的尝试时——虽然无力，但仍是由深受刺激的被动想象构思的作品的表现——这些粗陋的图像开始褪去它们的野蛮属性；文明人的主动想象似乎将野蛮人的被动想象占为已有。轮到他的时候，他看到的不再是野蛮人做了什么，而是他自己的脑中描绘出的图像，他拥有着复制它的能力。　1-176

人们常常需要野蛮人的某些元素，就像泥土需要施肥；因为创造需要一连串的精神发酵，它来自于真实世界和理想世界之间的反差、背离和距离。精神成果最为丰硕的年代（必须说明，我将艺术归类于精神成果——并非想要得罪那些生产“艺术作品”就像是天鹅绒织工生产天鹅绒的人）一定是最为动乱的年代，在其中历史学的学生能够发现最强烈的反差。如果一个社会达到了更高程度的文明，假设这一文明中一切都是均衡的调和的，接下来就是平稳的安定状态——安宁与幸福——这可以让人在物质上很快乐，但是并不能激发他的智力。运动、斗争，甚至反对，对于艺术来说都是必要的；精神秩序上的停滞和物质上的一样，很快就会导致衰退。因此，位于西方中心，作为已知世界绝对主宰的罗马社会，因缺少讨论和对比，而变得衰败堕落。道德和艺术衰落的原因很简单，因为世界上一切不通过运动和外部因素的注入自我更新的东西都会面临衰败。就像是一个家族：如果要保持生命力不衰退，他们必须杂交后代。

在一个秩序井然、合理管制且彬彬有礼的社会中，所有人对每个话题都有同样数量同样类型的观点，在这样的社会中，诗人能找到什么题材？极端和差异对于诗人来说是非常必要的。当一个情绪强烈的人看到他的祖国遭受侵袭时；当他是羞辱虐待的见证者时；当他的是非观念遭受侮辱时；当他遭受痛楚或者心存期待时——如果他是一位诗人，他毫无疑问会深受鼓舞；他会写作并激发他人的情感：但如果他生活在一个完美、宽容且随和的群体中，在其中极端只被视作品味的缺乏——诗人能找到什么可表达的？或许他会描述花朵、小溪、翠绿的草地，或者想象着虚构的温暖，他会陷入不真实的、奇异的、不存在的世界；又或者，相反，他会表达一种模糊的期待，对生活的莫名其妙的厌恶，和没来由的苦难。不！——真正的诗人，要深刻表达这一表面上看起来宁静平和的社会状况，在人们的心中寻找永不泯灭的情感，无论这人属于什么阶层：在一样的外表下，他会找到不同的激情，贵族的或底层的；他迫使我们再次认识这些我们努力压制其表现的差异：因此也唯是因此，他被聆听和阅读。社会越文明越有秩序，艺术家越有必要分析并研究激情、习俗和品味——回到最初的原则——控制它们，并以无遮掩的朴素将其呈现于世人面前——如果他想给外表千篇一律的乏味社会留下深刻印象的话。因此，在我们这样的时代，成为一名艺术家要比在公然展示美好或邪恶情绪的野蛮人群中困难得多。在远古时代，风格与艺术家是融为一体的，现在，艺术家不得不学习风格。

1-177

但什么是风格？我指的不是将风格运用于艺术的分期，而是所有时代的艺术中所固有的风格；为了让读者更好地理解，我发现，在每一种语言的写作者风格之外，有一种风格属于所有语言，因为它属于人类。风格是灵感；但它是从属于理性法则的灵感——天才的感觉通过理性的严格分析创造出的每一件作品独有的非凡的灵感——它是与想象和推理能力完全一致的；它是理性调整主动想象的一种尝试。前文我曾说过——希腊人的被动想象呈现出了马背上的人；他的主动想象将二者结合为一体；理性告诉他如何把一个的躯干安装到另外一个的胸脯上：他创造了一个半人半马怪物，这一创造对于我们和对于希腊人一样是风格。

一位著名的作者后来谈到建筑学中的风格，“风格首先是时代，其次是人。”[1]这一定义在我看来，把风格和我们日常所指的样式（style）混淆了。很多时代有它们的样式，但在其中风格又是缺乏的。最后一个西方君主统治下的罗马时代就是一个例子。有路易十四样式，路易十五样式，甚至有人后来发现了路易十六样式。不过，17世纪晚期到18世纪建筑艺术的特征之一就是风格的缺席。“术语应该被定义”，伏尔泰说；他总是正确的。合适的风格和作为考古学定义的风格是完全不同的两件事。

风格存在于形式的显著特征中；它是美的基本要素之一，但美并不是完全由其组成的。文明使人类将某些风格引入他的作品的本能变得迟钝，但是它并没有摧毁它们。人类的这些本能不知不觉地发生作用。在某次集合中，

1-178

1 《建筑论文》（*“Traité d'Architecture”*）莱昂斯·雷诺先生（M. Léonce Raynaud）著，第2卷．p. 86.

你特别提到一个人。那个人或许没有构成美的那些突出的特性；这些特征或许没有规则；但是，被一种神秘的力量吸引，你的目光不断地回到那个人身上。然而，不习惯于这样的观察，你成功地对自己解释了促使你去满足这一本能的原因：首先打动你的是一条明显的线条（a marked line）——骨架和肌肉间的和谐；它是某些非常情形下的合奏，但激起了你的同情或反感。你的注意力被轮廓线吸引，被与之和谐的肌肉包裹的骨骼的形式所吸引，毛发生长在眉脊上的方式，四肢和躯体的连接，表情动作与思想的协调一致；你很快就会形成关于那个人的习惯、品味和性格的固定的观点。尽管首次见面——一个你从未对过话的陌生人——你形成了关于这个人的完整故事。只有那些有风格的人才拥有这样有吸引力的神秘力量。人类的个体常常被人为地教育和精神及肉体上的弱点摧残，以至于很少有人能拥有风格：相反，野兽倒表现出这种和谐——外在形式和本能的完美一致——它们的生命。因此，我们可以说，野兽拥有风格——从昆虫到最高级的四肢动物。它们的表情动作总是真实的；它们的运动总是明白地表明了需求或者明确的目的，希望或者恐惧。野兽从不做作、假装或者粗俗；无论美丑它们都拥有风格，因为它们只拥有最简单的情感并且只能通过简单且直接的方式走向生命的终结。人类——尤其是文明人——是非常复杂的动物，让他们抵制本能的教育改变他们的本性，他们必须通过努力地溯本追源来获得风格；阿尔切斯特（Alceste）是正确的，当他赞赏奥龙特斯（Oronte）十四行诗的诗句：

“如果国王给了我他的伟大巴黎。”

（“Si le roi m’avait donné Paris sa grand’ville.”）

每个人都和阿尔切斯特观点相同；但这并不打扰奥龙特斯继续创作那些索然无味的十四行诗，也不妨碍建筑师们在他们的建筑上贴满毫无理性和风格可言的装饰。

今日，我们对这些能赋予艺术家概念以风格的简单且真实的思想已经非常陌生；我觉得对于定义风格的构成要素，避免有歧义的术语，避免大多数人对不能理解的事情假装深思熟虑地重复的无意义语句来说，这是非常必要的。思想应该用明白的形式表达出来——确定的形象——如果我们想让它得以流传的话。为了清楚地理解什么是关于形式的风格，我们必须思考形式最简洁的表达。我们以一种原始艺术——所有民族中最早被实践的艺术，因为它是最原始的需求之一——铜匠的艺术，作为例子。当时的人花了多久才找出方法，提炼铜，将其打造成薄片，并做成盛液体的容器，这并不要紧。当他发现通过一种特定的方式打击铜片，可以将其模塑并赋予容器的形式时，我们拥有了艺术。为了实现它，工匠所需要的是作为支点的一块铁和一个锤子。这样他就可以通过捶打铜片，使得铜片交圈，并用平坦的表皮圈成中空的腹。他为他的容器留出了平整的圆底，当容器充满时依然可以稳固地站立。

1–179

为了防止容器晃动时液体溢出，他缩小了容器的上口，并在上口边缘处突然放宽，以便于液体的倒出；因此，最自然的形式——由制作的模式所决定的——就是图中所示的样子（图6–1）。必须能有某种方式拿起这个容器：这位工匠因此用铆钉将把手固定上去。但由于容器在倒空时候必须倒置，而且必须沥干，他要让把手不会突出在铜器顶部之上。这样，通过制作过程中所考虑到

图6–1 铜器的原始形式

的方法的塑造，这一容器就有了风格：首先是因为它要准确地表明它的用途；其次是因为它的形式要与所采用的材料和适合于这种材料的制作方法一致；再次是因为被赋予的形式是适合于这一器皿的制作材料和为它设定的用途的。这一容器拥有风格因为人类的理性为它指定了适合于它的形式。后来的铜匠们希望比他们的前辈们做得更好，反而偏离了真实和完美的轨道。我们找到第二位铜匠，他希望改变原始的容器的形式，通过新奇的差异吸引购买者；他用锤子多打了几下，把迄今为止被认为是完美的铜器的腹部弄得更圆（图6–2）。形式事实上是新的，所有的市镇都希望拥有第二位铜匠制作的容器。第三位铜匠，觉察到邻镇的居民们都被圆形的底部所吸引，他走得更远，并完成了第三个容器（图6–3），这次更受欢迎。最后的这名工匠，早已忘记了原则，告别理性，只遵从自己的臆想；他加长了把手，将其作为最新的品味凸显出来。这一容器不能在不损坏把手形状的情况下通过倒置来沥干；但大家都赞赏它，并相信第三名铜匠大大地提高了他的艺术，但事实上他只是剥夺了一种形式的恰当风格，并制造出不美观且不合适的物品。

1-180

这一故事在所有艺术风格的历史中是非常典型的。当艺术不再表达它们应当满足的需求、所采用的材料的本性，以及加工它的方法时，它就不再拥有风格。罗马帝国及18世纪衰退期建筑的风格就是风格的缺失。我们会习惯地说，“东罗马帝国时期的艺术风格，或者路易十五时期的艺术风格”；但

图6–2 改良后的铜器形式

图6–3 拙劣的铜器形式

我们不能说："东罗马帝国时期的艺术，或者路易十五时期的艺术，拥有风格，"因为它们的缺点（假设是这样的话）是它们无须风格，它们对真正适合对象和它的功用的形式表达了明确的鄙视。如果共和国时期的一位罗马主妇要出现在满是穿着裙撑箍的裙子，头发涂粉并且头戴羽毛或者花朵的女士们的客厅里，她会呈现出独特的形象；但确定的是她的服装有风格，尽管那些穿着有裙撑的裙子的女士们符合那个时代的样式，但它们没有风格。这样，关于对风格的评判，我想我们就有了一个可以理解的起点。接下来我们要假设风格是为一种形式所固有的吗，例如，如果那些妇女们希望她们的服装有风格，她们是否必须仿照格拉古母亲的穿着？当然不是。绸缎和羊毛的服装都可以拥有风格；但要保证二者的形态都与身体的形式符合；它没有荒谬地夸大前者或者拖累后者；二者的服装裁剪考虑了材料的特殊质地。自然永远在她的作品中展示着风格，因为无论这些作品们多么千差万别，它们总是遵从法则——遵从永恒的法则。灌木的叶子，花和昆虫——都有风格；因为它们按照合乎逻辑的法则生长发育，并维持着生命。我们不能从花朵上减去任何东西，因为这一生命体的每一部分都有着自己的功能，并采取了与功能相适应的形式。风格只存在于规则真实且显著的表达之中，而不存在于一成不变的形式中；因此，没有什么不依赖于原则存在，所以一切事物皆有风格。我早已谈过，为了避免遗忘我再重复一次：关于艺术的讨论拒绝模棱两可。在学校中，他们告诉你希腊艺术有风格印记；这一风格是纯粹的——完全的纯正，没有任何杂质；如果你希望你的艺术拥有风格，那么拷贝希腊的形式。最好还是这么说——老虎或者猫有风格；将你自己伪装成老虎或者猫，如果你希望有风格的话。如果不这样，就要解释为什么猫和老虎，花和昆虫有风格，教育应该告诉学生——像自然在她的作品中一样思考，你就能赋予脑中构想的一切以风格。是的，在一个复杂的文明中做到这样并不容易，很难了解什么更适合它——因习惯而非信仰服从于传统与偏见——随时尚而摇摆——麻木的——怀疑并不接受原则的真实表达，但这不是不可能的。 1–181

我对先进的文明阻碍了艺术的风格这一观点，是有异议的。赋予艺术保持其壮丽和持久所必需的风格，是永远有可能的。要实现这一点，我们必须求助于切合实际的理性。我将会阐释这一点。在原始人中，艺术家的思想能创造出拥有风格的作品，因为他的思想或者想象的发展几乎与自然完全相同。某种需求或者期望自动显现，人类采用最直接的方式满足它。在那个远古的时代，风格存在于艺术家所采用方式的朴素简单中；但在法国，在优雅的1859年，我们远离了事物的那种状态。当我们着手翻译希腊文和拉丁文名著，并努力追忆高乃依（Corneille）、布瓦洛（Boileau）和拉辛（Racine）时，我们已经无法学会阅读或者写作；我们的老师很仔细地为我们解释那些诗人 1–182

和作家的美；如果我们聪明的话，我们能理解他们的解释，而不是他们为我们指出的优秀之处；所以，在这种教育的影响下——这种教育的其他方面我并无责难之意——一旦离开学校，我们希望表达我们想到的一个观点，我们首先弄清楚（如果我们是勤奋的学生的话），关于我们讨论的这一问题，西塞罗、贺拉斯或者布瓦洛是如何在文学或者诗歌上进行变化的。我们的教育因而让我们把概念包裹上风格的外衣，这一风格属于我们被教育要欣赏他们的功劳的那些作者们。但在文学领域中，这是必需的，“务必使情理常识符合于韵脚”（Que toujours le bon sens s'accorde avec la rime）；

因为，每个人都要阅读，而且大部分人希望理解他所阅读的内容。今天“天生就已经受到神秘感应”的诗人或者作家，他们不会忘记西塞罗或者维吉尔（Virgil），拉辛或者伏尔泰，很快明白他们不应该通过盲从那些作者们所采用的形式或者术语来表达他们的思想，而应该在他们的基础上继续前进。教育帮助了真正卓越的作家，没有束缚他的天赋，因为公众的判断可以作为他的向导。但在建筑艺术中，缺少常识判断的试金石。建筑对于公共来说，就像书对于不能阅读的人们所意味着的那样。他们可以赞美书的装帧和印刷，但也仅能如此。这本书的内容可能非常荒谬，但这对于不能解读书中描写的人来说，这是他最不关心的事情。缺少公众观点的引导，我们年轻的建筑师们还有古典时代和被称作最现代的时代的作品的帮助。我们去到罗马或者雅典，被屹立于蓝天之下壮丽的古典时期的范例所感染，我们发现自己重新身处塞纳河的浓雾中，被要求建造满足新需要的建筑—— 一座在希腊或者意大利都没有类似范例的建筑。必须注意的是，维吉尔、贺拉斯和西塞罗的作品完整且纯粹地流传到我们这一辈，但古典时代的建筑纪念物却不能如此——损毁的艺术遗迹没有任何文献或记载能向我们阐释其真正的意义、原本的动机、建造者的方式和思想之间的联系。人类的感情和一切精神活动在所有时代都是相同的；但拿破仑一世和亚历山大关于人和事的看法会相同吗？人类相互关系和思想上的差异，对艺术，尤其是建筑艺术有并且应该有显著的影响。希腊人或者罗马人可能将某些已经不为我们所知的特定观念和某种形式联系起来；一旦这些观念不再流行，与之关联的形式立刻就没有了意义。

1-183

我完全同意美是无与伦比的；引用那个时代一位作者关于建筑艺术的话来说：“好是美的基础。”但我们必须在什么是好上达成一致。在大多数人看来，好在于某种思想或者形式的惯常使用，尽管那种形式或者思想与其他的比起来并不好。我们判断一种方法或者一种习惯好或不好，因为那一方法或者习惯我们是熟悉的；尽管与我们不了解的其他方法或者习惯相比，它们可能是不好的，或者至少是不适合于它们的目标的。在蒸汽动力为世人所知之前，用帆行驶是好的；今天这一方法——之前是优秀的——与现代装置提供的方法相比就是不好的。我们可以举出诸多控制艺术的思想、制度和原则。当思想、制度和原则更改了，相应的形式也应该跟着修改。我们称赞 100 艘炮舰（a hundred-gun ship of war），装备得像一艘航船；我们认识到人类的这一作品——被接受的原则——不仅是智慧的创造，而且是与它们的用途完美匹配的形式，外观非常美丽，实际上也是如此；但是无论这些形式多么美丽，一旦蒸汽动力被发现，它们一定会有所改变，因为这些形式不适合于这一新动力；因此，它们不再是“好的”；根据上文引用的法则，它们对于我们来说，不再是美的。因此今日，当我们受制于强制的必要性，我们让我们的作品服从于这一必要性，这样我们使自己的艺术能够获得风格，这只不过是一种法则的严格的运用。我们建造缺乏风格的公共建筑，因为我们坚持将源自传统的形式和与传统并不一致的需求相关联，船舶工程师制作一条蒸汽动力船，机械师制作一辆机动车，并不会努力去复制路易十四时代的帆船或者公共马车的样式：他们仅仅遵照必须考虑的新原则，并因而创造出有他们自己特点和风格的作品，这一作品向每个观者表达了确定的目的。比如，机动车有所有人都能欣赏的独特外表，这一外表表明它是一个独特的创造。没有什么比那些运转着的沉重机器更能表达控制的力量；它们的运作是温驯的或者可怕的；它们恐怖地隆隆前行，或者在随意地启动或者停止它们的渺小生物的操控下不耐烦地喷着粗气。这辆机动车几乎是一个生命体，它的外部形式是其力量的直接表达。机动车因而有了风格。有些人称它为丑陋的机器。但为什么丑陋？这不正是它所承载的强大能量的真实表现吗？它难道不应作为一件完美，有秩序的，有特点的事物而为所有人欣赏吗，就像一门大炮或者一杆枪那样？这里没有风格只有是否适合。一艘帆船有风格；但一艘蒸汽船隐藏它的动力外观看上去就像帆船一样，就没有风格；一杆枪有风格，但仿照成弩的枪就没有风格。现在，建筑师们很长一段时间以来都在干把枪造成仿照弩或者火绳枪的外表之类的事情；有所谓的聪明的人，主张如果我们放弃火绳枪的形式，我们就成了野蛮人——失去了艺术——除了羞愧之外我们将一无所有。

1–184

我们不再用比喻来说事。这是最优秀的罗马时代的石工（图 6–4）——那个时代的罗马，建筑的建造都委托希腊人：这是台伯河岸上维斯塔神庙的圆形内殿的外墙。这座神庙的柱子是大理石的单列柱，内殿外墙的外表面也是同样的材料；但在那个时代，大理石是非常稀有的材料，不可能使用太多。因此，墙体是由交替的大理石薄层 A 和同样是大理石材质的饰面 B 组成的，出于经济的考虑，B 的背衬是本地的石灰石——石灰华。所有这些层靠铁筋拉结在一起。在内侧，这些石灰华层的表面饰以彩绘的灰泥。这样，我们就建好了一座墙体——建造上拥有风格的简洁墙体。作为面层的连接部的这些交替的大理石薄层，清晰地凸显出每一层形状的凹进部位——表明了所采用的方法——毫不费力地组成了很有风格的装饰，因为看上去很容易理解它所表达的强壮且理性的结构。对这一简洁墙面外表的坚固和优美万分欣赏，我

1–185

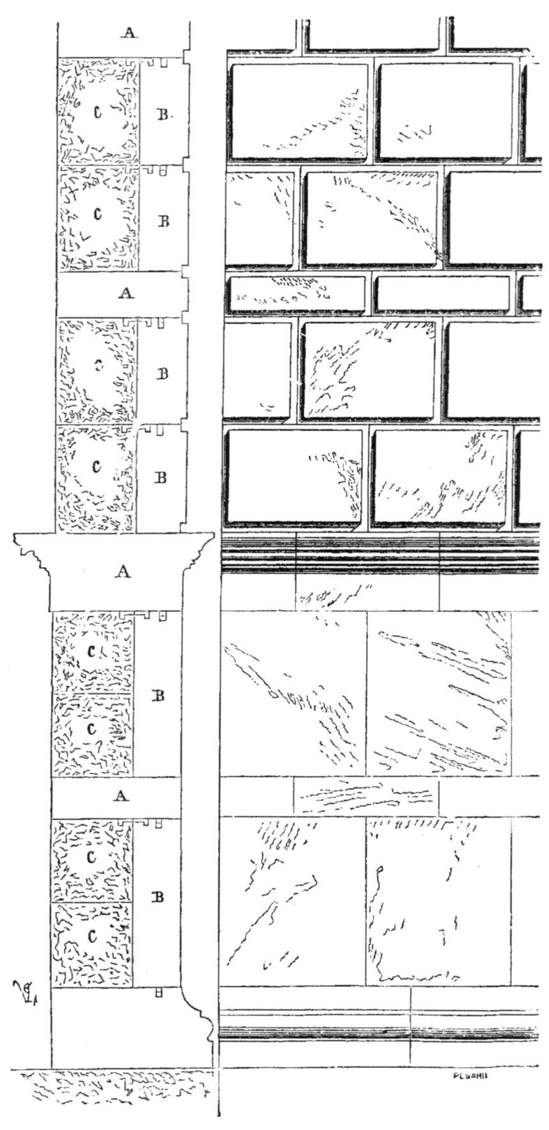

图 6–4 罗马石工的案例

们的建筑师回到巴黎之后希望复制它。但是，他不是用大理石建造。采石场
1–186 供应了他高度相同长度一到两码的石块。他是将这些巨大石块切成小片，以模仿那座建筑由石板的细巧带来的感觉自娱呢；还是仅仅以外表来满足自己，在既没有灰浆层也没有连接处的地方设置凹线脚呢？在第一种情况下，他的建筑既不好又花费巨大；在第二种情况下，他是用石头撒了谎。两种情况下，他的建筑都不会有风格，因为这与所采用材料的性能和巴黎使用材料的方式不一致。一根罗马科林斯式的单块大理石或花岗石柱拥有风格，因为即便从巨石的底部看到顶部，你也找不到一个连接点，你就能理解它的刚硬所起的

功能，材料和它的同质性也都完美地指向这种功能。但由块石组成的科林斯柱，比如马德莱娜（Madeleine）的那些，或者巴黎万神庙（Pantheon in Pairs）的那些，就没有风格，因为当人眼看到那样由小石块互相堆叠形成的薄弱支点会感到不安。当你改变材料或者它的使用方式时，你就应该相应地改变形式。当你改变计划（scheme）时，你就应该相应地改变方案的安排。一根线脚自己并无风格：它的风格存在于适应于所承载的功能或者所位居的场所。罗马人，尽管在赋予对象风格方面不如希腊人，但仍然远胜于我们。例如，当他们建造支撑墙体的拱券时，他们赋予拱石必要的强度，他们在拱券上突出线脚，以显示出它们的厚度和力量（图 6–5A）；也就是说，拱背是用整齐的方石构成的，装饰性的线脚局限于拱楔块部分。我们认为这些拱券是非常美的，并尝试着建造与它们类似的拱门饰：但是——我们是野蛮人——我们用 B 图所示的方式把它们连接起来。然而，这种拱门饰的线脚的意义何在，哪一块拱楔块突出来并装入上部的石砌体？它们是毫无理性的。建筑师似乎在对公众说："你们欣赏罗马这座或那座建筑的拱券；我已经非常准确地复制了它们：所以你们也应该欣赏我。"然而公众并不欣赏他；他们很难解释为什么，他们也不理解楔形拱和拱楔块砌入上部墙体的石块中的拱的差别；但他们因石块的接合和装饰之间的矛盾凭直觉感到不愉快，并且他们自然又转过头去崇拜古老的罗马范例。必须承认罗马人是第一个忘掉风格的真实原则的人，我们没有必要去模仿他们。 1–187

今日，风格已经脱离了艺术，并在工业事业（industrial pursuits）中寻求避难；但如果我们要将我们在生活实践中的良好判断力引进我们的艺术研究和鉴赏，风格必须回归到艺术中，然而，似乎我们在工业艺术（industrial arts）上越理性，在美术（fine arts）上我们就偏离理性的道路越远。我们在制造机器时，赋予每个组件必要的强度和形状，不会有任何多余的东西或者

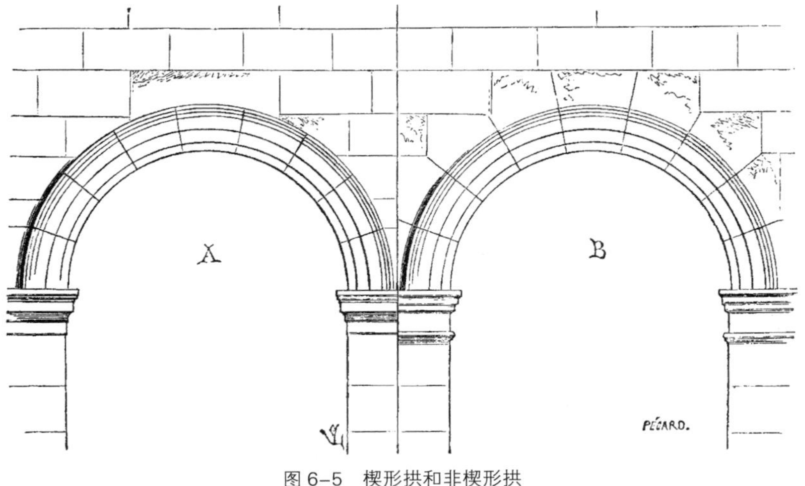

图 6–5 楔形拱和非楔形拱

指向任何不必要的功能——在我们的建筑中，我们不理性地堆积各处抄袭来的形式——相互矛盾原则的结果——并称之为艺术！我常常听到建筑师哀叹我们伟大的工业发展正在扼杀艺术，应用科学的专门学派正蚕食着巴黎美术学院。但这是谁的错误？建筑师们要学会思辨他们被委任的事务——他们应该将分析方法运用于他们的设计；他们要停止风格存在于用希腊柱式或者哥特尖顶装饰立面的错误认识，要学会对这些形式的运用给予理性的阐释——他们很快就会为艺术重新获得它正日渐丢失的阵地（ground）。要获得这一结果（我认为这对于艺术的真正进步是让人期待且非常必要的），勇气、坚定和信心是必要的；我们必须毫不犹豫毫不矜持地将少年时就被当作法则教导的老生常谈抛到一边；判断力必须形成，并应经常运用它来思考。我们必须像希腊人一样努力前进：他们没有创造任何东西，但他们改变了一切。我们对他们的钦佩不应局限于像书记员抄写手稿而不阅读那样复制他们的作品；让我们在转抄文字之前，阅读这本书并领会它的精神。

1–188

每位艺术家、音乐家、建筑师、雕塑家和画家，通过他的艺术知识的渊博知识，通过对理性的正确运用，让他的作品渗透着风格；因为每个拥有知识善于观察的艺术家都能成功地分析风格——探索它的组成；从分析再进行到综合推理。甚至只拥有实践知识全无天赋的艺术家（我们应明智地相信我们都属于这一类人），也能够领会风格，并能赋予他的作品以风格，这保证了他们能为后代认可。对于我们这一辈晚来到这个世界的人来说，构想出新的观点是非常困难的事情：但这可能是我们的艺术产品保持风格的重要一点；由于风格只依赖于运用于对象的推理能力，所以这是可能的。注意，我没有将风格与样式主义（*mannerism*）混为一谈；风格主义相对于风格就像做作相对于优雅。某些人有着与生俱来的优雅天赋；但对美好的观察力和习惯——事实上就是品味——可以让人的所做所言变得优雅；风格主义是对风格不加欣赏的表面模仿。

我们这个时代的艺术家，特别是建筑师，热衷于——我相信这一点——相信自己是天才；至少，他们的行为给人以这种印象。他们在设计中，错把重复着回忆但没有切实思想的异想天开误以为是天才的灵感；因此他们创造出畸形的怪物。折中主义（Eclecticism）只在由特定的知识引导并基于特定的原则的智慧洞察力下，才是值得称赞的方法。如果折中主义控制了还没有学会艺术的理性研究原则的摇摆的头脑，它就会成为罪恶；因为如果这样的话，它就不可避免地排除了风格，因为在冷漠地接受了它所有的不同表达的时候，它不知道如何适时地使用某一种表达。埃及、希腊、罗马、拜占庭和哥特建筑，都有风格；但它们的表达是不同的，因为它们各自发生于自己特有的原则。那么，如果没有固定的原则，你如何才能让你的作品有风格呢？这么说很容易："四处收集；用对你来说一切好的东西丰富你的脑袋；然后——然后——做设计！”但我没有方向；你没有让我习惯于推理；我脑中所有的财富立刻各自呈现出来，在我的笔端，同时画出埃及希腊的神庙和罗马的拱券建筑、拱和梁、半圆拱和尖拱（pointed arch）；你告诉我从各处搜集：如果我仅仅进行收集，这很好；但如果我打算创造，面对这么多东西我应该如何是好？我应该从哪里开始，到哪里结束？在这所有优秀的东西之中，哪一个是最好的——哪一种应该优先于其他？如果我们习惯于通过深思熟虑来取舍——如果我们有原则——每件设计作品即便不易，也都是有可能的；它遵循着秩序井然的程序，它的结果，如果不是杰作的话，至少也是好的作品，适合于它们的目的，并拥有风格。我不知道诗人、音乐家、画家是否是被突然的灵感激发写出诗歌、谱出奏鸣曲，或者绘出画作：我认为不是，因为天才的诗人、音乐家或者画家并没有告诉我们有这样的事情。圣火并不会自己点燃：要让它熊熊燃烧我们必须收集木材和炭，正确地准备材料，不断吹风，有时要长时间努力，然后才能期待哪怕是第一束火光。如果壁炉膛已经准备好的话，火渐渐散发出令人愉快的温暖，火光明亮而稳定；但我要重申——这需要努力。当一位建筑师被邀请建造一座建筑，呈现在他眼前的可能是一个混乱的计划——因为书面的计划通常是这样的；——这取决于他要将这些初步的要求变成类似于秩序的东西。不同的要求和设施需要被提供，并且这些都应该是他首先逐个考虑的事情：建筑——即这些不同设施的外壳——还没有完全想清楚：他会暂时对仅仅把一切摆在它的位置上感到满足；他会在方案每一部分遵守某个要点，并赋予它重要性，这样，他的错综复杂的工作逐渐地被简化（因为简单的概念是最后才能达到的）。充分考虑了几个部分之后，他努力地要把它们结合起来，他的任务再次成为简化：但简单连接起来的各个部分的整体，并不能让他满意；他觉得这个整体缺乏统一性；接合处非常明显；显得非常笨拙。他接着努力；把右边的放在左边；把后面的放在前面：事实上，他上百次地改变了方案中细节的设置。接下来（假设他是一位尽责的建筑师，他热爱他的艺术并不遗余力地追求完美），他开始反省——搁置先前的劳动成果。忽然他想起了在他的方案中得到的主导观念（general ruling-idea）（注意，没有人预先暗示他）。一道灵光闪现。他不再考虑方案的细节，为了整体考虑，他重新回到过程中。他首先得到关于整个建筑的初步概念，决定了不同功能的设置需要服从于简洁且全面的安排方式。接着，那些曾经困扰他的细节就自然地有了它们的位置。初始的思想一旦形成，次生的思想就会有它们适当的秩序，并且一旦需要它们就会表现出来。建筑师就能控制他的设计；他对其有充分的把握；他有秩序地重新安排他的方案；他使之更完整且完善。但在思考的过程中，他去思考“柱式”——希腊人或者罗马人的杰作——想到皮埃尔·德蒙特勒伊（Pierre de Montereau）或者孟莎（Mansard）的作品，他就会迷失自己；他会被过往的回忆压倒。如果在一开始，他就想着从帕提

1-189

1-190

农神庙拿来一点，从卡拉卡拉浴场抄来一点，再从圣礼拜堂或者荣军院借来一点，他会完成的真正有价值的作品会是什么样？不；真正的建筑师不会只关注以往的那些纪念物。确定了他的方案之后，建筑就在他脑中成型；他知道如何建造它；方案的支配性概念在立面中表现出来。稳定的方式（Conditions of stability）和建造的方法表明了建筑的外表。他必须赋予建筑以形式，但他不希望被指责模仿罗马、路易十四、圣路易斯和弗朗西斯一世的建筑。他非常为难。他在纸上写下："不；这与这座或那座建筑类同——不；那种柱式使人想起这座或那座柱廊——不；这些窗子是这座或那座宫殿的复制品。但为什么要这样折磨自己？我有我的结构，我的建筑和我自己的稳定方式：为什么不简单地把必要的东西表现出来就好？"接着，骨架或骨骼在他脑中呈现出外形；内部的设置在外部表现出来；平面的想法自由地在立面上再次表现：外壳表明了丰富的部分和削减的部分。这就是建筑师的设计过程。下面，艺术家的作用开始发挥：因为对建筑师来说，光有理性的头脑是不够的，对于他的思想的表达来说，单只清楚明白也是不够的：表达必须加上形式适合的外表；如果我们要被理解的话，建筑必须吸引目光且让人愉悦。在被动想象已经为他积累了大量案例，以良好的洞察力为他选择并归纳之后，敏锐的艺术家——注意到在包括建筑在内的所有艺术中，表达概念只有很有限的途径：他注意到深刻的印象是通过运用于主导概念的非常简单的方式得到的；在建筑中和在音乐和诗歌中一样有激起情绪的方式；我们不可能不付出代价地背离人类感情强加的法则——这一法则对于视觉来说就像道德法则（Moral Law）对于精神那样重要——一个自然的校准器，独立于文明的不同形式；艺术家的价值在于遵守这些法则，而不复制先前采用过的形式，并且最终，这些法则是独立于这种或那种形式的。稍后，我将回到非常重要的艺术的一边——由形式的观感强加的规则。现在，我只局限于关注这位建筑师，从他工作的开始，到为了继续为作品注入风格，已不再满足于拥有明确的合理的概念并知道如何清晰表达它们的阶段。

1-191

现在让我们看看当处于衰落阶段的古代艺术成为自身的苍白复制品时，希腊人如何继续他们的艺术，他们的作品值得我们永远崇拜；他们如何再一次成为西方艺术的效仿者，他们如何修正几乎已经遍及整个欧洲甚至影响亚洲部分地区的罗马艺术。

在君士坦丁的前辈的统治下，罗马人早就表现了将帝国的中心放在东方的坚定倾向。在希腊的博斯普鲁斯海岸边（Bosporus），在叙利亚甚至在波斯，他们曾经在广大的范围内建造了宏伟的城市，罗马城自己都从未拥有过的宫殿和住宅。在这些国家，他们逐渐习惯于亚洲的宏大壮丽；尽管他们在政治上是东方的主宰者，他们还是允许东方的品味影响他们的艺术。最终定居于拜占庭时，罗马人在那里发现了复兴的元素；即便不期待，至少他们也不反对。一种新的崇拜形式取代了异教崇拜，所有一切共同作用让这一复兴成为艺术最为光明的新时代。直到此时，基督教——时而被迫害，时而被承认——还未产生自己的艺术；古代艺术就能满足它；它利用早已存在的建筑，很少关心要使它们的形式适应于它独特的使用方式。罗马巴西利卡是并且当然是最适合于基督教集会的建筑。我认为，可以肯定地说罗马巴西利卡——作为非宗教用途的民用建筑——的布置，对早期基督教的仪式有着明确的影响。但尽管如此（这是与我们的主题无关的事情），基督徒们在建造和装饰他们的宗教或民用建筑时没有追求独特的艺术，而是满足于利用这些建筑师、雕塑家和画家现有的工作。崇拜耶稣的罗马人的住宅与崇拜朱庇特的罗马人的住宅全无两样；他们都拥有奴隶和一个合法妻子。妻子和她的侍从及孩子住在住宅中特地为他们安排的区域；两种宗教信仰的罗马人一天中的大部分时间都在住宅的公共区域，除了基督徒要在教堂礼拜，异教徒要在神庙礼拜，其他一切都是相同的。基督教影响艺术之前，它必然要先影响公共和私人生活的风俗与习惯。现在在拉丁人的皈依者中，没有发现这样的转变；而在希腊人中，恰恰相反，以他们独有的对哲学和宗教思想的敏感，基督教极大地激发了智慧的天赋，并带来了无数影响公众的观点著述与讨论，以至于生活在这一希腊社会中的罗马皇帝很快就忙于支持这种或那种教派或教义——与帝国政策的开明传统完全相反。正是那时，这一新的宗教开始影响艺术。由于有关于教义的讨论，所以也有关于神与圣徒表现形式的争论：某种表现形式被谴责或者被认可，被认可时，很显然这一图像应该是神圣的——教堂必须采用神圣的形式。皇帝们亲自参与这些关于形式的论战，正如他们亲自参与神学的讨论；安东尼时代早已成为遥远的过去。西方正处于沦入野蛮人手中的时刻；覆盖着高卢、意大利和西班牙的一部分的罗马建筑被摧毁或掠夺；注定要持续几个世纪之久的深深的黑暗，蔓延到一度被强大且勤勉的城市占据的国家。

1-192

自此以后断然拒绝一切西方事务影响的拜占庭皇帝们，生活在奢华之中；如我所说的那样，分享着他们周围的希腊人充沛的热情。与此同时，艺术发生着转变：罗马人将他们的拱券系统带到了博斯普鲁斯海岸——如果他们没有发现那一建筑形式在那里早已存在的话（我的意思是他们只引进了建造的方法）：至于他们的建筑（如我们所见，他们并不重视建筑），他们让希腊人根据自己的品味完成；以他们惯有的敏锐创造力，逐渐地从根本上改变着它。首先他们放弃了罗马柱式，而以他们的柱顶盘组成柱头；不再采用柱子，除非作为刚性支撑承托拱券而非梁：很快他们放弃了科林斯式和复合式柱式，因为它们不但没有提供足够的接触面以承托拱券的起拱点，而且过于细巧纤弱以至于不能支撑它们所承载的建筑体量；因此他们扩大了柱头和柱顶板，并仅仅以轻微凸起的雕刻装饰其表面，以免影响它的坚固。为了获得让人惊

1-193

异的效果——建筑上的伟业（tours de force）——他们以帆拱（*pendentives*）[1]替代有四个支点的罗马半球体拱券；在圣索菲亚教堂中，赋予当时仍为四个支柱的穹顶前所未见的尺寸。作为这座巨大教堂的肇始者，东罗马帝国皇帝查士丁尼（Justinian）对这项工程非常感兴趣，每天都来视察。其圆顶刚建好几乎就要倒塌，在查士丁尼的大声祷告中（据说如此），最终落在四个帆拱之上，“荣耀的上帝，他认为我能完成这一建筑！我已经征服了你，哦，所罗门（solomon）！”这些话是否真是查士丁尼所言这并不重要，重要的是同时代的历史学家们将它们归于他的名下；因为这清楚地表明了帝国的主宰者们思想的转变。罗马的皇帝们似乎从未在建筑工地上出现过，当然也从未有人把建筑的建造当作一生中重要的事情。古典时代的希腊人夸耀他们的公共纪念物；他们为之而自豪，但罗马人很少提及他们的纪念物：他们满足于建造并使用它们。我们发现了公元6世纪时占据了东罗马帝国人民思维的新情绪；这一情绪，与拉丁人的特征无关，源自希腊人的极度虚荣——在艺术创作中夸张的趋向——它对艺术的发展产生了非常显著的影响；这一影响在几个世纪之后带来了意想不到的结果。我们可以认为，在拜占庭，被希腊元素更新的罗马艺术，繁荣了很长一段时间，并发展出若干分支，我打算对这些不同流派进行调查。

在基督教被认可为帝国的一种宗教之后不久，在教会内部，产生了为数众多的异教，这是恶名昭彰的事实。聂斯托利（Nestorius），君士坦丁堡的主教，这些异教的领导者之一，在公元431年被流放。被迫流放到尼罗河右岸的帕诺波利斯（Panopolis）城，无数信徒跟随围绕着他，他们认为他成为与圣西里尔（St. Cyril）论战的受害者是不公正的。后来，异教徒为穆罕默德（Mahomet）的追随者们接受，他们在这些异教徒中发现了熟悉古代希腊的知识、熟悉艺术、并通晓所有已知科学的人们。当他们在东罗马帝国下属的省份定居下来的时候，他们很有可能被雇佣参与伊斯兰教徒所进行的艺术作品创造；因为刚刚离开荒芜故土的伊斯兰战士之中，没有艺术家或者工匠。这样在公元5世纪，这棵生根于希腊和罗马艺术土壤中的大树的一个分支，在亚洲、埃及、阿拉伯半岛以及北非茂盛生长，并且很快蔓延到西方的南部地区。在蛮族入侵之后，意大利唯一仍归属于拜占庭帝国的区域是拉文纳教区（exarchate of Ravenna）；在这座城市中，6世纪中叶，也就是圣索菲亚教堂建造之后不久，他们建造了圣维托（San Vitale）教堂。这几乎是植入意大利土壤的唯一一座拜占庭纪念碑。伊苏里亚的利奥三世（Leo the isaurian）717年被推举为东罗马帝国皇帝，信奉偶像破坏的异教，在公元8世纪，颁布了许多以禁止神像为目的的法令。他的狂热，甚至让他不惜迫害所有从事艺术研究的人；他废除了宗教文学的学校，焚烧图书馆。画家和雕塑家逃难到

1-194

1 帆拱是从墙面上挑出的凹面，它形成了下部的方形平面到上部圆形平面的转换，再由此处发券形成穹顶。

意大利海岸边，并在整个国家范围内被驱散。正是在这些移民中，查理大帝找到了帮助他完成他所计划的艺术复兴的艺术家。通过这种途径，拜占庭艺术进入了西方，而通过当时逐渐沿着非洲海岸蔓延的阿拉伯人，拜占庭艺术取道西班牙，进入西方欧洲的尽端。作为伊斯兰教徒的阿拉伯人只发展了他们从基督教派那里获得的艺术。

8 世纪的东罗马帝国，尽管危险且虚弱，就这样无意识地向正沦为最彻底的野蛮的整个拉丁欧洲（Latin Europe）传播着它艺术的影响。同时，在意大利和高卢还有诸多遗存的罗马建筑，多多少少地对这一外来的影响起到了反抗作用。在意大利，古罗马的天赋非常不情愿地接受拜占庭的革新。甚至在高卢，罗马传统仍然足够强大，以至于这一传统在拜占庭要素的影响下只是发生变化，而没有被摧毁。

这里，我不是想要写出一部建筑历史，而只是想让我的读者形成当古典时代的传统在精神和形式上都遭遇重要的转变时，欧洲和亚洲一部分地区的艺术状况的概念。由于缺乏足够的纪念物遗存和可靠的凭据，我似乎无法着手讨论西哥特人（visigoths）和伦巴第人（lombards）是否有属于他们自己的艺术的问题。[1] 不管提出的假设显得多么有独创性，它们也只能是假设而已，我将避免探讨这些观点：除此之外，我们为什么要忽略眼前的事实？我们对古代拉丁世界（Latin world）的艺术非常熟悉；拜占庭希腊的艺术在欧洲大陆的各个角落留下了明显的痕迹；两种形式混合的艺术作品近在我们眼前，并清楚地显示出它们的组成元素：因此，为什么要把本是长久以来的连续传统对艺术的影响归因于蛮族？蛮族，不管他们的本身的天赋如何，他们也只能在文明化之后才能拥有艺术；而他们的文明化只能通过长时间地从邻居那里借来或者从他们入侵的国家那里发现的艺术实践。通过这样自我学习，他们会赋予他们模仿的原型一种新的特征，但他们没有创造：事实上，他们会尽可能地遵照原型；如果他们使之沦丧或者模仿得不熟练，这是无意识的。我从未听说过在北意大利有任何一座纪念物是伦巴第人的功劳；或者，如果有的话，我敢说它一定与拉丁（Latin）建筑类似或者接近拜占庭范型。在复制范型时，只有模仿者对技术的要求才会为作品加入野蛮人的元素——使用以下这一单词的古代含义——即 *foreign*。即便没有伦巴第人的遗存，西哥特人的建筑在考古学证据上也有中世纪早期时代的明显痕迹。但无论如何，它们只是罗马样式的建筑，完成得相当粗陋。在意大利和高卢特征非常明显的

1–195

1 以下是伟大的格雷戈里（Gregory the Great）所说的关于伦巴第人的一段话：“无论伦巴第人到达何地，我们看到的都是哀伤，我们听到的都是叹息；市镇、城堡和田地都被摧毁，国土变成荒漠。”莱昂斯·雷诺先生（M. Léonce Raynaud）在他的《建筑论文》（*Traité d'Architecture*）一书中，似乎混淆了伦巴第人与后来以这一名字闻名的人民，他们事实上是曾被伦巴第人入侵的拉丁人。书中模棱两可的话模糊了我们的主题。伦巴第人不但没有建造教堂，反而志在摧毁它们。伦巴第人统治时期上意大利建造的为数不多的教堂建筑是拉丁人的作品，在那些被入侵的悲伤日子里，仍然保存着石匠工会（magistri comacini）的集体。

罗马传统和罗马纪念物面前，在熠熠生辉的希腊拜占庭艺术面前，将更广泛的影响归因于任何野蛮民族，将和坚持认为15世纪的意大利文艺复兴起源于瑞士人或威斯特伐利亚人（westphalian）同样荒谬。

1-196 但是我相信，在一个很多年前就以坚实的基础否定而后来又重新复活（我不知道这是为何）的问题上犹豫很久是毫无益处的。在政治史上，最重要的事件——对国家命运有重大影响的事件——有时是由微不足道的事情引起的。我不认为这可以应用于一般的历史，将它运用于艺术，我也同样反对。艺术的进步是深思熟虑的结果，是连续的，是有逻辑的：伟大的成果只能是经由艰巨、持久、适当的努力获得的；由不朽的或者复兴的传统产生的，但它的进程是通过些许研究就可以容易地追寻的。如果说政治世界会突然发生革命和令人震惊的转变，我们在艺术中从未观察到这一现象，在建筑艺术中也更不会有。我们发现人类制定新的法律，或者从一种崇拜形式转向另外一种；因为法律只是一种规矩，崇拜形式是由某一时段的文明认可的教义所规定的：然而，艺术，尤其是建筑，本质上依赖于不以人力为转移的风俗、传统、日常生活的习惯和生产方式，除非作为长期研究和实验的结果。我们看到欧洲基督教化，但仍在很长一段时间内保存着它古代的风俗和习惯，因此建筑也保持着异教的古代传统。基督教必然会改变风俗；不止如此——蛮族的洪流将淹没意大利、高卢和西班牙长达几个世纪；在一种新艺术的创立之前，罗马的传统将被遗失：尽管如此，这些艺术的创立除去罗马艺术的残片之外没有其他依据。最重要的是，引导文明阶段连续发展的思想应该必须有新的方向。在拜占庭，衰退的罗马精神被更活跃更适于接受基督教的希腊精神所吸收。在西方，基督教在原始的蛮族面前发现自己，与古老的罗马社会相比，他们能够更轻易地更迅速地被它塑造。如果我们可以在文学和艺术中发现新的动力，那么我们应到拜占庭寻求原因，或者至少是来自东方帝国的影响。古代希腊精神是中世纪精神特质的最早组成要素之一。

1-197 我早就让大家注意希腊和罗马精神的差异：希腊人不知疲倦地推理、讨论、研究；沉溺于永不停息的思考，避免固定的一成不变的结论：然而，他全面的智慧使他明白连续不断的精神层面思考的危险，所以当希腊人可以参与某些实际工作的时候——与形式有关的工作——他宣告这一形式是不可改变的。拜占庭希腊人一边讨论着触摸不到的抽象概念——哲学和宗教的原则——他们一边坚持着赋予艺术以神圣的形式——一个奇怪的矛盾——这一民族的天赋和智慧之间奇怪的辩论。他们的天赋让他们赋予物质的美以固定的形象，这样它的传统就不会丢失；而他们的智慧让他们的研究和创造遵循每一步骤。在亚洲和西方之间的这一民族，被赋予了双重的能力：它仔细地保存着艺术的美——形式上永恒的美——有时候过于固执；同时又在科学和辩证法的广大领域，为现代人开辟了道路，并对精神领域进行了缜密的检查。它在艺术进程上是古代的，在智慧上是现代的。希腊人，和所有文明领先的民族一样，总是倾向于将自己放在周围主流思想的对立面。因此，在古典时代——夹在亚洲的落后民族中——希腊人很快表现出智慧的、哲学的、商业的和审美的活动的繁荣景象。当罗马权力在他们之中建立起来之后，他们不再害怕来自东方的使人倦怠的影响；东方被罗马帝国从背后绕了个范围辽阔的大圈征服；相反，西方陷入无序、野蛮和无尽的黑暗；它威胁着文明世界。这是让人害怕的危险地区。因此，在静止的古代东方面前作为西方人的希腊人，在西方的野蛮人面前成为东方人，似乎要通过让野蛮人停下脚步静止下来，保护文明、智慧和艺术的战利品。不管是出于本能或者出于深思熟虑的意图，我们必须把希腊人视作欧洲文明的伟大创始者，无论在古代世界还是基督教时代。在欧洲的蛮族统治时期——5—12 世纪——希腊人是文学、艺术和生产的警惕且唯一的保护者；他们不允许对神圣的保存物进行任何改变，甚至是他们自己；似乎他们已经找到将它带出这一忧郁的时间段，完整无缺地到达繁荣时代的方法。那些从奥古斯都到君士坦丁时代推动艺术去往各种怪诞幻想的道路的人，那些似乎已经忘了风格的基本组成要素的人，那些在呆板技巧的改进上投入越来越多的关注的人；这些人们，一旦他们发现自己面临着野蛮的危险，不但会不再倒退，反而会通过值得尊敬的努力，回归到纯粹的原点——原型；他们充分考虑时代的需求，还原这些原型，使之固定下来，并利用罗马帝国强大组织能力保证原型在他们的影响到达之前不被改变。在东方，皇帝同时成为新宗教的祭司长（Pontifex maximus），就像在旧罗马那样，我们发现他成为将教义和艺术宣布为不可改变的定律的教宗。很多个世纪以来，西方人正是在被宗教守护的宝库中寻找他们艺术、科学和工业的种子；当这些种子萌芽之后，因枯竭且放纵的墨守成规（immobility）而衰败的东方帝国在它的交替时期被大批蛮族彻底颠覆；在这个世界上，和每个个体一样，国家们有自己的任务要完成，而一旦这一任务被完成了，它们就会消失，这是非常正确的。

1–198

我已简要阐释了希腊艺术如何影响早期中世纪；现在我必须说明它是如何影响西方的，以及现代艺术是如何因之发展而来的。我已经分析了拜占庭希腊人在帝国建立后，折回脚步并放弃了艺术自伯里克利时代就一直遵循着的自由道路，在西方蛮族面前转向宗教形式。艺术中没有哪种风格胜过希腊的：对于希腊人来说，艺术是一种天赋，并以理性见长。从伯里克利时代开始，在伯罗奔尼撒战争之后，希腊艺术保持着令人尊敬的技巧的同时，越来越趋向现实主义。很快，在罗马不可抗拒的能量的引力下，希腊人成为罗马巨人的消遣者、艺术家和驯兽员。尽管他们能够征服并统治东方，他们无力反抗罗马人的政治组织，他们满足于向粗暴的统治者介绍艺术、哲学和文学的任务；但当他们将最珍贵的东西奉献给对艺术根本毫无感觉的主人的时候，他们的艺术就失去了那种只在适当的媒介中才会散发出来的精致的香气。如果不成1-199为某种程度上的野蛮人，要驯服蛮族是不可能的（对希腊人来说，罗马人就是蛮族），对于臣服于完全不懂艺术的主人的艺术家来说，这也是一种悲哀！因此，明智的希腊人，不会浪费时间跟罗马人讨论风格的问题，因为他们清楚地知道他们说的没有人会理解；但是当他们臣服于强加在他们身上的苛刻条件时，他们满足于自己装饰工的角色：他们的目标只是去满足他们主人的浮华品味——可能的话，以卓越的（如果不是精巧的）技巧迷住他们。在罗马人的统治下，除了服从和努力成为罗马人之外，他们还能做什么呢？但当基督教成为拜占庭所建立的罗马帝国的宗教之后，希腊人重新获得了艺术上的领先地位。保持了真正属于罗马人的罗马建筑的部分——即它的结构——他们开始改变建筑的装饰。他们以何种方式完成这一点，我们稍后会着力探讨。在建造过程中，他们敢于进行与他们的天赋相一致的大胆尝试；但这些尝试是系统的——它们是理性分析的结果而非一时冲动的奇想。这种严格遵守规则的训练一定会成为对野蛮国家最好的教育；尤其是当这些国家被赋予了创造性的天赋并且没有被强大的传统所阻碍的时候。查理大帝是西方第一位着手复兴艺术的皇帝；不过他所能达到的只是对源于东方的建筑的粗陋模仿。但他从拜占庭或正受拜占庭艺术影响的伦巴底引进了艺术家、语法学家、手稿（manuscripts）、纺织品以及家具；野蛮国家因而熟悉了先进文明的成果——这种输入一直持续到西方发展出属于自己的艺术的时候。为了形成艺术家的学派，查理大帝只能借助于专门从事研究的人——牧师。通过征服获得土地的法兰克人，忙于战争，忙于保护他们的领土，而不会考虑到发展艺术。城镇的居民则只忙于糊口与防御；至于殖民地居民和农奴，他们不安定的状态是研究艺术和学习生产技艺的阻碍。而拥有一定程度上的安逸和独立的修道士们，很快便形成了产生建筑师、雕塑家、画家和手工艺人组成的艺术学派，大修道院往往将他们派往它们的属地。这一知识传播的焦点是高卢，它与索1-200恩河、马恩河、莱茵河、卢瓦尔河和塞纳河接壤。3个世纪中——9至12世纪——最早的艺术思想通过这里向整个西欧散布开去——包括意大利在内；[1]尽管有人认为西方的艺术自罗马帝国以来都来源于意大利。我们所讨论的时代的纪念物和文献便是不可辩驳的证据。那一时期的意大利，相对来说，正处于政治混乱时期，并正遭受着各种苦难；所以，它不可能产生建筑师，也不可能产生雕塑家或者画家。如果意大利要修建女修道院或者教堂，来自克卢尼邦（Clunisian brotherhood）的艺术家就会被派来，或者召集征调希腊流放军。10世纪末，威尼斯人建造圣马可教堂；他们采用了一个希腊人的方案——由希腊人完成的装饰，使用了从希腊海岸边带回来的柱子和大理石板，

1 见《法国建筑辞典》(*Dictionnaire raisonné d'Architecture*)（维奥莱－勒迪克著），articles Architecture and Architecture Monastique.

希腊那时候在东方帝国的衰微下正遭受着各国来的海盗的凌辱。在意大利北部，10—11 世纪之间，仍然在建造着公共建筑；但是这些建筑物的遗存呈现出非常模糊的特性——微弱的古罗马建筑传统，混合着从东方艺术家那里借来的特征。至于半岛南部，我们很难知道正经受苦难的这一地区究竟发生了什么。在西西里岛定居的摩尔人蹂躏着它的海岸。久已废毁的罗马，残存在以往辉煌的碎片中；如果要继续建造，只能是将四处散落的碎片缝合到一起：艺术已荡然无存。这一几个世纪以来一直经受毁坏的国家，没有商业和制造业，是环伺的入侵者口中的猎物，它从东方帝国分离出来，没有一点生机，呈现出最为伤感的景象。而在东方帝国、南部和中部高卢之间，自 10 世纪以来广泛的贸易蓬勃开展；位于利摩日的威尼斯代理机构，处理欧洲的货币事务，经由地中海的港口与东方交流，经由西海岸的港口与北方交流。在 10—11 世纪之间，与君士坦丁堡间的交往从未间断，西方的艺术从这种频繁的交流中获得营养。

1-201

然而我们要探寻东方的艺术是经由什么人在什么样的条件下，扩展它们的影响。当哥特人、法兰克人、勃艮第人，相继侵入高卢从莱茵河口到地中海岸、布列塔尼半岛的领土时，他们发现罗马艺术在这一国家的人民中非常普遍。他们毁坏了城市中的私人建筑与公共建筑，但不得不为自己提供住所，并且很快就要为防御作准备。于是这些征服者们采用了尽量修复他们所毁坏的建筑和模仿残存的建筑建造两种方法。因此，罗马建筑风格在西方从未被放弃过。建造这些所需要的建筑的并不是侵略者自己：他们不得不求助于当地的艺术家，这些艺术家们所拥有的不是别的，正是罗马传统。而在随之而来的政治动荡之后，当侵略被稳定的政府代替时，这一土地新的所有者很快表现出了对奢华的欣赏；已经建造好的那些粗陋的建筑——罗马建筑最后的痕迹——需要装饰；他们利用东方艺术家的技艺，和从东方进口的物品——如家具、织物、器皿以及珠宝。他们保存了西罗马建筑风格的同时，查理大帝时代的雕塑家和画家却超前地为他们的建筑包裹上从东方舶来品上抄袭来的装饰。丝绸刺绣可能会被作为中楣（frieze）雕刻的原型；首饰盒或折叠双连画（diptych）可能会为装饰山墙或柱头的浅浮雕样式提供素材。因此，罗马建筑在一些细节上有了新的外观，而在其他方面它努力复制出散落在各地的古代西方遗物。在公元 9—10 世纪期间，拜占庭艺术不同程度地影响着高卢。例如，在佩里格，10 世纪末建造的一座教堂，在平面和形式上是拜占庭式的，在装饰细节上却是罗马式的；几年后，在卢瓦尔河上，塞纳河和瓦兹河岸边，建造的建筑物几乎在平面和结构上几乎完全是罗马式的，而它们的装饰很明显是来自于东方的灵感。

1-202

罗马传统与东方艺术以不同的比例融合的这一时期，在法国通常被称作罗马风时期。但如果我们研究罗马风流行这一国家的范围——即从阿尔卑斯山到大西洋，从英吉利海峡到地中海的广大区域，这一风格的同质性并不比组成这一广大范围的不同省份之间的同质性更明显；所以，当我们讨论被定义为罗马风的这一风格时，就应当指明西部的风格、莱茵河、索恩河或马恩河的风格、诺曼底、法兰西岛或普瓦图的风格是否包括在内。然而，这些不同的风格呈现出本质上属于西部欧洲天赋的血缘关系的特征。我曾在其他地方精确地分析过这一问题。[1] 我说过——毋庸置疑——存在着中世纪法国式建筑。中世纪的法国建筑，我指的是西方的高卢人的建筑，在中世纪的大部分时间里，严格地说，没有任何一个国家能像法国这样。事先没有预料到这一观点会被辩驳，我也没有做好为之辩护的准备；我知道见多识广的外国人，当然不包括那些向我们做出不应该的让步的人，欣赏并研究法国中世纪建筑；我从未怀疑过它的存在。然而我发现，这一问题必须重新思考；尽管它关系到我们国家的虚荣——因为艺术是世界的——我也不会竭力推行我的观点：但比这种幼稚的虚荣更重要东西迫在眉睫，关系到西方艺术的生与死，衰退与进步。要发动的并不只是派系之间的斗争——要在巴黎美术学院的古典教条中找到突破口；斗争的目标是让这一没有被充分尊敬的艺术阶段的得到它的地位——为我们和由我们精心制作的西方天赋的产物，是长期努力和斗争的结果，尽管温和平静，但光荣辉煌足以激起我们的尊敬和同情。在这些讲座中，我努力凸显出存在于性格为我们所熟知的民族的天赋和他们的艺术之间的关系；但我一定会被那些人们所理解——这些问题上应尽可能避免任何的含混——不包括那些有政治界限的人，那些在与种族或者政治团体观念上没有任何关联的混杂人群，而是由一种占据支配性的思维倾向主导，受同样的气质推动的群体——我认为种族的相似与性格的相近使这些群体的成员紧密地结合在一起。古代和现代的文明是以两种完全不同的方式建立起来的；人们总是希望定义精神或者物质世界中的现象；因此我将分别将它们定义为通感的（sympathetic）文明和政治的（political）文明。我所谓的通感的文明是在相同种族或者具备某些类同之处的不同种族的人群中产生的。这些文明是唯一拥有他们固有艺术的文明：希腊人为我们提供了这一类型文明最杰出的范例。而政治性文明，我理解它是通过一些人（有时仅是一小部分人）在与作为征服者的他们没有任何血缘关系的种族所生活的巨大领土上的压倒性的势力——通过武力、技艺或者贸易获得的势力——引入的。古罗马文明就是如此。罗马人组成了一个政治和管理的团体，而非一个民族国家；我们说“罗马人”并不准确；其实并不存在罗马人（因为我并不想将罗马大街上的平民冠以这一尊号——至少在罗马帝国时代）；只存在一个罗马组织——一个罗马政府。同样，准确地说，不存在任何罗马艺术：只存在一种属于外来民族的艺术组织——我承认这是一个非常完美的组织，但它并非而且也不可

1-203

1 见《法国建筑辞典》（*the Dictionnaire raisonné de l'Architecture française*）。

能成为这一民族天赋的表达；并且在它存在的各个阶段，像我们所看到的和后面将要看到的那样，表现出各种古怪的矛盾。我想，将这一不同形式文明的性质以及它们对艺术的影响的检验进行扩展，似乎没有必要；但环视我们身边的整个欧洲，就会看到它在今天的重要性——甚至比任何时候都要清晰。通过若干世纪以来的侵略与政治灾难，我们看到这些种族与民族的问题又以像以前一样的热情和动力重新凸显；我们构成的这一民族，最典型地体现了源于共同感觉的文明的观点，认为我们没有自己的艺术，这难道不是不切实际的吗？我们可以认为，这一典型的一致——曾经是民族进步的灵魂——并未以任何可见的符号从外观上表现自己吗？

600 年来，一直忙于征服古希腊移民城邦居民（Italiot）的罗马人，在不到 50 年内成为高卢的主宰。这一事实证明，尽管恺撒曾清晰地表现出不同，很长时期以来，高卢各部落之间有一定程度上的同质性。在高卢，罗马的霸权一直持续到帝国末期；之后，罗马帝国政治统治的倾向是在西部省份中倡导和谐一致。之后，语言和习俗不同的野蛮人从不同地方侵入高卢；在那里定居，互相之间为了统治权而互相争斗，将高卢变成战场，几个世纪以来一直在摧毁着这种曾经存在于各部落中的和谐。这一封建体制，在查理大帝的后继者的统治下呈现出勉强的有秩序的形式，但却在各省之间，以及在他们自己的封地间制造了长久的分裂；不过，11 世纪以后，我们观察到从不同部族向国家统一体发展的缓慢但持久的趋势。这一趋势看起来似乎一直遭受着阻力。组成罗马人称为高卢的那些西方部族们拥有自己的特殊天赋，就像希腊人有他们的特殊天赋一样。既然他们有着与西方人不同的活跃天赋——有共同来源的天赋，那么为什么他们会没有他们自己的艺术形式呢？这一矛盾该如何解释，如果我们尝试着解释的话？但没有人试着进行任何解释；这一裁决被宣布是权威的；那些率先认识到高卢部族趋向国家统一体的稳定趋势的人们，自相矛盾地否认这些民族有他们自己的艺术。他们竭力否认法国人被广泛认同的艺术的存在，并认为他们的艺术只是某些理论家的天才之梦。对这一问题的固执可以使我们察觉到这种奇特对抗的主要原因。这一极端的固执说明了去除所有妄图模糊真相的东西的重要性；不愿意承认一种观点往往证明了这一观点是有逻辑上的想象力的。但我们应该到何处寻找这一反抗的原因呢？我们发现，那些不是艺术家的人们身处如同一般法国人普遍对中世纪的制度感到的恐惧之中；似乎艺术是那些制度的结果，并且没有成为那些国家的人民反抗令人厌恶的政体的真实表达；而在艺术家中，这些原因被归结于制度的错误、不理想和不完善，归结于脱离陈规的对真理的执着追求、我们民族天赋和本能的知识、依靠判断力而非公式的套用：它们产生于——我们不能在事实面前闭上双眼——放弃推理并相信灵感只是空想的麻木思维——恰恰相反，灵感只能是深思熟虑的漫长而勤奋的努力的结果。

1-204

1-205

我并不否认，翻开历史的篇章，中世纪的制度是与黑暗联系在一起的，且这并非没有道理；但在我们之中是艺术家们首先成为了解放被压迫阶层的倡导者；是他们首先以劳动和知识养活自己；是他们首先进行了使现代区别于古代文明衰落期的麻木和基督教的一个世纪的野蛮的活动。他们的作品是对当时普遍无知的形象反抗。我们不应以混战中无法分辨为借口混淆受压迫者与压迫者的哭声。

在西欧那个被称为法兰西的角落，我发现了——中世纪时唯有在这里——可以构成艺术的元素，因为这些元素存在于人们的精神之中。在欧洲其他地方，我可以见到城市、商人联盟、完整或不完整的政治体制以及有才华的个体；但我没有见到有着同样的精神动力和同样的对未来的信心的民族集合体趋向的国家。所以正是在法国，才会见到基督教信仰加之于艺术，使之以最确定的方式自我发展。

但什么是加之于艺术的基督教信仰？基督教，与一种新的崇拜形式和一种新的宗教系统一起，从古代拉丁世界中引入了持续进步的萌芽，引入了对物质影响（material influences）的反抗、精神和肉体的释放、政治和社会的统一、平等以及对残忍暴力的反抗。与亚洲人的稳定形成鲜明对比，古典时代希腊人的活动被罗马的强大暴力打断，他们的特性将被西方的基督徒继续发扬；并且历史上由于同样的原因产生类似的结果，西方的艺术，尽管是基于与古代希腊相对立的原则发展起来的，但一定会在同样的道路上前进——拥有基于理性和分析的他们自己的方式，散发出光芒，前进中没有丝毫的中断，成为更大进步的始创者，然后在那些原则的过分应用中飞速的衰退。但——这方面同样类似于希腊艺术——西方中世纪艺术，尽管短暂但却将成为现代想利用它们的人们的无穷无尽的知识源泉。

1–206

但一定有人坚持，“我们是拉丁人！”通过反复的申明，我们已经逐渐确信这一点。因为我们的语言是由拉丁语而来的，我们的法律部分地仿照罗马法律而来，并且近 300 年来我们拙劣地仿照了无数罗马建筑，我们自认为我们是拉丁人。让我们仔细分析这一现象。罗马人并不打算成为艺术家也并不自夸为艺术家；他们自己并不参与艺术实践；前文我已经清楚地说明，他们的艺术家都是希腊人；罗马人只是发号施令者；他并不会为他的建筑采用什么形式而烦恼。一旦他满意于一种建造方式，我们发现他就会不断地重复使用，直至罗马帝国后期（Lower Empire）。罗马人并不讨论关于艺术原则的问题；他从不是这一问题的狂热者：他所属的民族是一个产生政治家、法学家和管理者的民族；它不是热衷于商业的、制造业的，也不是崇尚科学或者哲学的民族；罗马人中，热衷于哲学和科学的人都求助于希腊知识分子；罗马人不关心民族的启蒙或者为民族寻求思想和原则；对他来说，统治它就足够了——将它视作它应当是的；他在政治上组织它，但并不打算教化它。那么从脱离野蛮状态到 17 世纪，身处西方的我们有着什么样的特征呢？恰恰相反：我们有拙劣的政治家，令人遗憾的法律专家，以及平庸的管理者；我们不但没有统治别人，连自己都难以统治。另外，甚至在 12 世纪，巴黎也有着它的学校，整个欧洲都聚集于此，致力于研究希腊哲学。13 世纪，百科全书运动（Encyclopaedic movement）正是在巴黎开始的——一场一直延续到我们这个时代的运动；正是在巴黎，理性的努力正竭力穿透中世纪早期的黑暗。我们怀疑一切也赞同一切：我们不眠不休地推理、分析、写作、研究。我们拥有源于罗马传统和拜占庭影响的艺术——在修道院中培育的罗马风艺术；几年后，我们放弃了这一风格而进入了艺术的新阶段，这一实践完全由外行人进行——基于迄今仍未知的几何学和对规则的观察——力的均衡；这一艺术持续地进步着：它很快超越了它原本的目标。下层阶级联合起来通过武力或者演说（address）获得权利；我们成为商人、农民和制造业者。我们的产品和著作遍及欧洲的大部分区域；我们像罗马人一样，有着征服的野心，但我们从未有保持它们的能力，因为我们自己的社会因素，我们的国家，我们的习俗和同情心对于我们的生存来说是必要的。举个例子，对英国人来说，英格兰就是英国人所在之处，这是他们帝国的力量源泉；但对我们来说，法兰西只在法兰西。罗马人发动战争是为了保护或者延展他们的物质欲望，为了殖民野蛮国家，并使他们自己更富足。他们不但从被征服者那里掳掠钱财或者他们的土地产出，而且采纳被征服者的令他们满意的习俗；作为回报，他们为被征服者提供保护，这些保护有时是欺骗性的——统治和管理的形式，殖民者、官员、道路、桥梁、运河和公共建筑。相反，我们从未从那些与我们有接触的民族那里采纳他们的习俗或者思想，而往往是为他们留下我们的。如果我们是拉丁人这一观点属实的话，我还要问到底在哪个方面我们与他们类似。

1–207

从 11 世纪开始，我们发现西欧收集了古典时代的作品，并占有它们，使它们成为一切研究的基础；但这并未阻止西欧创造出全然属于它自己的与拉丁艺术的原则完全不同的艺术新秩序。长久以来一直认为十字军东征对西方艺术有着显著的影响。但事实明显与这一观点相矛盾。第一次东征发生在 1096 年，第二次是在 1147 年；12 世纪的建筑与雕塑艺术很明显地发生了一次转变，不是与东方艺术更加接近，而是更加背离。这些问题被没有任何实际的艺术经验人们以一种肤浅的方式分析：时间次序上是混乱的，假设仅仅是从外观得出的：这样得出的这一错误观点被重复，并最终被采纳作为毋庸置疑的真理。通过对事实的检验纠正这一观点反而变得困难。然而，我们将努力尝试。这一研究涉及的不只是一个考古学问题，我也不打算向读者隐瞒在这一质询中我还有一个更进一步的目的。我认为追本溯源，并推测之后值得期待的发展方向对于现代艺术是非常重要的。我认为这是使它们通向繁荣且自由的发展道路的唯一途径：为了知道我们应该做什么，能够做什么，我们必须知道我们是什么。这是每一位艺术家必须铭刻于心的原则。

1-208 一旦西方艺术脱离了野蛮，它就显示出与罗马艺术的基本原则相反的趋势。这一运动在查理大帝复兴之后的艺术实践中开始：它在修道院中开始，特别是11世纪，克吕尼修道院（monastery of Cluny）正处于巅峰时期。我们发现这一时期的这些西方僧侣不仅寻求着新的平面组织，而且探寻着规则不为罗马人知晓或者其拒绝承认的建造体系。在雕塑和壁画装饰中，拜占庭范例很明显是他们的源头之一。

在平面布置和建造中，早在10世纪的西方建筑师，意图调和两种互相冲突的原则，并因而立刻成为罗马人规则的对立方。罗马的平面图清楚地说明了这座建筑是拱券还是木屋顶。当建筑是拱券的时候——就像卡拉卡拉浴场的主体部分——平面是坚固的；这表明体块之间互相咬接以抵抗各个方向来的推力；这是单元式的建造体系。当未采取拱券的形式时，它是与希腊的平面相一致的，只有纵向的墙体和竖直方向的点状支撑，因此这一平面是纤细的。希腊的平面图很容易描绘，只需要很少量的材料；它是朴素且经济的：相反，罗马平面，需要复杂的和科学的组织，并因所需的大量材料而导致相当可观的花费；与罗马的建造方式相一致，它的建造需要速度——随着大量劳动和运输器械的协作以及大量储备材料同时运输到场。10—11世纪的僧侣和贵族没有罗马人在整个帝国掌握的巨大的资源；因此他们放弃了罗马的平面图，而只采用了巴西利卡的相对简单的布置，或者像不起拱的希腊建筑的形式。然而，他们很快认识到拱券的用途，尤其是在潮湿多变的气候条件下。木屋面很容易被烧毁，或很快腐烂；建筑师很快就希望用拱顶替代它们：但他们并不会就此放弃平面的简单布局，不管是宗教建筑还是世俗建筑。这样，我们在一开始就要面对两种对立的原则的碰撞。我并不打算在这里追溯历史——

1-209 这一历史很长——罗马风艺术努力使二者之间调和的历史；我已经在其他著作中分析了这一点。[1] 指出这一发展的典型阶段就已经足够了。我们首先注意到为了抵抗推力纵向墙体的厚度增加了；很快他们发现这一方法在大建筑中既不足够又昂贵。接着是通过十字拱（groined vaulting）的方式分散某些点上推力和通过扶壁加强这些点的抵抗力。并且，为了不妨碍室内空间，扶壁所受推力的倾斜的方向，不加掩藏地树立在建筑外部：这类似于通过独立于建筑自身的点状支撑立起建筑并维持它的稳定。最后，通过加大它们的承载力而非增大底面积来保证独立支撑点的稳定性。这些连续的实验获得的结果与希腊或罗马艺术的简单原则完全不同，无论是拉丁式还是拜占庭式。

我们用一个图表来解释古代木屋顶的巴西利卡的平面如何转变为13世纪

1 见《辞典》等，建筑与建造的论文（See in the Dictionnaire, etc. the articles Architecture and Construction）。

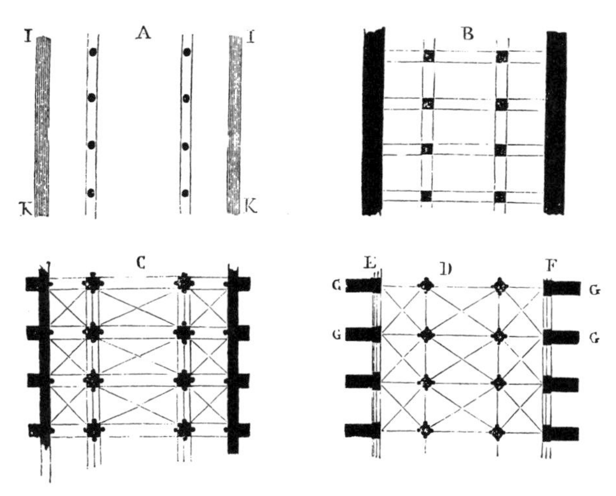

图 6–6　罗马到哥特平面的转变

拱券屋顶的巴西利卡。（图 6–6）。A 是木屋顶的罗马厅堂或者中殿加两边侧廊巴西利卡的平面。罗马风建筑师希望用拱券代替木屋顶；他们使墙更厚柱子更粗，如图 B；但这些措施并不充分：墙体受力过大，建筑摇摇欲坠。他们接着以十字拱代替圆形拱，以外部突出的扶壁抵抗推力，如图 C。扶壁之间的墙体毫无用处，这一点很快就被认识到，平面 D 就是这一认识的结果。　1–210
现实中，这一建筑只占据了 EF 之间的空间。在建筑外部，竖立着扶壁 G，斜向的推力经由它们传递。平面 A 上 IK 之间的纵向墙体，在这里被分为小段，这些小段与它们原本的位置呈直角；平面上实体的面积是同样的，但更强的侧面的抵抗力却能允许拱券的建造。从外观上看，这是非常简单的，但它却带来了建造艺术的整体革命。这是与古代方式的彻底决裂。这一新原则的完全建立花费了三个世纪之久，它的意义可以无限地延展。当建造体系这样被改变之后，艺术形式产生了即便是最粗心的观察者也能感觉到明显的变化。

希腊人发明的建筑柱式组成了结构本身；也就是说，在建筑中，与这些柱式相一致的只有一种结构模式；因此希腊建筑的结构和它们的外观本质上是一致的。要不损坏一座希腊建筑，而从建筑上掠取作为最重要装饰的柱式，是不可能的。看看希腊建筑遗存，就足以为我们展示建筑师采用的多立克或爱奥尼柱式是这些建筑的组成部分。希腊柱式就是结构本身，最合适于功能的形式被赋予了结构。在从希腊人那里继承来的柱式中，罗马人只看到了可以被去除、忽略、甚至被其他东西取代的装饰，而没有看到装饰所依附的结构也因而被严重地影响。当然，这里我并不是指遵从希腊样式建造的罗马神庙。我想我已经足够清晰地解释了罗马建筑的特征。然而，彻底的实践精神影响下的罗马人，常会认识到在他们的建筑前面竖立起希腊柱式的方式，是对理性的冒犯。因此，在诸如剧场、圆形剧场以及宫殿等许多建筑中，他们将柱式嵌入建筑本身；也就是说，他们利用柱子作为扶壁为所承托的重量提供支撑，他们也因此而获得了外部或者内部的装饰。当然罗马人不是第一个发现柱式的这种应用的；希腊人也使用过嵌入式的柱式：事实上，他们常常这样运用它们，最著名的例子是阿格里真托神庙或者巴西利卡——被称为“巨人神庙”。但我并不认为以罗马方式多层地嵌入柱式曾经进入过希腊人的思维——类似马塞勒斯剧场、竞技场以及其他许多建筑中那样。在将柱式嵌入建筑的过程中，希腊人的原则与在相似的场合下促使罗马人这么做的原则恰恰相反。罗马人的观念是竖起表现装饰的扶壁柱，装饰的习惯他们已非常熟悉。他们一般建造为一层、两层或三层；他们将一层、两层或三层的柱式竖向堆叠起来(图 6–7)，就像多层的扶壁。关于赋予某物体一种适合于它属性的形式，他

1–211

图 6–7　马塞勒斯剧场，罗马

们很少理性地研究，以至于他们在每一层柱式的上部还设置了它完整的柱顶板，仿佛每一层柱式都是这座建筑的终止一样。如果在图 6–7 的案例中，嵌入的柱子 A 是作为扶壁并作为一种有用的装饰的话，那么必须明白的是，从下层柱延伸到上层柱间的突出的柱顶板 B 对建筑的稳定性来说是不利的，它们的悬挑出的重量会削弱石建筑。这里有一个判断错误，以及一种品味的需求。这是很牵强的推理，或者根本没有任何理性。[1] 但有人会说，这有什么关系——如果这一装饰能够使眼睛愉悦的话？因为这是艺术真正的唯一目的。然而，你必须同意在建筑学中，存在着自然静力学法则强加的规则，并且即便不是建筑师我们也能够认识到这些法则的重要性。因此，所有人都能看到一根柱子的底部不应该比顶部纤弱。眼睛的直觉就可以认知这些法则，不需要推理的参与。推理只是确认、延伸并解释了这些自发的感觉；就像在每个国家法律文书只是阐释了好与坏，公平与不公平的本能感受。

当希腊人把柱式嵌入建筑的时候，他们继续着真实的原则。因为，在他们看来，柱式只是结构的表现——支撑的方式——当他们认为在某些情况下有必要在柱子间形成一个实体的围合的时候——像他们之前的埃及人和亚述人所做的那样——墙体和围合仅仅是厚重的分割。像阿格里真托的巨人巴西利卡，柱子作为稳定的支撑点——墙墩或扶壁支撑着柱顶板和屋顶——在每个或者部分柱间填入轻巧的结构（图 6–8）——实际上是一种简单的围合——是最明智的推理；但看后来罗马人所做的，实体的虚空、强度关键处被分隔，以及仅仅作为装饰的扶壁——无意冒犯，罗马人以及那些不仔细检查就模仿他们的人——只是在野蛮地推理。背离了理性的路径，罗马人越走越远——他们在突出的嵌入柱式的柱顶板下安置拱券（图 6–7）。如我指出的，这对于希腊人来说是最大程度的背离正轨；这表明了对希腊建筑形式的茫然无知。

1–212

1–213

然而，在帝国晚期罗马人在亚德里亚海东海岸和亚洲建造大型建筑中建筑师们开始建造直接托在柱子上的拱券（图 6–9）。但这一创新可能源自于希腊人。只要希腊艺术家能够，他们就会服从于他们不变的理性判断，但他们并没有藐视西方罗马人采用的方法。但现在应该来研究一个在建筑历史上非常重要的问题。我们承认拜占庭艺术的存在；我们断言这一艺术是活着的希腊精神的后代；我甚至断言在拜占庭艺术之前还曾经有过一次复兴。但希腊人是自何时开始获得这一复兴的元素的呢？伯里克利时代的希腊艺术是怎样经历这一转变的呢？在帝国统治下，在希腊本土的希腊人和在意大利的希腊人，发现他们自己被迫采纳罗马人的浮华品味；我们怎么能解释东方帝国一建立，希腊人发现自己在没有任何明显的转变过程的情况下要赋予罗马的结

1　罗马人在建筑学的真实原则上并非总是这么错误。例如，在尼姆竞技场（the Arenas of Nimes）周围，在两层拱廊间作为扶壁的两层柱式，在外部是名副其实的扶壁；下层柱式由突出的支墩组成，上层组成嵌入的柱子；檐口只在壁柱或者柱子周围，并且不像在马塞勒斯剧场或者罗马竞技场（Roman Coliseum）那样形成突出的环带，沉重且毫无用途地悬挑在建筑周围。

图 6-8　巨人巴西利卡，阿格里真托

构以新的形式？无论在东方还是西方，中世纪艺术的答案就在这一问题的研究与解答中。因此，让我们努力揭开面纱。有理由相信，在遥远的时代，希腊人从亚洲和埃及获得他们艺术的元素；但在他们的伟大时代，即从雅典被波斯人毁灭到伯罗奔尼撒战争结束，他们小心翼翼地避免了从亚洲人那里吸取任何东西，他们正不间断地与亚洲人战争。在这一时期——如此短暂、辉煌——希腊艺术传播更远更广，他们的影响延伸到博斯普鲁斯海峡，并很可能波及叙利亚海岸的一部分。然而，在这一光荣时代之前，存在着一个强有力的文明，拥有以原始的活力为特征的艺术。希腊半岛的历史性时代之前很久，腓尼基

图 6–9　直接托在柱子上的拱券的早期案例

和朱迪亚就已经建造、贸易并殖民。在扼杀了古代独立希腊的最后遗迹之后，罗马人将他们的帝国拓展到叙利亚和波斯；当停止了与来自亚洲的东方人战斗的希腊人通过贸易成为黎凡特和西方的天然中介的时候：他们履行了他们的功能，与后来威尼斯人在亚洲和西欧之间承担的责任一样。他们在叙利亚，古代腓尼基的海岸边，以及朱迪亚，发现了他们曾无意识地为其发展提供了帮助的艺术，但它们比希腊艺术保持了更多的原始的壮丽；他们发现了罗马人早在共和国时期就毫无疑问借鉴过的源头之一——伊特鲁里亚艺术的来源。这需要加以解释。在罗马的重要性在意大利开始被认识到的时代，伊特鲁里亚人拥有发达的艺术。他们采用了拱券——不是由捣实黏土灌注入拱架(centre)的拱券，而是由切割的石质拱楔块砌成的拱；他们建造了巨大的体量，但没有使用灰泥(mortar) 或板条 (slip)；他们以轻微凸起的壁柱、圆盘和线脚装饰这一建筑物——传统的影响的结果——这些手法既不是埃及的也不是亚述的。近来的发现[1]——尽管有争议(但哪一次发现不会被那些没有参与其中人们争议呢？)——揭示了一些可能属于犹太人的建筑遗存，它们与和伊特鲁里亚联系紧密的腓尼

1–214

1　我们希望引起读者注意的遗迹——德索西先生已经收集并进行了复制记录——并不是他发现的，它们已经为世人所知相当一段时间。但对它们进行可能的断代这一功劳确实应归于他。

基艺术关系密切。我们观察到类似的建造方式，原则相同的线脚，种类相同的装饰，以及更突出的，巨大的砍凿石块砌筑的拱券。

德索西先生（M. de Saulcy），考古学家将这些重要的发现归功于他——我赞同的论战的主题——慷慨地将他在巴勒斯坦的照片和笔记集交予我参考。如果这些文件的考古学价值是需要讨论的问题的话，没有人可以怀疑照片的准确性；对于实践的建筑师来说——他见过手工砍凿和建造石建筑，并知道工作是如何进行的，知道它如何被安放到适当位置——摄影术证实了事实的重要性。这一证据揭露或者似乎揭露了耶路撒冷的平台的遗存——由巨大的石块组成——上面站立着所罗门神庙；平台的某一边残存着拱券的起拱点，拱券上曾经是神庙和宫殿连接的桥梁。图 6-10 是这些遗存的忠实表现。这看起来就是公元前 64 年庞培（Pompey）包围耶路撒冷神庙时被犹太教徒毁掉的桥梁。[1]

1-215 在这些精确连接和砍凿的石块上部，B 处有明显的希律王（Herod）时代维修的痕迹——德索西先生也这样认为——C 处是中世纪的墙体。我并不打算介入这些建筑年代的争论，我只限于陈述任何人都可以核实的内容。首先，组成这座平台的巨大石块，是这一国家的侏罗纪石灰石，它们非常坚硬且耐久；考虑到这里温暖的气候，我们必须承认，在这些石块安置的时代和我们的世纪之间，一定经过了非常长的时间，以至于如图 6-10 所示这一类型的石灰石

图 6-10（1） 所罗门神庙平台的拱券遗迹

1 “阿里斯托布卢斯（Aristobulus）的队伍迅速占领了这一神庙，毁坏了连接神庙与城市的桥梁，并决定在这里自我防卫。其他人欢迎庞培，并将城市和皇宫献给他”（桥梁正连接着它们与神庙）。——弗拉维奥·约瑟夫斯（Flavius Josephus），犹太古史，第十四册，第八章（*History of Jews,* Book xiv. ch. viii）。

已被腐蚀，甚至它软质地的下部基座已经毁坏。此外，B 处的建造方式一定是罗马的，且与拱券同种石材的墙体是完好无缺的；因此，在 B 的建造和下部的工程之间，一定经过了好几个世纪。最后，这些石块并非一致地以帝国时期所采用的加工方式砍凿的；表面粗糙，在基座和接缝周围，可以看到一条较宽的錾边，类似在腓尼基石建筑的某些遗存上发现的那样。基座和接缝表面被很好地修饰，真实且没有抹灰泥。“提图斯，”约瑟夫斯（Josephus）说（第六册第 42 章），“进入了（耶路撒冷城，在长期围攻之后），夸赞他们的筑城术，当他看到那些暴君们轻易放弃的塔楼的力量与美丽时，他无法抑制他的惊讶。在留心地查看了高度和宽度，石块的非凡尺度，以及拼装的艺术之后，他惊叹道：‘上帝确实站在我们这一边！’” 1–216

如果作为桥墩的拱券与墙体不是所罗门最早期建造并延续至他之后几个世纪的，那就必须承认它们属于奥古斯都时代希律王重修或者重建的。[1] 但在这一状况下，B 处遗存的罗马工程应该是什么时候的呢？很显然，这些后期的工程一定是某人完成的；但在希律王统治时期和提图斯攻城期间，这座神庙基础以上并无重建或者维修的迹象；并且在提图斯时代之后，罗马人也没有对耶路撒冷神庙进行过任何动作。并无确凿的证据可以证明这些石块在所罗门时代就已经安置在这里；但它们早于罗马的建造法则在理论上不容怀疑；这就是我所想证实的观点。我很清楚地知道在叙利亚——比如在巴尔贝克（Baalbec）——就发现了巨石建造的遗迹，而这些工程被归功于罗马人；根据这一假设，得出了罗马人有时采用这些不寻常的方法，因此他们可能也是耶路撒冷神庙的建造者的结论。这一推理停留在不完全的观察上。巴尔贝克神庙的基座属于一座早于哈德良时代建造的这一神庙的建筑。这些原始的建筑物并不是以与罗马神庙同样的方式设置的；地下的房间内，在罗马人建造的部分与以类似于耶路撒冷神庙巨大石块的砌筑方式建造的原来基座的连接处，可以清楚地看到原来的拱券是拱形的，罗马的筒形拱券（barrel–vaults）建造在它们上方。所罗门桥的拱券因而属于腓尼基时代。 1–217 1–218

但可能有人反驳将所有的理论基于这样无关紧要的一个遗址片段——两三行砌筑的巨大石块就是全部的信息——至少是冒险的。可能如此。然而这些片段，并非遗址信息的全部；几乎整个平台的基座以及耶路撒冷神庙的部分围合仍然存在着；在某些局部，这些遗存高度还很高。图 6–10（2）是这

1　这是历史学家弗拉维奥·约瑟夫斯对耶路撒冷神庙基座墙体的论断。他认为它们在持续地被延长着。所罗门只建造了面向东的墙体。“但随着时间的推移，人们不断带着泥土来扩展这一场地，小山的顶部显著地扩大了。因此，北边的墙体被推倒，一个更宽大的场地被围合进来，最后在上部盖满神庙……至于这一场地的大小，不谈顶部的周长，基部的神庙墙体被抬升到了 300 腕尺（cubit）高，有些地方甚至更高；但这些基部的巨大的花费并不明显，因为山谷已被填满，它们已被抬升到与城市狭窄的街道等同的高度：这些基座所采用的石头有 40 腕尺长……”——《犹太战争史》，第五册，第十四章（*War of the Jews against the Romans,* Book v. ch. xiv.）事实上，这一基座的石块，在很深的堆积物之上仍有相当大的高度，有着巨大的尺度；墙体的石块平均 5 英尺 4 英寸高，16 到 24 英尺长，有时甚至更大。

图 6-10（2） 所罗门神庙平台的石砌工艺

一巨大基座东南角的南面。这看起来像希律王时代的作品吗？——一位献身于帝国的国王，他与罗马人有着频繁的联系，他建造了奉献给奥古斯都的凯撒里亚城，他用自己的财产为奥古斯都皇帝捐资建造胜利城（Nicopolis），他亲自访问过罗马，并在那里设置了大使；相反，我们难道没有在这一基座中发现全然属于原始艺术的痕迹吗？石块层叠的方式（损坏），与所有原始民族所采取的方法相一致，不正是说明这是远古时代的遗物吗？这一巨大的石砌体，凸出的边棱（ledges），以及——我再次重复——石砌体损坏的基部，难道不是远早于希律王时代的证明吗？但如果这一转角是所罗门或者紧接着他的继任者时代的，图 6–10 所示的拱券，也同样属于那一时代；因为石头的外观，以及它们被砍凿和安置的方式，在拱券和其他这座神庙平台最古老的部分，是完全相同的。

伊特鲁里亚人，像和与他们有明确关联的迦太基人一样，是腓尼基殖民者的残留吗？共和国的罗马人正是从他们那里得到了关于建筑艺术的最早的观念。

但在神庙平台的基座墙体上，我们只能看到外表没有任何雕刻的石砌体；如果这一石砌体属于非常遥远的时代，如它尺度巨大的石块所证实的那样，它们被砍凿的方式，以及它们常用的壁凹处（dicrochements）（开槽）的连接[1]，没有任何东西可以表明这是一种特别的艺术。然而，在耶路撒冷附近存在着大量巴勒斯坦很多区域都有分布的侏罗纪石灰石中砍凿的墓葬。德索西先生认为这些墓葬属于国王时代；他的反对者认为它们的时代应当更晚。但首先，帝国时代的罗马人没有在岩石中砍凿坟墓的习惯；其次，即使在君士坦丁时代，永远值得我们学习的传统，表明了它们属于犹太时期；再次，这些地下（hypogœa）建筑的风格是与罗马艺术无关的。让我们在这些墓葬中找一个最重要的作为案例——其特定的建筑形式，甚至在特定的线脚，最接近帝国时期的罗马艺术——国王坟墓（图 6–11）。左边 A 处的两根柱子已经被毁。我们只看到希腊多立克柱式的三陇板；但是谁能证明希腊人最早不是从腓尼基人或者犹太人那里获得这一形式呢？至于这些棕榈叶、花环、圆盘、葡萄，

1–219

图 6–11　国王墓葬，耶路撒冷

1　必须强调，所有的原始石建筑，都是蛮石，是由不规则形状的石块组成的，按照采石场通过斜面——或者断层（decrochés）——赋予它们的形式安置。当石头只能被分离为块状时候，都是蛮石，且表面并不平行。但在类似朱迪亚（Judæa）之类的国家，石灰岩处于采石场的平行地层，显然建造者们是以大自然提供的形式使用这些石材。然而，这些层的厚度不一，为了使用它们，就经常需要凿平地层（notch the beds），或者使得石料变薄，原始的建造者并不会有这样的举动。因此，在艺术和工艺的实践中，我们可以仅通过一块石头来判断它属于原始文明还是属于进步文明。

特别是楣梁下的宽大的镶边，转角处以直角环绕过来，它们是既不属于希腊，也不属于亚述和罗马的装饰物。对雕刻的仔细研究，甚至比这座纪念物整体，更能证明独创艺术的观点。观察中楣（frieze）的一部分（图 6–12），三个棕榈叶及其雕刻的角度，葡萄束，悬挂在打结的绳索上的花环。再看橄榄叶和葡萄藤蔓组成的镶边片段（图 6–13）。希腊人和罗马人——尤其是衰落时代的罗马人——都不曾有过这一风格的雕塑。还需要更加具有原创特征的例证吗？图 6–14 所示是覆盖在法官（Judges）墓葬入口顶部的山花的一部分，同样是石头砍凿成的。如果任何地方存在着与这些有些许关联的雕刻装饰的话，很显然就是 4、5 到 6 世纪的拜占庭雕刻。那么我们可以断言这些地下建筑是这一时代的吗？但这样的话，它们是为谁建造又是由谁建造的呢？如果赞成

1–220

1–221

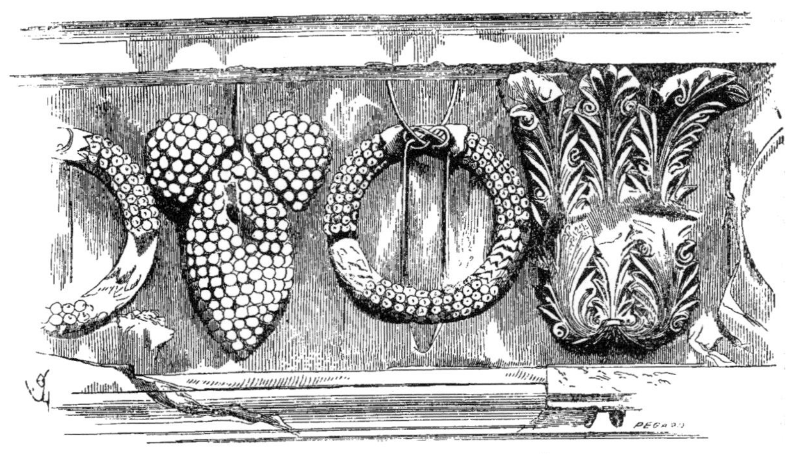

图 6–12 中楣的一部分，国王墓葬

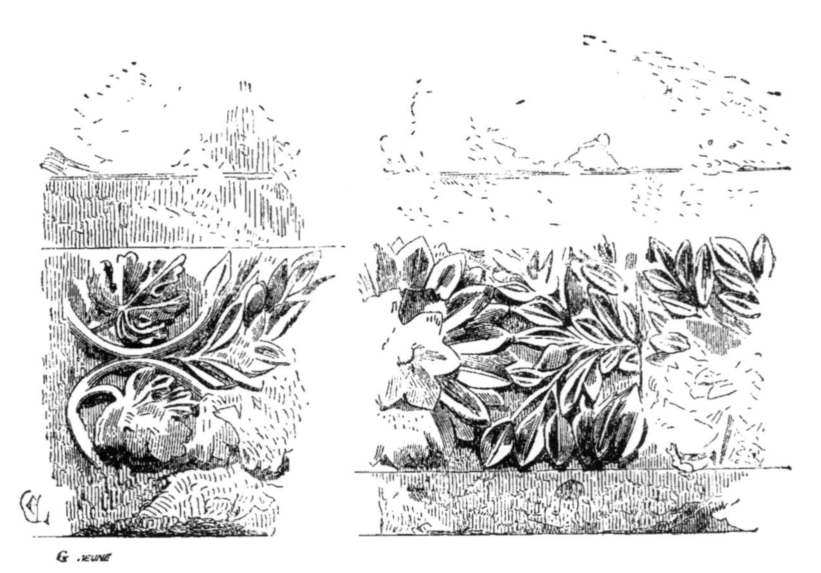

图 6–13 镶边的一部分，国王墓葬

图 6–14　山花的一部分，法官墓葬

它们早于 4 世纪，它们甚至可以被认为不早于希律王时代，那么拜占庭希腊人不是很显然从这一艺术流派借鉴了很多内容吗？在这些雕刻中——必须提到的事实是——完全没有任何人类或者动物的形象；在所有的墓葬中，我们发现了同样的工艺风格——一种锐利、精确、低平的砍削手法，很有个性，同时又表现出造型的微妙，完美且原始的砍凿，我可以这样说吗？——特性，事实上，与东罗马帝国时代的雕刻正好相反，东罗马帝国的雕塑平淡、沉重、凸起、单调，缺乏风格，并清楚地呈现出堕落为一种职业劳动的衰败的艺术。我要告诉艺术家们；在我看来，我们所讨论的雕刻的原始特征对他们来说应该毋庸置疑。

但我们假设这些墓葬是罗马时代的——它们是希律王时代的——我们可以为这个假设举出一些证据，因为，当约瑟夫斯在他的著作《犹太古史》一书中谈到这座神庙的重建时（第十一册第十四章）说，“（神庙）柱廊建筑与余下的非常相似；向上延伸则可以看到紫色的花朵点缀的多种色彩的悬挂物，柱子之间从檐口垂下金色的挂满成串葡萄的藤蔓，如此美好精致以至于这些作品中的艺术决不逊于织物。”希律王雇用了亚洲艺术家建造他的神庙；他们拥有他们自己的艺术传统，其中没有罗马元素。而且，约瑟夫斯很小心地让我们了解到犹太人对他们的民族性是如此谨慎；他们对外来影响如此难以接受；而热切希望保住声望的希律王——吸取他因尝试将罗马的节日与习俗引入朱迪亚而带来的不好影响的教训——一定会非常小心地避免将外来的艺术风格带入他的神庙建筑中。如果耶路撒冷的墓葬是希律王时代的，它们一定依旧保持本土艺术的明确印记；这就是我们的推论。

1–222

让我们按照传统的年代学的划分，接着检视归功于希律王的作品。我们都知道，希律王维修了神庙，甚至重建了大部分。其后，直到提图斯的军队摧毁它们，他再也未对这座建筑有任何动作。这座城市被提图斯夷为平地，唯余两座塔楼；他使之成为一座荒城，一直到哈德良时代，这座犹太人的城市才再次有人居住，尽管它再也没有完全从废墟状态摆脱出来。我们可以想象无论这位城市摧毁者的激情有多么宏大，他们发现不得不摧毁如图 6–10（1）和图 6–10（2）所示的墙体时，该有多么沮丧。“摧毁一切，不留下任何建筑”这一宣言靠人徒手完成是非常困难的。不仅残余了大量的神庙平台和原本围墙的遗存，还有部分雕刻：并且，在围合的某些部分，还清楚地留有可辨别的比上图所示的巨石工艺更晚时代的加工痕迹；这些遗存就结构而言，类似于罗马的工艺；它们只可能是希律王时代的东西。对艺术史来说，幸运的是围墙上残余了一座有雕塑装饰的门的痕迹；尽管雕塑和建筑形式所反映的艺术远比 Jehosaphat 山谷墓葬中的高级，它仍然有原创艺术的印记，证明其存在非常重要。图 6–15 也是从照片临摹来的，神庙围墙上门的片段（建成后被封堵，很可能是在中世纪的时候），它只可能是希律王时代的。它的装饰与建筑特征仍然与后来的罗马艺术不同——以极其精巧的雕刻装饰的工艺精良的拱券，安置在一根过梁的前面，第二个拱券辅助着过梁承重。这一过梁，像神庙平台的石块一样，有很宽的錾边和凸起的边棱。然而，表面被修饰地很平整，石块没有使用灰泥，而紧密连接着。如果这些雕刻是希律王时代的（它们的位置迫使我们做出如此推断），那么著名的黄金大门（*Golden Gate*）也一定是同一时代的；因为它的雕刻与我刚才所说的神庙围墙的大门相同。德索西先生毫不犹豫地认为黄金大门是希律王的作品之一。门的边柱建造得非常像罗马式，临近它的两个拱券呈轻微的弓形，雕刻尤其精心；保持着我刚才所强调过的非常重要的犹太特征。图 16 是这一雕刻的细部。柱头上的棕榈叶形装饰板（acanthus），头部突然地翻转，呈现出制作的坚固与活泼，这与东罗马帝国时期的雕刻完全不同。门边柱的柱头上并未托起柱顶盘；但拱券从圆柱顶板开始发券，与神庙围墙的大门一样。装饰是浮雕，尖锐且精巧，与拜占庭装饰有着显著的相似——尽管它显得更有力——拜占庭类似的装饰可以在圣索菲亚的柱头和君士坦丁堡6—12 世纪之间制造的一些物品中找到——如双连画、手稿封面、象牙雕刻、盒子（boxes）等。现在，我们已经充分强调了，深受罗马帝国晚期艺术的衰退困扰的希腊人，发现他们自己与叙利亚居民有着习惯性的联系，且无法回归到他们的古代艺术——希腊人从不后退——吸取新的元素，并从不理解他们的西方世界退出，开始从亚洲艺术中形成他们新的艺术，即拜占庭艺术。雕刻的特征以及它们的制作方式让我确信这一点；但我必须努力使得我的读者也相信这一观点。前面所展示的片段不是属于希律王和哈德良时代，就是属于君士坦丁时代。尽管哈德良时代的罗马艺术渐渐接近古代希腊的范型，但那个时代的努力仅限于手法的完美，而没有建筑总体特征的改变。甚至在耶路撒冷也存在着哈德良时代罗马建筑的遗存，例如圣菲利普喷泉（*St. Philip's fountain*）；这些遗存在细部和总体设

1–223

图 6–15　耶路撒冷神庙围墙上的门

计上，与罗马城的建筑一样得非常像罗马式。有人斗胆认为这些大门与石头中砍凿的墓葬（它们显然是同种艺术的产物）是圣母海伦娜（St. Helena）时代的吗？但我们知道君士坦丁统治时期罗马艺术的状况；在技巧上，它已到达了衰退的最后阶段：如果叙利亚的君士坦丁建筑胜于同一时期西方其他地方的建筑，那是因为叙利亚那一时代存在着建筑的纯正流派，我们关于叙利亚艺术对希腊作品的影响力的论点就是正确的。 1–224

希腊人开始热衷于皈依基督教，这很自然，因为他们的哲学家们已经预知了这一点。他们是第一批到达这一新宗教发源地的人——对他们来说，这

图 6-16 黄金大门，耶路撒冷

是一件容易的事情，因为两国互相毗邻。当基督教传播到古希腊的领土时，与巴勒斯坦之间的交往开始变得频繁且必要；考虑到希腊人多才多艺的特质，他们在那些见证了这一新宗教产生的地方寻求一种新艺术的元素就显得非常自然。结合心理上的分析与纪念物遗存的调查，可以认为拜占庭艺术很有可能从巴勒斯坦吸取了它的装饰成分。我非常了解那些反对这一假设的偏见：没有人会忘记伏尔泰关于犹太人的观点：但是伏尔泰完全不了解叙利亚原始艺术的特点和价值；我认为他坚持竭力贬低这一民族，以及他在嘲笑他们时所使用的讥讽，将使我们警惕地反对他关于这一问题的观点。一个人不会如此不厌其烦地去破坏没有真实根据的东西；伏尔泰对微不足道的犹太民族的抨击的热心反而成为它的真正的重要性的一个标志。

希腊人总是有很快地吸收他们从其他民族那里得来的元素的能力。他们是高尚的剽窃者，将他们拿来的——不管是物品还是思想——放入他们的熔炉，将它们变成希腊的产品，并将它们这样展示给震惊的世人，而世人已经无法判断它们的来源。关于古希腊甚至拜占庭艺术的来源，有如此多的创造性的设想，尽管后者离我们并没有如此遥远且更容易分析！自从考古学成为一门科学以来，又有如此多的假设被提出！我并没有打算在以上几行文字中就说清拜占庭艺术的源头，似乎我所说的是它唯一的来源一样；我只是就事论事。从罗马人用他们强有力的双手扼住希腊人喉咙那一天开始，希腊艺术成为一种职业；罗马艺术像在其他地方一样被引入希腊：那一时代之后建造的建筑比在意大利、高卢、西班牙和德国采用了更为高级的风格，这是毫无疑问的；但它们仍然是罗马建筑：即便是最不熟悉建筑学的人，也能清楚地明白，在阿提卡之类的地方，从罗马统治的时代起，不管建筑的建造是多么纯粹，人们的注意力也会不自觉地离开这些建筑，而它们在其他任何地方都能激发起人们的崇拜。从那一时代起，直到君士坦丁堡成为帝国的首府之前，不再有任何希腊艺术的痕迹；如果有任何作品的话，它也是含糊晦涩的：接着，突然，在拜占庭，建筑、雕塑和绘画艺术有了一个全新的开始，呈现出新的形势，发展出新的原则，有确定的特征。但希腊人一定是从某些地方得到了这些新的元素；与这时的拜占庭艺术至少在装饰原则上惊人地相似的纪念物只在古犹太人土地上的巴勒斯坦被发现。不管对其持有什么观点，这些纪念物是早于拜占庭艺术的，确切地说，是帝国最后 3 个世纪，希腊人在与亚洲人发生战争之前，与他们有着良好的关系。推论很容易得到。但即便可以保证这些朱迪亚的纪念物是晚期罗马时代的，它们与东罗马帝国的罗马建筑在总体设计与雕刻细节上也毫无类似之处：所以，假设它们是晚于希律王时代的，也就是说是奥古斯都时代的，一种地方艺术的影响是显而易见的；并且因为这一影响留下了痕迹，我们必须承认一种更古老的艺术的存在。因此，我们在原地转圈，并且不得不认识到在叙利亚，从腓尼基－犹太时代起，就有一种既不是亚述或波斯也不是希腊原创艺术的本地艺术。我们在帝国时期的罗马建筑中发现这一影响的某些痕迹；但不应忘记从奥古斯都时代起，罗马人就不断地向东拓展领土。尽管巴勒贝克、巴尔米拉以及叙利亚土地上的罗马建筑呈现出我所认为的本土艺术的痕迹，但就技巧而言，结构和装饰都是罗马的；线脚外包裹着装饰，但这一装饰总是罗马的：优美的拜占庭艺术不可能源于正在衰落的艺术：因为复兴从来都不会基于正在退化的范型；相反，

1–225

1–226

它只可能通过回归到原始的范型来保护长久的生命。我不想断言希腊人只在朱迪亚发现了拜占庭艺术——对他们来说是新鲜的——的元素。很可能整个亚洲都贡献了它的一分力量：我所希望的只是能证明，拜占庭艺术与希腊艺术并无相似之处，它为西罗马建筑注入了新的原则，这些原则中的一部分源于古代犹太人的土地。

现在让我们来研究一下这些新的原则究竟是什么。希腊人在古典时代发明了柱式，或者说他们至少将柱式归纳为合适的比例，他们见到罗马人如何使用并滥用他们的概念，他们放弃了柱式。他们求助于其他的原则：柱式只适用于横梁式的体系，在希腊人看来，在拱券引入建筑之后它们不能继续使用。他们只在拱券下采用过梁。柱子从作为支配建筑形式的控制性角色，转变为拱廊垂直支撑系统的从属功能——刚性的石块承托着穿透薄墙的拱券。他们常用分离的壁柱来代替柱子，如君士坦丁堡的圣索菲亚教堂侧边的入口（lateral openings）。[1]

希腊罗马柱式檐口上显著突出的线脚被完全放弃，用带状线脚（string-courses）和浅浮雕的线脚代替；显著突出的线脚从那时起只限于建筑的顶部。柱式的使用被中止，柱子的比例和柱头的比例开始变得随意。将罗马的建筑原则进行到底，拜占庭希腊人最终把墙体只作为屏障——作为围合或者分割。由拱券独立组成的结构相互抵抗并将压力集中在某些支撑它们的独立的支点和支墩上。这一类型的建筑很显然是在圣索菲亚大教堂的基础上发展出来的。因此，拜占庭艺术并非像有时候所说的那样，是衰败中的罗马艺术的一种结果；它是一种将罗马建筑的原则发挥到极致的艺术，它放弃了罗马人装饰性的模仿，而将更诚实更协调的东西与结构原则结合到一起，并由希腊人的智慧实现了它们。它不是衰败中的艺术，而恰恰相反，是返老还童的——能够长期保持优异并成为迄今已不为人所知的原则之源头。

1-227

我曾提到，在他们的领袖被判罪之后，景教徒们在叙利亚、波斯和埃及避难；他们的教派在亚洲广泛传播，并随之带去了他们所特有的拜占庭复兴的艺术原则和艺术元素。在他们看来，圣母玛丽亚只是基督的母亲，而非上帝的母亲。他们认为耶稣和基督是两种性质的；一个是神，另一个是人。这一异教的艺术作品的倾向是赞美上帝，不是通过表现他所存在的躯体，而是通过表现他的事迹（works）。阿拉伯人借用了景教徒带入的艺术，并将其教义进一步发展，他们主张任何活着的生物都不应该在雕刻或绘画中被形象描画。艺术因而受到局限，被迫在植物的形式、有机物体或者几何组合中寻找它的装饰题材。因此，在阿拉伯人中对几何学的研究不仅在建筑结构中，而且在它的装饰中，成为最主要的元素。因而，被景教徒移植的希腊艺术，在形式上渐渐远离了古希腊艺术，在艺术的原则上也是如此。

1 例如威尼斯小广场一侧圣马可教堂外的两根壁柱，传统认为它们是从圣尚阿卡移过来的。这些壁柱属于早期拜占庭时代：它们表面装饰有花环。

因此，在查理大帝时代，当西方开始培养艺术时，出现了可以从中选择需要的元素的三种原则。在它之中，有着罗马艺术的遗迹；它从拜占庭艺术中借鉴一切可借鉴的东西，并在与西班牙、叙利亚以及非洲海岸临近的范围内被阿拉伯艺术影响。

由于它的古代传统，在上文中我已经谈到，高卢[1]在本质特征上，几乎没有拉丁化。它被拜占庭的艺术吸引，并使自己接近阿拉伯人的数学研究。早在10世纪，它的建筑就已经表现出超越了可支配的实践手段的倾向。野蛮在过程中仍然有迹可循，但它不再存在于观念中。我们可以察觉到非常进步的艺术家的努力，但他们的努力只有粗糙拙劣的工匠辅助。原则已经发展出来了，它们与希腊建筑的古典原则以及帝国时期罗马建筑的原则完全不同。因此，希腊人在竖直的支点上只采用过梁。拱券支配了罗马人的结构，柱式独立于这一结构。拜占庭人更进了一步；他们在他们的拱券建筑中努力赋予柱式或者说柱子以真实的用途；然而对他们来说，柱子仍然是附属物——在一个总体上说仍是罗马式的结构中，作为屏墙上的支撑。西方人，在罗马风建筑发展之初，就使柱子成为他们建筑结构的组成部分——一个不可缺少的组成部分；但接着，他们被迫不再尊重古典柱式的比例。他们不再将柱子作为除了垂直支撑之外的东西，他们可以根据其功能可以赋予它若干不确定的模数。这是对古典模式的背离；但世界上难道只有一种模式，我们一旦背离它，就会遭到陷入野蛮的批评？

1–228

1–229

我们已经知道罗马人是如何在多层建筑中重复使用柱子的，以及这样的话，如果柱子承担扶壁的功能，这一加固是如何因悬挑的柱顶板的重量导致失效的。早在10世纪（甚至可能更早），我们见到西方建筑师取消了罗马人设置的叠加的柱式，及两根、三根或四根柱子叠放时中间的柱顶板，形成只有在建筑顶端一个柱头和一个柱顶板的一叠支柱或一根柱子或圆柱形的扶壁的结构。当建筑是多层的时候，柱子间的束带层（string-course）会说明层的关系；束带层从地面开始，在各层不固定地延长或者后退（图6–17）。[2]这样，出现了新的原则，是合理推理的结果。我们已经知道在古希腊人中，当两种柱式叠加的时候，上层柱式是如何只作为下层柱子的延伸的；例如帕埃斯图姆的海神庙，以及艾琉西斯的席瑞斯神庙等（图6–18）。希腊人因而已经认识到两种柱式叠加的时候应该形成一个整体；它们之间应该有一个完美的连接；它们应该是且看起来是同一个建筑的两层，而不是两座叠加的建筑。

1　如果我是在向我们莱茵河对岸的邻居夸大高卢的重要性的话，那是因为我渴望溯源这一西方的民族——只要资料允许——他们似乎在很遥远的古代就已经表现出显著的民族特性。塔西陀（Tacitus）在他的著作日耳曼尼亚志（*De Moribus Germanorum*）的第二十七章中这样说道：——“权威的尤利乌斯·恺撒（*Julius Cæsar*）说，高卢人起初比日耳曼人更强大（*Validiores olim gallorvm resfuisse, summus autorum, C. Julius tradti*）；”我们可以就此推断，高卢曾经进入过日耳曼。当然，日耳曼人也因此大大地获得了补偿。

2　兰斯圣雷米教堂的古代部分。

图 6-17 作为扶壁的柱子，圣雷米教堂（Church of St.Remy），兰斯

罗马风时期的建筑师们并不熟悉古希腊建筑；他们只熟悉罗马或者拜占庭艺术；但从他们对自身的了解出发，他们像希腊人一样推理，并且不愿意让多层建筑冒充两座、三座或四座建筑，仿佛一层叠在另外一层上面的样子。他们因而放弃了罗马柱式；但他们的推理是正确的。因此，整个问题就自然分解为：由于正确推理得来的结论是否在价值上（value）与停留在错误推理基础上的设计相匹配。在遗迹尚存的古代艺术的帮助下，借鉴拜占庭艺术，西方民族创造了他们自己的原则；在罗马风时期，如果他们对于形式的选择还有不确定的话，他们对于从愈加严格的推理过程中得出的原则也从不优柔寡断。对于野蛮人来说，这是一个不错的开始。

1-230

西方的建筑师不再能够以大尺度的材料建造，他们既没有运输方法也没

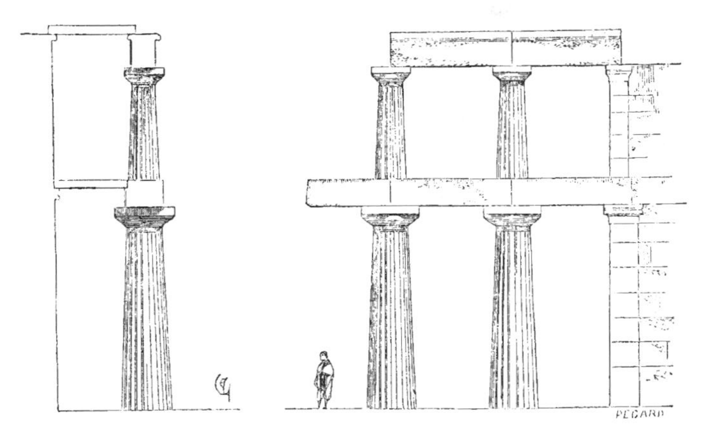

图 6-18　叠加柱式的案例，席瑞斯神庙，艾琉西斯

有提升材料的方法。此外，罗马人将他们的由小块碎石和砖建造的巨大建筑遗留给他们；但我们已经知道罗马结构只是光光的躯体，之后以大理石、灰泥或者加工过的石材装饰其外表，并饰以整料的柱子。罗马风建筑师决定诚实地放弃躯体与外衣的区别。结构体本身就成为建筑；这一结构体的必须组成部分支配了建筑的形式。例如，罗马风建筑师打算建造一个巴西利卡式有两边侧廊的中殿；他不能竖起单块石材的柱子承托中殿的墙体，于是他并不打算费力地赋予这些不得不降低高度的柱子以罗马柱的比例。他将制造粗矮厚重的方柱或圆柱（图 6-19）[1]；或者如果他希望掩饰这些支柱的沉重外表，他会制造束柱（图 6-20）。[2] 但他很快就会打算在侧廊上使用拱券，而在中殿上保留木屋顶。他明白侧边的拱券会将柱子向内推；这些柱子因此必须非常牢固。 1-231

图 6-19　罗马风中殿拱廊

1　维尼奥里的教堂，博韦的圣艾蒂安教堂（Church of St. Etienne），Turnus 的教堂等。

2　10 世纪兰斯的圣雷米教堂中殿的柱子。

图 6–20　罗马风束柱

接着（图 6–21）他用一根方柱与柱 A 结合，承托侧廊拱券的十字拱，同样高度的两根柱 B 承托支撑纵墙的拱门装饰（archivolts）；接着，从地面到墙顶的第四根柱子 C，作为室内的扶壁，并承托屋顶椽木。他仍然在精确地推理，尽管他没有理会古典柱式的比例。同时，他成功地复制了罗马及拜占庭柱头或者拜占庭装饰物组成的柱头。

罗马风建筑师丢失了罗马灰泥的优秀传统，灰泥能使建造者做出像混凝土一样的石头；他们不知道如何制作水硬性石灰（hydraulic limes），而且他们建造的地点一般在远离能够提供良好沙粒的河道的山丘上；他们觉得不能

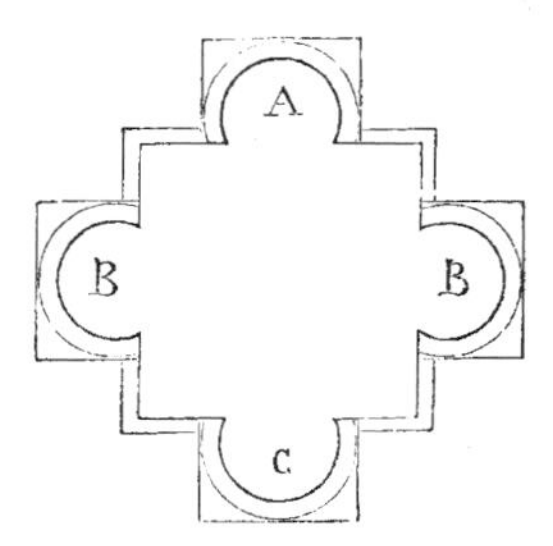

图 6-21 罗马风中殿支墩断面

依靠他们所使用的劣等灰泥的黏结力；他们通过可以根据条件需要调整刚性或柔性的石工，补偿了由于材料来源的限制而带来的缺陷。举一个因此而产生差别的案例：——罗马人对于在两个拱背在起拱点处连接的拱券之间建造 1-232 一堵墙体没有丝毫犹豫，（图 6-22）因为尽管基部是倾斜的，ABC 的结合由 1-233

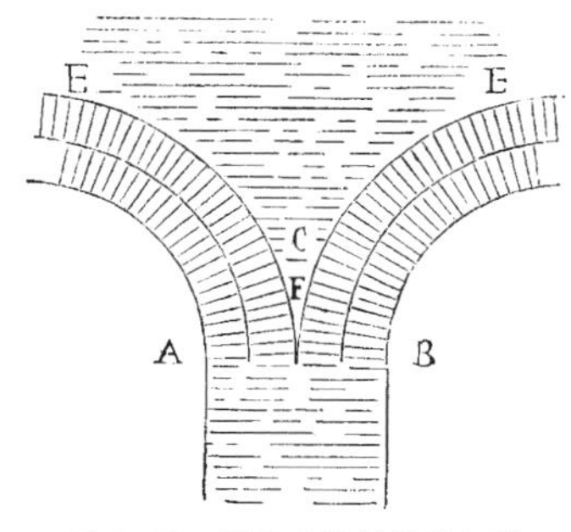

图 6-22 罗马支墩的拱券起拱

于灰泥的完美黏结形成了一个紧实的体量；但如果灰泥的黏结力没有那么好，墙体将会在拱背 EF 处产生滑移，只能支撑在 F 处的锐角上。因此，罗马风建筑师设计了我刚才所描述的柱子，（图 6-23）将两个拱券 A 放在两个延展的柱头 B 上，他在两个拱券的拱背之间留下了完整的 C 部分，他通过嵌入壁柱加强 C。通过这样的方式，拱券独立于水平的底座平面上升起来的支墩。或许有人反对，这不是一座建筑只是一种结构：事实上，在艺术中我们已经进入了结构和建筑不可分别看待的阶段；建筑是一座以满足材料要求的方式组合起来的结构体，同时它通过与所需的形式和尺度相协调的材料的均衡组装，必要地愉悦了视觉。当西方人的天赋服从于这一原则时，它表明了它真正的倾向与它本质上的优秀；从这时起，它从早先的艺术流派借鉴的东西越来越少，它自己发展出一切；——建造系统、总体布局、比例的和谐、线脚、雕刻或 1-234 绘画装饰、建筑雕塑。我当然不是将这一独立作为对中世纪大师们的责备。

在我看来，对于任何民族都可以这样说："让我看看它的建筑，我就能够领会到它真实的优点。"直到最近，在民族的独有天赋与他们的建筑之间，存在着如此紧密的关系，以至于这些民族的知识与道德的历史，可以从他们建

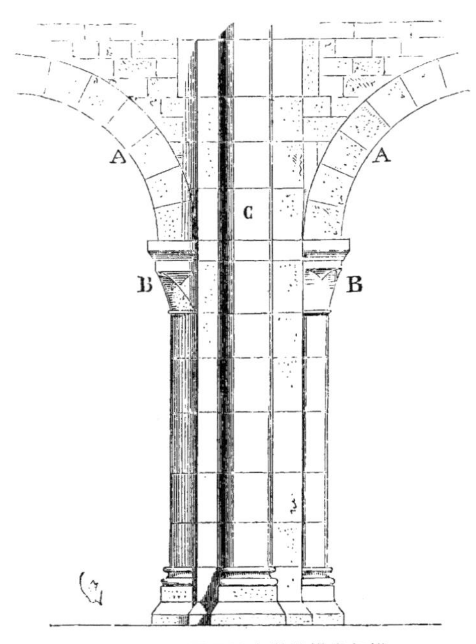

图 6–23 罗马风支墩的拱券起拱

筑的研究中推导出来；在本讲义中，我给自己规定永远不要在举出其所依赖的事实之前提出观点，我被允许证明这一主张是正确的。我们已经知道，古希腊与古罗马艺术是如此忠实地反映了各自民族的天赋。在蛮族忙于暴力冲突的时候，西方的传统丧失了他们的特性；但我们没有发现这些蛮族贡献出任何新的美学元素。然而，当动乱的暴力平息之后，民族性逐渐重新获得一致；在战乱后，他们固有的性格特征重申了他们的主张；这时候，建筑学开始在他们之中发展。在高卢，僧侣们致力于这项艺术，并为其打上他们自己的烙印。但 11 世纪时，僧侣们并非如他们后来那样——在一个规则的社会组织中自己形成独立的团体，在赐予他们或他们逐渐得来的土地上过着豪华且无价值的生活。相反，那一时代的修道院是庇护所，厌恶政治混乱并希望从其中逃离，躲避暴政，并在其中寻求心灵的稳定与安宁的人们可以寻求庇护；从混乱和陋习流行于社会各个阶层的世界中隐退。那一时代修道院的成员都是渴望逃离野蛮的人们；因此，它们对高贵富裕的阶层和身份卑微的阶层都有吸引力。在一个无法自我管制的社会中，这些人们组成了一个有规则的政府；在官方的任何准则或纪律都被漠视的时代，这样的机构是有用的，甚至必要的，而这些准则或纪律在秩序井然管制良好的社会中将是不公正甚至危险的。这些组合起来的团体，将古代建筑的遗物收集起来，使他们自己与遥远的民族产生交流，从那些保存了文明的优点的东西中获得启发，并将其带给仍身陷黑暗的文明。

1–235

我们发现他们的建筑与他们的角色一致。在不到一个世纪的时间里——10—11 世纪之间——它已经能胜任这一角色——它有着质朴的原则和方法，但它是克吕尼改革时期，志在统治世界的人们宏大抱负的象征。罗马风修道院建筑通过在最简陋的小教堂中——在克吕尼巨大壮丽的巴西利卡和在不毛之地的小修道院中一样坚定地——保持它的特征，证明了自己是一种独特且诚实的艺术；能够以同样的方法创造出尺度最宏大和最谦卑的建筑物的一种建筑风格；一种以小的组合为特征的建筑——在这一方面类似它所源自的宗教团体。同时，封建堡垒保存了古代罗马建筑的传统，因为它是以同样的方式建造的，即通过强制的劳动力或者征用完成。甚至早在 11 世纪末，我们发现那时处在权利顶端的僧侣，放纵着表现的野心；追求着奢华，尽管没有改变他们的建筑方式。他们巨大的建筑物常常是匆忙且草率地完成的；而世俗的贵族——到那一时代还没有着力显示他们的财富，只想到用高墙保护他们自己——追求建造的坚固，且没有被修道院喜好的奢华所引诱。圣伯纳德(Saint Bernard)，察觉到危险，着手开始熙笃（Citeaux）改革；这一运动对修道院的建筑立刻产生了影响。当我们在 12 世纪的克吕尼罗马风外形的简洁朴素中发现对奢华效果的明显爱好、对形式的迷恋、雕刻的精雅，伴随着技巧本质的退化时，相反，我们在熙笃会（Cistercian）中观察到严苛规则的痕迹；在他们的建造方式中，我们看到小心、规矩、严格的原则——没有多余的东西，只有对材料需求的满足，只有那些以修行为目标的教士们的严格规定。熙笃会建筑的遗存只有建筑物本身，但建造精良且坚固；它们在这一特点上可以一眼就辨别出来。在罗马风时期，我们观察到各式各样独特的建筑表现，就像在那一时代的政治生活中，我们发现不同的团体同时活跃着，但并不存在一个民族统一体。有道明会教派(Black Friars)的建筑，加尔默罗教派(White Friars) 的建筑以及封建领主的建筑；但没有这一时代独特的一种建筑，因为并不存在民族统一体；但每一建筑体系都是它们所源自其中的习俗、品味、习惯和倾向的表达。

1-236

直到 12 世纪末，作为获得公社选举权的努力、学术讨论、古代哲学研究以及国王权力扩大的结果，民族性的精神才开始显现。百科全书精神和精密科学的运用引起了开明人士的注意；僧侣的影响因而从艺术史中永远地消失了。建筑落入了世俗人的手中；几年之内，它在结构和材料方面甚至在雕塑方面都抛弃了罗马风的传统——拒绝属于拜占庭艺术和古代艺术的内容：装饰主题的来源总是一成不变的田野和树林中的植物。在雕塑方面，它强调模仿自然，放弃那些原先的宗教派别们小心翼翼地维护着的源自东方的僧侣人物。接着，在国王统治下的所有城市中，形成了真正民族性的艺术家核心，他们的竞争带来了新艺术如此迅猛的发展，以至于同时代的人们就能目睹它的诞生和成熟。13 世纪初的建筑学是那一时代民族思想的最纯粹最准确的反映。政治统一和联盟的渴望、学术研究、知识获取和将之立刻运用于实践的趋向以及对宗教组织的反对，都在建筑学中清晰地表达了出来：人们在每

1-237

一个出现的问题上仔细推理；他们检视一切；他们对科学进步有着坚定的信念，并在他们短暂的生涯的每一天中都表现出无畏的勇敢。在这一普遍的运动中，个性很快消失不见，建筑套上了科学的外衣。我们不要忘记，那时的建筑学是由属于平民大众的世俗人物们来培育的，他们之下有工匠行会。似乎在权力中互相争斗的社会中等阶层，认识到联合和在适当的原则基础上自我组织的必要性，这些原则可以使之脱离过去，并走上全新的道路。艺术家和工匠的阶层，无法要求政治权力，也不指望与封建贵族的权力竞争，他们通过工作争取选举权（enfranchisement）；他们使建筑成为一种共济组织（freemasonry），要加入其中入会资格是必需的——但入会常常变得更加困难的：这一中层阶级认为他们并不占有有利的物质资源——艺术的研究与实践可以获得精深上的独立：他们热切地献身于这一研究；为了成为这一艺术的大师，为了使世俗与宗教贵族的艺术需求被行会垄断，他们把技巧方式搞得复杂而微妙。认为13世纪的建筑艺术——哥特式建筑——是一种与当时社会状态没有紧密关联的艺术，是对那一时代民族精神的完全误解。因为，这种建筑的崛起是古代高卢精神的苏醒：一种以激昂的热情追寻思想的精神；它以独立为目标，暗暗地集中必要的力量来获得独立；它从容且坚定地等待着机会——尽管对于它的轻率有诸多微词——它通过各种可能的方式开辟出通往光明和自由的道路。哥特建筑，在其开始阶段是对修道院影响的反抗；它是第一个也是最有力的对传统在知识、事实的检验和调查方面的反抗。它的纪念物，建造的原则是全新的，装饰元素也不再是传统的——伫立在我们面前；它们的石头会告诉我们一切；它们并未表现出美术研究会（*Academie des Beaux Arts*）最近所宣扬的"苦难"（suffering），而恰恰相反，通过劳动获得一席之地——一种智慧的成功，它感觉到自己的能量，它是有效的，它嘲讽地在向没有眼力且平庸的导师们隐藏它的秘密的同时，维护自身的独立，它清楚地知道有一天会轮到它成为统治性的力量。这一艺术以难以置信的速度发展，并在半个世纪之内从开端发展到顶峰，一旦确立了优势，它就夸大了自身原则的表现；它严格地遵循了最终导致滥用的逻辑过程：但从13—15世纪，它从未偏离过开始的路线；它使它的实践达到完美的程度，任何时代的任何艺术都从未取得过这样的成就：它在结构上形成了一种准则；在装饰上，形成了对自然的谦卑且非常怪异的模仿：它将现实主义改变为在雕塑中采用丑陋的东西——研究丑陋——作为人性的表达。然而他们的技巧并未像在罗马艺术中那样衰落：存在着夸张和滥用，但并无衰落。所以，当16世纪出现模仿古典建筑的回归时，人们仍能发现技艺娴熟的工匠、有能力的受到良好教育的建筑师，精通于他们的艺术的所有源头。

1–238

但在13—15世纪之间的意大利，我们可以观察到什么情况呢？首先是优柔寡断；一种或多种艺术正在进行它们初步的尝试，受到多种影响的支配；没有固定的原则，结构与装饰之间没有任何联系；对外观奢华的追求加上标志着衰退的野蛮技艺；我们不再能发现古代的雕塑和类似法国的对本土花卉的自由的模仿；它是一种处于罗马拜占庭传统和北方艺术的影响之间被剥夺了风格或特征的折中。我们只在15世纪初的意大利发现了建筑师——不是建筑学。似乎从这一国家从罗马帝国分裂出来的那一天起，它就成为瓦解崩溃的十足典型。我们看到城市之间争夺土地；在美学方面也有着类似的隔离——我们能够找到艺术家，但找不到艺术的原则；个性有时是卓越的，但它们也只是个体：因此，中世纪意大利建筑艺术的研究只是传记而非历史，且不能带来任何有益的教导。中世纪的意大利人，如同他们未能建立起一个民族国家一样，未能创造一种艺术，因此他们很自然地回归到对罗马艺术的模仿；这一运动发生在法国出现相应的复兴之前的一个世纪，并且本质上只是一种个别的行为而非普遍的运动。如果意大利文艺复兴是研究课题的话，那么吸引我们注意的应该是什么呢？会是伯鲁乃列斯基（Brunelleschi）、米开罗佐（Michelozzo）、L.巴蒂斯塔·阿尔伯蒂（L. Batista Alberti）、伯拉孟特（Bramante）、巴尔达萨雷·佩鲁齐（Baldassare Peruzzi）还是桑索维诺（Sansovino）？这些大师的作品，无论它们本身有怎样的价值，也仍然是个人的作品，相互之间并无关联——我们在一个国家的艺术作品中乐于见到的一种源流关系（filiation）；法国16世纪在从加伦河到英吉利海峡之间特征鲜明的关联。然而，在15世纪意大利大师们的影响下，我们发现年轻的法国贵族，从查理八世和路易十二时代的战争中摆脱后，致力于建造意大利式的宫殿。接着你会发现法国艺术家根深蒂固的恶习一览无遗地表现出来——高卢人对于高卢传统是如此忠诚。

1-239

从13世纪到15世纪初，建筑学是一门非常完整且连续（connected）的艺术，完全地从属于一个团体（a corporate body）的控制，以至于外界影响无法干扰它：牧师建造教堂，或俗世的贵族建造宫殿或城堡，或富裕的中产阶级建造他们的住宅，都无法让艺术听命于他们的幻想；艺术是绝对独立的：艺术是一种需要时可以依靠的力量，但没有人能控制它的方向；它自由地行动并自我控制：实际上，那一时代的建筑师形成了一个团体，在艺术领域内拥有特权和无人妨碍的特权。此外，中世纪，每个人都保持在自己的领域内；牧师努力维持并扩大自己的权利；世俗的封建领地保护自己不受皇权的侵入，并常常与教权的封建领地和城市城镇的居民发生战争；而王族则专心于努力扩张它的政治权力。但牧师信徒或者国王都没有打算去干预艺术；因此，他们既没有察觉也不会害怕这一正通过每日的努力不断提高自己的新生的独立力量。他们发现了艺术家和手工匠人，但并未支配他们。在15世纪末，从意大利回归的贵族们，以对艺术的鉴赏力为傲：他们使之成为一个研究课题，对意大利作品的激情导致了此后对艺术产生强烈伤害的业余爱好者团体(body

1-240

of amateurs）的形成。在他们回归后，法国贵族希望用外国样式的豪华公寓代替他们古老的城堡和庄园住宅；并梦想着有门廊、柱廊、长廊和对称的立面。因此，原先的高卢艺术家们耗尽了哥特艺术的原则可以为他们提供的所有资源，接受了他们的客户的新口味。13 世纪的美学进程中，唯有艺术家自己是道路的引导者；而到了 16 世纪，他们接受了强加于他们的艺术风格。他们本质上保留了民族的精神，但仅采用一种外来的外观；他们建造的建筑在总体布局和结构上仍然是哥特式的；但为了讨好他们的雇主，他们让旧身体穿上从意大利文艺复兴借来的片段组成的新外衣。由于有古典柱式的需求，他们几乎就把它们作为单纯的装饰来使用；本土的花卉纹样被阿拉伯花饰代替，棱柱的轮廓被意大利式的线脚代替。朱庇特、维纳斯和黛安娜，以及仙女和人身鱼尾的海神（Tritons），被身着当时服装的天使、圣徒和名人代替。城堡和庄园的主人非常高兴；当时几乎不比信仰黛安娜和墨丘利（Mercury）更信仰天使和圣徒的艺术家们，也并未对摆脱哥特艺术破旧的外衣感到不满，就形式而言，其破旧的外表已经达到了可能的最后极限。但艺术的原则——作为多个世纪经验总结的那些方法——并未改变；准备迎合将破旧的哥特装饰换上外国进口服装时尚的建筑师们，并未从意大利人那里借来建造方法或者平面的总体安排。他们继续绘制哥特平面，并像他们的前辈们那样建造，为建筑覆盖上高耸的屋顶，为它们冠上显眼的烟囱筒身（chimney shafts），建造低矮的门廊以遮蔽雨水，建造有竖框的窗户、狭窄但数目众多的楼梯，为大型聚会建造充满光线的大厅，为日常使用建造小的房间；对对称丝毫不在意，在主体建筑侧面加上塔楼或侧翼，为防御作准备，根据需要将建筑的各个部分分离，为了采光的目的使窗和房间大小成比例。同时，贵族的业余爱好者们大声赞许，因为他们在他们的宫殿立面上看到了意大利柱子和门廊，阿拉伯花饰和女像柱；每个人都说——从那以后不停地被愚蠢地重复——这些建筑是乔孔达们（the Jocondes）、罗索们（the Rossos）、普列马提乔们（the Primaticcios）和塞利奥们（Serlios）的作品！

1-241

值得注意的是，大部分艺术家加入了改革党（the party of the Reformation），当它在法国开始产生影响时。在它所有的荣耀中，16 世纪在法国是一个拖延的有时悲惨的神秘化的时期。我们互相欺骗；每个人都炫耀着与他真实的想法或爱好相对的观点。尽管宗教问题是内战的原因，旧教徒（Catholics）和改革者（Reformers）都是人类的怀疑论者。改革在上层阶级中找到它主要的主持者，他们在社会革命中一切都可失去，并且并不将改革施加于自己的精神。普通民众则是宗教传统的狂热支持者，尽管他们在变革中无所失去并可得到一切；他们混淆了共和情绪与对基督教传统的保卫以及对残暴的天主教国王的忠诚。王族在这一尤其需要能量的时刻是衰弱且犹疑的。成功地恢复了秩序的亨利四世是其中最善于创造且最精明的神秘者。那一时代的艺术是混乱思潮的最忠实的形象表达。我们看到的这种混乱，是原则与外表间统一与和谐的缺乏，以及对细节重要性的过分夸大；工艺常常被疏忽，且总是做作、沉闷且犹疑的。一些卓越的个体从这种混乱中产生，但他们没有留下任何痕迹。他们是乍现的灵光，但并非可以普照大地的光芒。这一时代的初期是如此辉煌，然而却在毁灭中落幕。同时，市民精神出现，政治责任的意识开始发展，开始了朝向民族统一体的努力。17 世纪开始，我们看到艺术领域发生了一次革命：对意大利迷恋的魔咒被打破。在法国土地上出现了市民用途的有着新的特征的建筑；我们不再看到对文艺复兴错乱的迷恋或困惑，也不再看到哥特传统；不过古老的高卢精神以它所有的能量重新显现。这一时期的建筑是理性的，并且摆脱了多余的装饰；它是严肃的，结构上是经过精心研究的，并精确地适合于需求。带着某种清教徒式的矫情，它只采用那些绝对必要的方法，没有卖弄炫耀；在保持了庄严的自如的同时，建筑被清晰地甚至招摇地呈现出来。其目的是它应该被看到并被欣赏；牢固性被强调，但不会丑陋笨拙：我们拥有理性者的建筑学，摆脱了幻想，知识渊博，喜爱华美但不卖弄，舒适而不柔弱——正在重新获得早前时代失去并仍在面临失去的独立性。 1–242

亨利四世时代末到路易十四时代之间的建筑，仍可以被称为法国建筑；仅次于 12、13 和 14 世纪的建筑，它是最值得这一称号的建筑。重温路易十三时代的城堡或庄园，我们似乎就生活在居住在其中的人们中间。这些建筑是适合那一时代社会生活的——在知识和艺术史的发展中给人留下最后的深刻印象的建筑——以其所拥有的稳固且独立的特征和最活跃且优雅的精神，以及对我们国家来说非常珍贵的令人愉快的嘲讽（good–humoured irony）而闻名的最后的建筑。路易十四的长期统治下，成功地抑制了法国精神在艺术上的最后努力，尽管并非没有反抗。路易十四对建筑作品很感兴趣；但他对艺术的管理不利于艺术的发展；因为艺术家的精神独立对他们的生命来说是必要的。在他的时代，建筑的好的开明传统丢失了，工艺变得越来越粗糙，石匠们粗制滥造，木匠们丢弃了以智慧和经济的原则加工木材的艺术，雕刻匠人不再拥有他们在 17 世纪初期仍然拥有的强有力的手工、优雅的感觉和对真理的激情；他们沉重的凿子只建造出单调的、没有特点的、夸张却不壮观的作品；旧日的行业公会消失了；法国艺术的特征变成了柔弱。我有时候被指责对路易十四时代的艺术太过严苛，甚至冤枉了它们；尽管这一时代留下了足够的展示其壮丽的遗迹可以挽回一点我对它的尊敬，我仍希望为我的观点辩护。这是因为我认为路易十四是一位伟大的君王，因此我为在他身上找不到推动艺术真正发展的精神而感到遗憾。当一位君主控制自己不干涉艺术问题并让其自由发展时，不能认为他是其统治时期内艺术进步或者衰退的原因；但当一位专制的帝王以在生活的各个领域实施影响作为他的抱负的话—— 1–243

甚至包括他的臣民中的知识分子的作品——我认为，他当然应该为知识分子的衰弱负责；路易十四夺得政权时的建筑艺术比他逝世时更为繁荣，没有人会质疑这一事实。他的建筑师，等同于他的大臣及将军。他开始为他的议会召集诸如科尔贝（Colbert）和卢瓦（Louvois）这样的人，并以沙米亚尔（the Chamillarts）和蓬查特兰（the Ponchartrains）作为结束。他发现德布罗斯(De Brosse)、勒梅西耶（Le Mercier)、布隆代尔（Blondel）和弗朗索瓦·孟莎（François Mansart）在公共工程上值得信赖；他最后将它们托付给佩罗(Perrault）和阿尔杜安·孟莎（Hardoin Mansart）——后者因其叔叔的名字而尊贵，但没有继承他的任何才能。路易十四是如此彻底的法国君王，他非常嫉妒外来的影响，他只通过罗马的媒介来关注艺术，如此的媒介！他有复兴古罗马的野心；但他那善于自我克制、在各种事情上都很中庸、并能正确欣赏什么是恰当和适合的健全思维，在艺术领域内却窒息了法国人民与生俱来的独创性的天赋，尽管他曾巩固了他们的政治统一，并扩展了他们的领土。在16世纪中期以后，法国的艺术毫无疑问遭遇了困惑；它的历史是不断的矛盾（perpetual contradiction)；它迷失了它的方向。在凯瑟琳·德·美第奇（Catherine de Médicis）的统治下，平民和艺术家都讨厌意大利人以及从意大利来的一切;但他们仍旧模仿意大利艺术。在亨利四世和路易十三时期，他们信仰古典时代，但他们的艺术恢复了法国特征。在路易十四时期，国家的思维就是路易十四的思维。这位君王的法国心脏，依旧在王室的胸腔内跳动，但他建造罗马建筑；他坚持在绘画和雕塑中把自己表现为一位罗马皇帝。在路易十五统治下，政治的繁华和艺术一起衰落了。哲学家们以理性的名义辩论，然而艺术从未比这一时代更加漠视理性。在共和国时期，国家精神发展到几近妄想的程度：但我们的国家建筑却被摧毁，我们的建筑不得不从罗马——我们早先征服者的城市——寻找范式。呼喊着“贵族们去死吧”(Death to the aristocrats)！的口号，人们却在竭力复制古典时代贵族文明的建筑。

1-244 我关于艺术问题，我不鼓励孤立的爱国主义。艺术，无论在地球的任何角落发展出来的艺术，都是人类的智慧：我完全赞同艺术没有国界这一原则。但每一民族，或者更准确地说，每一文明的中心（因为政治边界并不总是和典型的民族边界相一致)，如我先前所说的那样，有它自己不容忽视的天赋；正是因为在近3个世纪内，我们常常不能欣赏我们自己的天赋，因此我们的艺术在经过多次变故之后，成为混血儿，并且无法和任何特定的时期或人联系在一起。珍视世界精神——视所有人为兄弟——承认所有的思想是全人类的财富，是应该的；但事实不断地证明法国人的大脑在建造方面与我们的邻居英国人及德国人是不同的。我们应从我们的邻居们的观念中得益，但我们应该坚持某些属于我们自己的观点——这绝非不可能的事情；首先我们应该警惕这样的假设：仅仅因为其他民族正在或已经被赋予了优异的智慧和创造力，我们就绝对不能拥有这样的才能。我并非要来总结现代艺术的特征——尽管它应该成为探究的对象：对于它的未来发展，我们都应该使出全力；我不能承认只要法国仍然存在，艺术就要死亡。活力是潜藏着的；稍许的时间和理性的火花就足以让它苏醒了的能量散发到哪怕是最衰败的角落。

在这一讲中，或许我已经过分关注了古典艺术向现代艺术转变的时代；但不应忘记的是，我们要与之对抗的是根深蒂固的偏见。如果这些偏见只是带来关于某些历史事实的误解——在艺术研究中延续这些排斥性的偏见——我或许不会在拜占庭艺术、西方艺术的原则以及它们的趋向与价值上花费如此多的文字。但在我看来，这些偏见必然带来更严重的困扰；它们带来了对现代西方天性的彻底误解；它们将我们，西方民族中最有艺术能力的人，彻底推向幕后（background）。这是不公正的荒谬的；它让我们无法从我们的前辈的努力中受益，并抵消了多年经验得到的理性且有效的成果。我们的中世纪艺术只有唯一的缺点；发展地过于迅速。1170 年，艺术拥有了它自己的“八九原则”（had its *Eighty-nine*）[1]，那一时代，它从束缚它的自由和民族性的一切中彻底摆脱出来：它重塑传统；它承认渴望自由的原则，当它建立了非常坚决可靠的方法时它发现了新的无限延伸的道路。诞生于封建主义之下——一种与法兰西性格并无紧密关联的制度；诞生于大众之中——人民——它分享了封建制度的命运，并随之衰落，尽管在本质上是与之对抗的。它被卷入中世纪制度的狂风骤雨；但这是这一真正民族的艺术无法恢复它应有地位的原因吗？ 3 个多世纪以来它被误解并遭受中伤是它无法恢复的原因吗，是它的原则——对于我们的时代和国家的精神来说，非常自由且合适——没有被作为今天对我们可能非常有用的元素的原因吗？我们的性格和倾向不总是相同的吗？民族的特性难道会改变吗？日常的经验难道没有证明——或许现在比早前的任何时代都更清晰地证明——征服、制度、政治边界或者外交联合都不能改变地球上各民族的精神吗？ 12—15 世纪的间隙中蓬勃发展的我们的艺术，是属于我们自己的——是我们自己的劳动和天赋的果实；我们可以继续从这些艺术以之为基础的原则中得到有用的成果，今天、明天，甚至只要我们继续做曾经是并仍然是的自己。古代社会的文明消亡，因为他们仅仅是由大师和奴隶组成的。在古代世界，我们没有发现现在所称的国家——国家是在同样精神和思想的团结下行政区的联合体，以及所有成员致力于集体的维护。在古代世界里，我们看到的是神权政治支持下的绝对的君主国家，寡头或贵族的共和国，以及一个粗鲁未开化的平民——社会中仅有的底层——奴隶群体。所有的灵感，所有的智力运动，所有的庄严和独立的感觉都来自于社会上层。我们的社会并不如此：国家通过自身的努力已经形成，尽管强

1–245

1 “八九原则”指 1789 年的《人权宣言》，宣布自由、财产、安全和反抗压迫是天赋不可剥夺的人权，作者用在此处，代指艺术拥有自由。——中译者注

加于它的制度是征服的结果；它通过内在的能量自我成长；甚至直至今日，很大程度上，它常常违背最有技巧最有经验的计划，背道而驰。了解它的天赋和天性的人是欣慰的，且敢于相信它的天赋。封建制度，俗界的或神权的，与国家的性质是不同的——它不是国家的；它既不知道也没有见到人民正在进行的努力；封建权力利用这些努力，但并未指导或者束缚它们；或者，如果它偶尔认为对它们的控制应列入行政范围内，因为它不清楚正在发生着的进步的话，它的努力总是来得太晚。我们的整个艺术史就是例证；我们还能看到尽管遭受了三个世纪的压制，是什么使它们不至于消亡。反抗（Reaction）是条件成熟的；我们拥有所有有利于其发展的元素；在最近的25—30年中，我们的技工和匠人们表现出竭力复兴民族艺术的渴望。在我们的时代，和早前所有时代一样，运动是从下层展开的；正是在作坊和工作室中进行着这些努力：12世纪的世俗工匠的古老精神逐渐苏醒，在法国最卑微的工人也在理性地思考并希望理解他所做的东西；他在作品中感觉到一种激情，从这些作品的总体安排与细部设置中他都可以察觉到逻辑的连贯。事实上，我们的工匠和我们的士兵是一样的：两个阶级越热情地奉献自己，就越清楚地理解他们奉献的目的，他们的目的就越崇高。我们以后会有机会欣赏这一事实的价值、描述我们所掌握的要素的重要性、研究利用它们的方法；因为我们的时代还没有耗尽它所有的创造力。

1-246

第七讲　中世纪西方建筑的法则

1-247

长久以来，人们研究古代建筑都未曾考虑过形体的色彩产生的效果，无论这色彩是来自马赛克饰面，大理石饰面，还是来自灰泥饰面上的绘画。东方人，希腊人，甚至罗马人都坚持一个原则，就是建筑物的结构材料不能直接裸露在外，而应当是看不见的。希腊人用白色大理石这种漂亮的材料时会给它着色。无论多么轻微的着色（尽管正相反，一切都让我们相信古人用色强烈而鲜艳），都是把真实的材料隐藏在独立于该材料的“挂毯”之下。我并不认为希腊人的艺术作品创作采用了不当的原则。如果觉得他们的做法非常奇怪，觉得看不习惯，我倒宁愿相信是我们的鉴赏力有待提高，而不是这些艺术大师们有什么错。

考古学家和艺术家早已表明，希腊所有的纪念物内外都会着色，尽管人们觉得不可置信。如果石头的肌理很粗糙，会先涂上一层薄薄的灰泥；如果用大理石做建筑物的材料，就会直接在表面着色。根据这一不争的事实，我们可以推测，希腊人认为形式本身不能达到足够的建筑效果，而需要不同的色彩加以完善、辅助、修饰。就艺术层面而言，无须更多的经验来证实色彩对形式，甚至对比例所产生的影响。举例来说，如果我们把一座希腊神庙的柱间墙和内殿墙面涂成黑色，和把柱间墙和内殿墙面涂成白色，檐口、三陇板、楣梁、柱子涂成黑色（图 7–1），所有尺度比例都相同，效果会很不一样。第一种着色方法会增宽柱式，突出楣梁、三陇板和檐口；第二种方法，如 B 所示，

1-248

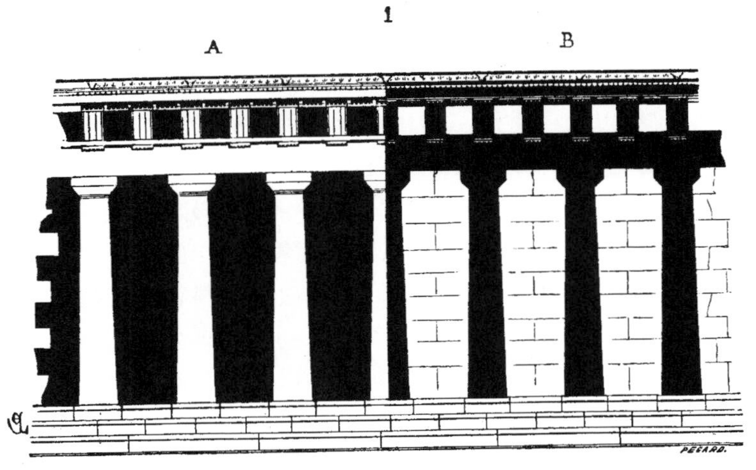

图 7–1　同比例的着色效果

会使柱子看起来更细长、更高挑，而柱顶盘则显得没那么重要。故而，着色对建筑的效果影响很大。今天，如果不考虑着色，就不能对古希腊建筑形成正确的评价。一种在我们看来很沉重的柱式可以显得很纤细，另一种比例精巧的柱式也可以看起来稳重而坚固。

希腊人感觉如此敏锐，绝不可能不知道建筑中这一法则所带来的好处，也不会意识不到借助色彩变化赋予形式不同意义在视觉上如此有效的方法。我们被植根于内心深处的先入之见影响着、支配着，拒绝认识这些严格遵循自然法则的事实。在雕刻和建筑艺术中，我们早已习惯把形式产生的效果视为唯一合理正当的效果，好像一件浮雕作品无须着色似的。这种观点是基于什么呢？我会试着给出原因。这个问题很有意思，因为此种观点源于一些新法则，而这些法则的重要性还没有被充分认识。这里，又出现了一种在我们这个时代会让艺术走向迷途的矛盾观点。尽管古人总是承认色彩是一种有效方式，一些执着的古典建筑追随者坚信，色彩不是形式塑造的辅助。因为不愿意承认色彩在建筑中的作用，他们过度强调中世纪建筑师们赋予结构以前所未有的重要性。把我的意思表达得更清楚一点，这就像是有人说："我只认可古典时期的建筑风格，不过我觉得不应该使用古代建筑师们使用过的、对建筑物合适有效的技巧；我觉得可以不接受中世纪的建筑方法，但那些方法产生的结果对我们的建筑有举足轻重的影响。"

1-249

亚洲人给建筑着色。

埃及人给建筑着色。

希腊人给建筑着色。

罗马人给建筑着色，或是直接涂绘，或是运用不同颜色的材料。

阿拉伯人给建筑着色。

拜占庭和西罗马时期，人们继续给建筑着色。

在被称为哥特的时期，受传统影响，人们也给建筑着色。然而，在这个时期，由于一些重要的建筑师提出要改良建筑结构，建筑着色渐渐被废弃，以使建筑中复杂、精巧的组合显而易见。着色不再和建筑有关，只用在一些特殊情况。

古代所有民族以及中世纪早期，直到以色彩提升形式效果后，建筑物才算完工。而 13 世纪以后的法国，建筑可以不用这一工序。建筑只是结构组合，几何学从绘画色彩手中夺过了胜利的棕榈叶；着色被认为是一种奢侈，一种华丽的附加物，一种装饰；建筑不再需要。建筑和绘画根本上是联系在一起的，却不断走向分离；直到最后，我们发现白色涂料粉刷的墙上挂着几幅绘画；画家和建筑师都不曾料见——前者没想到他的画会挂在这样一幢建筑物上，后者没料到他的建筑物会接纳这样一幅画。

1-250

我们早已忘记没有和谐，就没有艺术。建筑师应该同时也是一位画家，一位雕刻家，这样，集这两种艺术于一身，他便能领会从这两种艺术中获得的好处。另一方面，画家和雕刻家应该对建筑效果够敏感，这样便不会不屑于为提升效果做贡献。然而，现在实际情况并非如此：建筑师竖起大楼，给他的大楼合适的形式；建筑完工后，交给画家。后者的主要任务是集中注意力画画，几乎不关心总体效果——可能建筑师自己也不曾考虑过这一点。雕塑在工作室中进行，浮雕、塑像某一天都会安放到建筑里。建筑师、画家、雕刻家或许都在各自的领域展现了非同一般的才能，然而，最后作为整体存在的作品却显得很一般：雕塑和建筑不成比例，让想要休息的眼睛感到烦乱；绘画或是“压倒了”建筑，或是显得和它毫无关联；我们希望轻松的地方它沉重，我们希望严肃的地方它俗艳。这三种艺术相互冲突，而不是相互辅助。建筑师、画家、雕刻家很自然地把整体的不成功怪罪于彼此。我们不太清楚古典时期和中世纪时期建筑师、雕刻家和画家三者之间的关系，但是，从现存历史遗迹的外观来看，我们可以肯定三者之间是有联系的，而且联系得直接、连续、紧密。我不相信这种联系会让艺术家们变得更差，艺术作品一定会获益于此。在 17 世纪，仍有这种联系的痕迹，至少在宫殿的内部是这样：卢浮宫的阿波罗长廊，兰伯特大厦（Hôtel Lambert）长廊，甚至凡尔赛宫的大理石长廊，都给我们提供了显示三种艺术间的和谐的最后范例。三种艺术齐头并进，才能产生异乎寻常的效果。当建筑在学派的偏见中闭关自守，画家生产图画但不绘画，雕塑家立像装饰却不是进行雕刻艺术，这种弥足珍贵的结合被打破了。业余博物馆和长廊里装得满满当当，公共建筑上原本适当的装饰被去掉；人们认为建筑只能用冷冷的、赤裸裸的白色石头；不肯住在未贴华丽墙纸的公寓的人们拒绝在为上帝而建的庙宇或宫殿的大厅里涂上任何颜色。进而，由于艺术应当被鼓励这一观念十分盛行，画家们受委托作画，然后，这些画被挂在建筑物里，而画家们之前从未见过这些建筑，不知道内部的尺度，也不知道光照的方向。雕刻家则被委托雕刻塑像，他们倒是有这个能力；不过，他们对于塑像将被放在什么地方毫无概念。因此，我们不能称自己是有艺术感受力的人，因为我们不再相信各种艺术之间和谐的必要性，这种和谐的本质就是要各种艺术协调一致地向前进。在所有艺术的黄金时期，雕刻和绘画都是装饰建筑的衣衫，一件量身定制的衣衫，不能过于随意。为了保留建筑已有的对其他艺术的权威地位，首要的事情是建筑必须尊重自身，让自己配得上那件曾经被认为是与建筑不可分割的“装饰的衣衫”。

1–251

今天，我们看到的古迹都是些废墟，留着野蛮、残暴、荒芜的印记。这些废墟常被灰尘和泥土掩埋，四周是些没了形的残骸。然而，在这些美丽的建筑结构刚竖立起来时，古人对建筑的周围环境可不是无所谓的。他们精心挑选位置，小心翼翼地让马路到圣所慢慢、有技巧地过渡；在雅典和罗马，庙宇和宫殿从不会像我们现在大多数公共建筑那样从大街上拔地而起。建筑物外部的那种着色在我们看来会很可笑（就像一个人在大街上穿了一套耀眼的唱戏服)，在古代却是一个很重要的建筑元素，因为它能小心地保护建筑避免任何伤害，并且建筑所处的地点与周围的环境为其作了应有的铺垫。我们发现这种对艺术作品的尊重在东方格外普遍。一座塔从底座到塔顶都要涂上鲜艳的颜色，镶嵌装饰物；倘若要穿过一系列尺度越来越小但越来越华丽的殿庭——铺以大理石地面，并设置灌木和喷泉——才能到达这座塔，塔身会上彩釉。如果我们认识到，在抵达主殿以前，依次要经过越来越华丽的门楼、门廊、大厅，埃及圣所的奢华装饰就不难理解了。看看希腊神庙被多少艺术作品环绕，想象一下在到达建筑艺术最后的高潮之前作为引导的那些神圣的树林、围墙，还有那数以千计的附属建筑，我们便能欣赏神庙艳丽的色彩了。

1–252

我们忘记了艺术作品是需要背景和环境的。古人从未曾舍弃这一法则，在中世纪，尤其是法国，这一法则尽管没那么成功，人们也常常采用。在意大利，我们仍能看到异教传统的影响，这在很大程度上解释了这个国家建筑的效果；就作品本身来看，常常比我们法国的要逊色很多。如何衬托艺术作品也是一门艺术，长久以来，我们似乎都没想到这一点。我们会很坦率地承认这种属于民族特质的疏忽源于性格中一种高贵迷人的成分，不过，要避免这样的结果，用不着牺牲已植根其中的法则带来的好处。为了达成这一点，我们必须正确认识自己的特殊才能，放下偏见，摈弃粗陋过时的教条和艺术家们出于软弱或无知既没有勇气也没有办法与之抗衡的庸俗成见。

与性格中的其他一些因素结合，我们拥有那些最适合艺术发展，尤其是建筑发展的品质；然而，我们不但不能充分利用这些品质，还让它们被那些粗俗的、束缚思想的偏见镇压着，我们无视自己宝贵的天赋，总是希望看起来和真实的自己不一样。我们建造公共纪念物，却没有选个合适的位置，没有建造宜人的环境；我们不知道怎样把这样的建筑物呈现给公众；这建筑或许是一件杰作（chefs–d’œuvre)，可我们呈现的方式却亵渎了它。我们没有尊重自己作品的意识，其他人当然也不会尊重它，还能指望什么呢？意大利中世纪或现代最不起眼的建筑物总是着眼于效果而确定摆放位置，周边景色很重要。我们以形体对称取代了这一点，这和我们的天赋相抵触，令人讨厌，叫人疲劳；对称是因为无能而采取的办法。无论是雅典卫城，古罗马广场，还是庞贝古城，抑或帕萨尼亚斯的描述，都没有向我们展示对称的建筑群。在古希腊人看来，几何对称在单体建筑中可以考虑，在群落建筑中从不会运用，当然也有很多例外。罗马人呢，允许在建筑群的排列中采用对称的方法，不过不会破坏建筑的实用性和美感，或舍弃结构上必需的东西。古希腊人处理公共建筑时多么具有艺术性，对效果的把握多么恰当——他们欣赏的正是我们现在称之为如画风格的东西。这却是我们的建筑师鄙视的东西。为什么呢？因为建筑画在纸上时，并不考虑到所在地、朝向、光影效果、环境、不同楼层的变化，而这些对于建筑形式都有着重要作用；建筑师虽然曾经想过自己

1–253

应该如实地满足方案的要求，首先跳入脑海的却是竖起一幢对称的、各立面均衡的建筑——就是一个大盒子，在其中各种功能都适得其所。我看不必举例来证明我说的并不夸张，只要朝四周瞥一眼就够了。然而，如果我们像罗马人那样，把这些规整的大盒子建在平台上或大的基座上，或者像我们自己国家的凡尔赛，像 17 世纪的圣日耳曼区那样；如果我们为其提供合适的环境，并通过和城市其他建筑物隔离的方法，试图让这些对称的线条显示出高贵的效果，那么，这种对几何对称的偏爱还情有可原。然而，不是这样。这些巨大的盒子消失在成群的建筑物中，基座淹没在贫民窟中，立面一次只能看见一个。这座建筑只是纸上的。看着那些图纸，我们满足于想象右侧厅和左侧厅一样长，一样宽。罗马人，特别是希腊人，不会采用对称的布局方式，除非一眼就能看清整个建筑。如果空间太有局限，不依靠推理，眼睛无法感知建筑的均衡布置。可是，如果我们要走上至少半英里才能看见北面的立面和南面的一样——还得以有足够好的视觉记忆为前提；如果我们要离开一个大厅，进入另一个大厅才知道这些厅是相同的——当然还是要记忆力够好，我便想问，我们为什么不理会常识，让建筑物内在排列这么麻烦，还要妨碍方案的要求，就为了得到这么一个幼稚的结果？难道只是为了取悦于某些好奇而游手好闲的懒汉？

这些常见的荒诞的例子依据什么来支撑自己呢？中世纪传统？当然不是。古典时代的遗存？那些古迹可正好相反。那么他们是以什么为权威的呢？靠的是一些学术公式，尽管现代，却既粗陋又和我们民族的天赋格格不入。我们的天赋本质上很独立，并且倾向于推理；我们依照这些公式建起了大楼，用起来不方便，看起来让人烦，不过，倒是让每个人都成了建筑问题的评判官，因此也总是正确无误，受到赞扬。　1–254

参观古希腊城市废墟时，我们看到在艺术最辉煌的时期，建筑师们如何小心翼翼地利用选址突出他们的纪念建筑。他们把建筑作为一种艺术去爱，但他们也爱自然——爱阳光们在建筑物的排列布置上卖弄风骚——如果允许我用这个词的话：他们忌讳单调，惧怕无聊！他们是饱学之士，是艺术家，极具批判性；他们对原则和形式充满了尊敬；他们也是技巧熟练的装饰大师，在背景和环境方面独具品味。希腊的建筑师不会把即将在上面盖大楼的大石头铲平，而会修饰它，利用它的粗糙表面；他们对最后效果深刻了解，会很有品位地对石头的外形略加修改。看看雅典和科林斯，特别还有那些在西西里、阿格里真托、塞里姆斯，塞杰斯塔和锡拉库扎的古城。看到那些城市的遗存，谁不曾对自己说：“这些人能把艺术和自然之美如此结合，并彻彻底底地享受这种结合，他们多么幸运！”

罗马人可不会受这些感情因素的影响，他对另一种美很敏感。初始，他以征服自然为荣，让自然服从他喜欢的秩序和宏伟。为了让大家更清晰地察觉到这两条法则，我们用两幅图（图 7–2 和图 7–3）展示了修复后的位于阿

图 7-2 修复后的朱诺·卢克娜神庙透视图，阿格里真托

图 7-3　帝国时期一座罗马神庙的鸟瞰图

格里真托的朱诺·卢克娜神庙（temple of Juno Lucina），以及帝国时期的一座罗马庙宇的鸟瞰图，包括门廊、外部围墙、入口，还有丰富奢华的布置。[1] 今天，为了公共建筑的选址，我们必须讨价还价；如果把它们隔绝起来，我们会用大片空地把它们包围，那种空旷使建筑物显得矮小，对周围环境的建立毫无帮助。如果说我们有品味，我们却不知道如何让这种品味产生效果，以为在公共纪念物四面石头底座上围上些栏杆便足够了。

1-255

我在上文谈到了我们对如何衬托艺术作品——如何真正完成作品的忽视。这源于性格中某种高贵的因素。事实上，我们一直在寻找着、追求着好的东西，只是没有迅速地抓住它，因为我们太急于想超越好，达到更好，以至于总是在一种匆忙的、上气不接下气的状态中，我们的愉悦感不断被拖延到明天，总以为它会来，可它从不会在当下存在。我们的艺术真实的历史，大体也就是文明的历史，可以用短短几个词概括。这一点上，我们也不像罗马人，他们是历史上最讲求实用的民族。需要注意的是，这种习性在研究艺术时会引发奇怪的错误。我们阐述某一法则，由此产生出另一条，以此类推；我们没能把第一条法则运用、发展到底，就急匆匆地离开了刚开始的、尚未完成的工作；与此同时，性格更沉着镇定、更关心当下兴趣的人们接住我们扔掉的第一条法则，发展它，研究它，不断完善它，直至完美。或迟或早，我们被自己对“最好”永无止境的追求弄得精疲力竭，焦虑不安，资源枯竭，而其他人发展的成果又在我们的路上展现，于是我们全心全意地羡慕着，积极地模仿着别人的结果，这些结果通常都是错误推断出的，而这些正是我们以前因为急于追寻新法则而扔掉的旧法则。我们不难察觉这些奇特的对法则的重新采纳会给我们带来多少困惑，在纷繁多样的元素中，要区分什么是真什么是假，什么是灵感、什么是模仿，有多么困难。我们或许可以从这一情况中探寻出为什么今天我们很难确定在艺术上我们想要什么，什么对我们真正合适。希腊人的世界展现了几乎相同的景象，不过，对形式无可匹敌的爱挽救了他们，他们前进着，受制于各种不同的影响；可是，他们改变了接触到的一切东西，这源于他们追求美的本能追求。即便在政治上隶属于某些民族，他们也总是那些人中的大师。

就让我们一步步追寻艺术从加洛林王朝直到现代在西欧这一角落的发展历程。无论是在意大利还是在法国，都只能找到为数不多的 8 世纪、9 世纪的

1 在阿格里真托的朱诺·卢克娜庙，仍留存着建造在岩石东面的大平台，还有整个建筑物的废墟。我们是从城市这边看这座庙，它坐落在石灰石岩块长长的背脊上。这些石块起防御作用，内侧覆盖着石头切割而成的纪念物。参观了这些现在隐藏在僻静乡村的遗迹，我们感觉到古希腊建筑师具备技巧熟练的景观园艺师的才能，这种才能也不曾伤害他们的艺术。至于这座和帝国时期很多神圣建筑都很相似的罗马庙宇，它是从亚历山大·塞维鲁大帝（Emperor Alexander Severus）献给复仇者朱庇特（Jupiter the Avenger）的勋章上拓下来的。在勋章的背面，可以看到 IOVI.VLTORI.P.M.TR.P.III.COS.P.P.（Bibl. imp.,cabinet des médailles.）参看《钱币上的建筑》（*Architectura numismatica*），或者《古典时期勋章上的建筑》（*Arch. Medals of Clas. Antiquity*），T. L. Donaldson 著，伦敦，1859。

建筑遗存；这些遗存呈现的都是些杂乱无章的艺术，罗马传统和东方影响杂糅的产物。10世纪，北欧人入侵，遏止了刚刚复苏的文明的进程。直到11世纪，在僧侣机构的影响之下，尤其是克吕尼人，艺术才在崭新的、独立的轨道上发展。[1] 这些僧侣定居在曾经被罗马人占领的地方。罗马别墅的平面布局继续影响着寺院的布局。这些建筑项目优先考虑朝向、选址，以及实际需要，而不是对称的形状。像罗马庄园一样，克吕尼修道院就是一群设计合理、布局良好、用途各异的建筑物的集合。西方僧侣选用的风格比其他任何地方都接近拉丁风格，不过，从11世纪开始，该艺术领域引进了新的元素。正是这一时期的建筑史要仔细地分析，因为我们自己的建筑所拥有的东西正是从最初的这些尝试里衍生出来的。无须提醒各位读者克吕尼修道院在10世纪、12世纪的强烈影响，也就是在圣奥多（St.Odo）、埃玛尔（Aymard）、圣马里奥（St. Marieul）、圣奥迪隆（St.Odilon）和圣育格（St.Hugues）院长领导的时期；也无须提醒这一修道会享受的特权，它不受制于世俗和主教权力，而只隶属于教皇；或者是欧洲各国修士无数的旅程；又或者是在基督教世界各个地方这些传道者愿意为之献身的宗教改革；再或者是他们所做的大量工作。这是一个真正的政府——一个在那个人民贫苦、其他权力都无能的年代唯一走在正常、稳定的轨道上的政府。克吕尼修道会领导着学界知识界，他们是唯一和意大利、西班牙、日耳曼诸国保持长期交流的团体，他们在各处介绍自己的“规章”，他们需要一种能与自己尊贵的使命相符的艺术。更重要的是，我们必须考虑到，那个时候，所有思想高贵的人，所有认为人性应当努力超越野蛮的人，都迫切希望加入克吕尼的寺院，以和那个庞大的文明宗教组织贡献自己有限的智慧。因此，在克吕尼，由于中心修道会常常和它散布在意大利、日耳曼甚至东方的分支机构保持交流，形成了一个“蓄水池”。各地收集来不同的艺术的“泉水”汇流至此，形成一股新流。正是这样，罗马艺术传统为一个有影响力的建筑派别奠定了基础。克吕尼、图尔尼、韦兹莱、巴黎的圣马丹德尚，以及卢瓦尔河畔拉沙里泰，都是克吕尼艺术出色的样本。11世纪，克吕尼艺术是唯一称得上建筑的。克吕尼的瓦工、石匠、雕刻工掌握的方法形成了一个建筑流派，这一流派以拉丁艺术为基础，带着原始天赋的印记，其成就与辉煌不容小觑。

1-256

1-257

克吕尼流传下来的文学作品、教导指示、章程规则里有一种逻辑上的统一性——一种清晰、实用的智慧，能让每个用心的读者为之一震。仔细阅读这些文献的过程中，我们看得出这些作品出自有学问的人。这些人习惯了权威的合理运用，习惯了管理组织，习惯了当局出的难题；他们相信自己智慧的卓越，具备耐心和节制力——这是真正的力量。十一世纪，克吕尼人大概

---

1 见《法国建筑辞典（10—16世纪）》（*Dictionnaire raisonne de l'Architeture francaise du Xe au XVIe siècles*）中的文章《建筑，修道院、宗教建筑》；《建造》。

有理由相信世界的政权会不可避免地落入他们手中，这在一定程度上解释了格列高利七世（Gregory VII）和皇权的对抗。修士伊尔德布朗（Hildebrand）成为教皇时仍是育格院长（Abbot Hugues）的朋友；后者并未因此断了与亨利的关系，他常常在这两个著名的劲敌之间做调停和解的工作。这充分说明了11世纪、12世纪克吕尼修士们的政治性。克吕尼那毫无争议的实权，那种在精神劳动方面的品味，那种节制，那种权力的尊贵都在那一时期的克吕尼纪念建筑上留下了印记。我们追溯其“规章”的影响，它不是狭隘的修道院规章，而是能让我们再次想起罗马人的某种东西。可以肯定的是，克吕尼人有能力形成各流派的建筑大师和雕刻师，值得赞扬；而罗马人只能设计谋划他们建筑物的结构，从希腊人那里学点装饰艺术。我推测，克吕尼人从拜占庭帝国或者从那些在意大利寻求庇护的希腊艺术家中选了一些雕刻家、画家，帮助装饰他们的建筑：然而，11世纪末，在意大利有那么一幢如维泽莱教堂那样的建筑矗立着吗？那又是谁引入了那些风格大胆纯粹的线脚呢？我们在欧洲哪个国家发现11世纪末有类似韦兹莱教堂中厅的隔间的组合，关于这个教堂图版十一给出了一个大致的概念。需要注意的是这一建筑思考的只是结果的实用，而不是通过几何设计愉悦眼睛。我们难道没有在这里发现一点原创风格的痕迹？这一建筑的构成和那些古典遗存有什么相同点呢？在这些克吕尼建筑中（尤其是我们称之为罗马式建筑时期的建筑物），我们已经看见天才的建筑师摒弃了陈腐的传统，创造出崭新的形式。他让形式服从思想，装饰服从建造；他希望建筑表现自身；他让建筑引人注目，优雅、精美。克吕尼建筑是克吕尼精神的体现——另一方面，中世纪的克吕尼教团表现了那个时代最真实、最现实的基督教精神。他们在各方面拒绝虚伪就是为了与基督精神保持一致，形式只是实际需求合逻辑的表现：基督徒根据事物代表的理念的价值来对待事物。一切事物在他们看来都应该有必要的作用——要完成一项任务（如果我可以这么表述的话），不背离法则地达到完美；克吕尼的艺术家们是作为有品味的人——尽管只是具备一些粗鄙的基本知识，而首先运用这些法则的。克吕尼就要在中世纪实现一次文艺复兴了。他们唤醒了文学品味；他们对于行政和政治的见地在他们生活的那个年代表现出很强的理解力；他们是立法者、外交家、政治家、饱学之士、艺术家。如果他们尝试做什么却未能成功，那是因为他们只是欧洲广大民众中一个神职的特权阶级；考虑到那个时代的社会情况，他们还能渴望成为别的什么吗？那场伟大的全国性运动大概是由他们而发起的，也导致他们在12世纪末退出历史舞台。这一点为研究古典时代以后智力劳动成果的历史提出了一个很有意思的课题。由于克吕尼人对世俗事务的影响，对文学艺术的热爱，以及他们和欧洲各君主的关系，他们的寺院很自然地表现出一种此前从未出现过的豪华。圣伯纳德在12世纪反对的就是这种奢华；在他看来寺院机构正逐渐堕落，而他则

1–258

企图遏制这种罪恶。克吕尼的院长，尊敬的彼得（Peter the Venerable）曾经给伯纳德写过信，要求他攻击得稍微温和一些，不带偏见地看待修道院的黑袍和白袍修士。读这些信件很有意思。彼得在与伯纳德的通信中展现的是一个通世故的形象，开明而又宽容。他预料到对伯尔纳德的挑衅的回应，应该只会对整体寺院秩序产生一点点威胁。他劝伯尔纳德要仁慈。他在一封信中说道：不同的色彩，不同的住宅，各异的风俗，彼此背道而驰，难以相爱，无法统一。白袍修士冷眼旁观黑袍修士，觉得他丑陋怪异。黑袍修士看着白袍修士，认为他是个乱七八糟的怪物。新鲜的事物会让一个其他习惯已根深蒂固的大脑烦躁不安。它不愿认可它不习惯的东西。那些只关心外部事物，而不注意灵魂深处发生什么的人常有这种感觉。然而，理性、智慧的眼睛可不是这样看事物的。它能觉察到，认可并且理解，多样的色彩、用途和住宅对上帝的仆人来说是不重要的。因为，正如使徒所说："割礼无关紧要，紧要的是作新造的人"；还有，"没有希腊人犹太人之分，没有男女之分，没有蛮族或赛西亚，为奴或自由；基督是一切，存在一切之中。"

1–259

"这是有洞察力的人清晰明确地看见、认可并理解的。但并不是都能这样。只有少数人有智慧和洞察力。在我看来，我们应当把自己和那些弱者放在同一层次，带着一种选择过的小心谨慎对待他们，并且怀着这样的精神：'我为人人做事，我也将获益无数'。"

我得停下了，否则可能引用整封信。这封信是一篇杰作，展现了真正的基督精神，判断力强，品味高雅，有时还有恰到好处的讽刺。尊敬的彼得与絮热（Suger）是十二世纪智慧的化身。热情四溢的圣伯纳德期望艺术和文学影响欧洲人的思想；他害怕异教艺术江山再起，他认为自己预见了形式将战胜教条，哲学将战胜信仰。他是个天才，试图探测无底洞的深度，但是错误地理解了他那个时代的精神。在他的生命中，他无法停止洪流的奔驰。尊敬的彼得表现了一个古代哲人的形象：有点西塞罗的气质，又有一个真正的基督徒才拥有的高尚、沉着、与世无争。絮热是政治家，不参与修道院的竞争；他觉察到了危险，却认为回避它比像圣伯纳德那样短兵相接地与之战斗更明智。这里离开正题对理解随后的内容很有必要。

1–260

克吕尼人的修道院中有学校：这些学校不仅教育僧侣们自己，也对世俗人开放。克吕尼人自己就有建筑师、雕刻家、画家，他们还把这些技艺传授给外面的世界。因为十二世纪的克吕尼人可不会自己动手干活，他们只能求助于世俗的工匠来建造、装饰他们的教堂和豪华的修道院。熙笃会修士越假惺惺地鄙视造型艺术，克吕尼人就越是精心制作他们的建筑、家具、和服装：斗争开始了；像所有文明程度已经很高，但所在的社会仍粗鲁无礼的人一样，克吕尼人把他们的对手看作是蛮族，只要时代条件允许，就以他们极度的清教徒精神尽可能地向大众传播对艺术的研究和热爱。到 12 世纪中期，他们的建筑制作上仍极为精心。正是如此，他们把一些世俗工人打造成了技巧熟练的艺术家和工匠，给予他们艺术的品味和技巧；克吕尼人发展了他们与生俱来的灵感。直至今日，这些灵感仍然潜在。事实上，从克吕尼 1120—1140 的建筑中，我们看到一种新的法则：罗马风建筑时期的传统受到怀疑，人们试图摒弃古典时期的方法，采用一种独立的推理方法来解决某些问题。在法国，似乎只要丢弃了传统路径，有了新观念，变化的速度就会很快：一个世纪前我们就有这样一个例子。12 世纪的法国人和 16 世纪、18 世纪是一样的。大约在 1135 年，维泽莱的修道院长叫人修建了教堂前厅（narthex）。尽管从图纸设计、细部、剖面图到内部雕刻都是罗马风的，我们仍注意到了建筑的一些新法则。这些法则预示着一种艺术的独立风格的到来。[1] 与此同时，或者几乎同时，朗格尔大教堂（the Cathedral of Langres）建造了起来。如果说该教堂细部还几乎是罗马式的，那么就建造系统而言，罗马风方法已经被废弃。1144 年，絮热院长完成圣丹尼修道院教堂（the Abbey Church of St. Denis）。从那时起，我们在该建筑的各部分看到建筑革命已经实现：废弃了圆拱，被称为哥特式的建造系统出现了。絮热是从哪里找到他的建筑大师的呢？从修士中？从凡夫俗子中？纪尧姆修士（Friar Guillaume）[2] 只告诉我们，这位杰出的院长“从全国各地召集各种工匠，瓦匠，木匠，油漆匠，铁匠，铸工，金匠，宝石工艺匠。这些人技艺高超，在各自的领域都很有名。”然而，那时的法国没有一座像圣丹尼那样矗立的建筑物。当然，其他地方也没有。我们也要注意到，絮热希望建筑物很快能建好，他催得很紧，怕他的后人不会继续这项事业。1140 年 6 月 5 日，胖子路易国王（King Louis le Gros）为地基奠了第一块石头[3]；1144 年 6 月 11 日，他再度出现在祝圣仪式上，教堂完工了。这座新教堂和我们今天看到的一样长，不过没有那么宽。这样匆忙地赶工可以解释建筑物中的疏忽，某些方面基础不够，以及为什么中厅和侧廊一个世纪以后不得不重建；它也向我们传达了这样一种想法：要快速获得非凡的结果，让民众大吃一惊，重重地击出一拳。目标达成了，因为他的同代人，包括克吕尼院长自己，尊敬的彼得，都在絮热承担并完成的作品中看到了一个西方的奇迹。可是为什么这么仓促呢？

1-261

絮热是个有洞察力的人，他不可能觉察不到寺院体系正在衰落。尽管他早在 1127 年就在自己的修道院进行了一次大改革，自己也满足于住在一个可怜的小单间里，（这是由于在圣伯纳德的一封信中，熙笃的院长痛骂圣丹尼

1 参见《法国建筑辞典》中《宗教建筑》一文图 22 以及《建造》一文图 19。

2 絮热的一生，卷二。

3 “Ipse enim serenissimus Rex intus descendens propriis manibus suum imposuit, hosque et multi alii tam abbates quam religiosi viri lapides suos imposuerunt, quidam etiam gemmas, ob amorem et reverentiam Jhesu Christi decantantes: Lapides pretiosi omnes muritui”(Suger's letter)（拉丁文为絮热信中的一段话，大意为：为了歌颂上帝，表达对他的爱戴与尊重，所有的墙壁应当使用珍贵的石材。——中译者注）

的修士特许证盛行的情况）[1]，他感觉到要做点什么大事来恢复皇家修道院的荣誉。除了克吕尼人已经做成的事，还得再做点什么其他事——尽管毫不影响熙笃会人对艺术的鄙视。事实上，正相反，宗教应当是进步的先驱，新观念的先锋——他还意识到他们要展现一种尚未出现的艺术形式来吸引民众。

在 12 世纪的法国，艺术就是这样发展的。从各个方面看，都和古典时期不一样。那时候的西方世界被一种狂热的精神主宰着，艺术上也留下了这种精神的痕迹。在古罗马，政治革命和思想运动对艺术的影响都不明显；后者沿着自己的轨道发展，不掺和公共事务。在法国，市镇暴乱不断，封建政体受到了絮热院长的第一次攻击；皇权开始从衰落萧条中复苏；克吕尼大改革放射出最后的火花；教团神职人员的权力已经很微弱；它处境很难堪，是政权统一的障碍。我们发现絮热在这一世纪中叶展现了政治上的审慎和精明，因而让自己与众不同——这是动乱的年代里有先见之明的人最显著的特征——他显示了对人对事的正确评价，同时也表现出极大的节制；正是在这位教团领导统治的时期，在法国中心地区，艺术才彻底改变了方向，舍弃了罗马风传统最后的遗风，走上一条新路。正是在絮热管理时期，博杜安二世主教（Bishop Beaudoin II），也是圣丹尼院长的朋友，大概在 1150 年建起了努瓦永大教堂。这座大教堂呈现了一种引人注目的特质，类似于现存的修道院教堂的某些部分。大概在同一时期，桑利大教堂也建了起来。1160 年莫里斯·德·绪利主教（Maurice de Sully）开始建造巴黎大教堂，打算用一种新的平面设计和布局方式。　1–262

自罗马时期以来，高卢人丢了中部和北部省份的多个城市市政机构，那些作为机构化身的建筑也同样不存。当 12 世纪，一些人企图再度夺回他们古代的殊荣，共同的宣誓时，他们只能在公共场所开会，因为在那不幸的年代，除了教堂、城堡，没有一幢建筑物能容下民众的聚会。在市镇叛乱者反抗的各种权力中，修道院必须是最坚定反对这一运动的一方；世俗的领主、主教、君主时而宣布自己是支持者，时而又成了敌人，是保护还是镇压要看他们能得到什么利益。

12 世纪，主教们看到只臣服圣座（the Holy See）的宗教机构严重削弱了他们的权威。这些机构不受任何主教管区权力的束缚，吸引了很多有才能的信徒，四处修建修道会教堂和教区教堂。他们的影响力在君主的宫廷里、贵族的城堡里、农民的小屋里越来越稳固。主教们只有一项资源了，就是利用市镇运动，利用开始发展的世俗精神，以便至少在城市重新夺回从他们手中溜走的主教管区权力。因此，从 1160 年起，他们就尽可能地承担起在这些世俗精神已经显现的城市里建造大型建筑物的任务。在这些大建筑里，民众可以聚集在主教座位四周。他们对世俗精神做了巨大让步。他们采用的建筑方案与修道院院长采取的截然不同。他们希望教堂内部宽敞，入口简单，不用隔断，只要一个祭坛，一个主教座位，设个别祈祷室，或者不设。也就是说，　1–263

1　在这封信中（马比隆版本（Mabillon’s edition）第十八封），圣伯纳德说，“寺院里到处都是士兵和女人。各色交易都在那里进行，争端不断。”

他们的教堂和罗马的巴西利卡作用相似。[1] 人们响应了主教的号召，纷纷作出自己的贡献。不出几年，在巴黎、桑斯、沙特尔、鲁昂、布尔日、兰斯、桑利、莫城、亚眠、坎布赖、阿拉斯、博韦、特鲁瓦，竖立起一座座宏伟的教堂。尽管在原来的布局上做了很大的变动，这些教堂今天仍在。手工业行会组织的非神职人员被请来设计、执行方案。他们完全进入了主教的视野，不仅按着给他们的新方案建造，还在建筑和雕塑中采用了新的建筑系统，新的形式。他们在几何学和绘画的研究中进步很快，特别注重在雕塑和装饰上求助自然。

在这一艺术中，法国人展示了自己特别的天分。这样一种天分和古代文明格格不入，对现代的意大利和日耳曼文明而言也是如此。在世俗流派兴起之前，法国的建筑呈现的都是罗马和拜占庭艺术的印记。建筑本身以及装饰都源于古典时期：即便能觉察到一点西方品味的影响，它也不够强大，无法把那些仍然很重要的传统挤往一边。宗教机构在进行改造的时候也忍不住要保留那些传统。而 12 世纪后期的世俗流派完全摒弃了这些传统，以建立在深思熟虑基础上的法则代替了它们。这些法则可以归纳如下：通过设置有效的阻力抵消有效的压力，在建造系统中达到平衡，由结构和实际需求决定外部形体；建筑装饰只取材于当地的植物；雕塑也更自然，寻找着生动的表达方式。如果对法国世俗流派了解的话，这些法则刚开始是很值得赞赏的。为了引起读者的注意，我向大家展示罗马大厅的一个横切面以及部分平面图（图 7－4）。

1-264

我举的这个例子是君士坦丁巴西利卡。除了柱子和柱顶盘以外，这个大厅完全是用毛石建成，面层用砖砌，并涂上灰泥，柱子和柱顶盘是大理石的，不过它们实际上只是一种装饰，因为整个建筑没有内部柱式同样可以屹立不倒。中厅 A 用了一系列交叉拱顶，用罗马式方法建造，也就是用半圆筒交叉的方法。这些拱顶都是由毛石砌筑，形成大块的没有弹性的混凝土，显得没有生气，就像一大块从整块石料上切下来的巨大龟壳。这些拱顶需要维护，如果不是紧紧压在固定的实体中间的话，拱顶由于过重偶尔会裂开，移位，最后分崩离析。扶壁 B 正对着穹棱交叉处竖立，底部开了拱门 C。扶壁升至 D 处，转为筒形拱，同样是毛石砌筑，遮盖了空间 BB 和 B’B’，支撑着平台 F，在中央拱顶下形成了透光的开口 G。墙体 I 也开了口，它只是堵围墙，不承重。如果我们移走该建筑中所有对保持良好稳定性无用的东西，如左边的平面图和断面图所示，我们可以减少内部支柱，只保留垂直的承重柱 H，然后扩大通道 K，省去圆柱，设置一个与上部拱顶推力相对的飞扶壁 L，把推力引至扶壁 M 上。这些是结构中真正有效的因素。

1-265

不得不承认，采用罗马式方法，不可能比这更简单、更结实、更经济或者外观上更高贵了。我们在其他地方已经说明了这种十分适用于罗马政治和

1 参见《法国建筑大辞典》中《大教堂》一文。

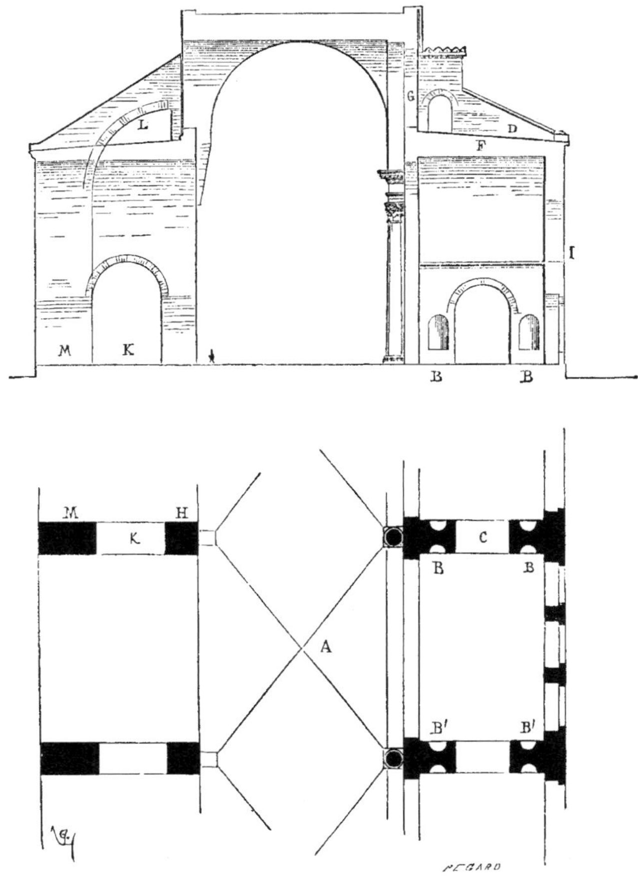

图 7-4 君士坦丁巴西利卡横切面和平面图

行政机构的建筑方式为什么对于封建政权统治之下的西方不大实用。12 世纪末期的世俗建筑师们被迫运用他们掌握的建筑方法。即便在他们看来罗马式方法是唯一可取的，那个时代整个政治机构组织也不会让他们的心愿达成。事实上，为了建造如上图所示的大厅，首先在预备工作时期就要提供相当大的空间，因为这样一幢建筑物不可能一部分一部分建立。人们必须定期为建筑物整个表面找平；必须一边建造一边调整固定支撑基层的拱架，混凝土拱顶要在基层上建造；这些拱架还必须有足够的力量、足够靠近以便让基层能承受混凝土的重量；拱架一旦固定（我们可以想象得要多少木头），拱顶就要快速建好，因为如果想要水泥工程同质而且牢固，必须不间断地完成；于是，必须储存大量的碎石、砖块、沙子，尤其是石灰，以供使用。要注意的是，砖块和石灰都不是生料，还要一个烧制阶段。只有罗马人才有建造这样的建筑所需要的组织力。想象一下 12 世纪法国的我们：我们不是专制统治者，没有建造这些建筑所需的空间；在取得用地之前，会有很多反对的意见；没有大量的木材，没有供我们使用的专门的运输工具；相反，我们要在 20 个老板 1-266

中一根圆材一根圆材地寻找构材，每个老板会给我们几根；要不，就要自己买。因为没有固定的市场价格，如果大家知道我们要买木材，我们就不得不在木材上付出高昂的费用。再想想，我们不能通过官方调拨获得石头，没有士兵或奴隶为我们运送，只能想办法从各种采石场弄到石头，然后自己掏钱运送或者靠有人自愿帮助；石灰会不时少量供应；工人因为都是被逼务工，能少做就少做，要不就是得付工资的，庄园主为了和邻近的庄园主战斗还不时会把他们带走。这样的情形下，还应当建造像君士坦丁巴西利卡那样的建筑物吗？如果真的开始建了，能完工吗？难道工程不到一半的时候，我们不会缺石少瓦？即便几经拖延，我们真的竖起了这么一座大楼，它的质量够好吗？够稳定吗？在这样的条件下，我们如果够精明够审慎，为什么不再细分工程，避免场地的占用，分摊工作以便停工或重新开工时不会妨碍整个工程？既然不容易获取材料，就应该节约用材，试着运用有限的资源达到不一般的效果。接着，让我们看看该怎样继续建造一座像君士坦丁巴西利卡那样的大厅。采石场为我们提供了大量毛石，我们便别再浪费时间烧砖了。石头是一种昂贵的材料，应当省着点用，只用必需的量。我们不用以砖石建造扶壁并在底部开拱形门道，而应当安置两个石柱 AA’和一个外部的扶壁 B（图 7–5）。我们也不用把毛石制成的筒形拱通过合适的角度转到中殿，而应当安放一根中间柱 C，在通道的隔间上方再建两个交叉拱顶 AD，EC。竖起横跨对柱的一面墙 GG’，AA 双柱头余下的向外突出的部分支撑着横肋 AD 的起拱点。A 处的柱头会承托附柱 I，其墙体支撑中央拱顶。中央拱顶会做穹棱，并且由一根横肋 CF 分割。无须把坚固的扶壁升高去抵抗中央拱顶的推力，只要在每边的扶壁 B 竖墩柱 K，然后设一个半拱 KL，以主动的方式替代厚重的墙体原本笨拙的抵抗方式——之所以主动是因为它是通过推顶 M 墙作用力的，而 M 墙由于中央拱顶的推力几乎无法保持垂直了。由于觉得仅靠拱座 K 抵挡拱顶传递到飞扶壁的合力是不够的，我们在支柱 K 的上方放置一个重量 N，以确保其稳定性。天气不允许我们像罗马人在意大利那样采用混凝土平屋顶，无论是用水泥浇筑还是砖块铺设。因此，我们要把中央拱顶抬得足够高，允许在上部窗户 R 的下面设屋顶 P，为了减轻拱门 S 受到的压力，同时也为了给木制屋顶 P 透光通风，我们应该在拱门上方 T 处开几个洞。很快我们会发现对柱 AA’没什么用，可以用单根圆柱代替，因为如果结构是那样，压力会落在两根柱子中间。然而，我们要意识到，这样的建筑有从地面而起的支撑，推力被主动的反推力抵消，基础并不牢固。这是罗马式结构的惰性；可能会有位移，拱顶也因此不能由大块的同质混凝土浇成，而是应当保持一定的弹性，这样才能顺应拉张力，不至于裂开。还有，我们既没有足够的木材作为罗马式拱顶的拱架，也没有合适的材料建造罗马式的拱顶。我们靠在拱架上安放横肋和交叉肋满足建造的要求。这些拱券本身成为永久的拱架，依次建

1–268

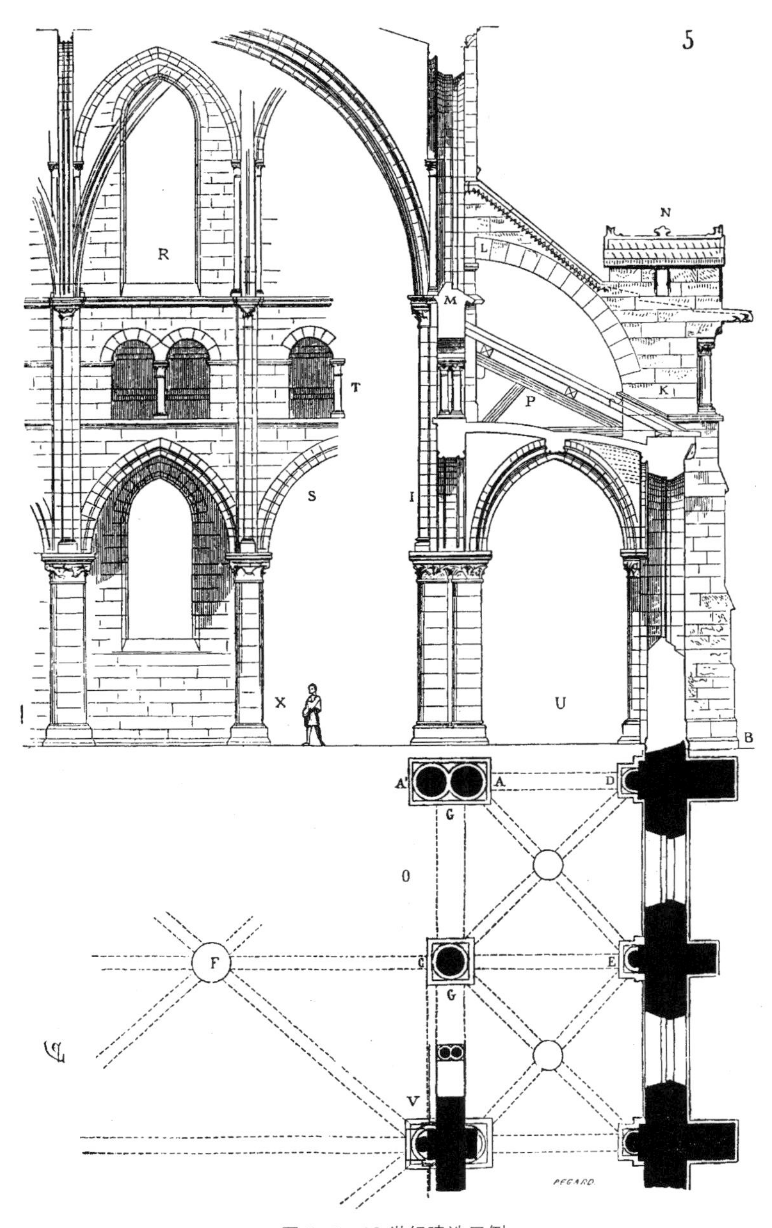

图 7–5　12 世纪建造示例

造各个部分的凹面拱顶，而不必为此利用中间的拱架。[1] 如果情况需要，就这个方案而言，我们可以随时暂停工作，随时重新开始，同时进行或者分步进行，不会对建筑物的稳固性有什么损害。

1　参见《法国建筑辞典》中《建造》一文（voutes）。图 7–5 中 A 处是底层平面图，V 处是柱子上方的支墩图，U 处是建筑物的横切面，X 处是一个隔间的纵切面。阿拉斯大教堂（the Cathedral of Arras）是基于此图建造的。在桑斯教堂（Sens Cathedral）的中厅和唱诗班席位中仍可以看见类似的建筑布局。

1-269 我们深刻反思自己正在做的事情，求助于理性却不关心传统以及那些时间积淀后变得神圣的形式。那些直径最大的交叉穹肋自然是最长的，我们为它们保留半圆；为了减弱其他拱肋的推力，也为了把它们的最高点抬至与交叉穹肋的拱心石一致的高度，我们按照两段交点在我们设定的高度的圆弧设置横肋、拱门以及附墙拱肋。这样，我们就不一定必须在一个方形的平面上建造交叉拱顶，即由两个相同或相近的圆柱交叉形成拱顶。每个平面，无论是平行四边形、四边形、三角形、长方形，还是规则或不规则的八边形都可以用我们的方法做拱顶。我们已经把自己从罗马人强加的、罗马风建筑师或多或少会遵循的规则中解放出来了。我可以想到和 12 世纪末建造的类似建筑相比，一定会有人会更喜欢君士坦丁巴西利卡。12 世纪的概念更为复杂，要求更熟练的组合方式，和更多的深思熟虑；从这一角度考虑，它怎么可能反而是野蛮的呢？从君士坦丁巴西利卡的剖面，我们只能得到君士坦丁巴西利卡的剖面。它是一种发展成熟、近乎完美的艺术，不过它是无法改变的；这是它最后的表达；然而，图 7-5 的切面表现的建筑组合却有无限的发展可能，因为力量的均衡让我们得以尝试各种不同的组合，在我们面前打开了崭新的道路。在这里，我们不必重复别处已经说过的话，也不必再强调那些已经详细讨论过的法则。[1] 让我们仔细看看 12 世纪末期西方世俗流派新建筑的特点。这个时期，以理性的方法替代传统的趋势在建筑物的结构以及形式和装饰中都很明显。我们发现希腊人只容许垂直方向的支撑，以庞大的楣梁垂直加重。罗马人长期用拱和楣梁，不费心思考虑如何协调这些对立的法则；罗马帝国结束时期，罗马人在希腊人的帮助下直接把拱安放在柱子上，不过没有统一那两条法则。罗马风通过寻找各种建筑结合方式，已经走了重要的一步，我们看到柱子成了圆拱的附属物，变得不重要了（图版十一）。在早期哥特建筑师那里，我们发现拱对建筑物的支撑起着绝对的决定作用：拱不仅决定了结构，1-270 也决定了形式；建筑完全受拱结构的支配。在很多例子中，罗马人都让结构隶属于拱券和拱顶；不过，我又注意到，他们的建筑中每个支撑物都体量很大，但显得很无力，他们的拱顶建筑就是把一个大块体积掏空；都是些庞大的铸件；而十二世纪的建筑师让建筑物的每个部分都有自己的功能。柱子是真正的支撑物；如果柱头扩大些，也是为了承重；如果柱头的线脚和其他装饰演化发展了，那时因为这种发展是必需的。拱顶被拱肋分割，这些拱肋像很多块肌肉，共同作用。每个竖向支撑都要被固定并在上面加重才能保持稳定；每股拱的推力都会遇到另一股相反的推力。墙体不再是支撑物，而变成了纯粹的围墙。整个体系包含一个可以支撑自身的框架结构，不是靠它的大体量，而是靠相互抵消的各种倾斜的力量相结合。拱顶不再是一个外壳——一个整片的外壳，而是各种力的精巧结合。这些压力被引导至支撑物的某几点上，最后传至地面。

1 参见《法国建筑辞典》。

图版十一 维泽莱教堂中殿

线脚和装饰的造型也是为了展示这一机制。线脚很有用：就外部而言，它们挡住了雨水，保护着建筑各构件——这是能达到该目的可以采用的最简单的断面形状；就内部而言，为数不多的线脚标示着不同的高度，或者作为托臂或基脚直接向外突出。装饰物的设计完全取材于当地植物，因为建筑师们希望一切都是家乡特产，所以不借用国外艺术中或历史上已有的东西。这些装饰也适应了它们所在的地方，显得明显易懂。它们属于建筑形体式，属于整个建筑过程。它们在就位以前就已经做好，视自己为整体不可缺的成员。

罗马帝国衰落的时期，雕塑随意地四处散布，比如高卢－罗马建筑就是这样。墙上、壁柱上、甚至柱身都刻有雕塑。似乎在那个时代，只要一幢大楼竖了起来，雕刻师们就开始在粗糙的、表层尚未处理的石头上工作，他们用各种装饰物、各种图形覆盖着石头表面，尽可能塞得紧密，丝毫不管基座和接合处。

走向衰落的罗马风建筑，尤其在法国[1]，同样滥用装饰物。而法国的世俗流派建筑师们完全破除了这些做法。这些做法总是标志着艺术进入衰落时期。1–271 装饰变得严肃理性，而且只用在建筑的一些特殊部分，从不显得累赘，减少或增加装饰都会破坏整体的和谐。

我们常常从这些建筑物当下的外观来对它们进行评判，不去思考在七个世纪里它们历经的变化或毁损过程；我们指责那些建筑师的设计有缺陷，而这些缺陷却是源于后来的增建或损毁。另一方面，我们从现有的遗存来评判古代建筑，无中生有的想象力会创造出一些本不存在的美丽事物。很多古罗马建筑如果被复原并没什么好处，留给我们的正是构成其壮观美丽的东西——结构。希腊建筑可不是这样。正相反，想要真正欣赏希腊建筑，就要完整地去观赏，所有附属配设都必须齐全才好。由于自文艺复兴以来，我们更多是从罗马建筑而不是希腊建筑中汲取灵感，忽视了在中世纪我们和希腊艺术最重要的共同点之一。罗马人对轮廓，也就是艺术品显眼的外形不太敏感。想象一下那些显示罗马人天赋的伟大建筑复原以后的情景，我们应该能感受到这些庞然大物的线条和轮廓远不及希腊建筑优雅。希腊人会考虑光线、空气的透明度和环境因素在建筑中的作用。他们特别注意建筑物的排列。在蓝天或青山的映照下，建筑的轮廓会显得很突出。很显然，他们不是仅仅从几何关系来研究这些建筑物的重要部分，而是艺术性地仔细推敲了透视效果。他们像真正的艺术家那样，把各种效果结合起来，很清楚人们不会从几何关系的角度来观看真正建成后的建筑物。罗马人可不会像他们这样对形体有合理、敏锐的感受，不会考虑到这些因素；他们建造建筑只考虑几何关系，建筑物看起来有用、实在是他们唯一起决定作用的动机。对罗马建筑的模仿让我们1–272 不可避免地采用了罗马建筑师的建筑方法。我们在纸上设计平面和立面，不

1 比如12世纪在普瓦图的一些建筑。

去思考建成后的透视效果。然而，我们并非一贯如此。曾几何时，我们也像希腊人那样训练有素，对建筑效果感觉敏锐；我们也曾喜欢想象建筑轮廓的效果，认为人们是略倾斜地而不是垂直地看建筑物某个立面的。希腊人喜欢建筑。散步或办事的路上，观看他们的公共建筑会让他们很愉快。因此，希腊人很注意让建筑物从各个角度看起来都很宜人，尤其是轮廓要吸引人。当我们还是“蛮族”的时候，我们也有同样的“艺术性缺点”。不过，现在已经明确我们是拉丁族，是有理性的人，我们便不再受建筑物轮廓影响，追寻着属于我们的事业的召唤。我们认为自己是时代的产物，应该走在时代的前列，便站在建筑物正立面的中间；如果建筑的立面各不相同，我们就要为那些建筑师感到伤心难过了，因为对称是我们唯一能感觉到的建筑物的优点。渐渐地，我们的建筑师不再透视地表现建筑物，至少是把绘图研究局限于几何关系的范围内。我认为希腊人不会这样设计建筑。可以肯定的是，在中世纪，我们的建筑师会考虑从非主要角度看建筑的效果；这一点可以从很多建筑做法看出来，像是建筑墙面的直角转延，檐口边角和侧面的处理，或是把八边形底座的尖塔安放在一个方形底座的棱柱上这样的做法。建筑平面有效地相互交叉，形成透视效果；而几何表达却无法呈现，甚至是让人无法想到这样的效果。

我们和希腊人还有共同的、具有艺术性的一点，就是对建筑形式的欣赏。然而，自从把自己当作罗马人以来，我们几乎失去了这一特点。12 世纪、13 世纪的世俗流派建筑师这种欣赏力是很强的。这两种建筑风格（我指的是古希腊风格和 12 世纪的法兰西岛风格）在法则理念上完全相反，效果也大相径庭，在形式的精心制作上却显出惊人的联系，比如线脚和装饰物的做法，对细部效果的考虑，对与建造与装饰都有关系的整体轮廓以及各部分的气势的研究。两种风格之间没有模仿，或者特征上的相似，但在感受方式和表达方式之间有某种联系。我们不像希腊人那样利用建筑物的色彩创造效果，不过我们发现了各种形式可以产生各种效果，而他们对此是一无所知的。我们得坦白承认自己对形式比对色彩更敏感；我们不是色彩师，而是制图员：在 12 世纪、13 世纪、14 世纪与 16 世纪，我们都有杰出的雕塑学校和优秀的建筑师，17 世纪，我们有大量出色的雕刻匠，可我们的画家却从来无法与意大利匹敌，装饰师在色彩组合方面也比不上东方。无论过去、现在，我们都是一群被赋予了独特天赋的人，我们的建筑师也因此变得与众不同。

1–273

多年来，人们已经承认在 12 世纪末世俗流派的作品中出现了一种深邃而且精细的艺术（可以说太过精雕细琢了），一种高贵的灵感，以及一些得到广泛应用的法则。可是，至今仍没有关于该艺术形式特点的正式研究。这一艺术形式不仅鲜明地表现了我们的天赋——多才多艺，善于发明创造；而且具有很强的反思性，既展现了崇高的思想，又给人一种简洁明了的感觉，不过这种简洁并不真诚，很做作，善变而又不安分，喜欢看外表，不喜欢真实。

我们是这样一群人：曾经文明过，却一连几个世纪被野蛮的征服者压迫，被世俗及神职的封建制度压迫，光明只能穿过僧侣的大袍子照耀我们。然而几年后，却成功地发展完善了一种新的艺术，艺术的法则是用逻辑推导出的，艺术从结构到形式都焕然一新；我们是这样一群人：既然创造了这样一种艺术，就充满热情地继续发展它，越来越讲逻辑，既不越轨也不后退；我们是这样一群人：取得这样的成果，在艺术史上便越发显得独特，也越发证明自己是一群被赋予不一般天性的人。再简单概括一下就是：十二世纪中期，在西方世界那个称之为法国的小角落，政治和社会状况割裂了艺术和寺院机构的联系。一个世俗流派——纯粹的世俗流派——形成了。它从一开始便研究新的法则，以代替被神圣化的传统，反抗寺院精神。这些新法则不是在传统法则的基础上发展形成的，而是以科学为基础，遵循着彼时在建筑艺术中尚未曾有的科学定律。这一流派从自身汲取灵感，形成一种共济组织(free-masonry)，它从不偏离其为自身勾画的线路，同时也给个体自由；它不仅舍弃了罗马风建筑师采用的建筑方法，还抛弃了他们用的线脚，雕塑以及装饰方法；它吸引了全国各地的其他团体，在四分之一世纪里，不仅改变了其他艺术，也从总体上转变了手工艺；它很有影响力（别忘了这是个世俗流派，成员都是民众），各处都有人帮助，帮建城堡、城市大厦、皇宫、医院、堡垒，甚至还帮着建教堂、女修道院。如此一来，艺术冲破了原有的禁锢。艺术家发挥着自己的创造力，但并不在作品上署名：作品属于群体，属于组织。是大家共同努力才成功地使脑力劳动变得独立，才带来了关于自由的观念，才能探索研究各个不同领域的知识。它的品味、喜好，对不公正和压迫的痛恨，甚至它嗜好讽刺这一点，都在那些依着自己的想象建成的建筑中得到了表达。在艺术作品创作上，它保证自己有充分的自由。它不受任何限制地享用这种自由，用得甚至有些过度，以至于衰败。它把自己的科学性，法则，以及对完美的追求都运用发挥到了极致。那么，艺术家的解放和中世纪政体之间有什么关系呢？艺术家的解放是顺应民族天赋的，是工人阶级的解放。我们为什么——我再问一次——要把这些艺术家和那些占领西方土地的心胸狭隘的暴君混为一谈呢？艺术家们为智力的发展不停奋斗，不断提高他们自己独有的艺术实践，并成为这门艺术的大师。而暴君们，尽管占有西方的土地，但对艺术家和工匠的联盟不能产生任何影响力，既无法促进也无法阻碍它的发展，只能幸运地利用它的智慧与劳动。是这些艺术家和工匠创造了自己的社会条件吗？他们是靠着模糊的理论还是暴乱逃脱它的控制的呢？都不是。他们靠的不是离开命运为他们标示出的圈子，而是尽可能扩大这个圈子，他们靠的是工作——在工作中的联合。我们怎能不心怀感激地认识他们的努力呢？我们为那些资质平平的艺术家们塑像，他们其实只不过照搬了别人的艺术，而那些艺术和我们的习俗格格不入。我们难道不应该感谢那些地位卑下的人？正是他们第一次让我

1-274

1-275

们民族的统一性以及智慧、艺术、科学的复兴有了清晰可见、新颖原创的形式。有谁能否定 12 世纪末法国世俗流派的力量呢？让我们看看之前的罗马风和寺院派又是什么样的。这些流派还没有堕落到必须进行艺术改革的程度；正相反，它们仍然十分繁荣，仍在创作十分优雅的作品；只是这些流派内部产生了分裂。

12 世纪初，熙笃会的建筑和克吕尼的不一样，普瓦图的和诺曼底的也不一样。诺曼底的建筑和法兰西岛的建筑有本质上的区别，而后者和奥弗涅、利穆赞的又不同。里昂内和勃艮第的罗马风艺术风格和香槟的风格可不是一回事。这些流派都有自身的生命力，他们的工艺也属上乘，他们有一种很独特的气质，这种气质既是这些地区的人天生具有的，也是当地传统和强大的修道院影响的结果。

在勃艮第，12 世纪的罗马风建筑都是克吕尼修会的；在香槟则是熙笃会的，在奥弗涅（Auvergne）呢，建筑精致高雅，受到了当地罗马传统以及经佩里戈尔（Perigord）和利穆赞地区引入的拜占庭风格的影响。在普瓦图，罗马风建筑显得有些混乱，雕塑太多，还保留着部分高卢 - 罗马艺术的特点；诺曼底的罗马风建筑则显得很严肃，秩序井然，符合科学规律，强劲有力，结构方面很用心，雕塑也比较少。我们看到的是一群讲求实际、精于算计的人，对建筑形式没什么感觉，关心的是建筑法则，而且不受传统的束缚：在法兰西岛，这种建筑精细、朴实、柔和，特别有一种含蓄感，表现出高雅的品味。在圣东日（Saintonge），12 世纪的罗马风建筑充分、真实地反映了西部各省安静、温柔的特质：一种精致与坚定的结合。其风格或许最接近拜占庭时期的希腊艺术：细部做得优雅、纯粹、宜人，表现技法细腻、自由，这些都是该流派艺术的特点。举个例子，如图版十二所示。让我们来研究一下位于桑特的圣尤特罗庇厄斯教堂（the Church of St. Eutropius）的侧廊。我们应该不难把它想成是亚德里亚海边的一幢建筑，尽管它在建造上显示出更多的智慧，在细部处理上也体现了希腊气质。地下室靠底部的窗户采光，辅助拱在外部标示出侧廊隔间的位置。它们使得拱顶能穿过墙壁。建筑师通过把采光口分开使建筑布局看起来更庄严。在他看来，与拱券同圆心的窗户上方的拱门饰会让这些开口显得太过重要。他的品味使他感觉到不同直径的同心拱不断重复的话，会产生让人很不舒服的视觉效果。他更倾向在门楣中心开圆窗。窗户为内部提供采光，在外观上表明拱顶和庞大的辅助拱一样高。整个建筑由小材料组成，抬放时无须机器帮助，人力便可完成。线脚是技艺高超的艺术家设计的，格外精美。用来装饰的一件刺绣（embroidery）纯净、宜人，衬托着线脚，并不改变线脚的特性。尽管资源有限，手法也简单，这样的一件建筑物却显得很壮观。人们很容易理解它，解释它的目的用途。这是十二世纪初西方最优秀的建筑流派的一件范例作品，像这样杰出的作品还有上百件。如果我们把它和同时期的意大利建筑相比，像是比萨大教堂的外廊，

1-276

E. Viollet le Duc del.

图版十二　桑特的圣尤特罗庇厄斯教堂侧廊

会发现后者在外部没有任何对内部结构的暗示，比例也没什么吸引人的地方，外观单调死板，从建筑细部可以看出工艺很差——线脚模仿的是品质已大不如前的罗马风格。我想问，这样一幢建筑中，从哪里能发现科学、能看到艺术？不错，比萨教堂有大理石做饰面，还建在一段大理石台阶上，位置也不错，而位于桑特的圣欧特罗庇厄斯教堂被劫掠过三次，地下层沉在成堆的土里，周围都是荆棘和灰尘——并且它是在法国。

我已经谈过细部问题了——这座建筑装饰用的线脚，我觉得这儿还有必要举几个例子，如图 7–6 所示，[1] 对那些熟悉建筑中线脚的效果，或是思考过古典时期以及拜占庭时期希腊建筑中精心雕琢、精致优雅的线脚的人而言，1–278 这里展示的无非是类似的关于手法、效果感觉，以及光影关系的例子。不过，细谈这些需要敏锐欣赏力的东西是徒劳的，因为它完全是品味问题。艺术家们会理解我为什么这么说，对于缺乏艺术感受力的人来说，这方面的论证证明不了任何东西。大概同时期，克吕尼修会修建了维泽莱中厅，我们在图版十一中展示了其中一个隔间。勃艮第的罗马风建筑坚固耐用，甚至显得有点粗鲁，而圣东日的却精致、优雅。在桑特，柱头很短，稍微有点发展，上面的雕塑像金匠的作品；线脚很平，内容丰富，装饰物只有一幅刺绣，建筑比例被拉长了，甚至显得有些苗条。在维泽莱却正相反：建筑物都是大石头筑成，比例很粗壮，柱头体量也很大，延伸支起拱券，不需要什么构件。线脚设计粗放、简单，雕塑朝气蓬勃，很大胆甚至有点粗鲁，但非常有特色：我们看到的艺术很清楚自己的力量，相信自己的统治力。诺曼派和刚刚提到的这些建筑毫无相似之处；如果我们想看原汁原味的 12 世纪、13 世纪罗马风建筑时期的诺曼建筑，我们就要离开法国，到英国寻找。11 世纪末它是在英国发展起来的。诺曼人盖房子方面都很能干；然而，他们却很晚才开始尝试建大跨度的拱顶；而在勃艮第或是法兰西岛，人们对此早已了解。

比如说，12 世纪末之前，他们还只给大教堂中厅盖木屋顶；不过他们赋予其建筑一种纪念性，这倒是其他地方难得一见的。诺曼人既细心又实际，这种性格使他们敢于大胆创造。他们的建筑物上都留着自己的特征。圣三一教堂、卡昂的圣艾蒂安教堂的原始部分，圣旺德里耶教堂和瑞米耶日教堂（Church of Jumièges）的遗迹，尤其是多佛海峡另一侧的建筑物，都能证实这一点。1–279 建于大约 12 世纪中期的彼得伯勒大教堂（Peterborough Cathedral）的十字形翼部（transept）就是黄金时期的诺曼建筑风格的绝佳范例。我们看到其石造工程水平很高，工艺很细，但是不设雕塑。这是一个建立在健全的理性和知识上的建造系统，对比例很敏感，线脚变化不多，但都是为其所在位置精心设计的。它还表现出建筑师对如何产生壮观的装饰效

1　线脚 A 属于上拱门饰，线脚 B 则属于上部窗户的拱券；细部 C 展示的是窗户的一个柱头；而 D 是承接拱门饰的柱子的柱头。线脚 E 让腰线起着窗台的作用，F 画的是地下室窗户的拱门饰。这些拱券上的线脚、雕塑的细部都各不相同。只有地下室窗户上的拱门饰是相同的。

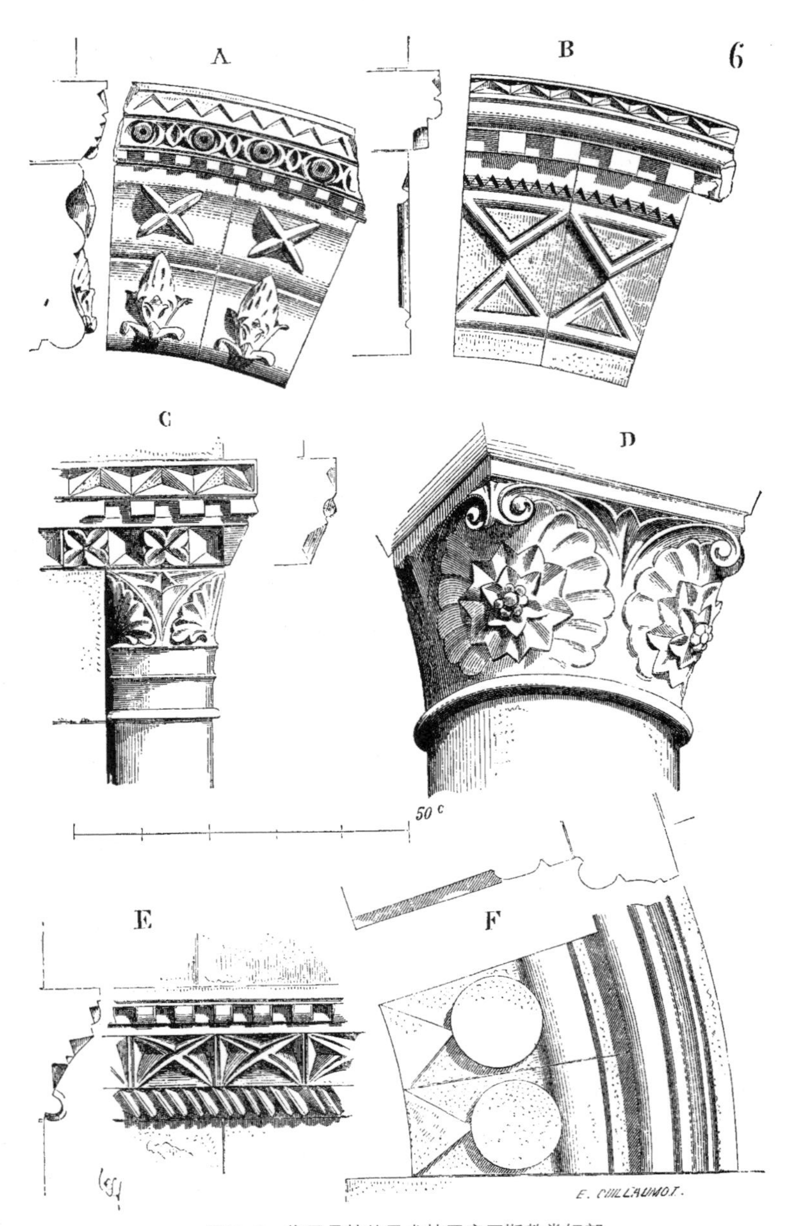

图 7-6　位于桑特的圣尤特罗庇厄斯教堂细部

果的细心研究。右边的图版十三表现了这样的建造系统：墙体底部牢固，内墙面有一个连拱饰（arcading）G 作为表面装饰。在第二排窗户 I 点的位置，建筑师在厚实的墙上留了一个出入口，以方便检修镶嵌的玻璃。到第三排窗户，建筑上更显轻便；宽阔的通道 K 形成了一个走廊，对翼部敞开着。木屋顶的每根系梁下，拔地而起的附墙柱把整个组合分割成若干隔间。这一建筑比罗马风建筑时期其他任何建筑都要远离罗马艺术，然而必须承认，它既不缺伟

图版十三　彼得伯勒大教堂（英国）的十字形翼部

大也不乏科学。

勃艮第的罗马风建筑坚固耐用，轮廓分明，生机勃勃；诺曼底的高贵威严，科学味比较足；西面古盖尔特人的则精致优雅；而12世纪初，法兰西岛的建筑风格，简单朴实，建造过程和形式都是拉丁式的，并服从所用的建筑材料，显出一种朴素的品味，既不夸张也不羞怯。在塞纳河中部，瓦兹河以及下马恩河盆地，仍有很多该时期的建筑物。这些建筑设计得很美，表现出建造的智慧，雕塑的严肃。这个省和现代法国各省最大的区别在于其建筑的多样性。在奥弗涅，所有11世纪的建筑都差不多，像是同一批工匠按同一个方案建造起来的。在勃艮第和上马恩省，即古埃杜维国（Ædui），我们也发现了相同的情况。我们在诺曼式建筑里发现了很多没有经过变体的观念和法则。在波亚图和圣东日也是一样。在法兰西岛的土地上，恰恰相反，我们看到早在罗马风时代，建筑种类就很自由，富于变化，表现了人们为逃离传统枷锁不断做出的努力。正是这些努力让建筑得到了发展。絮热把这种发展看成是一次既大胆又科学的创新，这一点我在上文已经提到。其他省很快也采用了这种新的建筑形式，并根据自身的特点做了些改造。勃艮第人早在12世纪末就采用了，这些新方法很符合他们那积极主动、富有进取心的性格。诺曼人也很快借用了这些方法。然而，中西部各省份既不理解也不采用这些方法。这一方面源于他们懒散的性格，另外还有一点不能忘记考虑，就是他们已经把罗马风建筑发展到了极致，这也遏制了他们创新的欲望。被称为哥特式的建筑风格很迟才被介绍到这些省——直到13世纪末期。那会儿，它完全是舶来品，那是一场他们无法抵挡、只能投降的运动。

1-280

在一个高度文明的社会，政府、法律发展都很完善，艺术的影响力是微乎其微的。艺术对于这样一个社会而言只是一种奢侈物，是不能从任何方面改变社会风俗习惯的。然而，倘若我们以为在一个文明正在形成过程中的社会里也是这样，那就大错特错了。正相反，在这样的社会里，艺术对文明的发展起着强有力的作用，它最能有效促进和谐，尤其是在人口种族和当地古代传统之间存在某些密切关系的情况下。早在13世纪初，法国的艺术就是皇室用来促进国家统一的工具。事实上，艺术的影响力在教堂建造中都有所展示。教堂既是民用建筑也是宗教建筑。教堂根据最先由皇室领地的中心采用的新法则建造。民用建筑和军用建筑紧跟着教会建筑发展的脚步。我们发现，在出现哥特式教堂的城市里，同时也建起了民用建筑，有住宅有筑垒。在这些建筑中，罗马风建筑传统被完全舍弃。如果法国曾有过艺术复兴的话，那便是在这个时期。这时的法国，民族活力在复苏；历经几个世纪的黑暗和贫困以后，开始重塑自己。这时，世俗精神继续扮演着合适的活跃角色；艺术和手工艺在这里自由发展。就我给自己划出的范围而言，我不能展开谈论13世纪法国建筑的法则和精神，这项工作在其他地方已经完成。因此，我将仅限

1-281

于指出该艺术的优点。这些艺术特点是我们独有的，但在各个时代各个社会或许都可以运用。

一种艺术，如果其形式适应性够强，法则可以包容文明带来的变化，这种艺术一定不是普通的智力产物；因此，我们对彻底地掌握该艺术的法则，研究艺术的形式很感兴趣。在艺术方面，带着那样一种怀疑精神，哪个流派占上风这样的问题对于我们来说便无关紧要了——我们不在乎建筑物是不是伪希腊的，伪罗马的，或者伪哥特式的；我们在乎的是建筑物是否符合我们的风俗，我们的气候，我们的天性，是否符合科学的进步及其实际运用：事实上，坦率地说，我坚持认为用现代设备提供给我们的材料，比如铁，是造不出希腊罗马那样的建筑物的。然而，十二世纪末世俗建筑师的那些法则和方法却能毫不费力地适应新材料的运用，适应我们的社会形势的要求。更重要的是，今天，考虑到各种需要，经济节约是必需的。我们只能通过运用古典艺术的方法来采用它那些既独立又受限的法则。这样，相对我们拥有的资源而言，会花费太多；如果改变那些方法，那我们就没有忠于它的法则，只会制造出没有任何艺术价值的作品。用砖或木头，甚至用涂了灰泥的碎石做罗马柱子，在柱子顶上安放铁索绑好的石头拼接而成的楣，而不用花岗岩或大理石块做柱子，这不是罗马建筑的方法。这么做歪曲了本来优秀合理的建筑法则，取而代之的是只是一个和结果的价值相比荒谬、短暂而又昂贵的建筑外形；这么做甚至是有悖于品味的犯罪，品味本质上在于外形和现实的一致性。

中世纪世俗流派的建筑师们，尽管喜欢外形，会使形式（实际上是外形），让位于建筑过程和使用的材料。他们从来不会用教堂的形式来建造一座城堡的大厅，也不会让医院外表看起来像宫殿，更不会让城市公馆长得像乡村庄园一样。一切都在合适的位置上，一切都展现着适合自己的特质：如果内部很宽敞，窗户便会很大；如果是个小公寓，开口就要和需要照明的空间成比例；如果建筑物有好几层，从外部就能看得出来。事实上，真诚是原始的哥特式建筑最突出的优点。需要注意的是，真诚对于艺术风格而言是必要的条件，也是在花费上经济节约的条件。而且，这些建筑师胆子都很大，他们的结构组合已经超越他们所拥有的物质条件的限制；他们期盼着那个时代的工业进步；他们不是被理论知识或想象力击倒的，而是被物质装备击倒。如果一个13世纪的建筑师能来到今天，他一定会对我们的工业资源惊讶不已，不过他或许也会觉得我们几乎不知道怎么利用这些资源；如果说在艺术能利用工业发展中的巨大进步的时代，物质装备却短缺，我们宣称的对“完美的教条”（不过，没有人去检验过它）的尊重却不允许我们运用19世纪已大量存在的那些装备，艺术家们会被孤立：他冷眼旁观进步运动，不去利用能进一步推进目的实现的东西，他歪曲了新的过程，让它们从属于形式，这些形式被说成是

1–282

不可改变的；而不是对这些形式进行改造，让它和过程的性质、发展程度相符合。

建筑师抱怨那个年代没有艺术品味，因为他不愿意用那个年代提供的设备进行艺术创作。他抱怨工程师侵占了艺术的领地，他们有时创造出没有艺术性的作品。但是，他绝不同意放弃过时的惯常程序，把他的才智和艺术技能投入新的需要中来。我承认，不是所有的建筑师只会冷眼旁观技术进步。那些守卫着狭隘教条的人大多来自那个被称为业余者的庞大群体。每个人都觉得自己是个建筑师，这情形一方面让建筑学受宠若惊，另一方面对建筑是不利的。我认为那些采用了真正自由的法则、从各流派的偏见以及流行的观念中解放出来的建筑师很快会让那些浅薄的半吊子退回到适合他们的层次。1-283 重要的是要再多点理性，继续先辈们对理性的运用；从长远看，理性会占据上风——我说的是，从长远看。

13 世纪世俗流派的建筑是真正的建筑，适用于各种建筑目的，因为其法则来自一系列推理，而不是某种形式。形式从来不会束缚那些建筑师。在十三世纪，他们建起了很多教堂、皇宫、城堡以及民用或军用建筑。那个时期最小的结构碎片都暗示着它的起源，盖着时代的印章。

在一开始就表明把 13 世纪建筑的形式与结构分开是不可能的，这一点很好。建筑的每个部分在结构上都是必需的。这就像是在动植物的王国里，没有一个种类或者过程不是出于有机体的需要产生的。在不计其数的物种和变种中，植物学家和解剖学家不会搞错自己研究的每个部分、每个器官的作用、位置、年龄、起源。人们可以去掉一幢罗马风建筑的所有装饰或者外形而对无损于建筑物；或者可以给一幢罗马建筑穿上一件与建筑结构关系并不密切的外套（就像万神庙上发生的那样）。然而，要想给一幢 13 世纪的建筑物减少或增加装饰而不损害其完整性，或者说，其有机性，那是不可能的。这一法则很容易理解，仔细观察一下那种建筑便可明白。它向我们证明，尽管外表复杂，13 世纪艺术仍是适应建筑需要或者说建筑外部形式需要的。哥特式建筑在其鼎盛时期曾被指责除了建造别无其他。我们有时会听到这样的盘问：向我们展示形式，给我们看看形式是按什么规则建造出来的：我们看见了建筑；向我们证实形式不是艺术家纯粹想象出来的，他们经常受变化无常的想象力指引。我唯一能做的回答是这样的：形式不是异想天开的，它只能是——经过修饰的——结构的表达；我不能告诉你们它是按什么规则建造的，因为形式的天性就是要适应结构所有的要求；给我一个建筑结构，我会向你指出由其自然而产生的形式。如果你改变了结构，我就必须改变形式——不是改1-284 变其精神，精神是存在于形式必须表达结构之中的；而是其外表，因为结构有了很大改变。

对于罗马人来说，这些想法未免太晦涩难懂。他们觉得给出一个结构，然后让装饰师去给它穿衣服，这样会简单很多。他们自己也不必费劲搞清楚那衣服对结构来说是不是最合适的。然而，让形式服从建造需要和情况需要，这样一种不同的方法，对建筑这一实用的艺术而言，一定是有益的。另外，并不是只有艺术家或专家才能欣赏结构和外表之间的亲密结合；每只眼睛其实都会觉得这种结合很宜人，因为眼睛对合理的事物有一种本能的感受力。在希腊建筑中，一种能让各个组成部分都起着必需的作用的柱式会让那些即便对静力学法则的要求一无所知的人看得舒服。同样，推力相互作用的穹棱拱顶，从细长的柱子上跃起，比如圣马丹德尚的餐厅，也让眼睛看得舒服。由于意识不到集中拱推力的反作用效果，人们认为柱子只要有稍许强度，能抵抗抵消后的推力就可以，因而他们认为柱子可以很细长。

我相信，略微进一步阐释，大家就能感觉到 12 世纪世俗流派的建筑师们不仅是精细的推理大师和几何学家，而且显然拥有我们在希腊艺术家身上看到的那种敏锐的感受能力。刚刚我提到眼睛对理性的东西有本能反应（我指的是那些真正看见事物的眼睛，那些不带偏见看东西的眼睛——实际上就是普通观察者的眼睛）。那种我们称为“视觉假象”的特殊现象只是对某些定律的本能感知，而这些定律是经过科学观察以后证实的。似乎上帝赋予了人类的眼睛一种能力，可以直觉地感知哪种理性会最终形成定律。为什么我们的眼睛不能和我们的大脑一样有特别的本能呢？我们的大脑在了解任何法则定律之前便能判断是对是错，是公正还是不公正。

举例来说，如图 7–7，我们支起构架 A，它由一根下弦杆（tie–beam）和两根桁条（blade）组成。这是最基本的屋架形式。构架位于恰当的位置，无论下弦杆多么直多么水平，它都会显得略微向中心位置弯曲。这是一种错觉，任何仔细看的人都能证实这一点。如果我在这个基本构架上加一根桁架中柱 B，这条垂直线连接了三角形的顶点和底部的中心点，如此一来错觉便消失了。下弦杆不再显得弯曲。事实上，这根中柱真的能防止其变弯。错觉让我

1–285

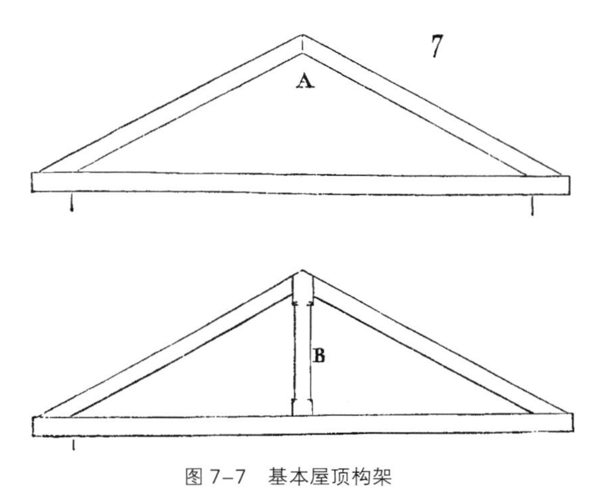

图 7–7 基本屋顶构架

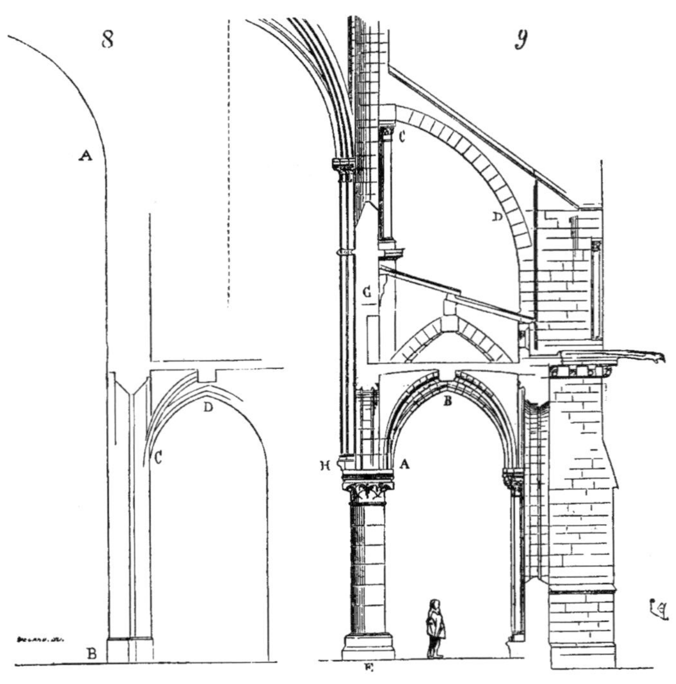

图 7–8 和图 7–9　12 世纪建筑示例

意识到构架的真实缺陷，迫使我找到能修复这一缺陷的唯一办法；错觉使人们检查由经验形成的定律。这是很基本的。我们继续看看一些更复杂的例子。如图 7–8，如果我竖起一根绝对垂直的支柱，从支柱边上的 C 点作一个拱形顶，即便知道支柱会保持绝对垂直，拱 CD 看起来会在起拱点 C 的对面把支柱推开；尤其是如果在 A 点还有另一个朝着相反方向的拱结构便更是如此。这是一种错觉，不过这种让眼睛不舒服的错觉敦促我在起拱点 C 寻找某种布置方法，以消除这种让人不愉快的视觉效果。增加支柱的厚度当然是个有效的办法，不过我不想这根支柱比实际所需的厚重太多。因此我发现了 12 世纪的建筑师们会采用的组合，如图 7–9。通过中断侧拱起拱高度处的线条，便可解决错觉问题。支柱显得细长而且垂直；似乎比另一根直通到顶的柱子能承重更稳固。经验证明，眼睛的错觉无非是预感到了将要被发现的定律。其实，AB 拱的推力被 AC 的垂直重量抵消了。而且，由于飞扶壁 CD 中和了上层拱顶的推力，这股推力变成了垂直压力，增加了支柱 AC 的重压。结果是所有的推力都集中到垂直方向，通过 E 柱这根轴向下传递。柱头 A 处要承托支撑墙 G 的拱门饰的起拱石，边拱的三根肋拱的起拱石（一根横肋和两根斜肋），还有一些构成支柱的水平方向的砖层，支柱是向上支撑起拱顶的，因此，我需要一个很大的支撑面。我根据功能的需要设计了柱头。它是由厚砖层做成的，体量很大，向外伸展；它的轮廓将表明功能，装饰很有生气。它不但没有削弱石头的力量，反而在其受重的地方加强。

1–286

多亏了在建造方法中运用的弹性法则，柱子甚至可以偏离垂直位置而不造成任何损害，因为它的支撑面不够大，不允许任何轻微的移动与边缘齐平。通过突出柱头以及附加托臂 H，我把拱顶聚集的压力压在底柱的中间。这些支撑托臂不会破坏视觉上需要的力量感，相反，它们会给我的建筑增添活力。装饰和线脚的设计以加强结构产生的效果为目的。[1]

1–287

希腊人特有的完美的感受力显然是他们采用线条组合的原因，后来的经验让我们把这些组合看作是稳定性的法则。如果我们建造的正立面两边的外部线条完全垂直，正立面的顶部会显得比底部宽，如图 7–10；这又是一种错觉，而且是眼睛最不喜欢的错觉。[2]

图 7–10　古代圣丹尼教堂的西立面

希腊人注意到要让建筑立面的外部线条聚合；在建造神庙的列柱廊时，他们甚至不满足给角柱合适的倾斜度，而是超出了这个度，尺度显得有点夸张，如图 7–11。他们不仅使角柱往里倾斜，还使柱间距 AB 比其他间距都窄，角柱的直径都相对更大一些。这是因为他们清楚这些看起来有点斜的角柱在天空或者明亮背景的映衬下会格外显得清晰，而光线会减弱包裹于其中的坚固的部分。这个例子中，眼睛很敏锐，暗示了静力法则。同样，如果在一个

1–288

1–289

1　讨论中的此类建筑物更完整的细节请参见《法国建筑辞典》中“建筑”条目。

2　圣丹尼教堂在古代的西部立面。12 世纪末以后的建筑中，有几个立面有同样的缺陷——比如位于芒特（Mantes）的圣母教堂（the Church of Notre Dame at Mantes）。

图 7–11 希腊建筑中的角柱内倾

图 7–12 侧柱垂直放置的入口

建筑物上作一个开口，开口的背景是暗的，开口两边垂直地竖两根侧柱（图 7–12），开口的上部就会显得比底部宽。于是，希腊人便让门窗的侧柱略微倾斜（图 7–13）。这同样需要我们的眼睛符合静力学法则，因为尽管作为出入口的门需要一定宽度，这个宽度对整个高度来说却不是必需的。通过向内收门两边的侧柱，我们减轻了门楣的压力，仍然保留开口部分。我们 12 世纪的建筑师采用的建筑形式和希腊人的有很大不同，建造系统的指导原则也和他们的相反，尽管如此，却是被相同的本能指引着。他们也会越往上把立面收得越窄，不过不是靠倾斜线条的办法——该办法只会在周围有一圈单列柱子

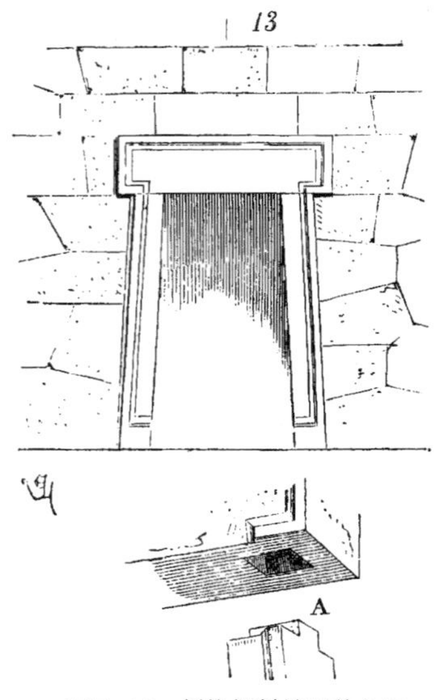

图 7–13 侧柱倾斜放置的入口

的殿堂里使用，而是靠垂直线条的层层收进，因为他们是分层建造的。更早些的希腊建筑的开口，如图 7–13，两旁的侧柱是两块石头或两块大理石，竖着摆放并且略微向彼此倾斜。楣是一块完整的石头。这是基本的建造方法；后来，建筑师用层层累砖石的办法做侧柱，保留了原始结构的形式。然后（我指的是前面的建造方法），在侧柱的顶端装上榫舌（见图 7–13A），嵌入门楣。为了给榫眼必要的力，肯定会让侧柱的间隔处互相搭接。这又是希腊建筑出入口门楣重叠搭接方式的起源。12 世纪的建筑师不会用一块石头做成侧柱，而是用砖石层垒起来，不过门楣用的是整块的石头。他们没有照搬罗马人那种有门头线条板的门，这种门只是普通的希腊门的复制品，没什么意义，而是像希腊人那样推理，希望减轻门楣的压力。他们垂直地造侧柱，用托臂支撑门楣，帮助承压，如图 7–14[1]；为了保证门楣不至于断裂，并且上面可以负载

1–290

1–291

图 7–14　桑利大教堂正立面上的边门

1　桑利大教堂正立面的边门；12 世纪末。

重石作，他们再起一个减重拱，使侧柱和门楣不会受压，得到解放。希腊人为了给门楣减轻负担，收窄了开口顶端，在楣上设置了由砖石层垒起的类似于托臂的构件；12 世纪的建筑师通过两个托臂，以及门楣上安一个减重拱来达到同样的目的。在这两个例子中，起指导作用的是相同的本能，以及由本能发展而来的相同的法则；然而，由于法则运用上有不同，产生的形体便不尽相同，甚至有些相反的特性。两者都沿着自己美好的天性所带来的灵感行进，到达的地方在形式上却是相反的，尽管法则相同。

我们看到，希腊人在效果上多么用心；多么会欣赏我们称之为“如画”（the picturesque）的东西；也看到他们如何凭着那种我们或许觉得艰深的东西达到艺术上的完美；他们对轮廓的多么敏感，而这种敏感又是如何在对自然法则深入细致的研究中，在视觉的本能需求中表现出来的。在 12 世纪法国流派那里，我们也看到这种精益求精的能力，只是手段没那么简洁，结果也没那么宏伟，但却带着一点现时代的勇敢，不受限制。

希腊人在建筑物转角的设计上尤其讲究。转角组成了建筑物的轮廓外形，这些都会留在人们记忆中。纯粹的几何绘图并不能展示人们从某一随机的角度看建筑物时的效果，现实情况也常常如此。要设计出或者画出一幢建筑物，建筑师必须在想象中再现，必须预见该建筑成形后是什么样。有些希腊建筑的几何立视图看上去非常笨重，不过实际效果却截然不同。以雅典的潘特洛西安（Pandrosium of Athens）为例（图 7–15（1））。在这个小柱廊的立视图上，柱顶盘很大，看上去要压垮支撑它的女像柱了；基底光秃秃的。可是，如果仔细看建筑本身，我们发现，由于雕塑的纯净和稳固，支撑物显得更重要了。塑像表现出的淡然和威严使柱顶盘看上去没那么笨重，尺度也合适。如此处理雕塑，柱子便显得没那么牢固了。假如潘特洛西安的建筑师对建筑效果不是天生敏感，假如他用两根柱子支起柱廊角，让女像柱在中间作支撑，这件作品从建造的角度说没有问题，不过，其轮廓也会显得很普通，不会那么清晰精致。他的建筑作品不再吸人眼球，不再让人留下回忆。艺术家如果受到普通法则的束缚，这些法则现在都被认为是古典传统，他不会敢于让边角的女像柱侧面示人，尤其是那些第二排的。他会把那些角上的塑像脸转个角度，第二排的女像柱转动四分之一，这样，雕像总会脸朝外，背朝里。用侧面朝前的塑像支撑柱顶盘——太不可思议了！除了实际建造值得赞扬以外，这一设计的总体最大的优点在于它原创性的想法：6 个人物形象朝同一个方向齐头并进，头上就像顶着华盖。在这些塑像身上有一种沉着，这很适合它们作为支柱的角色。原创性的设计使整个建筑有一种活力，一种激发想象力的鲜活的思想。

1–292

认为希腊人的设计只受艺术本能的引导是不对的。希腊人永远要为强烈的审判准备证词。这个柱廊里，前面 4 个塑像左边的两个是身体右侧摆姿势，

图 7–15（1）　雅典卫城潘特洛西安女像柱

而右边两个重心在左腿上。作为支撑物的雕塑起着图 7–11 中角柱的作用，把压力引向建筑物中间。假设建造柱廊的过程中，雕刻师和建筑师想法不一样，不是携手共同工作——今天这种情况太多了，雕刻师就不会像图 7–15（2）的 A 那样排列塑像，也就是让重心在外腿上，而是随意或者交替地排列，如 B 所示，那么柱顶盘就会看起来受支撑不够好，整个构造也似乎有坍塌的危险。这里，我们举一个例子。这个例子展现了一些伟大的艺术法则，这些法则是在对真实这一概念的教化意识上建立起的，无论是文艺复兴时期或是路易十四时期的建筑师都不曾产生怀疑，后者宣称他们已回归古典时期。而我们却发现中世纪黄金时期的艺术家采用了这些法则，尽管他们让法则适应了

1–293

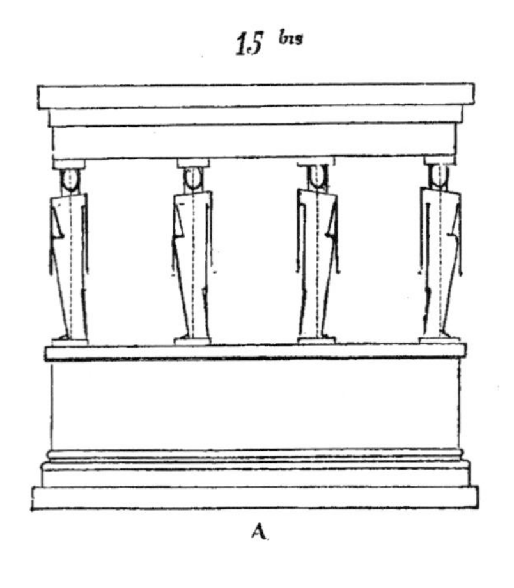

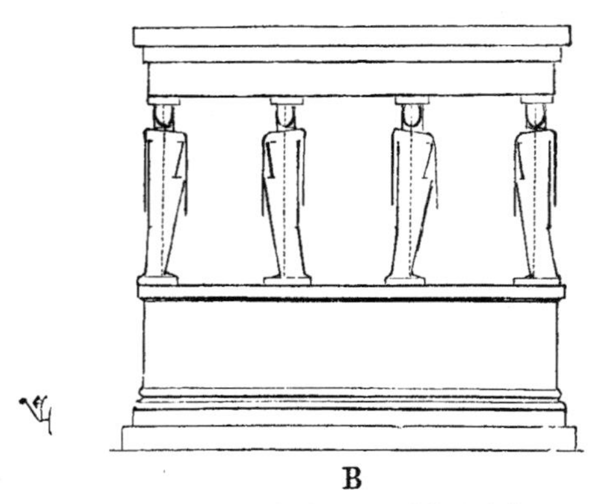

图 7–15（2） 潘特洛西安女像柱的姿势

自己的形式。然而，他们和文艺复兴时期的艺术家都没能从古人那里继承那种平静安宁的氛围，那种每件出自希腊人之手的作品都会有的让人宁静的感觉。我不知道希腊建筑师如何赋予有好几层的高大建筑的边角宜人的轮廓线，不过，可以肯定的是他们很有技巧地解决了这个问题，而且在这一点上给了我们宝贵的指示；研究一下法国流派的建筑杰作，我们会发现在边角的处理上建筑师显示了和希腊人类似的特别能力，采用了由同样的自然本能、同样敏锐的观察力发展而来的建筑方法。

1–294

很显然，我们的建筑师知道强调边角的重要性。他们会用轮廓分明的浮雕突出边角特征，吸引人们的注意，让人过目不忘。这样，理性推导的结果和感觉的需要保持了一致。要注意的是，这些建筑师使用的建筑材料很坚硬很结实，不过底座都很轻薄。他们可没有彭代利孔山的大理石供使用，也不像罗马人那样可以从科西嘉、阿尔卑斯和东方采集大块的花岗石。他们只能用薄薄的石层竖起高大的建筑；而希腊人呢，他们却用巨大的石块竖起幢幢小建筑。这方面的条件自然会影响建筑的形式，尤其是垂直方向的形式。艺术家的本能让他意识到，用薄石层堆起建筑物，无论石层多结实，支撑多牢固，也无法表现出那种坚硬的线条，满足视觉上的需要。于是，他希望用纯粹的线条清楚地勾画出轮廓，尤其是在边角部分。如图 7–16，他在边角插入了一长条石块。为了让光线能照到石块上，建筑师甚至把石块和边角分开，这样同时可以让它看起来更坚固。在那些由很多道石层筑成的高楼里，这种在边角竖直摆放石头形成坚固的柱子的办法不仅满足了视觉的需要，也使边角得到加强，并且把重量导向中间。希腊艺术家在上端收缩建筑物开口，把角柱往里收的做法就是这么推理得来的。

无论艺术家是先受本能或眼睛指引，而后进行推理，还是相反，可以肯定的是我们的世俗建筑师用竖直摆放、层层砌成的石头建造并且装饰建筑物，

图 7–16　嵌入的角柱

技术非常高超。他们很快意识到，稀薄的石层容易产生沉降，而且不经用，如果用竖直摆放的坚固的石头支撑层叠的薄石块建成的高大建筑物，不用大块头的材料，就能让建筑物有很好的稳定性；同样，以同样的方式用竖向构件负重取代墙基的做法，平面不用设置过多厚重的支墩和墙体，便能保证其稳定性。假设我们用砖块或薄薄的石层筑了一面高约 30 英尺的墙，而墙的厚度不到一英尺，若要保持墙体笔直，必须隔一段就安置一个扶壁，以稳固墙体。我们希望墙底部尽可能留一部分干净的空间，打算对空间进行装饰。要保持这样一面墙的稳定只有一个办法：在墙的两侧加设强度极高的材料——比如铸铁——的细支柱，如果需要的话，将支柱上下重叠，上部向内收一点，通过中间的接合砖 A 联结墙体和长条，并在顶点 B 通过拱的方式互相连接将重量传递过来。这种方法受静力学平衡原理指导，也可以用作建筑装饰手段。

1-295

1-296

我们发现，在东罗马帝国和拜占庭的建筑中，这些保持建筑物稳定性的方法已经得到了运用，尽管用得不太大胆。而把这些方法系统化却是西方建筑师的功劳。相对于底部尺寸而言，我们教堂里那些高塔是非常高的，比如拉昂和桑利的教堂。建筑师为了让这些结构坚不可摧，便用竖直摆放的石头向上支起边角，这样既能起装饰作用，又能加固边角，因为沉降力被引导到了中间。

1-297

在君士坦丁巴西利卡的建造中，如图 7–4 所示，建筑师把坚固的支撑物——花岗石或大理石的庞大巨石柱子安放在大拱顶起拱点的下面，这种做法不够明智。支柱如果能放在外面，对着扶壁，会好很多；因为在这样一幢体量超大的建筑中，由于外部比内部更容易压缩，如果没有使用大面积的同质混凝土材料，发生沉降的话，大拱顶起拱点下方的坚固支撑物就会使整个结构向外坍塌。古典遗迹当然有值得欣赏的地方，但是不能盲目赞扬，更不能因为对古典建筑的欣赏而对一些经过深思熟虑的法则的优越性视而不见，这些法则是现代精神的产物。没有哪个结构比巴黎大教堂的正立面更适合解释说明法国世俗流派艺术和罗马风艺术之间的巨大差别了。在那个时代，教堂既为民众也为宗教服务，还有一定政治意义，建筑物要完全满足所有这些要求。这样一幢大型建筑的尺寸会超过城市里其他所有建筑物。人们很难设计出比巴黎大教堂的整体结构更壮观，建造得更好，细部技巧更出色的建筑了。大家都知道巴黎圣母院的正立面什么样，但是很少有人知道在 10—12 年的时间里竖起这样一个庞然大物需要多少知识和经验，需要多么细心、多么有决心有品味，经过多少研究。迄今为止，巴黎圣母院仍是一件未完成的作品。它本来打算以石头尖顶作为塔顶，这样下部设计非常好的大体量部分会显得更完善、更清晰明了。这里，我们看到的是艺术，最高贵的艺术。

这里，很有必要给读者们看一张巴黎圣母院完整的正面图，尽管绘图不能表现建筑物实际的效果；不过可以用照片来弥补几何立视图的缺陷。因为

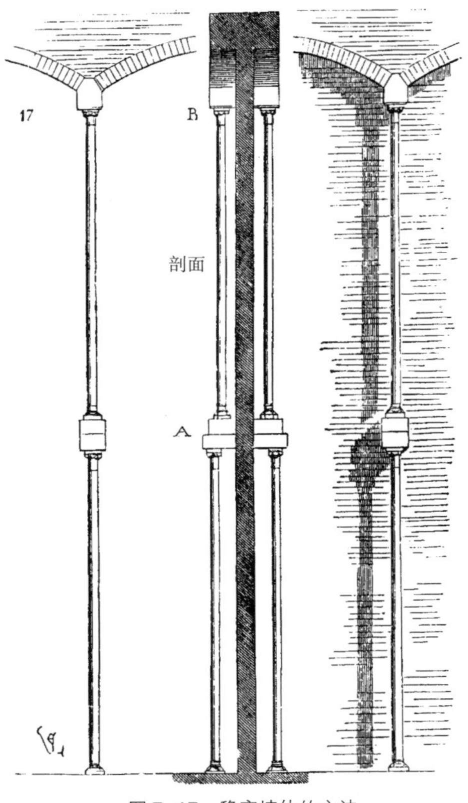

图 7-17 稳定墙体的方法

1-298

我上面一直在谈建筑物转角的浮雕设计，谈视觉上轮廓的重要性，还有如何或水平或垂直摆放石头以提高建筑的稳固性，使只有几道石层组成的建筑物外形不会太单调。我还讲了建造与装饰之间的关系。我找不到哪一个建筑能集这些不同优点于一身，能更完善，更同质，设计上更技巧熟练了。首先注意到的一点——这一点在建筑中不多见，尤其在尺度很大的建筑中，建筑师用水平的长线条分割正立面，这些线条并没有把建筑立面截然地分成若干部分，所以有很多眼睛可以停留的地方。这种划分出自一位有造诣的艺术家之手，因为展示的空间是不同的，有的素淡，有的浓妆；细部也不一样，不过从整体效果看来非常和谐。在这里，不像罗马建筑、拜占庭建筑或现代建筑中那样，常常能看到堆砌建筑形式的情况。那些形式是随意的，可修改的，或者可忽略的（见图版十四）。每一道分割都有其目的。庞大的底层开了三道门，都有宽宽的层层退进的斜面墙（embrasure）和装饰得很富丽的拱结构。为了把三道门连接起来，也为了减轻扶壁线条的坚硬感，几根由整块巨石筑起的柱子支撑起四个突出的华盖，罩着下面 4 具大雕塑。扶壁的线条没有被打断，因雕塑两边有光线，柱子的轮廓清晰地提示了扶壁的存在。

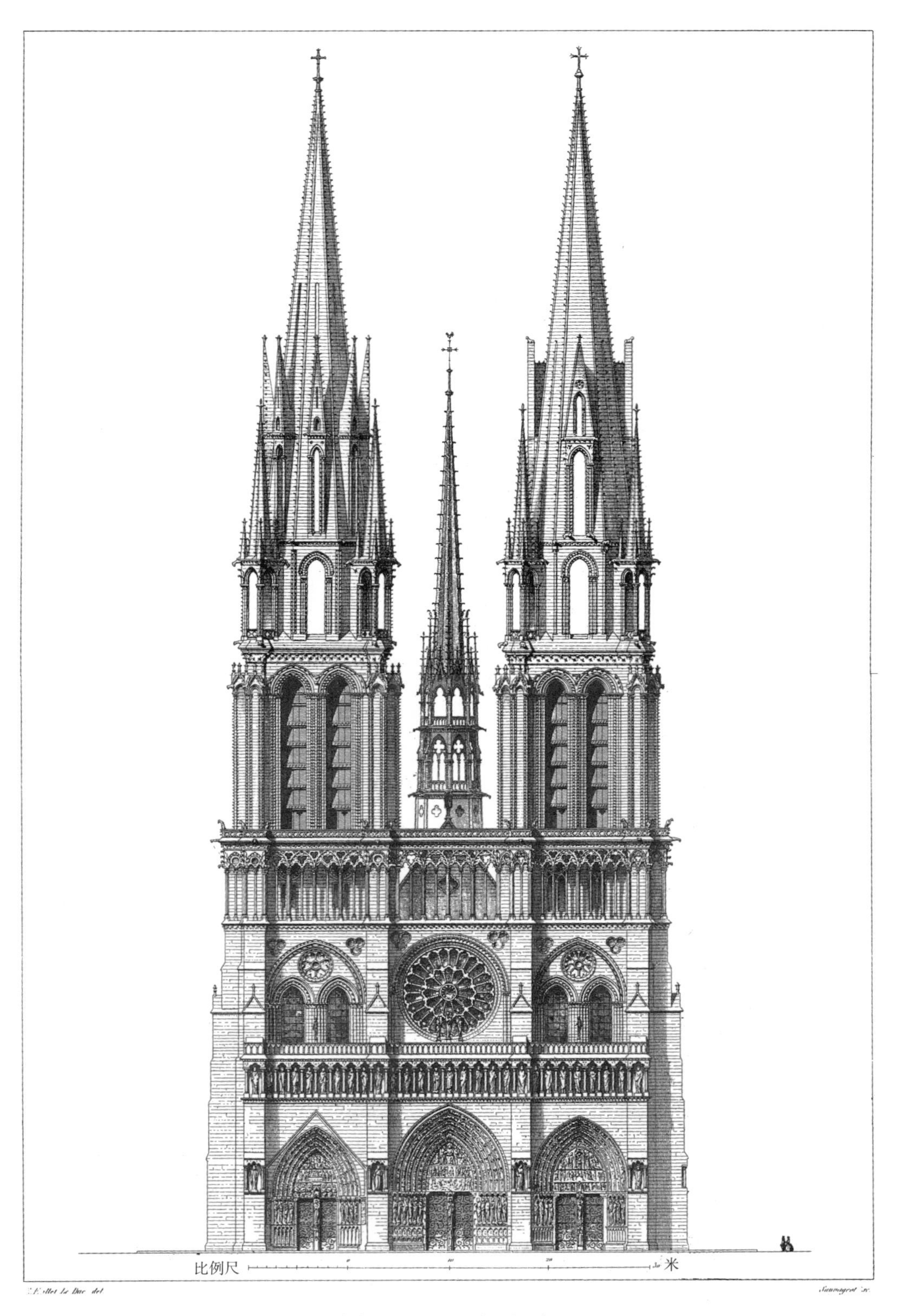

图版十四　巴黎圣母院正立面复原

尽管拱下大量的塑像保持了外形上的庄重和力度，在底层的上方仍有一个横跨整个立面的长廊。这是一个多个镂空的楣梁组成的柱廊，由整块石柱支起，石柱上都加了大柱头。每个开口放了一个巨型国王塑像。建筑师在没有中断长廊连续性的情况下，使外突的扶壁处在了显眼的位置。整条环带在设计和建造上都很严谨。和整个立面的高度相比，环带很矮。通过顶上加一排尺寸和真人差不多的栏杆，人们对环带的实际尺度便了然了。往上，扶壁上设有壁阶（offsets）。但立面上的三个部分往回收了很多，给“国王长廊”上方留出宽阔的平台，也突出了长廊作为装饰带的重要性。正中间，深深的圆拱下面开着一扇圆玫瑰窗，标明中厅的位置和内部拱顶的高度。两边凿一对窗户，照亮第一层塔的内部，通过环绕四周的拱，使其和正立面融为一体。拱下窗上有两朵玫瑰花的镶板，与中央玫瑰窗的划分方式相同。这第二层比底层矮，上方是一长条叶饰楣，环绕扶壁，使扶壁明显地突出主体。这里是两座塔楼的起始点。这里，我们看到了艺术家的才华。要在一个表面很朴素的立面上竖两座厚重坚固、体量很大的塔是很困难的。两座塔楼中间的炮眼（embrasure）会在立面中间留白，而视觉上却需要此处有一个坚固而又占主导地位的东西。金字塔的外形也是视觉上需要的，因为它意味着最佳稳定性。建筑师在近乎正方形的体量的底部立面上蹭地竖起两座高塔，同时以敞开式的高挑长廊连接起两座塔。长廊连接了整个立面，通过它，人们很容易穿行其间。长廊的柱子由整块的大石头做成，长廊上还设计了丰富多样的柱间拱。长廊上方设置了一排轮廓清晰的、向外突的楣，还有一排真人尺寸的栏杆。这些栏杆可以让人们对长廊的实际高度有个概念。建筑师通过这以设计使建筑从下部牢固的结构到顶部开放空间的过渡显得没那么突然。两座钟楼之间的炮眼里，长廊在蓝天的映衬下格外显眼。中厅的山墙在钟楼后面升起，使得由开放空间产生的轮廓显得没那么僵硬。这样，在大体量的建筑和天空之间就有一个过渡。长廊建在两座塔前面减轻了在一个坚固的大建筑体块上再加建两个独立体块的难度。它让眼睛不会正好注意到把单个大建筑分成割成两部分的那个点。它让巴黎圣母院的正面看上去是一个完整而且同质的整体，而不是一个立面上架了两座塔。柱间拱很牢固地对着扶壁，把扶壁分割后的各部分连成了一条长廊，像饰面似的环绕着扶壁。这里，建筑师又一次展现了自己的品味以及对建筑效果的充分把握。他们不会因为装饰而削弱扶壁的宽度，那样会对扶壁的稳定性有一定损害；为了保持长廊的连续性，不得不把扶壁包含在长廊里。扶壁的边角如浮雕般凸显在蓝天下，也必须要考虑到它们。因为长廊绕着钟楼形成了一条高架通道，所以要给它加个顶。另外，塔楼的支柱也不能显得是一个和长廊没什么关系的单独构件。要满足所有的要求面临很多困难，尤其是这是正立面的一部分，无论从地位和重要性上看都必须有足够吸引力。下面就来看看巴黎圣母院的建筑师是如何克服这些困难的吧（图 7–18）。

1–299

1–300

图 7–18　上层长廊——巴黎圣母院正立面

首先，仔细看石作。我们发现单块大石头做成的柱子确定了边角的界线，如果可以这么说的话。这些石柱和水平建造的扶壁交叉，看起来很舒服，扶壁的砖层也看得很清楚。扶壁之间的柱间拱装饰得很华丽，而扶壁上的则显得比较素净，以和扶壁结构融为一体。柱头上方的边角做成植物的样子微微向外凸，引着眼睛向上看轮廓清晰、向外挑的檐。外扩的边角起着廊顶的作用。为了避免栏杆转延的地方显得太生硬，避免栏杆在塔楼支柱下面太突兀，同时在外凸与内收之间形成一个过渡，在突起和背景之间形成过渡，栏杆边角处的顶部都有动物雕塑。

尽管巴黎圣母院现在的正立面也很美，然而，必须承认，巴黎圣母院每个地方的设计都为眼睛看到最后的尖顶做了很好的铺垫，所以说，它们最终的缺席是很遗憾的。整个塔楼因为不需要支撑任何东西，总显得有劲没地方使。如果尖顶建了起来，那些设计精巧的支柱，那些宽大、轮廓分明的拱形窗户，还有那如同皇冠一样厚重的上部构造，将会显得多么优美。图版十四向我们展示了如皇冠的尖顶，现存的塔楼只是底座。如果我们仔细看这幅图（假设只有主体——轮廓——而没有复原建筑师原来的设计），我们可以好好欣赏这座雄伟的敞开式长廊的比例，然而，如果塔楼没有设计尖顶的话，那长廊很显然就太高了。我们也看到塔楼扶壁收尾处设计得很得体，然而，没有尖顶，收尾便显得不够果断，和下面严谨的线条不和谐。我们还看到了建筑如何从水平方向往顶端的金字塔形转换。如果我们把插图的尖顶盖起来，我们也能感觉出来巴黎圣母院正面的每个部分都是为了引出尖顶而设计的，就是一个尖顶的底座。看完大体轮廓，我们再继续看建筑细部。看到施工过程中解决的无数的注意事项，凡是懂建造的人一定都会非常惊讶。实际施工者谨慎小心，艺术家充满胆量和活力、充满创造力和想象力，这两者是如何结合得如此之好的？仔细看线脚和雕塑，我们发现建筑师运用了一些很可靠的方法。他们很小心地遵循着某些原则，对建筑效果的欣赏能力很高，艺术风格的纯粹是现代艺术无可比拟的。建造上既精致又大胆，毫不夸张，这些优点都要归功于对建筑形式的热爱与研究。我们或许会问，如果不是源于想象力，那时的艺术家们如何如此卓越？谁教会他们制造气势宏伟的建筑效果？谁向他们推荐这些新颖的形式？他们从哪里学到那种对适度的把握？

1–302

巴黎圣母院的正立面还让人们看到了法国开始拥有自己的建筑的时候，法国建筑师独特的优点：统一中的不同。乍一看，大门似乎是对称的，其实左边门与右边门是不一样的[1]。显然，建筑师们很喜欢变化多样的形式。北塔（左边的）也比南塔略大。北塔那边长廊上的柱间拱比另一边更朴实更坚固。根据惯例，我们可以总结出：两座石头尖塔尽管体量均衡，看上去差不多，细部却是有很多不同的。我们知道，多样性在西方人看来有多么重要。就像同时期其他建筑一样，在这里，建筑师不可能重复设计相同的细部：他会给每座塔画各自的设计图。他宁愿承担因此产生的更多的工作量，也不愿意叫工人做出两个一模一样的巨大塔楼，这会让他极为厌倦。很多人会对这种拒绝绝对对称的不同设计不以为然，然而，不可否认，这种对多样性的追求展现了一种智力上的努力——不断追求更好，或者可以说，一种争胜之心，这符合我们西方特质。在细部这种多样性更明显。因此，尽管外形相似，布局相

1　右边门主体部分的装饰由12世纪雕塑的一些断片组成。看来在重建巴黎圣母院正立面的时候，建筑师们希望保留原有建筑最好的遗存。（参见《话巴黎圣母院》(*Description de Notre-Dame*)，德·纪埃米，维奥莱·勒·迪克著（MM. de Guilhermy，Viollet-le-Duc），1856. Bance.）

同的柱头都是不一样的。雕塑师遵循整体设计原则，但每个人都想贡献点自己的东西。

从概念的角度来看，罗马风艺术远不及巴黎圣母院那么雄伟壮观；细部和世俗艺术家们采用的形式也大相径庭。世俗流派可以看作是一种现代观念对传统的反抗，一种朝气蓬勃、朝着现代思想所孕育的文明的努力，一种不断进步。

1-303

然而，有人会说：在欧洲，像巴黎大教堂这样的立面只有一个。这话不假。尽管大量的例子在艺术方面并未证明什么，尽管只有一部《伊利亚特》，却无法由此断言在艺术和诗歌领域，杰作的产生是完全独立的，是个例外。事实上，它是一类思想的概括，或者说表达。正相反，在艺术昌盛的年代，能够在一个单一的组合中整合所有特征是时代所特有的能力。此外，如果十三世纪的世俗艺术家们有机会、有办法竖起其他和圣母院正立面同等重要的建筑，那我们就难以估量他们可能会取得些什么成就。巴黎圣母院是唯一一座经过不懈努力竖立起来的建筑，却还是没有完工。在拉昂，桑利，亚眠，我们能发现同一时代概念的表达，但都有所改变，或是不完整，或是未完成。每一个都有属于自己的独特种类，表现出独特的美。

在艺术发展繁荣的时候，所有的一切都得到普遍的发展。无论是农舍还是皇宫，无论是卑微的乡村教堂还是繁华都市里的大教堂，人们都赋予其高贵的品质。这些在艺术的繁荣时期得到了普遍的发展。艺术的香气从最不矫揉造作的希腊建筑那里散发，从最富丽堂皇的庙宇散发。庞贝城那些由石灰华（tufa）和砖筑成的小屋和城市里的公共建筑一样，都是艺术作品。假如某一个时代视艺术为奢侈之事，为上流社会的专有领地，或者是只适合用于特定公共建筑的表层装饰，这样的时代或许会有一个很好的政府，但肯定不是一个文明的时代；痛苦的纷争会随后而起。精神上的愉悦和物质上的愉悦一样，如果仅限于特权阶级，会引起愤怒和嫉妒。只有极少数的人能读书识字的时候，无知识的大众一旦夺权，会满怀愤恨地焚烧书籍，就像他们焚烧奢华的城堡一样，那里充满着物质生活的奢侈品。让读书普及，图书馆书架上的书籍必然会安然无恙。让艺术成为某种奢侈品，或者把艺术只和财富相联系，无论是对于艺术还是对于那些享受艺术的人来说都是很危险的。故而，容许艺术具有普遍性对所有人而言都是很重要的；在各处给予其地位，向所有人灌输——尤其是艺术家，这样的思想：建筑艺术不在于是否运用昂贵的大理石，也不在于有多少装饰，而在于建筑形式是否独特，建筑需求是否得到了真实的表达。根据英明的法则和优秀的设计进行的线脚切割比起不考虑其位置和效果而进行的切割花费更少。

1-304

13 世纪世俗流派创造的艺术从本质上说是民主的，得到四处散播。乡村人为他们的小教堂自豪，骑士为领主的庄园自豪；同样，城市居民为自己的大教堂骄傲，国王也觉得他的皇宫了不起。对艺术家来说，只会欣赏称赞过去的艺术是不够的，抄袭过去的艺术更是承认自己无能：他必须理解那些艺术，受其浸染，然后从其中提炼出适合艺术家自己那个时代的东西。必须把形式看作是思想的表达。如果一个形体式的存在理由得不到解释，就不可能美丽；建筑中的任何形式，如果不是由结构产生，就应当废弃。

我不认为这些法则会让人有太多束缚。法国世俗流派的建筑师们严格地遵循着这些法则，尤其是在流派刚刚发展起来的时候。即便在最简单的建筑里，我们也能看见这些法则的运用。让我们拿勃艮第的小建筑来举个例子。那些小房子都是粗石建成，料石用得很少。让我们来到蒙特利尔教堂。[1] 这是一个乡村教堂。在这里，我们看不到任何累赘的东西。整个建筑就体现了建筑自身。墙面是粗石作，只有柱子是用料石做的。然而，我们却在这幢简单的建筑物里发现了一种充满了优雅的艺术。为数不多的线脚有一种无法比拟的美，制作上完美到可以和黄金时期的希腊线脚相媲美。稀稀落落的几尊雕塑无拘无束，和简单的建筑物相得益彰。让我们仔细看看走道的壁柱；（图 7–19）一根圆柱占据其三分之一直径，支撑着横向拱 A。为了给附墙拱肋 B、穹棱 C、第二道横拱一个基脚作支撑，建筑师在墙墩 D 上面加了两道带线脚的托臂石层；他很清楚，如果抬高与附墙拱肋（wall–rib）E 垂直的支柱 D，圆柱就没什么价值了，石头也派不上用场。理性和本能促使他采用这种简单的组合办法，这种方法同时也能起装饰作用。注意观察柱顶的线脚 G 中间挖空以后如何显得轻巧起来。这么做是为了在光线漫射的室内，制造明显的阴影，而不会削弱这道薄薄的要承重的石层的力量。有些墩柱如 H 是方形的，为了通行方便，边角被切掉了。注意看这些基座合理的组合——如何从方形的底座和中间的 I 层过渡到多边形部分；收角 K 的曲线多么优美，显得多么牢固；形式是如何与建造协调一致的。艺术通过这么简单的方式展现自身，这样的艺术是完整的，很给人启发。还有无数其他细节值得探讨，如果一一分析，恐怕远不是本书能及。在这里，我仅指出其中一些，以说明 13 世纪初的世俗流派建筑师们是如何继续努力采用新形式的。

1–305

1–306

我们还是以线脚为例，因为线脚在建筑里有两方面的重要性，既有实用价值，又有审美价值。实用是因为它们有实际的功能；审美方面呢，是因为建筑师总会给线脚一定的形式与特质，以表达它的功能。当线脚满足了功能上的要求，而且造型上也极为适合该功能，并且看起来很舒服，那它就具备了自己的风格特征。如果发现建筑的线脚满足这些条件，那可以说该建筑艺术达到了很高水平，是经过精心雕琢的。相反，如果某种建筑风格的建筑到处都是设计目的不明确、仅起装饰作用的线脚，那么它就缺乏一种风格最本质的东西。我们所熟悉的所有建筑风格里，只有希腊建筑和中世纪世俗流派

1 距离阿瓦隆 6 英里。蒙特利尔教堂建于 12 世纪末。

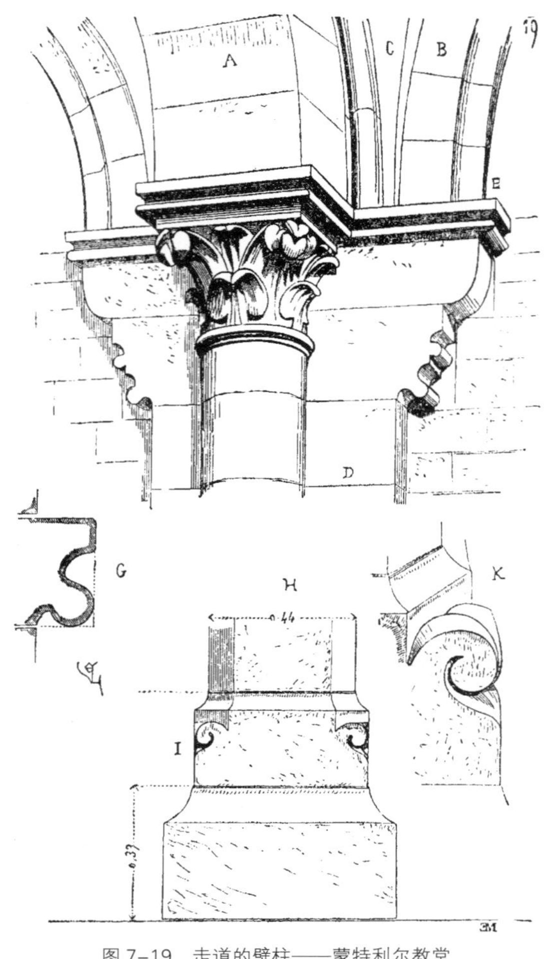

图 7–19 走道的壁柱——蒙特利尔教堂

建筑的线脚同时满足理性和品味的需求。真遗憾我没能这么评价罗马建筑。罗马建筑不具备这一优点，除了它卑躬屈膝地模仿希腊艺术和伊特鲁里亚艺术时。帝国时代罗马建筑的线脚，自图拉真大帝开始，无非是对希腊线脚的模仿，越发衰弱无力了。另一方面，15 世纪、16 世纪文艺复兴时期意大利和法国建筑的线脚只是沿袭了古典艺术在其相对高贵时期的传统。这一传统有些混乱，叫人摸不着头脑。艺术家们随意勾画，公众也漠不关心。线脚退化了。在我看来，如果某样事物在罗马人眼中只是一个细节，多少能感受到却没什么重大意义，那他们是不会重视的。相反，在法国罗马风建筑时期，建筑师细心研究了建筑艺术中这一非常重要的部分，对衰落时期建筑艺术所遗留的线脚形式进行提炼、净化——如果我可以用这个词的话，而没有对其全面否定。我们发现，罗马式样总是作为起点，不过，12 世纪末情形就不同了。那会儿，无论是线脚还是建造方法，抑或雕塑，都有了全新的形式。

举几个例子。希腊人不会在多立克柱下摆放底座，而把这个底部构件留给了爱奥尼柱。希腊人很早就会在柱子下面摆放底座。迈锡尼阿特柔斯宝库（the treasury of Atreus at Mycenae）前面的柱子底座在特质上几乎接近波斯和亚述人的线脚。比多立克更古老的爱奥尼柱式有底座，而爱奥尼柱式明显是来自亚洲的舶来品；而多立克柱式看上去起源于希腊本土。在挪用爱奥尼柱式的过程中，希腊人习惯性地对它进行了改造加工，不过仍然保留了传统构件。希腊人对什么东西合适很敏感。在柱底再放一个只会挡路的外凸底座（socle）在他们看来很让人讨厌。同样，在保留爱奥尼柱式的基座时，他们很小心，不会用方形的底座。伊瑞克翁神庙的爱奥尼柱式底座像圆柱一样圆。大柱廊的圆柱轮廓如图 7–20 所示；小柱廊的如图 7–21。如此细弱的线脚，如此分明的边线，只有大理石适合做这样的柱子。可以推测，希腊的流浪汉不像我们的那样有破坏性，不然就是不允许他们进入柱廊，否则他们一定会为了取乐破坏边缘的各个角。这些线脚当然比那些亚洲柱子漂亮许多。不过我觉得图 7–20 中基座外廓线 A 的设计似乎无法用理性或品味来解释。我唯一能理解的是，建筑师希望在细长的外廓线下能有轮廓分明的阴影，从而突

1–307

1–308

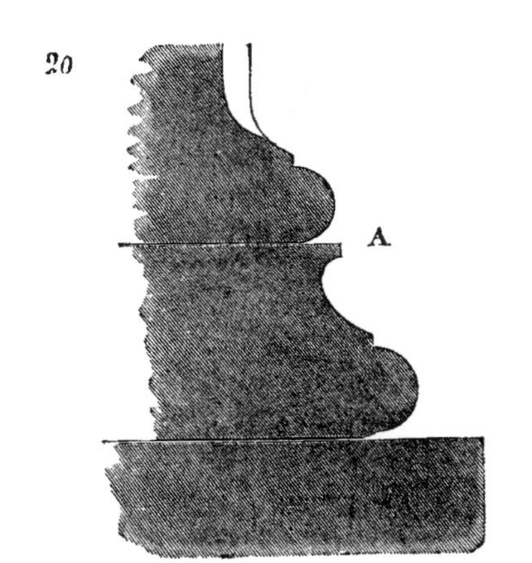

图 7–20　基座外廓线——伊瑞克提翁神庙大柱廊

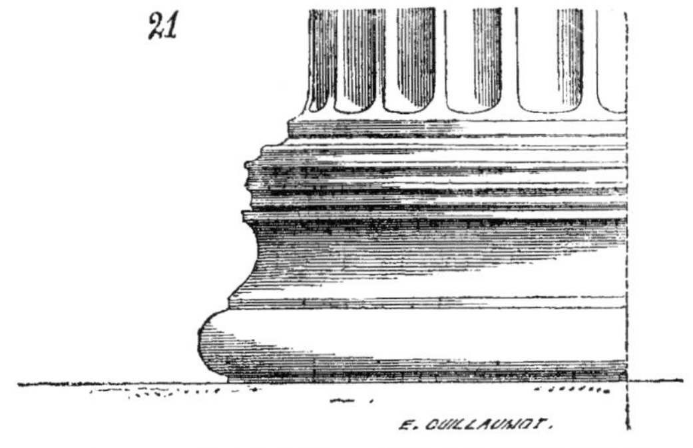

图 7–21　基座外廓线——伊瑞克提翁神庙小柱廊

出上部的半圆线脚．爱奥尼柱式和科林斯柱式的罗马底座我们就不讲了，大家都很熟悉。帝国时期，底座是方的，四个外突的角很容易受重压而裂开，对行人的脚来说只是个障碍。继续回到法国，首先注意到，早在罗马风建筑时期基座线脚就和希腊的类似（图 7–22）。[1]A 层是圆的，架在十边形的底座 B 上。画出这个底部轮廓的罗马风建筑师很可能对雅典的伊瑞克仙神庙不太熟悉。他也许见过适合这部分的拜占庭式线脚。不过，很显然，他本能地放弃了罗马线脚——那会儿邻近地区用罗马线脚的可不少，特别是用直接接地的基座代替了方形底座。这里，我们看见了一些尝试，但其中还观察不到什么方法。12 世纪末，基座线脚发生了变化，有了特别的形式。底部的柱脚圆盘（torus）变平了，似乎更合适待在底座（plinth）上。底座又出现了，不过边角常有些倾斜；方形底座 AB 的角上常会有一些附属物，刻出底部的柱脚圆盘。

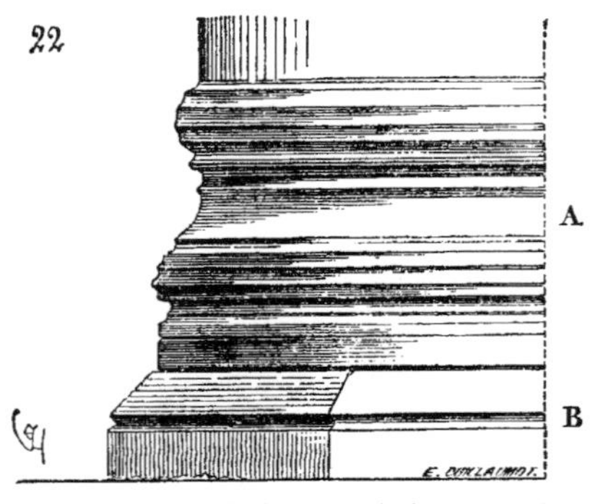

图 7–22 罗马风基座的外轮廓线——11 世纪

1–309 图 7–23 是这一时期的一些基座线脚。E 是约讷省（Yonne）蒙特利尔教堂的线脚，F 是维泽莱教堂唱诗班的线脚（the choir of the Church of Vezelay）；G 则是塔恩－加龙省（Tarn–et–Garonne）圣安东宁的市政厅（the 1–310 Hotel de Ville at Saint–Antonin），柱础 K 也是。为了防止变平，也为了避免下沉，柱子没有凹线（apophyge）或中空的凹形嵌线（conge）；上部的柱脚圆盘明显突出，上部的扁带饰（listel）正面略微倾斜，清晰可见。底座的摆放低于眼睛的高度。凹弧边饰（scotia）深深下陷，不过其倾斜度足够饱满可以给线脚力量；为了能让人们看清楚其正面，凹形边饰下面的扁带饰也略作倾斜。底部的柱脚圆盘和底座接合得很好：接着是附属构件（爪饰），以 D 图表示。它有不同的形状，大都是以植物为原型。爪饰加固了不起什么实际作用的基座边角。要注意柱础 G 的上部的柱脚圆盘，人们水平地刻了凹槽，像希腊柱础的柱脚圆盘一样。我想补充的是，这些柱础都是用很硬的石头做成，其准确度以及形状上的完美程度即便是我们技术最好的工人也望尘莫及。在

1 讷韦尔圣艾蒂安教堂唱诗班的柱子底座（11 世纪）。

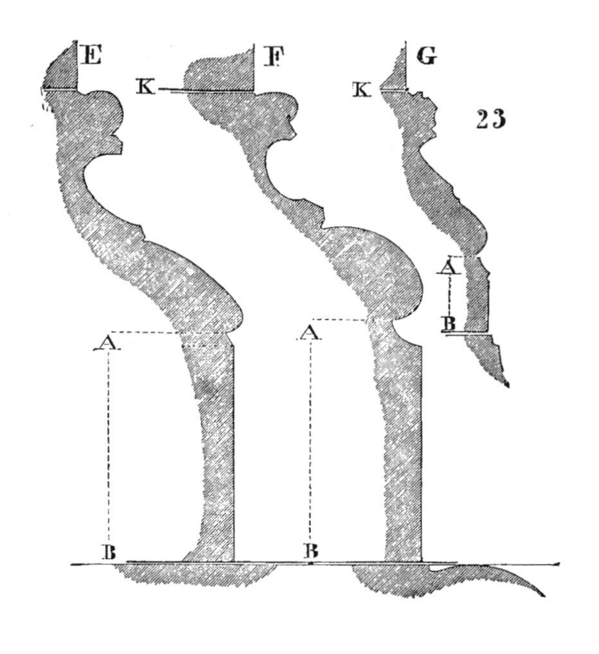

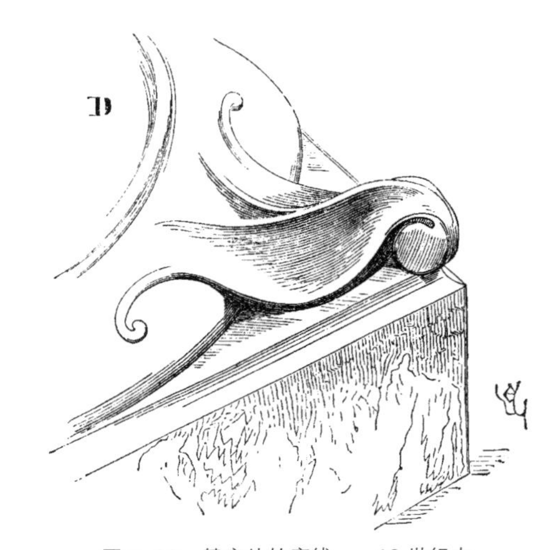

图 7-23　基座外轮廓线——12 世纪末

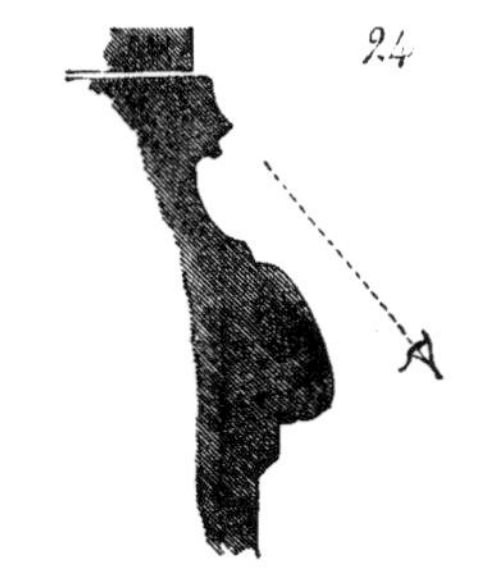

图 7-24　柱脚抬高的基座外轮廓线

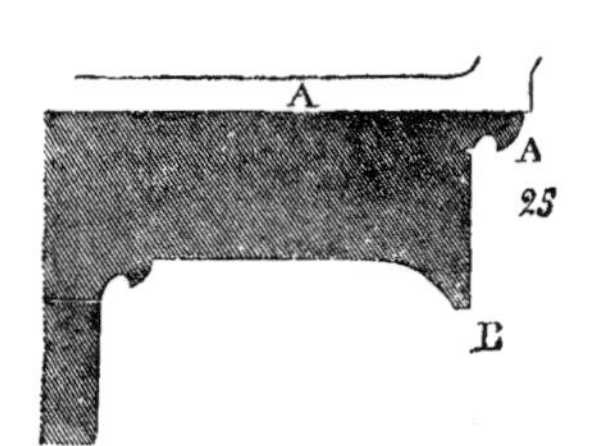

图 7-25　希腊檐口的剖面

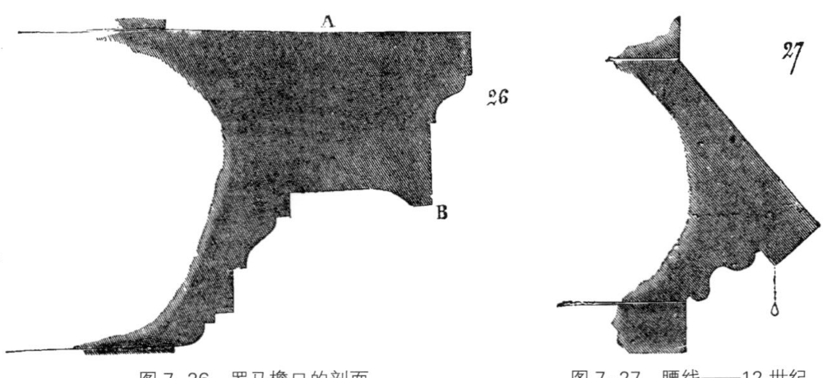

图 7-26　罗马檐口的剖面　　图 7-27　腰线——12 世纪

罗马建筑中，无论是立在地面的柱子，还是人们从下面观看的组成长廊的柱子，柱础的形式不会有什么变动。而我们的建筑呢，线脚会有所调整以适应其所在位置。如果柱子立在空中，为了让柱础线脚各部分都清晰可见，人们会对其进行一定的改进。

希腊的檐和它的位置很匹配；总给建筑物加了个华盖。上表层 A，如图 7-25 所示，支撑着一个檐槽（gutter），下面是滴水槽（drip）A 和 B。罗马的檐把建筑物分成了两层，如图 7-26。上层接雨水，挡雪花，使得落在 A 的 1-311 雨雪流过整个 AB 面，然后才抵达滴水槽 B，最后离开石块。我们该怎么看这种罗马檐呢？我们 12 世纪的建筑师不会在两层楼之间设檐，而是设一道简单的腰线，其剖面如图 7-27 所示，以尽快甩掉雨水。如果想用线脚来装饰拱，他们会细心选择和拱的力度相匹配的线脚，尽可能少地切割石头，避免下沉。希腊人，以及更夸张的罗马人，似乎不太在乎用多少石料和人力。所有的石头从采石场采来的时候都是平行六边形的。因此，如果我们想让建筑物中的石块有外突的效果，只能通过削减石块的厚度来解决。例如，图 7-28，如果想在表面石材上做线脚 A，就必须在表层削减 BC 那么厚的一块。这样 1-312 做既耗费石材也耗费人力。如果把 E 点的基底移到 D 点就可以避免这个问题。希腊人认为每个柱础都应该放大，并且贴合地面。这种想法不是没有理由的。因此，他们很重视在柱础上用线脚。这样可以给人一种稳定感。这种稳定感不仅是通过柱脚形式产生，而且在垂直柱面和底部伸展的部分之间不设基座层也能产生。这是希腊建筑系统的产物，源于最简单的静力学原理。不过，在 12 世纪，原始的稳定体系被新的体系替代——依靠力量相互抵消达到平衡。在支撑物底部做底脚或让它向外突这种做法没什么用，而且很危险。它会影响平衡体系。如果柱子只承受垂直方向的力，那么给柱身最底部的底座加一个柱座凹线是很合理的，如图 7-29。它可以让给柱身加一个柱脚——加宽的柱脚；可是，如果柱子要承受侧向力，并且力量相互抵消以转化成竖向力，可没法这么肯定地计算出结果。让每个平衡体系都能找到自己的重心，允许

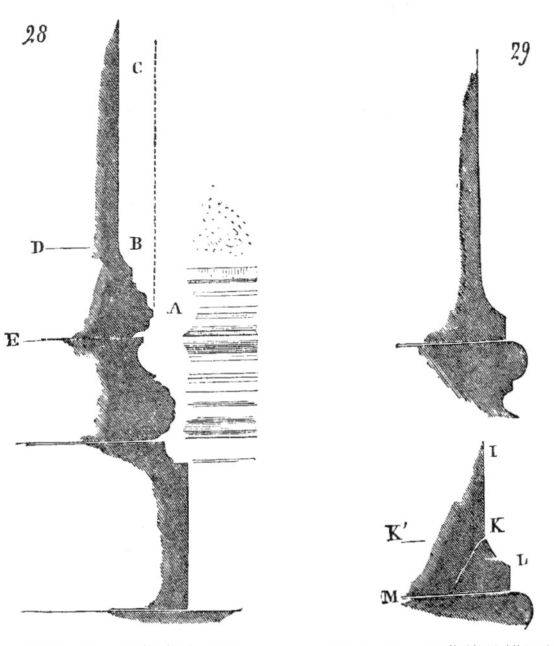

图 7–28　凹曲线的采用　　　　图 7–29　凹曲线的错误使用

结构的相对位移是必要的；如果 IK 连线发生倾斜，柱身底部突出部分会使柱座凹线变平。因此，底座不应该放在 M 点，而应该放在 K' 点。底座放在 K' 点后，柱座凹线——线脚 KL 的扩宽，就会显得不合理了。故而，我们能看到如图 7–23 的 12 世纪末柱础线脚。 1–313

罗马风建筑流派会让线脚服从建造需要；这方面看，该流派是领先于罗马帝国建筑的。后者不太重视形式与结构的和谐。而 12 世纪世俗建筑师们则把罗马风建筑师的这一意识作为法则确立了下来。从那以后，线脚的设计首先必须是有目的的；其次要和石层的厚度严格一致；最后，还要让石头尽可能少地内凹。这样才能让材料损失得最少。材料很贵，消减得越多，花费就越多。突出的线脚不能形成面，而罗马建筑里这种线脚很多。如图 7–30（1），罗马人从采石场采来石头以后，想做一条腰线，会画出断面 A，底座放在 C 点，整个凹陷部分 B 都浪费了。12 世纪的建筑师呢，如图 7–30（2），会用一道薄石层 A 做腰线，在 B 点设底座，这样可以尽可能少地挖掉材料，也不会有下沉。这条规则是绝不允许例外的。对那一时期的一些建筑进行研究就能发现这一点。建造上如此审慎地运用材料，这一点是值得赞扬的。想想阿格里真托的巨人巴西利卡，外柱，内柱，甚至是女像柱皆由多道石层组成，有很多垂直的结合点。建筑材料都是墙石，和建筑物的尺度形成比例。我不得不承认，希腊人追求的就是他们认为美丽的形体。为了达到这一目的，不在乎用什么方法。我认可他们在结构外面涂一层灰泥的做法，这样可以掩盖建造物和实际外形的差距。我喜欢他们的建筑形体。我从他们的角度看问题，不 1–314

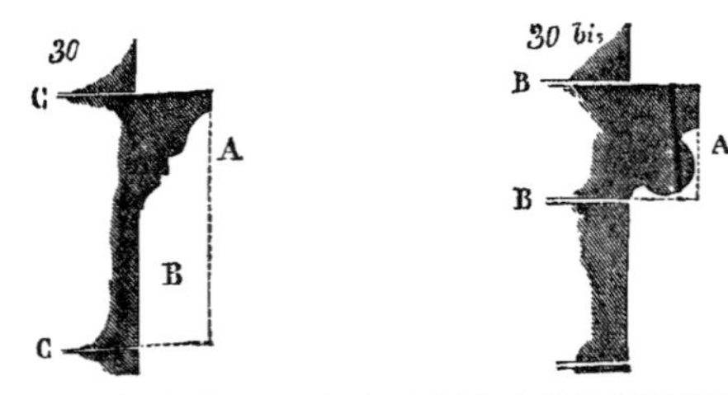

图 7-30（1）图 7-30（2） 罗马和中世纪轮廓线比较

会指责他们。不管怎样，如果我看见一幢建筑物形体优美，并且符合结构需要；如果我觉得该建筑的结构以及所运用的材料对建筑形体起了作用，我便会欣赏，便会满足。如果希腊人运用了最后这些法则，他们很可能会和我们的艺术家一样做，因为两者是按照相同的方式进行推理的。不过，既然刚开始就采用了相反的法则，那结果肯定也大不一样。希腊人都是杰出的艺术家。在他们看来，建造（非常简单，只能用于非常简单的建筑）是一种手段，不用太当回事。而我们中世纪的建筑师都是技巧熟练的施工者，必须盖又大又复杂的房子。他们有本事用最简单的办法让形体和结构十分和谐。

希腊人首先要保证的是形体，并且让结构符合形体的要求。希腊人天生就能找到那种既漂亮又简单的形体。他们的建造方法也是很简单的，没什么比这逻辑上更前后一致的了。12 世纪的世俗建筑师受着当时环境力量和新要求的引领，受着现代精神的鼓舞，采用了精致复杂的结构。他们刻意不去隐藏结构，而是用最自然的形体把它表达出来。我们又要说，没什么比这逻辑上更前后一致了。我当然承认伯里克利的时代比菲利普·奥古斯都（Philip Augustus）的时代更高贵，跟伊科蒂诺（Ictinus）同处一个时代肯定比跟皮埃尔·德·科尔比（Pierre de Corbie）同处一个时代好。不过这种愿望遗憾之类对我们没什么帮助。我们不能无视处于中间的时期，也不能不理会它们带来的新观念、新要求、新尝试、新发现。听见有人说要进步就要先倒退 20 个世纪这样的言论，我们会惊讶。事实上，如果要进步，我们必须知道在这条路上已经走了多远，积累了多少东西；12 世纪、13 世纪是艺术史上最能发人深思的阶段，因为这个阶段见证了朝着现代思想迈进的理知运动（intellectual movement）的兴起。这一大规模运动是世俗精神抵抗传统、寻觅新方法、运用新形式的结果。我们能断言世俗流派发现了艺术最后、最完善的表达方式吗？当然不能。它所跨越的进步阶段是高贵的，这样的进步让我们不能忽视它。“然而，”——或许会有反对之声说，“我们承认力量（power）是这一时期的符号，它给了艺术相当大的发展动力。从那时起，艺术有了更大的发展。你难道对自此发生的一切都不予考虑？你坚持说我们不应该倒退，那你能抹去 6 个世纪，把我们带到过去的艺术之中？”对此，我认为，6 个世纪或 20 个世纪的倒退其实是一回事。16 世纪提出要复兴古典艺术的人有他们的理

1-315

由。我会努力让大家看到这种尝试的正当性。不过，要在今天模仿这种回归，让它成为永恒，无异于让一个年轻强壮的身体生活在死尸中间——催着它夭折。我们喜欢各种坟墓的样子，可我们不会住在里面。读逝者的作品是一回事，用逝者的裹尸布装扮自己可是另一回事。我们的目标不是要回到伯里克利、奥古斯都，或者圣路易时代，而是要调查研究那些时代的历史。在那时，艺术是文明鲜活的表达方式；艺术有足够的能量发展出新的法则。我们的目标应该是从他们积累的财富中获益，而不是丢弃这些财富，哪怕是一丝一毫。我们应该知道那些各不相同的法则，让艺术家的注意力停留在那些永远真实、合适而且重要的东西上。

希腊人生活在一片美丽的天空下，没有雾霭沉沉的大气层；他们定居在一个群山海湾交错的国度，有丰富而且漂亮的建筑材料。他们采用了最适宜当地气候的建筑，材料任由他们选用。他们智力的发展达到了一个小范围的国家和那种由商人和思想家组成的共同体能够有的程度。他们的艺术发展到一群受启蒙的业余爱好者能达到的水平。所有这些激起随后一代代的嫉妒与遗憾；而我要问的是：在那个尤受老天偏爱的社会和我们基督教国家之间有什么可比的呢？希腊统一是一个从未实现的梦想，至少在古典时期是这样。那些小城邦只有在面临共同危险，将危及自身存亡和自由时才会联合起来。危机过去，他们彼此之间继续冲突不断。随着文明的进展，他们的斗争也越发频繁。在西方，一切正相反——我这里说的西方仅指法国——最重要的、占主导地位的思想是统一。艺术是保证统一最有力的方式之一。即便和当今的要求没什么关系，仅这一点它就是值得研究的。罗马帝国建筑中我们要欣赏的是它对一个强大组织的展现；不过在这种展现中，我们常能看到一种对艺术形式的不屑，还有对艺术家自由与个性明显的鄙夷。希腊人却相反。在他们的鼎盛时期，艺术是服从批评的。如果他们希望自己的建筑物作为整体，表达的是政治和宗教机构的合理需要，希望保留大建筑的宏伟，他们也不会因此牺牲细部，不会觉得研究思考线脚的设计有损艺术家尊严。在罗马人那里，我看到了能干的管理人员。他们思想自由，在艺术上不会把自己的观点强加于别人，也很少思考这一领域独有的问题。我承认，这正表现了罗马人对那种艺术家独有的东西的鄙夷——那种把艺术家和艺术相连的东西，就像和某种信念相连。罗马人虽然鄙视，但至少他不会迫害艺术家，不会瞎干涉艺术问题；罗马人远远地在一旁冷眼看着信仰的形式；他只要人们尊重法律，服从管理政治体系；除此以外，不太关心你是用何种形式来完成指定方案的；这是你的事，与他无关。然而，艺术在这里很像是一种信仰形式——仅有对艺术的宽容是不够的。它还需要支持。艺术寻找着支持，激发着人们对它的赞同。如果人们对艺术的态度仅称得上是不敌对，既不支持也不批判，艺术在这样的环境中发展必然会由于缺乏动力而衰退。这正解释了为什么在一个

1–316

繁荣富强的国家艺术会衰落，比如君士坦丁以前的罗马帝国。相反，如果一个民族被自然赋予了艺术创造力，这种创造力限制或引领着他们，那我们无须担心在这样一个民族中，艺术会衰落。约束力会让所有的信仰有灵活性，也会让艺术变得灵活。

1-317

法国和希腊一样，某个时代欲排挤的艺术家反而会对那个时代的艺术产生很大的影响。罗马人在公元1世纪就能确立一种官方艺术，而在法国，无论如何努力，都不可能做到这一点。因为在我们的艺术领域，调查和批评有一种潜移默化的影响力，四处散播，尤其在工匠中间，他们对建筑师来说可是不可或缺的。建筑的胜利只限于这样的时代：艺术真正受艺术家控制，艺术家可以独立地进行艺术创作。事实上，任何一个有脑子的人，如果考虑到哪怕是最微不足道的建筑项目，在建造过程中的物质困难，比如项目本身的性质，运用的材料，花费，空间等等；建筑艺术、比例、和谐感所要求的必须满足的条件；每个建造问题中的各种细节；还有各种材料经过塑形、制作、浇铸、锻造之后如何进行组合，才能达到需要的整体效果等等：我说的是每一个有脑子的、考虑到这些的人，都会觉得如果我们想要有自己的建筑，建筑师必须独自解决这些复杂的问题，而不能受某种绝对而又模糊的控制侵扰。这种控制可能会让他们带着抵触地屈服，也会影响他们的工作。我们还要考虑到，为了证明他们要求独立是正当的——这种独立让艺术家可以进行合适的艺术创作，建筑师必须让自己非常熟悉各种建造方式，这样便不会被难倒。在研究古建筑的过程中，尤其是黄金时期的古希腊和法国中世纪的建筑，我们已经发现艺术大师同时也是施工大师。当面临新要求时，他们会创造出新的模式，不会因此放弃艺术法则。希腊人的施工手段水平如此之高，几近完美。他们如此精通这些方式，是它们绝对的主人，以至于他们的想象力和天赋——如果可以这么说的话，绝不会被物质上的困难束缚住。对实际建造进行研究后产生的理念在他们那里不曾被削弱，尽管——必须承认，希腊人采用的建造程序非常简单。中世纪的世俗大师正相反，他们采用复杂的方法，这些方法不妨碍他们的建筑构想。他们保持了自己的自由，无论他们实现建筑构想的方法多么复杂，这些方法都建立在充满智慧的法则的基础之上。这些法则允许各种各样的建造，构成了正确的建筑学：在世俗流派这里，建筑的构想和建筑的实现是一回事。19世纪就完全不是这样。我们常常碰到一些宣称自己是合格的审判官的人，甚至艺术家自己，他们认为，建筑师构思的方案可以由下级人员完成，作者可以不用参与，丝毫不会损害作品的价值。一件建筑作品，像所有其他艺术作品一样，是构想与实现方式之间亲密和谐关系的产物。想象一下，建筑师构思了一个建筑方案，但怎么实行却是由其他人拿主意，这真是很荒唐。这就像两个音乐家，一个作曲，另一个把曲子写下来。一个够格的建筑师设计方案的同时，必然在脑中浮现所用的材料，材料的尺

1-318

度和样子；他还会估测材料的性质和能力范围。他在自己的大脑里建造起需要几年时间施工的房子。他面前的图纸就是泥瓦匠、石匠、木匠、铁匠、砖匠、细木工（joiner）、雕塑师共同工作的场地。这就像一个音乐家，在作曲时，他能听见管弦乐团各种乐器的声音、和声部分的声音和主唱人员的声音。假使要想让大家在乐谱或者建筑中看到原创作者风格的印记，音乐家必须亲自完成各个部分的谱曲，建筑师要告诉工人各个细节怎么做。如果音乐家能指导彩排，建筑师能指挥工人干活，就最好不过了。我们要常常记住，在所有人类劳动的产物里，艺术是最不能容忍缺陷的。要想达到艺术上的完美，就需要天才，至少是天资很高的人。还要有一定的环境，让他能自由地发展自己，能自由地运用自然和人类知识提供的所有资源——这是一条在所有艺术顺利发展的时期都不会被质疑的法则。

第八讲　建筑衰退的原因——影响建筑设计的一些原则——西方尤其是法国的文艺复兴

1-319　建筑既属于科学也属于艺术。建筑构思很大程度上需要推理和计算。所以，建筑设计不是单纯的想象过程，而要遵循各种人们有条不紊地运用着的规则，必须考虑到施工方法，这些方法是受限制的。[1]画家和雕塑家可以一边构思，一边动手，无须外力帮助。建筑师可不行。一方面是实际的建筑需要、预算、选址；另一方面是建筑材料的性质和材料使用的方法，这些都会限制建筑师。建筑师进行建筑设计的时候首先要考虑各种会对他的作品产生影响的因素。看来建筑师若要学会设计，就必须学会在一份建筑要求说明书递给他的时候，对建筑作品在施工过程中要应对的各种情形都要了然于心。

这不是我们的建筑师习惯的培养方式。不管怎样，在这件事上，我们应该坚持。一方面，人们说建筑师会让委托其工作的个体或集体涉及巨额的花费，1-320 他们却不太愿意研究项目的材料需求或实际操作；他们的目标是竖起能给自己脸上贴金的大楼，而不是满足由当时的需要和习惯；他们总在研究过去的形式，而不去努力寻找适合我们这个时代的建筑。另一方面，他们接受的是一系列国家指导的教育。这种教育只教会了他们如何根据方案做设计，而方案常常是很模糊的，离当代的建筑要求很远。在工作中，也没人告诉他们有关造价、选址、所有材料或者当地建筑模式等方面的信息。我们的教育只会给学生看一些建筑形式，这些建筑形式大都是前人的艺术成果，是属于别人的。然后多少对这些建筑形式进行一定的阐释。对于现代设备带来的大胆创新，教育却无动于衷。它会多年在同一个圈子里打转。最后，作为对那些遵守它的清规戒律的人的最高奖赏，它会派学生去罗马或雅典，然后让他们第一百次地设计建造竞技场或帕提农神庙的复制品。种瓜得瓜，种豆得豆。我们实在不应该责怪建筑师们，因为是我们使他们变成现在这样。如果觉得教育的结果不尽人意，就去改变它；如果觉得还行，那就别抱怨结果。确实，与这种受限制的教育同时存在的，还有一种完全的自由。不过很少有人能利用这种自由。原因在这里说了也没用。另外，这种不受限制的自由也有不好的地方。

1　可以参阅卡特勒梅尔·德昆西先生（M.Quatremere de Quincy）的《建筑辞典》（*Dictionnaire d'Architecture*）；在“构成”这一词条下，可以发现这位著名作者对建筑设计讨论得不够充分。尽管如此，这样的段落还是值得关注：“一个正在着手设计的建筑师要关心自己的设计通过何种方法实现这样的问题。没什么比这对他更重要的了。因此，让学建筑的学生学会结合施工方法考虑自己的设计这样的训练再早也不为过。学建筑设计远不止是对着图纸想像，不止是画出让眼睛看得舒服的对称、多样的平面图，也不是作出有新颖的轮廓和外形的立面图。那些大肆挥霍想象力的努力的结果常常在实践中根本无法实行，或是实行起来要花费巨资。”

它有时会让喜欢自由的人走上一条反常的路。一方面是学术寡头统治，另一方面是完全没有方法指导的无政府状态，建筑师们真不知道从何处寻找大家想要的东西了——这便是我们这个时代艺术的特点。情况如此糟糕，建筑在法国还能保持受人尊敬的地位，算是让人惊讶了：这也证明了我们在研究和实践建筑艺术上有着多高的天资。如果教育卓有成效，或是建筑艺术变得自由，我们仍能恢复它的崇高地位，只要它不故步自封，不止步于刚刚开始的阶段或像古罗马贵族对待封地一样自我保护。我们看到，各流派是在（建筑艺术）衰落的时期变得四分五裂、极度排外的。他们坚守公式教条，而不是法则；他们放弃宽阔的理性之路，以保持尊严为借口，保持沉默。他们要求自己的成员绝对服从流派的条例，甚至是虚幻的条例。在这种状态中，人们追寻的不再是有趣的艺术——它只能存在于智力的活动和自由的讨论中，只能靠不断引入新元素，靠受制于理性的自由而存活并且发展。人们追寻的是某个流派的胜利和主导地位。 1–321

自 13 世纪和路易十四统治以来，没有哪个年代像当代这样竖起了这么多建筑。可是(在这里，我只是重复一个普遍的观点)，城市里到处新建的建筑——至少就设计而言——看起来不是在艺术的黄金时代认可的那些法则的基础上建立起来的，更不是在新法则的基础上建立的。[1] 尽管花了大价钱，用了很多材料，可以说是过量了，使用材料的方法常常有违材料的性质，在这些建筑里看不到和谐，没有那种向人们表明现代文明的需要和品味的东西。这些建筑只是对古代建筑的回忆，并不是出于理性的动机，它们常会让人想到古希腊或古罗马建筑（尤其是古罗马），或者是 16 世纪、17 世纪的意大利或法国建筑。然而，施工的完成，材料的漂亮，都不能使我们忘记这些建筑缺乏思想，缺乏让人容易理解的方法，缺乏统一性和个性。这些品质使各时期的艺术相互区别，无论该艺术在历史上的地位多么低下。所有这些缺陷都很明显，即便是对艺术理论和实践不熟悉的人也会感到震惊。

难道我们已经处于无可救药的衰退时期？不再奢望建筑能把自己从被拉拽前行的车辙里解放出来？邪恶无法得到根治了吗？我们难道已经沦落到这样的地步：只能复制罗马人、希腊人的作品——而且复制的方式在熟悉希腊建筑的人看来很不成熟，复制中世纪、文艺复兴时期、路易十四时代的建筑，甚至复制 18 世纪末那些蹩脚的建筑。然后，因为我们没有能力做出点更了不起的成绩，便又回到罗马建筑那里，开始新一轮的模仿。在建筑艺术的这些不同形式之外或之上，难道没有某些不变的法则，能够产生多样的结果，而 1–322

1　否认近期这些建筑艺术上的某些优点是不公平的。我首先要提到的是巴黎中央市场大厅（the central Market–halls of Paris）。该建筑把这些宏大结构的目的表达得很清楚。我相信，如果所有的公共建筑都像这样尊重建筑要求和人们的习惯——如果它们大胆地表明建造方式的话——它们会有时代的特征，能为自己找到漂亮清晰的艺术形式。我提到的这个例子里，在方案的要求与运用的材料之间有一种顺应关系，结果呢，在我看来是建了一幢很好的房子。建造的初衷可能并不是要“创造一件艺术作品。”因此，这样的目标以后应该放弃；这将保证我们的艺术作品是文明的真实表达。

且当有新的需求时，能够很敏感地觉察到新的表达方式？难道这些法则是参不透的谜，只为少数人知晓？难道不是所有人都能运用？——不：衰退并非必不可免；邪恶也非无法治愈；是时候思考现在的状态了。我们要充分利用可用的关键元素，不要只对流派纷争感兴趣，而要完全关注一种艺术的趣味性。这种艺术在每个人看来都是文明最显著的表达方式。这一艺术整个领域都应该服从合理明智的仔细研究。如果需要，我们也要毫不犹豫地与偏见作斗争，不管这些偏见看上去多么值得尊重。

我们不能对大众的评判无动于衷；而是应该聪明地对待它。实在没办法时，可以把它看作是某种权威，毕竟，公共建筑是为公众而建，是公众用，也是公众买单。我同意对大众的评判应该想办法予以一定的教育引导，尽管这些评判从来不像某些人想的那样误入歧途。然而，要做到这一点，不是靠小心翼翼地把艺术法则藏起来，不让世俗的外行了解；也不是靠把建筑变成某种共济会——一种大众没法理解的语言。自 18 世纪以来，建筑已经变得很神秘，其仪式（如果有的话）是普通公众的眼睛看不到的。从圣所中出来的纪念物，虽然十个人里有九个不懂其大意与用处，但大家还是接受了。因为解读建筑教义的人称，这些教义是符合建筑规则的，尽管出于某些原因没有对规则进行解释。有时，在一旁观看而且要为一切掏腰包的公众有些不耐烦了；它很想理解这一切。可随后，它便被告知它不懂这些事，从一开始就没在意它的影响。如果觉得为它建造的建筑不美观不方便，那应该怪自己审美水平不行。教条的守护者满意就够了，他们是唯一合格的判官。在我们这样的时代，当新的观念层出不穷，当所有东西——甚至是社会基础——都服从于讨论时，只有一样东西仍然岿然不动——由神秘的亚略巴古（Areopagus）守卫着的令人费解的建筑教条。外面，人们呼唤属于当代的建筑，属于自己的建筑，呼唤可以理解的建筑，符合公民习惯的建筑。亚略巴古当然不会回应这些轻率无礼的嚣叫；它关起门，强迫它的某个专家说些顺从的话，让人眼花缭乱摸不着头脑，外面的大众越发吵闹不休了。接着该干什么呢？我们该求助于谁呢？当局政府不会假装自己是艺术家，不会卷入艺术讨论，他们有其他事做。他们把责任推给捍卫教条的人，而正是他们宣布那些教条是唯一健康可靠的法则。结果被看作是“最好的世界”。除此之外，我们还能在哪找到试金石呢？“公众不满意了，”你说。“只是些不服气的人这么说——可能是某些杂志，支持者没项目做了。你在哪看到不满的公众？我可是只听到对这楼的片片赞美之声。总有人会嫉妒的吧。法国是一个让人向往的国家，巴黎是当之无愧的首都。在欧洲找不到更开明更可敬的政府了。我们的美术研究会（Académie des Beaux Arts）是建筑精英的集合地，他们是双向选择的。美术学院是这片启蒙与艺术的故土上最自由的机构。哦，公众们，你们还在抱怨什么呢？”对于这样的发问，没有办法回答。

1–323

如果观众向一部戏喝倒彩——尽管这是一部受到最为尊贵的委员会好评的戏，导演也必须尊重这些观众，因为喝倒彩会引起票房收入问题。展览中蹩脚的画作，无论资助人多么了不起，仍然是蹩脚的，画家只能自己留着它。如果大家发现一部文学作品很枯燥乏味，那即便作品得到了扶助，也只能待在书店的书架上。那么，如果一幢差劲的建筑建了起来，我们能做什么呢？毁了它？这个办法既昂贵又困难。好好利用？这才是最明智的选择。

文学、绘画、雕塑对公众的吸引都是真切的。在艺术作品和公众之间没有官方的干涉，不会存在专制或者排外的现象。只要他们愿意，法兰西学术院（Académie Française）、文学院（Académie des Inscriptions）、人文学院（Academy of Moral Sciences），以及绘画学院雕塑学院（Academy of Painting and of Sculpture），都不会排外的，当对文学作品、历史、哲学、绘画或雕塑的欣赏存在问题时，公众意见能让大家认识这些作品。公众意见迟早能适用于它所认可的作家和艺术家，它能打开最古老的大门。在我们的时代，我们看到过此类引人注目的例子。不过建筑不可能这样。建筑师不可能在工作室里盖起公共大楼，于是，他不可能直接吸引公众进行评判。如果不幸和学院机构的观念相左，即便他天资很高，后天又接受了深层次的培养——不过不是在位于美第奇别墅的罗马法国学院接受培养的，他的能力还是没法得到证明，他会发现一路上有很多强大的敌人投反对票。“要不就成为我们中间的一员，要不就什么也不是！”这是每一个不受公众意见约束的团体的格言。一位兄弟建筑师不久前曾写道：“各个流派都很偏狭，难以被说服。”一个团体，如果只招收其规定范围内的成员，只对自己所教的条例、所做的判断负责，在法语里，它被叫作是一个“圈子”（coterie）。设想一下，处在这个位置的都是最能干、最真诚的人。正是因为他们真诚、有学问，又对自己的想法深信不疑，他们会竖起壁垒，对付那些持不同见解的人。要求他们任何不同的行为方式都无异于侮辱了他们的人格和忠实的信念。这种情况下，那些不被学院认可的法则、形式，还有那些在他们看来简直反动的尝试，该如何为大家所知？我们如何能拥有充满青春与活力的艺术？如何能有研究了不同观点、文明不同趋向的艺术作品诞生？艺术作品如何能适应变化的时代需求？说到底，建筑只是思想的一种形式。就像某位诗人说过的，建筑是石头的史诗。如果法国的学院有意愿、有能力阻止新兴的或复兴的观念散播，如果它能使文学只表达受限制的官方思想，用那些已经用了几个世纪的语言——那我想问，抱怨文学作品单调乏味、难以理解、没什么用，这难道不是合情合理的事吗？选择读古书，写写法律文书或商业账单，难道不是更明智的行为？

1–324

在法国，高贵阶层以一种温和的方式热爱着艺术，而底层人民对艺术更是有一种热情。他们的影响力得到了认可。然而，这种影响不能是外部施加的，必须是自由产生的，是开放的、可以讨论的，是不带那种毋庸置疑的说教腔的。1-325 至于建筑，在它的发展中会涉及很多人，当着这些人的面，一系列清晰的推理、明了的论证便足够让那些空洞的说辞变得毫无效力——无论说得多么动听，都只是为了支持学术界那些排外偏执的教条。

有一种广为流传的观点，说艺术家是最不实际的人，总是容易沉浸在幻想之中。如果不是这种偏见使开明的、对艺术感兴趣的公众和艺术家相互对立了起来，我是不会注意到它的。艺术家，尤其是建筑师，是最不可能被幻想驱使的。相反，他们是最实际的人，原因很简单：他们的想象总是马上要变成一件真实的作品。每件艺术作品都是一种具体化了的、可见的形式，一种现实的实现方式，一种体力劳动。它将我们带回一种真实感、可能性之中，感受到那些人类有能力或没有能力实现的东西。因此，艺术家是最讲理的。一个艺术流派，如果它不是什么受保护领地，四周都是要依赖着它的平民——如果它真的是一个流派的话，那它所有的影响和作用都应该源于讨论，源于观点的交流，源于和它对立的法则的竞争；在公众意见的约束下自由地展现自己。

晦涩模糊在所有建筑艺术问题中都存在，更是加速了它的衰退；在法国，我们有时会吹嘘自己的艺术作品比欧洲其他国家都厉害，而这时，英国、德国正在认真、不断地努力，以和我们匹敌，甚至超过我们。当我们还在研究建筑而没有教授建筑艺术的时候——这多亏了我们天生的才能，我们的友邻早就建起了学校。这些学校毫不排外，大胆调查研究过去的原创艺术，寻找构成新艺术的元素。当我们的大奖获得者把自己锁在美第奇别墅里的时候，英国、德国年轻的建筑师们正在四处搜集资料。他们来到法国、意大利、希腊，研究这些国家的建筑方法，并进行比较；参观各种建筑物，试图理解不同时期的艺术。私人协会正在筹建建筑模型和建筑复制品的博物馆，即便是最卑微的民众也能参观这些博物馆。[1]

1-326 以上这些让我总结出，在法国，有关建筑艺术法则的重要问题——如果不能纳入所有人的视野范围内，如果建筑教育没有走上自由道路，那么，建筑比其他艺术更容易助长平庸。我相信，在一个国家，即便不能实践的话，只有每个人都能理解并讨论一种艺术，这个国家才算是真正拥有了这种艺术。我要努力揭开我们的建筑和建筑教育一直躲藏其下的厚面纱。他们想把建筑变成某种神圣的僧侣艺术，被想象的、根本不存在的教条约束着。这教条或是某种缺乏指导法则的公式，或是某种他们自己因为刚入门，所以也无法解读的象形文字——一切只因为根本没有什么教条。我还记得著名的商博良

1 不过，不得不坦白，在英国曾有过一次支持那些独断条例的运动。在近期的一次讨论中，英国下议院（the House of Commons）作出决定，文艺复兴时期的意大利风格应当为政府办公机构采纳。当某个政治实体关心艺术风格问题时，是没什么危险的。政府下令指定的建筑风格，无非是像个帽子之类的；在英国，帕默斯顿爵士（Lord Palmerston）的胜利很可能会使帕拉第奥风格的建筑风行，就是这样。

(Champollion) 如何被从埃及带来的一些图画逗乐的。在这些绘画中，画匠可能是急于要离开沙漠，就复制了一些象形文字的片段，装饰整个柱子表面。于是，就有了“拉门舍贝 (*Ra-men-cheper*)，太阳之子，欢乐的心”被记录为“洗劫了阿拉图城，抢去了所有玉米，砍下了所有的树木”这样的词句，并且重复了 32 遍——这还真不容易做到。正是通过这样一些充满智慧的方式，我们才看到今天被复制的古代建筑的形式。

我们的目标不是要知道古人或今人认为应该给各种柱式什么样的比例；或是应该怎样对待一个建筑构件；或是建筑布局整体和部分实际的传统关系是什么样的。我们要努力解释理性应该如何指挥建筑形式，无论处于文明的哪个阶段；理性是人们普遍具有的，每个人又为何必须能看出建筑物的好坏；公众常常通过本能判断好坏，总体上他们的判断也很少出错，尽管他们说不出赞赏或指责的理由。我们要解释公众如何能够迫使这一同盟会讨论、捍卫自己的法则，如果他们有法则的话，或者使他们解释自己下的判断。为了解读某个具体的方案，我们的目标是解释在某些时期用过的不同的建筑方法，这些时期对艺术发展有很大帮助。

1–327

建筑方案的主要特点通常变化不大，这是因为在文明社会，人类的需要基本相似，只有些微细小的不同之处。然而，不同时间不同地点的天气、传统、行为方式、风俗习惯、品味等等，都会让人们对这些方案有不同的解读。比如说，就建筑目的而言，一座剧院的建筑要求对雅典人和巴黎人来说都是一样的。那么，过去有些什么要求？现在又有什么要求呢？剧院就是一个能容纳很多观众的地方，建筑布局要让所有人都能看见能听见演出；要有舞台和乐队演奏的地方；要有专门给演员的房间；还要给观众留有回廊 (promenoirs)；要有宽敞的入口和出口。然而，现代的剧院绝不会像巴克斯的剧院那样。这是为什么呢？因为除了建筑物本身的要求外，社会风俗和习惯也会对建筑提出要求。古代的剧场表演在白天，我们则是在晚上，仅这一点，便催生了两种建筑——古代的和现代的。两者在结构，内在布局和装饰上都大相径庭。如果按我们习惯的剧场布置，在刚刚提到的基本的不同点上再增加一系列细节，比如舞台效果，机器设备，把观众席再分成正厅、隔间等，那最后的建筑作品除了名称和古代的相同，几乎别无共同点了。这里我们看到，雅典和巴黎各有一个建筑方案，要满足相同的要求，但仅因为我们和雅典人的习惯不同，就产生了两个极不相同的建筑物。每个建筑方案既有相似的基本点，以满足所有文明时期在本质上类似的要求，也有时代的习惯所要求的特定形式；建筑无非是这种形式的表达：任何时期的社会习俗都不会根据建筑布局而改变；相反，建筑布局应该是风俗习惯的产物。而后者在不同时期不同地方又是不一样的。我想，没人会对这条法则提出异议。可事实上，自 19 世纪初开始，这条法则一再地被遗忘。

既然建筑首先要根据建筑要求设计，其次要符合时代文明的习惯，那么，在设计中，确定具体的计划，以及对具体风俗、习惯、文明的要求的正确认识就很重要。在这些具体的条件下，建筑设计的变化相对较少；而文明社会的习惯和方式是在不断变化的，结果呢，建筑形式也要不停变化。罗马帝国时期的建筑和现代建筑一样要求有大厅，有窗户照明，这是谁也无法绕过去的。可古罗马的窗户和现代的窗户不一样，也不可能一样，因为两个时期的习惯不同。当然，无论在古代还是现代，窗户都是在墙上开的洞。然而，如何引光？如何关这个洞？如何给这个洞上玻璃？这个洞是单纯为内部照明用，抑或同时也有取景框的作用？如果建筑师懂得如何把当代的习惯纳入设计要考虑的因素内，这些问题都会带来极为不同的建筑。如果建筑不仅是对方案的忠实阐释，而穿上了适合那个时代风俗的形式外衣，建筑便有了性格。如果后一个条件没能得到满足，那在我看来，人们就不是真正拥有了一种建筑；建筑师也只是在进行资料的汇编，而不是在设计。

1-328

无论是在古埃及、古希腊，还是在古罗马，或是在中世纪的西方，人们都很好地满足了上面提到的条件。所以，这些国家的建筑艺术在历史上留下了不可磨灭的印记。在埃及人那里，我们看到，建筑设计是建筑要求和社会风俗的共同产物。它很简单，无论规模多大的建筑物，最多都只有一根轴线，建筑内部总是有一系列连续不断的房间。寺庙也好，皇宫也罢，每个部分都是下个部分的入口。从第一个庭院，第一个可能有顶也可能没顶的圈地开始，一个个向里，直到圣所或是最后的大厅。最后的部分常常是最小最封闭的场所。只有建筑内部采用富丽堂皇的装饰。外部无非是个简单的套子，仅仅是些建筑体块：柱廊是不对外开放的，而是建在封闭的院子里。这里，我们看到的是神权政治的影响力。希腊人的做法就不一样了。他们的公共建筑，哪怕是神圣建筑，也是为公众建的。所以不会把富丽奢华藏在里面，而是会展示它们。埃及建筑那种神秘的外表在这里找不到。我们看到的是带有共和政体特征的建筑，而不是神权政体的建筑。在希腊的城市里，找不到宫殿，只有房屋、庙宇，还有一些公共建筑，比如体育馆、剧院、柱廊；纪念建筑与其说是建筑物，还不如说是围起来的场地来得更确切，因为里面的建筑布置都是露天的。帝国时代的罗马建筑呈现出迥然不同的特点。没错，罗马人是从希腊人那里学会建造庙宇的，然后又复制了鲁库蒙斯和亚细亚王子（the Lucumones and the Asiatic princes）的宫殿；不过，他们的公共建筑的布局靠的都是自己的本事，像是竞技场、浴场、巴西利卡。古代建筑，无论东方的、希腊的还是罗马的，尤为吸引我们的是，在建筑的特性和当地人的行为习惯和风俗之间有一种绝妙的和谐。另外，人们采用的建造方法也很值得注意。

1-329

在前面几讲我已经指出了罗马建筑和希腊建筑之所以成为两种不同建筑艺术的最大的不同点，主要是从建造方面说的。设计上来看，两者也有很大的不同。希腊人相对而言不太重视我们所说的图纸，而图纸，或者说图纸的设计，对于罗马人来说，却是非常重要的。图纸是建筑方案最为直接的表现，建筑物是根据图纸建起来的。罗马人不是艺术家。他们希望一切都能按原定计划做,这是很自然的。这种方法此后也被认为是正确的。我们常常不这么做，那是因为比起罗马人来，我们有更多的艺术家气质。我们已经准备好为了满足更高层次而牺牲一些材料的要求了。

在建筑法则问题上，我们没能取得一致意见，也没能清晰地界定建筑法则，于是，我们不停地陷入最为奇怪的矛盾中。我们打算沿着罗马人的路走(至少自十七世纪以来是这么设想的)，可是本性却驱使我们在建筑构成中引入纯艺术的元素。我们在两种相对的法则之间徘徊不定，最后的结果是作品缺乏一种简单直率。在建筑中,这种直率表明了一种“已经下了决心”的立场。同时既要做罗马人又要做希腊人是很难的。希腊人为了形式牺牲了很多，罗马人则是一切让位于实用性、必要性，无论是私人建筑还是公共建筑。这些方法都有其可取的一面，但想要同时两者兼顾，几乎是不可能的。那样的话，既没有了希腊人的艺术性，也没有了罗马人的理性。我们便是这样建起没有个性的建筑的。

对于 19 世纪西方的我们来说，最为确定的是，在建筑中只有一种正确的设计方法——就是要符合具体给出的方案的条件，然后运用我们的知识，找到一种形式，可以满足我们这个时代的习惯提出的所有要求。这种形式当然既要美观也要耐用。所有长时期学过建筑的人，只要没有被灌输那些流派的偏见，都能感觉到形式如果是一种需要的简单表达——即便是很普通的需要——在这种条件下也会有一种特别的魅力。 1-330

由于建筑的每个部分都应该有其存在的理由，我们便会被那种表明建筑存在目的的形式所吸引。这就像是我们对一棵美丽的树感兴趣。树的各个部分——从紧紧抓住泥土的树根，到最远处寻找空气和亮光的枝丫——都清楚地告诉我们生命的状态和植物持续的生长。如果建筑物的各个部分都应该表达建筑要求，那么，在建筑各部分之间应该存在紧密的联系。建筑师则是在部分组合成整体的过程中发展丰富自己的天赋、知识以及经验。熟悉古今各种不同的建筑构成可能对艺术家有帮助，因为他可以看看在他之前，其他人是怎么做的。但有时也会因此产生尴尬。他的视野范围之内会有上千种形式，每种都很好,但彼此会相互冲突。因为这些形式中没有一种占绝对的优势地位，使得他只能采用折中的办法设计，结果是他的作品没有任何特色。我不是在抱怨我们这个时代比起以前各代来，艺术财富数量更多，种类更齐全；如果我该为此哀叹的话——无论好坏，也都无济于事。越了解艺术上前人已经做了些什么，就越要有条理、有决心，这样才能正确地利用这些成果；就越要让这些艺术纪念品——很多情况下，这些纪念品是毫无秩序不管尺度地累积起来的——听从固定的法则指挥，就像部队纪律的严格是根据其人数以及组成大部队的不同小分队的特点而定的。因此，今天我们如果要进行建筑设计，就越发需要坚定不移地遵守正确的、不变的艺术法则；对于过去的创造的认识，要有条不紊地进行分类。

如果一个建筑师在设计图纸时看不见他要的整座建筑的样子；如果他脑中不能完整地浮现该建筑；如果他要依靠手边大量的资料才能顺次给各个部分合适的形式，那这件作品还是处在未定的状态。它会缺乏统一性、自由度和个性。假如建筑师在研究平面布局之前就决定了采用某种立面，采用某种他心血来潮喜欢上的或者是其他艺术外行指定的构图，那他的作品一定会很差劲。法则相当于艺术的道德感。[1] 因为忘记了这些不可变的法则，研究中缺乏方法，而且对古代艺术遗存没有分类，又听从突发的奇想指挥，这些已经让我们的城市到处都是既缺乏理性又没有品味的建筑，尽管这些建筑有时在施工上显出了比较高的水平。在古代，甚至在中世纪（至少是中世纪的法国），我们发现建筑师对法则持续关注，很少有例外。这些法则构成了好的品味，即形式与外表绝对服从于理性。忘记了这些法则，我们或许仍然能有技术有名望做个装饰师，当然也得取决于我们将当代的流行演绎得是好是坏；可是，我们不再是建筑师。

1-331

如果要满足的建筑需要很简单，没有被各种风俗多种多样的细节弄得模糊不清、晦涩难懂，那建筑也会很简单。这是很自然的事情。卓越的希腊人天生就有品味。他们知道，如果把复杂的要求强加给建筑师，他们也不能指望建筑师会采用简单的形式。如果古希腊人留给我们的纪念建筑中有什么特别值得一提的话，那就是他们的社会风俗对建筑提出的要求特别简单，因而他们的建筑设计图也很简单。但是，如果在现代想要把形式，这一极为有限的建筑要求的自然结果运用到我们的社会急切的需要中，无异于给自己找了个无法解决的难题。实际的罗马人要求得更多：和希腊人的建筑方案相比，他们的更复杂、更庞大、也更富于变化。因此，罗马人的建筑师采用了新的建筑布局和建造模式，以便和那些新要求和谐共存。即便他们从希腊人那里借用了某些形式，那也是对这些形式的重新阐释，而不是单纯模仿。那些形式常常使他们很窘迫；他们便对其进行修改，或者，如果可以这么说的话，贬低那些形式。中世纪的西方人几乎和罗马人一样实际，却也更艺术气。他们最终放弃了希腊形式，这些形式到罗马人那里变了形，或是被不恰当地运用了。他们采用了自己的建筑形式，这些形式才是他们那个时代风俗习惯的真正表达。这些都是过去 20 年的研究充分证实了的事实。如果希腊建筑的方案，无论宗教建筑还是普通民用建筑，对罗马建筑来说太过简单；如果施加

1-332

1 在前面几讲中我已经充分强调了法则的价值与意义。我可以再追加一点，这些法则可以总结为：对真实的绝对尊重。

给中世纪建筑师的建筑要求与此前时代的大为不同，以至于这些建筑师觉得他们必须寻找新的形式和新的建造模式；如果我们现代的建筑要求太复杂，甚至使我们不能采用中世纪的建筑设计；那就更难理解我们为什么今天仍要继续用罗马的或是混合罗马的建筑形式？是靠什么样的逻辑推理得出这样的结论？或者更有甚者，如何能在不违反我们的习惯的情况下，把适合古罗马的平面布局运用到我们的公共建筑或私人建筑中？事实上，我们越能清楚地证明这些布局的好，证明它们如何完美地适合建造目的，适应其建筑的需要，如何符合罗马人的生活方式和习惯——要注意他们的生活方式和习惯和我们的可不一样，就越要小心避免在19世纪我们的城市里复制这些布局。

如果需要的话，住在14世纪的城堡或房子里也是可能的。但是，什么样的现代法国人想要住在一座帝国时代罗马的房子里呢？什么样的君主会觉得在帕拉蒂尼（the Palatine）[1]中生活会很方便呢？研究我们之前的文明是通过什么方式满足他们那个时代的建筑要求的，这很好。这样的一项练习能让我们智力上受益。不过，这样的研究可不能引导我们去模仿古人。我们要牢记于心的是建筑设计与建筑方案、时代习俗之间的完美配合，而不是脱离了方案与习俗来谈论设计。社会因素的变化、改进和复杂化，按理应该带来建筑设计上相应的变化、改进和复杂化。然而，根据最近采用的某些体系，形式总是（尤其是某种风格的形式）优先于生动的法则，即把推理运用到艺术上。在这些流派看来，时代的要求，我们这个国度人们的品味和智力特点，不受这样那样限制的艺术家的努力，我们用来建造的材料以及运用材料的方式，还有现代工业设备整个领域，都很少被考虑到。我们会发现，把艺术限定于某些范围内这种方式不适合盖我们的住宅。如果我们建造公共建筑时以学院规则为准，那我们在住宅的建造中却能自由地——除了受市政规定的束缚之外——让方案符合习俗要求。我们的住宅都很适合那些习俗，而与之共存的新建的公共建筑却看起来和我们的文明没什么关系。对于大部分此类公共建筑而言，建筑是一种指令性的东西，就像僧侣艺术属于一种神圣的传统那样。不得不承认，很多公共建筑不是为了满足具体的需要而建，而是为了制造建筑奇观，让人留下深刻印象。就我们的公共建筑而言，那些指责我们这个时代掉入了实证主义（*positivism*）的人显然是错误的。引人注目的设计做出来了，平面图画出来了，符合学院规则要求，但这些规则不一定合理，很快，墙体也建起来了，并用柱子进行装饰，用飞檐镶边；当人们给这一堆石头封了顶，还在上面做了雕塑，不知道为什么，我们看到的却是古典时期或文艺复兴时期建筑形式的大杂烩。这样一个巨大建筑物该用来干什么呢？这是个问题。

1–333

“应该把它奉若神明，或是用来做桌子，做碗，”（Shall it be a God, a

1 the Palatine，为宫殿（palace）一词的辞源，原为罗马共和国时期皇帝宫殿所在的山丘。——中译者注

table, or a bowl)。

抑或做宫殿？政府办公室？部队营房？会场？马厩或是博物馆？有时，这一建筑可以毫不费劲地一一扮演这些角色。我说毫不费劲，却是说错了。建筑师的尴尬就此开始了。地面和隔墙要挖空，做窗户；台阶必须沿着昏暗的楼梯蜿蜒向前；因为光线照不到，大块的空间只能作废，可用的房间又太小；正午时分，走廊里要点煤气灯，储藏室却洒满阳光；停车的门廊安放在门前，而建造门时又没考虑这一点；里外的窗帘都装在了不适合装窗帘的窗户上；小房间必须做夹层，才能不至于看起来像深井；大房间的天花板要往上抬，才能住人；套房没有直接的光线照入，只能从拱形的柱廊借光，柱廊是没人穿过的；也就是说，人们不得不住在不通风而且黯淡无光的房间里，只为了向公众展示壮观的长廊。除了这种为了建筑外在的辉煌而做出的不正常的内在布局，我们难道没看过那种在纸上按几何原理画出、金碧辉煌，而实际效果却有很大不同的正立面吗？这是因为建筑师没有考虑透视效果，或是没有想到太阳永远不会投射他在平面图上熟练画出的那种 45° 角的阴影，再或者，他没能预见轮廓映衬着天空产生的效果，像硬朗的浮雕，而在图纸上却因为颜色很淡，显得很模糊。古代、中世纪、甚至是文艺复兴时期的建筑师画图能力肯定没我们强。他们不太在意平面布局是否获得学院派的认可。事实上，除了图标之外，他们很少在几何方面费心；平面图画出来后，他们会想方设法让建筑的构思符合平面的要求。在纸上研究这些建筑问题时，他们不会用几何立面图欺骗与之相关的或多或少有点脑子的外行，也不会欺骗他们自己。那些立面图常常误导人。不过，他们对完工后的建筑效果什么样却了然于心。要做到这一点，他们就不能对建筑设计只研究，不实践；他们必须有观看建筑并进行比较的习惯：不仅要学习理论，也要学习怎么运用理论；不能把自己的建筑视野（the horizon of architecture）局限在工作室里，或局限在某个城市里，如果那个城市就是罗马的话。

1–334

就手段而言，我们当然不受什么限制；我们的技艺十分丰富；我们只缺乏一样东西——以建筑法则而不是某些落后的形式为基础的，真实、广泛而且自由的训练。这种训练应该教会我们怎样去看前人的成果，然后从中获益，而不是对各个时期的艺术视而不见；应该严肃地思考如何运用我们的装备，发展学生的思考能力，而不是小心翼翼地把学生圈在老旧的偏见中，那些偏见早就被“学院”外的人丢弃了。

把建筑变成某种“神话”，某种关在老套方法里的艺术，让外行既看不见也不理解，这或许可以使建筑为那些喜欢它的人独享；可是，难道不害怕某一天人们会让这些内行带着他们的神话待在一边，不再理会他们？在一切都变化迅速的现时代，我们难道还没有看到自我孤立的缺陷及其带来的令人担忧的症状。且不说那些引入竞争流派的人，我们难道没有发现很多以前会委托建筑师做的工作已经转给其他人做了吗？难道没有看见当我们的学校还在紧紧盯着那些甚至早就不用解释的方法时，那些“有专长的人”(specialities)正开始占取建筑领域的一些新的部分。如果我们的学校说，“我们宁愿看着建筑的枯萎，也不要放弃一条法则！”我是能理解这样的教条的，尽管有点粗野。然而，那条法则是什么？总该给它个定义，我们还在等着这个定义。如果存在一个建筑的官方学校，那就没有教建筑这样的事了。获得对“是学校学生”进行动词变位的权力当然很荣幸，不过这可不够用来抵挡威胁建筑领域的四面入侵，它的边界正在被一点点压缩。 1-335

回到设计上来。要做出有效的设计，我们首先要知道自己想做什么。知道自己想做什么就是要有想法。为了表达这个想法，我们需要一些法则和一种形式，也就是需要一些规则和一种语言。建筑法则每个人都能懂，都是些常识。至于形式——表达思想的方式，从属于规则，要想掌握就要经过一系列理论和实际的学习，还要有一点圣火的火花。其次，设计要求符合不可变的建筑法则，这些法则可以和常识一样简单。接着，要在大脑和指尖找到一种形式，可以表达我们所构思的东西以及理性指定的东西。我们无法要求建筑师有很高的天资，但我们有权利要求他有理性，要求他的形式能让人看得懂。人们曾经将一些简单的公式作为建筑法则，那些公式最多也只能适用于以前时代的某种风格。这样，这些不变的高于所有形式的法则被歪曲，以服从某一形式狭隘急迫的需要。有些思想更自由的人试图组成一个折中的流派——对从古典时期直到今天的所有形式表示欢迎；但是，在实际运用中，这些自由的想法只产生了一种混合语言(如果我可以用这个词的话)，没人能懂。此外，无论我们多么公平，要让每种形式的艺术都有相同的位置是很困难的。很多时候我们都必须作出选择，选择便意味着有所偏好，有所偏好就是有所排斥。古典时期、中世纪、文艺复兴时期的建筑师很幸运，不像我们这么博学多闻，不必为这些细小之处费心。他们都是从不可变的法则出发，用一种形式表达思想。这种形式在他们的时代是被认可的，或多或少有些容易受影响，但总是很适合那些法则。他们只有一种语言，而我们有好几种；前人的形式在他们那里只有先经过修改，适应了时代标准以后才能得到运用。文艺复兴时期以及后来的 17 世纪初都是这样。 1-336

16 世纪的建筑师很欣赏古罗马遗存，也真的相信通过浸染在完全自由之中的习惯和传统，他们被赋予了这种古代形式的精神。他们很清楚如何服从时代的需要，所以他们对罗马艺术进行了改造，没有一味地模仿。可以说，他们无意识地翻译了一种语言；可能本来打算说拉丁语，最后却说了法语。然而，在这种无意识的翻译过程中，他们感受到了古代艺术的影响力。古代艺术给他们那个时代的建筑艺术带来一种特别奇怪，特别有意思的气质。当我们仔细研究 16 世纪设计建造的城堡和皇宫时，比如尚堡城堡（Chambord），马德里城堡（Madrid），埃库昂城堡（Ecouen），阿耐城堡（Anet）以及卢浮宫的某些部分，还有一些其他建筑，我们能清楚地感觉到这时期的建筑是在罗马古典建筑的影响下成长起来的。然而，它却是一种独特的艺术，符合我们早些时候的传统并且属于它那个时代，完完全全是法国的建筑，和那个时代人们的习惯和品味协调一致。人们是把一种古代形式翻了新，或者，更确切地说是发展了它，把它变成了自己的形式。怎么做到这一点的呢？通过严格贯彻以前那些在古典时期和中世纪仍在被运用的法则：不是强迫法则遵从更新过的形式，相反，是要让这些形式服从于那些法则。

进一步看我们这个话题可能会发现，文艺复兴时期的民用建筑和教会建筑底层平面图的设计只有在新习惯的要求下才会有所变化。皇宫、城堡、住宅、教堂的平面图和 15 世纪的没什么区别。而 15 世纪的又几乎是 13 世纪、14 世纪布局的复制品，只做了很小的改动。对其他一切有决定作用的底层平面图总是市民和宗教习惯要求的布局；想法也总是符合时代的要求，不在别处寻找出发点；然而，当建筑师需要表达想法时，他会借用一种外来的形式，不过他知道怎样让形式适合他的想法，因为他有条不紊地行进着，因为他首先是一个代表他那个时代的人。他不相信建筑师应该更尊重某个公式，而不是忠实地表达实际需要。然而早在路易十四时代，这种方法就废弃不用了：卢浮宫的柱廊就证明了这一点。建筑师首先想到的就是模仿罗马的科林斯柱式，不管这种柱式是否合理，也不管它是否适合这个宫殿。建筑设计中这种颠倒合理顺序的做法，就是把形式——某种特别的形式——置于比最简单的表达实际需求更优先的地位，在我们看来，正使建筑艺术走向毁灭。日常经验证明我们没有被欺骗，因为我们的公共建筑的特性（character）越来越不适合其目的了。建筑设计被简化成了某种学术公式（*Academic* formula），而不是对建筑中应该考虑的各种因素进行的逻辑演绎，比如建筑的要求，人们的习惯，品味，传统，材料以及运用材料的方法。支持这种方法的是一种说得越来越模糊的理论，不是对一种艺术的真正理解和实践知识。这种艺术的性质从来没有人界定，当然也就无法讨论。这种艺术，我再说一遍，构成了一种神秘的经验传授仪式，或者更确切点说，一种受保护的专利，通过盲目的服从而获得。建筑师如果服从的话，就会进入一种与外界隔绝的状态；如果不受它控制的话，就会充满天马行空的奇思怪想。这种艺术甚至导致很严重的弊病，使“实用主义”的支持者有了一个把柄。他们在艺术作品中看到的只有无用的、毁灭性的奢侈，只对社会的一小部分感兴趣。我们大部分的公共建筑壮丽却不方便，人们很容易证实其不合理性，即便是非专业人士也能看出来建筑的形体和罩在形体下面的布局很不协调，我们如何为它们辩护呢？

我们看到，希腊人能给他们的民用建筑和教会建筑适合其目的的形式；

1-337

罗马人自己对这条真实的法则忠贞不贰。在中世纪的法国，建筑师也绝对忠实地遵循它。罗马人的住宅和公共建筑不一样，庙宇和巴西利卡也不一样，剧院和宫殿更不一样，我们中世纪的教堂、城堡、救济院、市镇厅、宫殿、房屋在布局、形式、外形都呈现出多样性。中世纪的建筑师赞同在目的比较统一的建筑中采用对称的方法，比如教堂；但是在城堡中他们就不会想到对称，因为城堡是一个功能用途各异的不同部分的集合体；城堡的建造中，建筑师会遵循罗马别墅的建筑法则。别墅就是各个不同部分的集合，每个部分都有适合其建筑目的的形式。这些法则在古典时期都被认为是正确的，怎么到中世纪人们就觉得不好了呢？为什么有这种前后的不一致？我们的官方机构很小心，不会给出原因；在第三人种国王统治下时他们指责的东西到了罗马帝国时期的意大利那里，他们就会表扬。因为他们的目的不是解释法则，而是强加一种形式给人们。那为什么坚持这种形式，反对那种形式呢？因为第一种形式已经被研究过了，众人皆知；而第二种还需要进一步研究，人们还有待了解；因为那些确信自己已经达到前进目标的艺术家不喜欢别人向他们指出，那目标只不过是一个暂停点，后面还有很长的路要走。 1–338

我觉得没必要对中世纪建筑谈论太多，我在其他地方已经讨论过。[1] 我要继续说的那段历史是关于艺术如何走上现代之路，同时也保留一些无法一下舍弃的传统的。我仔细研究了16世纪的建筑。那个时代，建筑施工水平达到了顶峰；社会正经历变革，要摧毁封建枷锁，教会的也好，世俗的也罢；人们开始专注、认真、持续不断地研究古典。我们首先要做的事就是与一种偏见作斗争（当讨论艺术的历史和实际发展时，我们每一步都会观察这些偏见）：法国文艺复兴时期的建筑师在16世纪初的时候，从意大利文艺复兴艺术中汲取灵感，这一点已经说过并反复强调过。人们也已经断定很多那个时期的法国建筑都是意大利人建造的。后面这个观点，我觉得是没有依据的，在今天已经明显受到了驳斥。[2] 至于前者，只要稍微瞥一眼我们16世纪的建筑，就知道这个时期的法国艺术不是以意大利建筑为参照的；因为无论在平面布局上，还是在风格上，或者建造方法上都不是意大利式的。此外，如果认为法国文艺复兴始于路易十二统治时期的话，那就错得很奇怪了。它是1450年之前以一种完全法国的方式登场的。我不能清楚地解释人们为什么相信我们的艺术源于国外。法国某些省的哥特式建筑仍然被看作是参考了英国哥特建筑的结果；科隆大教堂是亚眠大教堂（Amiens）和波维大教堂（Beauvais）的复制品，比它们要晚上50年，却被认为是哥特艺术的原型；尚堡城堡，卢浮宫和枫丹白露的 1–339

1　参阅《辞典》等。

2　参阅德·拉·索赛先生（M. de la Saussaye）对尚堡城堡的评论。《文艺复兴时期的伟大建筑师们》，M.A. 贝尔蒂（M.A. Berty）著。

某些部分被断定是出自意大利艺术家之手：本是属于我们自己的艺术却变成是别人让给我们的，从一开始就是这样，而不是到路易十四时期。也就是在我们开始失去原创性的时候。“当然，”菲利贝·德·洛梅(Philibert de l'Orme)对他同时代的人说，“人们常常不够珍视自己国家的好处，总觉得别的国家好，在法国尤其如此。我绝对相信找不到哪个国有更多更好的石头了。这里的大自然极为慷慨，在我看来，没有哪个国家的建筑材料能比法国的更优质。但大部分法国人总习惯认为那些进口的、昂贵的东西才好（如我上面所说）。这是法国人的天性。总觉得外国的工匠、外国的产品比本国的更有价值，不管后者多么别出心裁、多么了不起。”我们必须承认，即便今天，就建筑欣赏而言，情况也差不多。我们国家的艺术必须有极强的生命力，因为它要抵制这些偏见，要抵制人们对它不断的束缚，还有那个统治它快两个世纪的、正在走向衰落的政体。

传统上所称的文艺复兴不是一件可以推后或提前的偶然事件，也不依赖于政治事件。文艺复兴是罗马组织体系的延续，不是向某个被遗忘的系统回归。这一事实在世界文明史上是独一无二的。要解释它就要解释罗马人的统治使欧洲处在了什么非同一般的位置。

自我们的纪元的第一个世纪开始，罗马帝国一直是多种元素的组合，很难找到它的民族精神，更找不到某个种族的精神；能找到的只有一个庞大的政治管理体系，倾向于遏制人们的独特个性，而不是发展这些个性。从尼禄时代开始（the time of Nero），这个衰老的帝国就由蛮族管理着（至少人们是这么称呼他们的），靠着军事力量帮助，或者不时地向已经化脓的、以罗马为中心的机体提供一些必需的元素。罗马帝国什么都有，就是没有罗马人。自一世纪末开始，军团、将军、参议员、甚至帝王自己，都是在罗马的外地人，甚至是在意大利的外地人。我们现在能理解为什么罗马没有艺术，只有一种平常的艺术公式，不可避免地越发堕落。

1–340

近来在德国、英国、法国展开的研究结果显示[1]了这三个种族的人在智力活动方面有各自独特的天资。但是，罗马从一开始就是这几个种族的混合体，没办法给艺术一种明确的推动力。它满足于模仿、搜集伊特鲁里亚人、凯尔特－第勒尼安人、希腊人还有亚洲沿海的闪米特人的艺术制品。然后给这些艺术品一种强有力的“实用”精神。从这种混杂中，罗马成功演绎出（当人们要求公共建筑这唯一真正罗马的建筑时）某些普遍适用的公式。然而，正因为普遍适用，所以就形式上而言，缺乏在埃及、小亚细亚、希腊和伊特鲁里亚建筑中艺术家强烈表现出的优点。当日耳曼人——其部族保持

1　参阅这些研究结果的摘要，A．德·戈比诺先生（M.A. de Gobineau）的《关于人类种族不平等的论文》（*Essai sur l'inegalite des races humaines*），巴黎，迪渡（Didot），1855。再怎么鼓励对艺术史感兴趣的建筑师研究这篇非常好的作品中探讨的问题都不为过。

了相对纯正的种族性——在 4 世纪不再守卫罗马帝国的边疆，甚至联合北方滚滚而来的入侵者将矛头指向垂死的帝国时，被称为罗马艺术的东西便不复存在了。随之一起消失的还有罗马的政治管理体系，艺术实际上也是这一管理体系的分支。在大学里，我们称来自北方的这些人为蛮族。且不说他们做了件值得称赞的事，从全人类的角度看，他们给死亡统治之地带来了年轻鲜活的元素，带来了更纯正的血统，注定要重新恢复艺术的鲜明个性。即便条顿人、伦巴底人、法兰克人、勃艮第人、哥特人从高卢，意大利和西班牙来的时候不是艺术家，也可以肯定他们给罗马帝国死气沉沉的土地注入了极为活跃的艺术发酵剂，给腐朽呆滞、无可救药的罗马混杂体引进了充满活力的雅利安元素。这个混杂体是罗马从欧洲西部和南部的重要法则中得出的。不过，必须承认，罗马的传统威望仍然健在，这些北方民族在帝国各省安顿下来的时候，甚至觉得保留或复制罗马公共建筑是最好不过的。克洛维（Clovis）甚至采用了奥古斯都的称号。在他之前的第一批蛮族统治者保留了各省统治者的职位，并让他们在帝国的授权下任职——最高统治仍被认为是属于罗马帝国的。 1–341

查理大帝除了复兴罗马帝国，别无他想。他在 8 世纪渴望实现的文艺复兴到了 15 世纪自发地发展了起来。在查理大帝统治时期，雅利安元素还太过强大，使这种复兴不大可能。在他之后，封建割据开始。与罗马人无继承关系的艺术兴盛起来，沿着相反的方向发展，达到了完美的水平。这些艺术是引入高卢－罗马种族中的雅利安元素的显著表现。在北方各省，艺术发展完善，几乎完全是凯尔特族的。文艺复兴可能实现，换句话说，罗马人的政治管理观念在西欧可能会回归——北方白种人引进的元素必须要被罗马帝国那乱七八糟的混杂体吞并。这便是 15 世纪、16 世纪发生的事情。因此，如果不看文艺复兴的细节，而是把它当作一个伟大的社会事实，我们会在其中发现罗马体系的延续。这一体系被纷至沓来的北方强大的白种人打断了多个世纪。我们最早看见过这些白种人侵略印度，小亚细亚，埃及，甚至希腊，最后——在两次特别的情况下——是西部欧洲。是什么样自相矛盾的奇怪动力驱使我们欣赏希腊艺术的先驱雅利安－希腊人，而又把雅利安—日耳曼，雅利安－法兰克人，以及雅利安－斯堪的纳维亚人视为蛮族？他们在罗马衰退之路上闯了进来，是我们西欧中世纪艺术的鼻祖。我承认有令人信服的证据可以证明已经在希腊闪米特化的雅利安－希腊人，非常幸运地处于混合的关系中，创造出了比世界上已有的、将有的艺术都要优秀的艺术。但是，如果说引入罗马帝国的雅利安元素没那么纯粹，混合的条件没那么有利，也必须承认，这最后一剂白种血统的注入暂停了西欧的解体，给西欧社会增添了新的力量，引进了新的艺术形式。如果解体只是暂时停止（我这儿仅指艺术），那么，这并不是什么值得庆贺的事情，也不是酿成最后危机的原因。我知道 1–342

有人可能会指责我对罗马人太过严厉，我想让大家理解：我很欣赏强大的罗马政权，包括其统治管理能力和军事力量；也同样欣赏罗马的立法，尤其是罗马人认为所有人都存在着一个法律形式，这体现了对所有人的尊重；但涉及艺术，我必须把罗马人置于很多美丽的文明之下（从艺术的角度来看是美丽的），像是印度、亚细亚、埃及，尤其还有希腊。罗马人缺乏那种能创造出新颖、卓越的形式包裹着的艺术的必要元素（种族元素）；他们是极好的施工者——仅此而已；罗马建筑中那些建造施工以外的东西可能是希腊的，伊特鲁里亚的，或者是亚细亚的，但不是罗马的。诗歌方面也是一样：不存在拉丁史诗。《埃涅伊德》不管多么优美，也不是真正的史诗。维吉尔（Virgil）显然并不相信他写出来的每个词，就像奥古斯都时期的罗马建筑师不信仰柱式（Orders）一样——至少是在那些以敬献黛安娜和阿波罗的形式中使用时。但是荷马，或者是吟诵《伊利亚特》的人（不管我们认为它的作者是谁）对其中的主人公怀有坚定的信念；作者认同他们；因此，《伊利亚特》从它被第一次吟唱开始，直到今天，都是一首触动灵魂的诗。地球上只要有有思想的生命存在，《伊利亚特》就会是人类情感最鲜活、最感人、最美丽、最诚挚、最高贵的表达。在中世纪，这个被那些欣赏一切罗马事物的人轻视的时期，我们在造型艺术和诗歌中都发现了希腊人的那种雅利安特征。可以追溯到 11 世纪的《罗兰之歌》（*Chanson de Roland*）之于 13 世纪、14 世纪的传奇故事（romances）就像是荷马之于维吉尔。那是一部真正的史诗，不仅仅是智慧的创造。尽管语言不够完美，它所展现出来的高贵的思想和情感，对人类心灵的认识，使得它可以与《伊利亚特》中最好的片段相媲美。然而，吟唱、倾听这些片段的人并非拉丁族后裔。就人类尊严和艺术而言，它们的水平极高，尤其是和罗马衰落时期，那些把时间花在写语法讲义，漏字诗歌（lipogrammatic），讽刺诗，牧歌，还有其他那个时代风行却无足轻重的智力产物的人相比。同样，我们 12 世纪的建筑，尽管在建造上常显得有些粗鲁，艺术家也缺乏实际经验，却表现出一种真诚，一种对真实的欣赏，以及原则问题上的严肃性，对形式的选择。所有这些比起二三世纪散布拉丁世界的那种堕落、衰弱、千篇一律而且粗俗不堪的艺术来，优秀多了。那些艺术能力比鼎盛时期的罗马人都要强的人不会想到要继续发扬这种退化的罗马艺术。他们的文明程度当然不会比衰落时期的拉丁人更高，他们或许会对强大的罗马帝国的遗存感到惊讶，心生羡慕；但是血管里流的血液赋予他们的天性让他们不会去模仿。

1-343

12 世纪末的艺术大革命我们在前一讲中已经谈过。这次革命是因为艺术领域落入了外行之手，也就是落入了高卢-罗马族手里，并且经北方白种人的元素略加修改。这是向拉丁艺术回归的第一步。尽管这一时期的建筑无论在结构还是形式上和罗马人的建筑都没什么关系，尽管现代分析精神和科学精神正欲取代落后的罗马传统和十二世纪早期的诗意构思，我们还是能预见那些13世纪的世俗艺术注定要落入罗马人的故辙。然而，文艺复兴，尤其是法国的文艺复兴，仍然在很大程度上保留了那些催生了中世纪艺术的辉煌和原创性的元素，在西欧历史上占据着受人尊敬的地位。文艺复兴时期的艺术是在十分有利的条件下发展起来的，不会再来一次；然而，在我们在证实现代艺术正日渐粗俗的时候，我们仍要尽可能地在衰退之路上驻足，看看有没有新的道路向我们敞开。

这项任务吃力不讨好——我无法假装不是这样——我宁愿坚定地相信建筑艺术正在进步；相信在我们现在这种不定和犹豫的状态之外，有一种原创的、崭新的艺术会兴起，这种艺术会非常适合我们的文明。就像希腊世界某些时代的情况一样，像13世纪、14世纪一样。然而，即便我觉得这是有可能的事，我想我也可以怀疑，并且说出我怀疑的理由。无论是古代历史还是现代历史都表明，建筑的大发展常常是某些社会冲击的结果，种族的混合与敌对在其中起着很大的作用。在其他智力活动领域，这种混合与敌对同样很有影响力。我看不出我们有什么有利条件。我们的传统杂乱无章，没有人相信它，也没有得到恰当的欣赏。我们的施工手段有无数种，工业装备也很厉害：但我们以什么指导这些方法，怎么运用这些装备呢？对最简单的总法则的否定和遗忘；流派的排外精神，个人的想象；公众毫不感兴趣的圈内同行之间的争执；极有天赋的个体一旦冉冉升起便会遭到排挤；模仿过去艺术的敌对阵营为公式问题争辩不休，却不想方设法理解法则。然而，在这种混乱的建筑艺术共和体之下，或者与其同时存在着的，是一种耐心的劳动：人们对前辈作品细心认真的分析研究，这是一种放弃传统、依靠最为严厉的法则的新学说的基础。这有点像12世纪那场艺术走出修道院、走进世俗人中间的运动。可是，这试图解放自己的智力领域的民主能获得对前人的那种支持吗？我们所处的时代对此有利吗？在公众感觉腻烦的状态下还能对艺术作品有积极的支持吗？就艺术而言，我们是不是处于拜占庭的那种境地：内部各流派争论不休，外面敌人正猛攻城墙？

1-344

所有的建筑问题中，牢固建立起来的传统和人们趋向创新的精神两者总在不停斗争。12世纪的世俗流派，在有利的时代背景下，有能力而且对它的法则有信心，在几年内以一种自己孕育出来的艺术替代垂死的修道院传统。这种艺术采用的形式特别灵活，能适应社会经历的各种习惯的变化。这种艺术源于城市工人阶层的智力解放（intellectual emancipation），本质上是民主的。它用研究、推理取代了神权政治的趋势。不久，它变成了一种对自身法则的变态发展：因为是民主的，它不知道如何停下来，也没有办法停下：从演绎推理到演绎推理，最后以几何公式结束。早在十四世纪末，这种艺术就达到了其法则能到达的最高点。对建筑来说只有一条出路，这条出路长久以

1-345

来都被高卢－罗马族弃置不用。它便迫不及待地跟着这出路。[1]

我们文艺复兴时期的建筑师在努力恢复古罗马形式的同时，成功地保持了自己的个性。能做到这点，怎么表扬都不为过。多亏了让我们变得与众不同的现实精神（当我们变回自己的时候），他们才能继续重视任他们使用的物质方式，重视当代的习俗，传统，气候的影响以及建筑的方便。他们留下的建筑证实了他们如何忠实地遵循了原则，而他们的著作同样也做到了这点，尤其是菲利贝·德·洛梅的建筑论文（Treatise on Architecture）。在他的作品中[2]，作者把以下问题放在了首要位置：建筑作品正确付诸实践，对建筑主人的合适建议，有关朝向和有益健康的问题，建筑师需要的各方面知识，建筑师应该享有的自由，材料的选择与运用，以及对布局和适应性的研究。“因此，”他说道，“在我看来，建筑师即便忽视了柱子装饰，比例，立面（所有谄媚建筑商的人对这些研究得最多），也要比不重视那些令人钦佩的自然法则好很多。这些法则影响着建筑的使用和方便程度，以及居住者的利益，而不是住宅的装饰、美观和华丽程度。后面这些东西只是为了满足视觉上的需要，对居住者的健康和生活毫无裨益。在适应性、朝向以及布局上缺乏深谋远虑的话，会有各种各样恼人之事与不便之处，使其中的居住者感到无精打采、闷闷不乐、焦虑不安。这些问题的起因大都是看不见摸不着的。难道我们没有发现这一点吗？”还能有比这更英明的准则吗？

1–346

菲利贝·德·洛梅以及他的艺术前辈都认为给建筑物选一个好的朝向是建筑设计首先要考虑的条件之一；对这条法则忠实的遵守解释了在中世纪城堡和皇宫中看到的很多不规则形状产生的原因：此外，它还符合古典传统。如果我们想当然地特意鄙视对称规则，那我们就错了。对称是一种视觉本能的需要。如果不和实际要求相抵触，这种需要总是会被满足的。中世纪的建筑师对对称的理解和古代建筑师当然不一样：他们追求的是整体与细部的平衡，而不是要让各个部分完全相同。

我觉得很有必要对这两个体系做清楚的说明，因为讨论它们的运用时，人们可能对它们有一些误解。每个体系都有自己的优点与缺点。我们已经知道（几乎不用再回到这个话题上）希腊人认为每幢建筑都有必要符合对称规则，但他们不会对称地排列几幢有各自不同功能的建筑。他们的私人住宅在这方

1 对法国的艺术史的理解着实不够。我们发现民主的捍卫者们认为被称为哥特式的艺术反映的是封建政权，因此宣称对它不予理睬。以路易十四作为首领的17世纪的人们，对法国中世纪艺术表示出鄙夷之时，他们更加知道了自己的位置。但要坦白承认，听到那些拥护知识的人——独裁和强权的反对者——在艺术方面进行的推理时，竟然和“伟大的国王”一样，感觉很奇怪。艺术总是人类思想和灵感最有活力的表达方式。路易十四试图把中世纪建筑压制在伪罗马建筑之下，这符合他的个性。相反，那些宣称对民主智慧的胜利表示支持的人却显得有些反复无常，他们没能觉察到在中世纪建筑中那些精巧的、能适应社会发展各个阶段的设计，那种对材料、力量、方式的明智的运用，这些在今天都是被我们高度称颂为文明的顶峰。

2 《建筑》（*L'Architecture*），菲利贝·德·洛梅著，巴黎，1676.

面很自由。他们的房屋都是设计各异的建筑的集合体。作为总体并不符合对称规则。罗马人采用了这一英明的法则。他们的宫殿和房屋群落中的单个建筑可能是对称的，但不是一个对称的整体。他们知道如何最好地利用分配给建筑物的土地，平面布局上各个部分很有技巧地相互结合。不过他们没想过要把功能各异互相之间没有什么联系的部分圈在一个统一的外表下。

举例来说，罗马的帕拉蒂尼无论内部还是外部都体现了一个纪念性城市的样子。它是一群宫殿的集合体，当然不是现代意义上的宫殿。其他皇家建筑，像是斯巴拉特、巴尔米拉等也都一样。古代绘图给我们提供的透视图展现的总是非常不规则地排列的建筑的集合，而这些单体建筑自身又是规则的。在所有的古罗马建筑中我们无法发现——当然希腊建筑更不可能——像凡尔赛宫那样的布局，或者像旺多姆广场或者像现代的卢浮宫，或者像路易十五广场及其加德－莫不勒建筑（王室家具保管处），皇家路，马德莱娜教堂。古罗马的平面图显示，它任何区域的公共机构都没有对称的布局。只有单体建筑自身是对称的，而且还必须在方案要求和土地特点允许的情况下。罗马人的建筑甚至在形式上也恪守着这条法则，每个单体建筑都有自己的功能。每幢建筑都是完整的，都被特别对待，有独立的屋顶，合适的高度。在罗马人的建筑中，我们看不到各种各样的地位重要的大厅，在同一屋檐下，外部显示出相同的处理方式。 1–347

因此，不能说我们是沿袭着古典传统，才想方设法要用一个对称的大套子把各种不同功用的建筑套住。这些建筑包括大厅，私人的房间，楼梯间，门厅，宴会厅，舞厅，礼拜堂，长廊，办公室，图书馆，博物馆等。恰恰相反，我们比中世纪的建筑师们更偏离这些传统。我没有在论辩，只是在陈述事实。这些事实的可信度每个人都可以去验证。一座和现代宫殿类似的罗马宫殿——也就是皇家住宅，必须有可以集会的大厅，交通要方便，还要有居住用的房间，公共的和私人的空间布局，豪华套房，还有各种日常生活需要的空间。所有这些都要求建筑师做出的方案必须由性质各不相同的多个部分组成。这样，他不可能在不违背理性的情况下给所有部分一件相似的外衣。从 17 世纪到今天，人们都在不停地尝试这么做，当然是不符合古代传统的。如果我们的建筑认为这么做是一种创新，是在前人艺术基础上的进步，并引以为豪，那就错了。罗马人和希腊人一样，喜欢在各个部分采用对称的方式。如果建造庙宇，建筑物会完美地对称；如果是大厅，那么内部外部都会是对称的；如果是中庭、室内运动场，或者是巴西利卡，那么主轴会把建筑群尽可能分割成两个相似的部分。相同的法则也运用在建筑细部。同一柱式的所有柱头都差不多，檐口的托饰（modillions）也是一样。中世纪建筑和古典时期建筑显然不一样。即便 14 世纪的一座城堡，和古代的别墅一样，不同的功能都有适合其目的的形式，城堡各个主要部分的建筑细部有很大的不同，而别墅的每个部分却寻

1-348 求一种统一性。

然而在这一点上，我们也不能自欺欺人：古典建筑中细部的统一性远没有人们推测的那么强。对古典遗迹的复原图过分关注不是件好事，因为在这些推测出来的建筑表现中，平衡总是以对称的方式取得，这是值得怀疑的。

就我自己而言，在研究意大利和法国的古迹时，我常常惊讶地发现明显的不规则性，而图纸上的复原图却让我有理由期待完美的对称。这些不规则并不总是建筑物所处位置的特点决定的，却更像是为了和建筑方案某个细节匹配，或者是出于艺术家的想象。现在我们知道，罗马的建筑群体根本不存在完全的对称。细部有对称——虽然我们自己在这一点上做得更绝对——不过是有一定自由度的对称，这种自由现在的学院派已经不容许了：必须承认，这给建筑师们减轻了很多负担；想想看，你设计了一个柱头或者一小段雕饰带，然后就没什么事了，只等着雕刻师把这个设计复制 1200 次。你只花了一天的工夫做这项工作，而雕刻师们却要花三个月的时间。这么想来，岂不是很愉快？那些希望打破这种状态的不安分的灵魂很明显犯了大错。懒洋洋地按常规行事是一位强大的君王，因为它盲从者甚众，捍卫者到处都是。想要和它斗争，一定是疯了。

罗马人在早期给每种结构指定了一种处理方法。建筑师在设计带有拱顶的结构时，采用的方法和设计木头顶结构时不一样。平面图会显示该建筑或大厅是用拱顶还是用木头做天花板。仔细研究安托尼努斯·卡拉卡拉浴场或者戴克里先浴场的平面图，我们不仅会发现这些建筑都由大大小小的、带拱顶的房间组合构成，而且可以看出这些拱顶的形式和结构。而随便瞥一眼乌尔皮亚娜巴西利卡的平面图，我们就知道这个建筑加了一个敞开的木头屋顶。因此，建造模式对罗马人的建筑设计有很大的影响。此外，无论是在广度上还是在高度上，每个建筑物或者是建筑物的每个部分的目的都向罗马建筑师指出了适合的尺度和形式。这一点在浴场、宫殿以及最简单最普通的住宅里

1-349 都同样很明显。我们在中世纪建筑中看到了同样真实的趋势，尽管建筑形式和施工方法有不同。在中世纪，就像罗马帝国一样，一幢建筑的结构和目的表现在底层平面图上。底层平面图决定了整体：正是在这里，承担设计的建筑师的能量才完全显现；因为在画底层平面图时，建筑师脑中便有了实实在在的建筑。在完成这第一项工作以后，细部的布置不过是一种智力消遣了。在罗马建筑中，使人满意也必须让人满意的是他们真诚而果断的特点——那种细部服从整体时带有的清晰。同样的优点以不同的形式在中世纪的优秀建筑中重现。也就是说，底层平面图严格按照方案作出，并且服从建造条件：没有多余的东西，从地基开始，建筑构思就很清晰；并有条不紊地贯彻到底。建筑师天才的冲动常常会显现，但总是会受实际施工者的理性和知识的限制。

15 世纪初始，系统知识就准备取代艺术家的个人天赋；无论是整体设计

还是细部设计的方法都被限制在几何公式围成的圈子里。这些公式非常奇妙，但是却抑制了艺术家的天资，把他们变成了公式的实践者。然后，在卢瓦尔河岸和瓦卢瓦地区，强大的奥尔良公爵成为一个新兴流派的赞助人。这个流派试图渐渐地与老旧的哥特艺术决裂。因此，在1440年，我们发觉文艺复兴开始登台，建筑穿上了新衣裳：法则仍然相同；总体设计也没有改变；建筑仍然是时代习俗和传统的表达；不过，外形变了。当著名的瓦卢瓦分支的成员之一，路易十二登上王位时，这场运动受到了强有力的推动。那时，尽管建筑采用了一种新的装饰风格，不受约束地复制古典遗存的形式，在结构和整体设计上仍然是法国式的，继续依归时代习惯。即使在弗朗索瓦一世的统治时期，虽然哥特形式销声匿迹了，法则却没经历什么变化。尚堡的平面是一座法国中世纪城堡的平面；拉伯雷（Rabelais）描述的德来姆修道院（Abbey of Théleme）在平面上是哥特式的；布洛涅城堡（Chateau of Boulogne）（也叫马德里城堡 the Chateau of Madrid），在那时看上去是很大胆的创新，它无论与古典宫殿还是16世纪的意大利宫殿都没什么相似之处。马德里城堡可以被看作是第一次混合风格的尝试：一方面，它反映了中世纪传统；另一方面，根据宫廷要求，又要放弃过去的习惯。然而，我们文艺复兴时期建筑发源于意大利这种先入之见力量强大，以至于一位精通文艺复兴艺术的博学的作家，勒·孔德·德·拉博德先生（M. le Comte de Laborde）也认为布洛涅城堡要归功于著名的意大利彩陶设计师，德拉·罗比亚（Della Robbia）。作为一名有责任心的历史学家，勒·孔德·德·拉博德先生没有忘记石匠大师皮埃尔·加迪埃（Pierre Gadier）这个名字；但他仍然把法国艺术家归为第二等级，在我看来，理由并不充分。以下是他就我们讨论的这座城堡说的话：

1-350

"杰罗姆·德拉·罗比亚（Jerome della Robbia）是位有创造力的艺术家，既有天资也有品味"（我们马上就能看到这个假设是没理由的）；"皮埃尔·加迪埃，这位石匠大师，只是次一级的工匠"（为什么是次一级的？），"但他是实际的建造者。结合这两个禀赋各异的人，我们一方面有了艺术，另一方面又有了工艺。要知道他们两人之间达成了什么样的折中意见并不是不可能。杰罗姆·德拉·罗比亚在想象力的引领之下，会让两层楼的拱廊有连续的线条，用宽阔的楼梯连接各房间；皮埃尔·加迪埃呢，正相反，他用凉亭将250英尺长的正立面分成了三块。立面从地面升起，平面看上去有停顿，让眼睛得以休息；突出了装饰更丰富的部分；同时，它还容纳了无数蜿蜒的楼梯，被称为圣吉尔的旋梯（vis de Saint Gilles），是我们中世纪建筑师遗留的玩具。"[1]

从这段话中不难看出，在勒·孔德·德·拉博德先生的眼里，皮埃尔·加迪埃石匠大师这个头衔让他处于"建造者"或是"职员"的等级。但这个头

1 《法国宫廷的文艺复兴艺术》（*The Renaissance of the Arts at the Court of France*）。

衔很迟才用在建筑师身上。皮埃尔·特林格（Pierre Trinqueau）是尚堡城堡的建筑师，这已为德·拉·索赛先生所证实[1]，他就有这个头衔，并称职地完成交予他的“建筑物的实践”。至于德拉·罗比亚，他作为彩陶模型制造师或装饰雕塑师是很优秀的，或许能很好地协助皮埃尔·加迪埃，并给后者作为建筑师的自由。我不知道拉丁艺术家如果决定做一个勒·孔德·德·拉博德先生所称的“建造者”[2]，他们会做出什么样的设计来。对“建造者”这个词，他显然并没有什么概念。但是，从布洛涅城堡的平面图和立面图看，很明显意大利建筑的纪念物（souvenirs）对该建筑的设计并没有什么大的影响。不过，如果有人能指出某个意大利皇宫与马德里城堡看起来有一定的关系，我准备承认这种影响。当然，布洛涅有柱廊，意大利宫殿里也有；但我们十四世纪城堡就有很多柱廊了。柱廊是各个国家一直以来的建筑特色；彩陶装饰用在了整个正立面，在意大利可不是这样的；这里我们第一次对一种外国工艺进行了新的运用，这要归功于弗朗索瓦一世或他那谦卑的石匠大师。加迪埃于1531年去世，格雷申·弗朗索瓦（Gratian Francois）和他的儿子让（Jean）继承了他的事业，两人都不是意大利人。德·洛梅（De l’ Orme）继续着该建筑的工作，并雇用利摩日的皮埃尔·库尔图瓦（Pierre Courtois of Limoges）完成彩陶部分[3]。至于被看作是中世纪玩具遗存的蜿蜒楼梯（winding stairs），我想说，想要在一个狭小的空间里设计一条通往顶层的通道，它们就是非常有用的玩具。我们大概不会更理智地把“了不起的玩具”这个词用在我们那些双跑楼梯上。那些楼梯占据了过多的建筑空间。它们那种夸张的纪念性总让我想起诗人们的序言，用一种浮夸自大的腔调宣布着一些美好事物即将到来，其实它们永远不会到来。人们称赞罗马建筑，把它看成是可以学习的典范。其楼梯从未被当成是它的什么重要特点；而在同一建筑中，蜿蜒楼梯在圣吉尔很早之前就使用了。不错，普列马提乔（Primaticcio）受委托完成布洛涅的建造，他也很自然地带来了他的同胞，彩陶模型制作者，德拉·罗比亚。尽管如此，从平面图、立面图、建造、建筑细部以及内部布置上看，布洛涅都是一幢法国城堡。

因此，这座城堡的设计值得我们特别关注，因为它是我们16世纪、17世纪所有优秀的“愉悦之宫”（maisons de plaisance）的原型。我们的那些“愉悦之宫”无论在建筑方案还是建筑风格上都十分引人注目。图版十五给出了布洛涅城堡的楼层平面图，这座建筑包括拱形半地下层、地面层、一层、二层、三层，外加一个屋顶（mansard roof）层。在巴黎，建筑朝北

1 《尚堡城堡》（The Château de Chambord），L. 德·拉·索赛著，里昂，1859.

2 法国最有知识的业余艺术家提出了“创造性的艺术家”与“建造者”的区别，这一点足以说明在我们的时代，人们对建筑艺术多么不了解，不会欣赏。

3 参阅M.A. 贝尔蒂的杰作，《法国伟大的文艺复兴》（*La Renaissance monumentale en France*）中关于马德里城堡的短评。

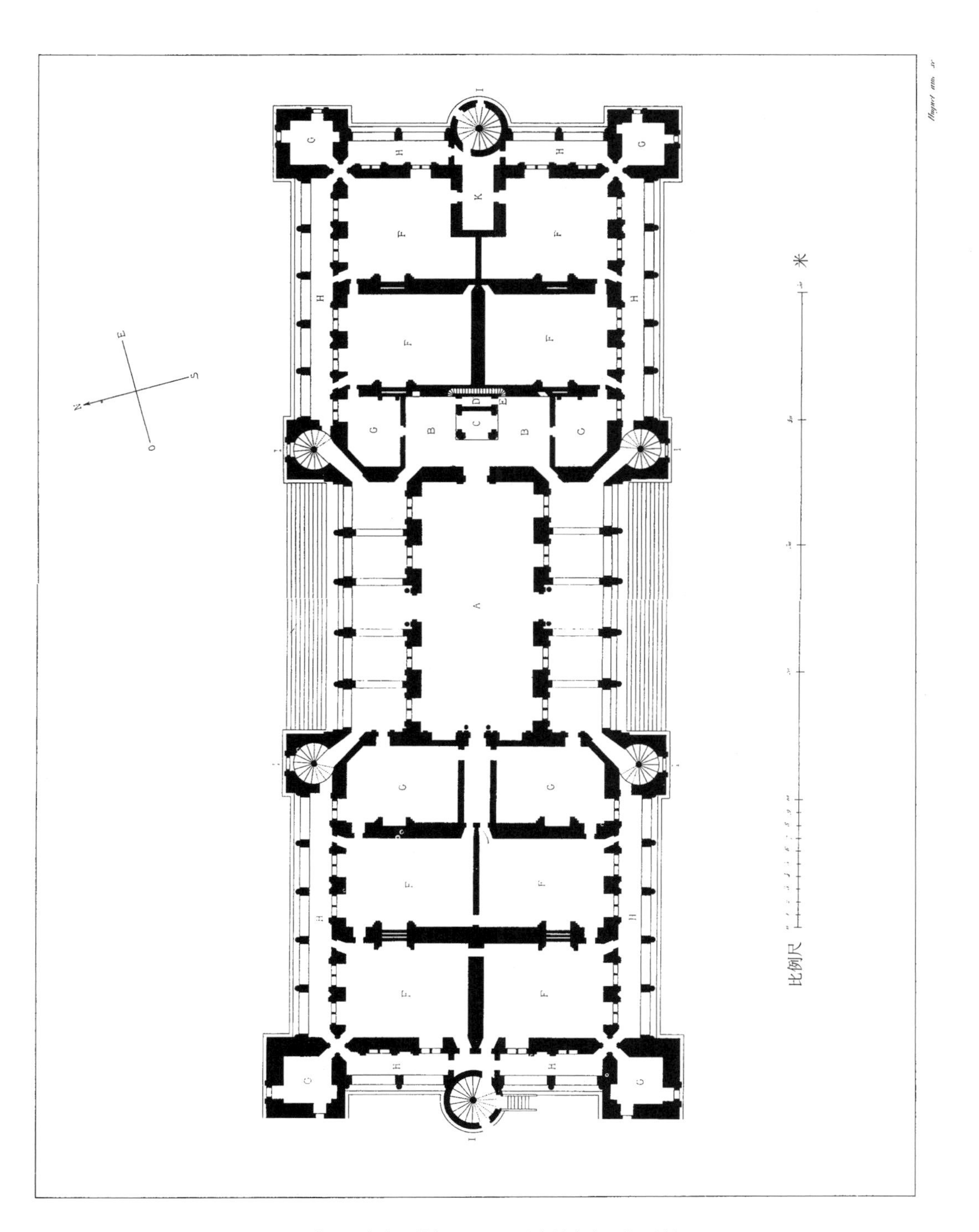

图版十五　布洛涅城堡的平面图（也被称为马德里城堡）

让人感觉不太舒服，于是，建筑师采取措施让城堡每个面都能轮流被温暖的阳光照耀。在那时的一幢领主住宅里，特别需要一个大房间，即大厅，作为集会的场所。大厅要处于中心位置，以便每个人都方便到达，并专为贵族以及君主的私交留出讲台或者某个部分。接着，要有大套间，必要时要独立，每套都要有很大的寝室和衣橱，相当于我们今天的闺房（boudoir）和更衣室。此外，还需要很多独立的楼梯——我们可以称之为玩具，但正是这些玩具让每个居住者能不受打扰地进出自己的房间。这里，我们仍然保留了封建居住的传统。

马德里城堡的平面图就十分符合这些要求。A 是中央大厅，B 是它的内厅；后者在中间位置有一个大壁炉，壁炉四周可以坐很多人。建筑师甚至在壁炉后面留了一个通道 D，这样，人们可以从内厅的一侧到达另一侧，而不用打扰围坐在壁炉四周、占据了壁炉与厅门之间空间的人们。在这个内厅与二楼内厅间有一个小小的秘密通道，楼梯 E。F 和 F' 表示的是 8 个大寝室，带有更衣室 G，各个房间都是分开的，或是和柱廊 H 相连，或是和大厅相连。I 是 6 个楼梯，从底部升起，连接起各套房间与柱廊、平台。寝室 F' 有一个普通的前厅 K。设计在寝室前面的敞开式柱廊很浅，以便阳光能照射进房间里，同时，它是一个带顶的走道，人们不用穿过其他房间就能到达自己的房间。相反，大厅前面的柱廊很宽敞。它提供了一个带顶的室外散步场所，这使用来聚会的空间令人更愉悦。另外，建筑师在试图让建筑主体外形完美对称时，门与窗的设置是根据房间布局来定的，他并不在意墩柱（pier）的轴线是否和柱廊里的柱子一致。他毫不犹豫地做了那些曲折的通道，从柱廊或者房间将楼梯与边角的更衣室连了起来，让穿行更容易，也让仆人行动更方便。这儿又能看出封建城堡的传统：门、窗户、走廊都根据居住者的要求摆放；房间是不是方形，开口是不是斜的，轴线是不是被忽视了这些问题都不重要。在立面图中，建筑师通过细节的布置弥补了这些不足（如果它们可以被算作不足的话）。这些布置让建筑既自然又讨人喜欢，尽管那些推崇所谓的学院派设计的建筑师不会认同。两大段台阶（封建城堡的又一传统）从大厅两侧通下平台，城堡占据着平台的中间位置。把柱廊设置在一面开了入口的墙前面，让它与墙上的支墩中心不发生关系，这是古典的做法，希腊人采用得很多。另外，边廊没有做成拱形，而是用带有镶板的石制天花板作顶，以上釉的赤陶装饰。这样，建筑师就不用把房间墙体上的壁柱正对着柱廊柱子了。大厅两侧的柱廊也更宽敞，柱子更粗，用交叉拱覆顶，将天花板分成了几个部分。这儿，建筑师让柱廊的柱子对着支墩中心，以便放置交叉拱起拱所需要的壁柱。在角楼（angle turrets）的设计上，我们再次发现了建造宏大城堡的哥特传统的影响。正立面的两边加侧翼，让整幢建筑显得轻巧，富于变化。

1-353

如果我们查看方案要求，会发现这些要求在马德里城堡的规划设计中都得到了遵守；第一，认真考虑过的建筑朝向；第二，多个房间尽可能靠近集会场所——大厅；第三，交通、服务都便利；第四，房间之间有办法相互连通或者彼此独立；第五，建筑的进深要大，如此才能夏天凉爽，冬天温暖；第六，通过角楼的布置，柱廊可以免遭风吹，开阔而且很浅，这样就不会在房间的窗户上投下阴影；第七，底层带拱顶，采光很好，适合作厨房和家庭办公室。对于弗朗索瓦一世这样的王子来说，这说不上是宏伟的住宅，不像枫丹白露或者尚堡，只是一个带小院子的临时离宫，但却是个令人愉快的休息之处。它坐落在一个周长有 5 英里的公园中间；还有一个奢华的城堡，这个城堡符合我们习惯，只做了些细小的改变，布局很完美，住着也很舒服。一层平面图几乎是地面层平面相同的重复。

1–354

布洛涅城堡的立面图，见图版十六，与楼层平面图很匹配。[1] 每个部分表达得都很明确：内部的布局在外面看也很明显，甚至能看出有多少间房；天际线很优美，多彩的建筑外观——釉赤陶装饰着雕带和各个拱之间，以及顶部和上层支墩，显得光彩夺目——通过转角突出的坚固的角楼而得到辅助与加强。这座城堡和古罗马建筑没有相同之处；也不会让人联想到 15 世纪、16 世纪的意大利宫殿，像是在佛罗伦萨、罗马、威尼斯、锡耶纳、布雷西亚、维罗纳，或者帕多瓦的那些。它也不像封建建筑黄金时期的男爵的住宅。如果说它和过去有什么联系的话，那便是和古代法国住宅有关系，如此符合建造者的需要；今天又如此不为人知，不为人所欣赏，因为我们仅有一些遗存，这些遗存几乎没有人研究。

如果不嫌麻烦从国王亲信的使用角度弄明白，弗朗索瓦一世的宫廷会是什么样，我们就会明白，马德里城堡一定非常适合皇家的习惯和品味。它可以用来做名门望族的聚会场所，让每个成员都能享有完全的独立空间。每位宾客都可以从他的房间走到花园而不被人发现。即便在二楼也有的大厅里，隐私也得到了尊重；如果君主只想和几个侍臣在一起，他可以退入内厅，而其他人仍可以在大厅自娱自乐，谈话交流。一天中最热的时候，东北面的柱廊提供了很凉爽的散步场所；如果天气很冷的话，西南面的柱廊又能让人们享受温暖的阳光。此外，这两个柱廊处于建筑的突出部分之间，人们走在其中时不会感觉到穿堂风。这些柱廊都有通往各层私人房间的隐秘通道。进入小厅也无须穿过大厅。这些精巧的设计都表示了特别的用处，很显然，在提供给建筑师的方案要求中已经有相关指示。

特别值得我们研究的是建筑师设计方案的谨慎态度。他如何让一切都服从要求；建筑在他手中如何变得可适、顺从；在按特定要求行事时，艺术家又如何保留了他的独立性。

1–355

1　为了让立面图不至于比例太小，我们只展示了一个主要正立面的一半。

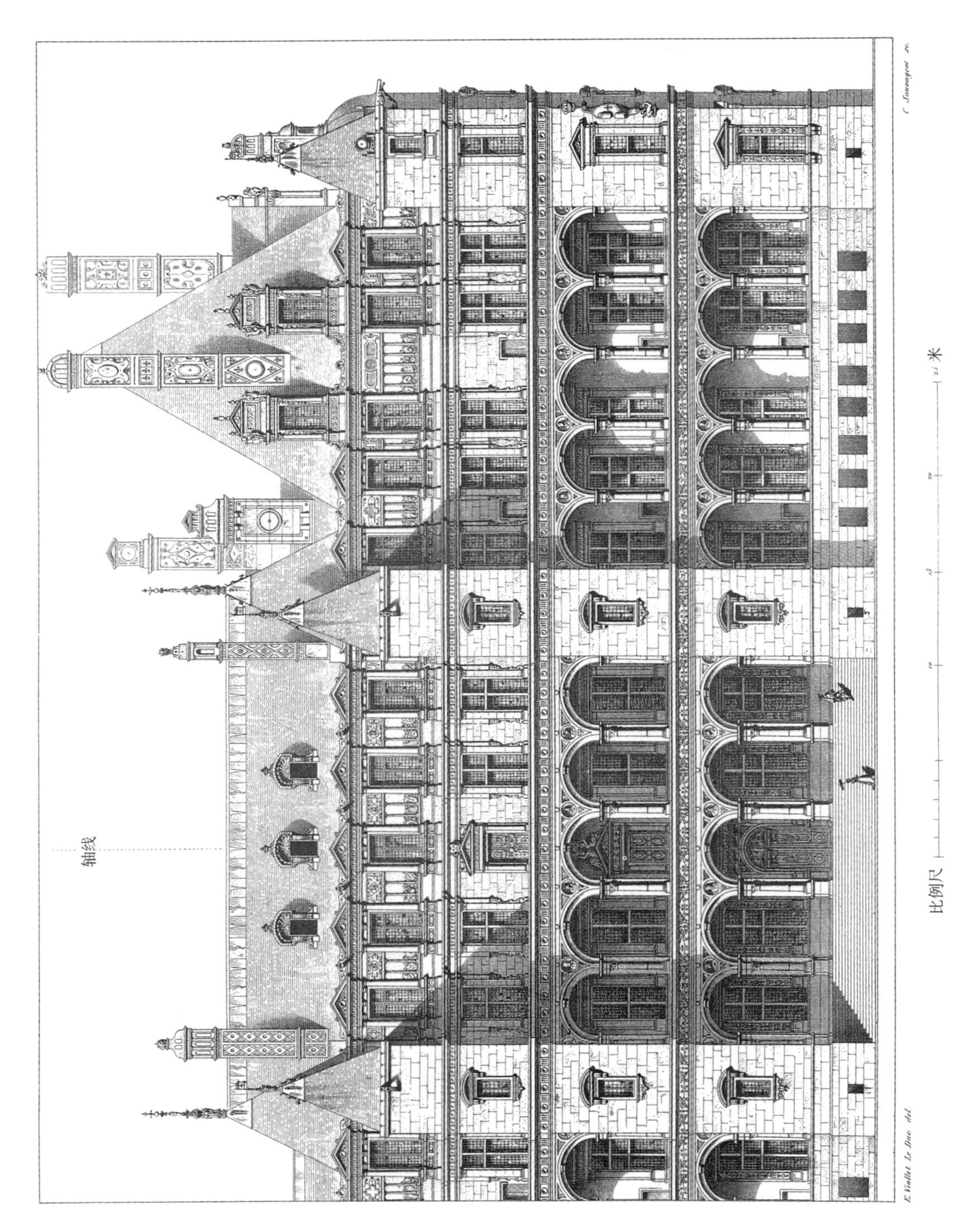

图版十六 布洛涅城堡的正立面图

比起布洛涅来，尚堡城堡（图 8–1）[1] 规模更大，也更雄伟。其平面图却和前者差不多：一个十字形的中央大厅，大厅中间升起两大段蜿蜒楼梯，通向各层；接着，几个小套房形成了夹层（entre–sols），都有各自的楼梯和通道通往大厅。香波城堡在布洛涅城堡之前几年建成。拉米埃特城堡（Chateau of la Muette）正相反，它规模比马德里城堡小，平面图倒是遵循了相同的方案要求。

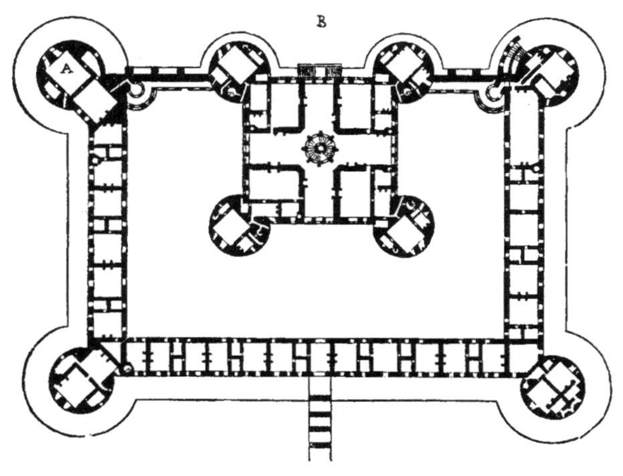

图 8–1　尚堡城堡平面

拉米埃特城堡（图 8–2）[2] 也是弗朗西斯一世期间建起来的。度塞梭（Du Cercean）说道："lequel, après avoir fait bastir le chasteau de Saint–Germain–en–Laye, voyant iceluy luy estre tant à gré, comme d'estre accompagné d'un bois si prochain, il choisit un endroit en iceluy, près d'un petit marescage, distant de deux lieues dudit chasteau, où les bestes rousses, lassées de la chasse, se retiroyent ; et y fit dresser cette maison, pour avoir le plaisir de voir la fin d'icelles, et la nomma *la Muette*, comme lieu secret, séparé et fermé de bois de tous côtez. Toutefois, estant bastie royalement, elle ne se peut tenir si muette ni cachée, qu'ellen'apparoisse outré le bois de sa grandeur." [3] 在这里，方案必然是国王给出，他希望结束和几个密友一天的打猎之后，在树林深处有个可以安静休息的地方。这个奇怪的设计看来正好满

1–356

1　绘图比例 1 ∶ 500。

2　比例 1 ∶ 500。

3　这段话译文为"在让人建造了圣日尔曼昂莱的城堡之后，看到这座建筑如此合乎他的心意，国王便在一处面积不大的沼泽旁边为自己选了一块地方，因为除了沼泽，这里还紧邻着一片树林，而且离上述城堡足有两古里（一古里约合四公里——中译者注）之遥。在这里，打猎打不动了的红毛猎犬们可以退役养老；另外，他又让人搭了这所房子，以便有幸看着它们死去。作为一处与世隔绝、四周都被树林封闭的秘密场所，他把这里命名为"犬舍"。尽管如此，既然是为国王建造，它就不可能如此悄然无声，如此不为人知，它的体量在树林中大得过分了。"

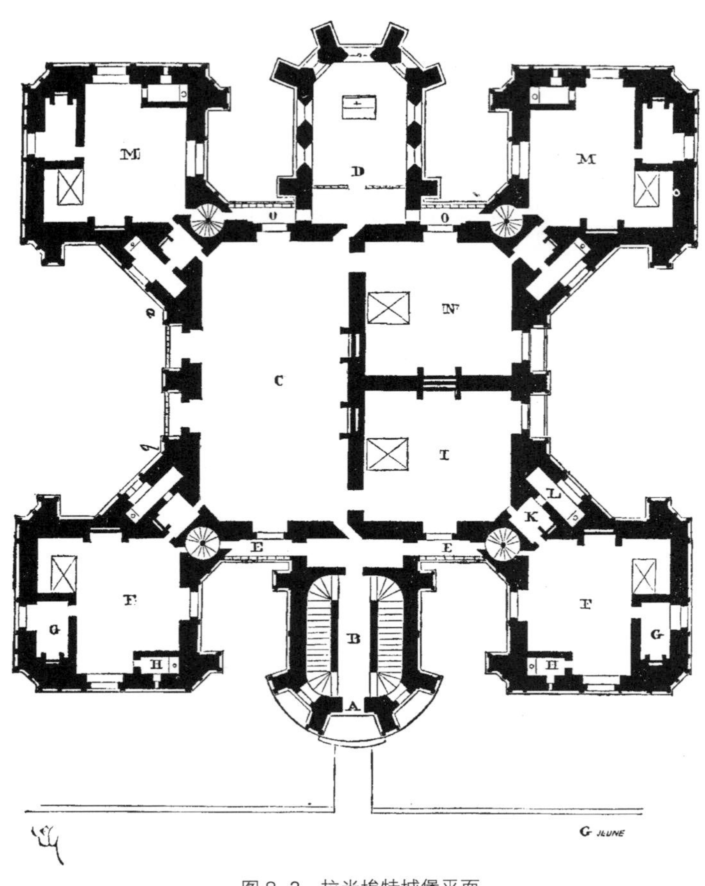

图 8–2 拉米埃特城堡平面

1–357 足了方案要求的条件。

地面层在一个设有办公室的地下层之上（图 8–2）；A 是城堡的入口，通过一座小桥进入；通道 B 两边是两段带扶手的楼梯，它的设计目的我们一会儿会解释。从通道 B 出来，对面有一个略微有点斜的入口（那时候不认为斜入口有什么不方便），通向大厅 C。大厅三面都能欣赏景致，有两个阳台，两个壁炉，还有两个通往大卧室的入口，一扇朝小礼拜堂 D 开的门。两个敞开式的长廊 E 从通道 B 引向两个从底层升起的蜿蜒楼梯，这样在地面层就可以到达套房 F，包括一个卧室、一个更衣室 G、还有一个厕所（closet）H。更衣室和卧室通过壁炉取暖。从其中一个套房或大厅出来，可以抵达套房 I。这个套房也包含一个更衣室 K 和一个厕所 L。另外两处套房 M 完全相同，通过蜿蜒楼梯与大厅，套房 N，室外连了起来。通过这个楼梯可以抵达地下层。这样，人们无须穿越主房间就能进出。以四个楼梯结束的敞开式长廊 O 和 E 是必需的：一个大厅占了两层楼的高度，或者更确切地说，城堡除了地下层一共有五层，而只有三个大厅，彼此叠加。因此，在前四层的套房里，有两层的套房相对两个大厅来说是夹层。在尚堡中，也有类似的夹层设计。这是很正常的，因为一个大厅长 60 英尺，宽 30 英尺，这样一个大厅的高度对于一个 20 平方英尺大小的房间来说显然是不合适的。一个大厅包括两层套房这种设计在建筑物外部由正面的拱廊 ab 表示出来。要注意，拉米埃特城堡的建造与圣日耳曼－昂莱城堡（旧）相似。很大程度上都是用砖头砌成，中间的主体由扶壁支撑的拱券构成，为窗户和阳台遮风挡雨。和圣日耳曼一样，整个上层部分都是起拱的（所以墙壁和扶壁才会这么厚），顶上是一个铺砌的平台，供人们观赏林地风景。两个大楼梯通过中间的楼梯平台和中央通道通向有大厅的三个楼层和有套房的 5 个楼层。在这个平面图的设计中，我们能看到中世纪艺术家在被邀请建造那种既是堡垒又是宜人住宅时候显示出来的精细巧妙；但我们也看到了走向对称布局和绝对观念的趋势，特别是趋向一种奋力挣脱传统束缚的新思想观念。 1–358

16 世纪是一个不安、活跃、灿烂的时代。很多事业开始起步，真正完成的却寥寥无几。如果从未完成的构思，或者是从未实践的设计的来评价建筑，那很不公平。所以，我们不讨论弗朗索瓦一世和亨利二世的卢浮宫是什么样。文艺复兴时期这座宫殿（Palace of the Renaissance）整个设计的原始平面图已经不存在了——也可能从未存在过，因为建筑是一点点建起来的，就像菲利普·奥古斯都和查理五世的卢浮宫被摧毁那样。

其他宫殿，诸如那些位于布卢瓦，安布瓦斯，枫丹白露的宫殿，只是经过改造以适应新需要的古代城堡而已，其平面没法改变。13 世纪的圣日耳曼－昂莱城堡尽管除了礼拜堂全都重建了，实际上也只是座在封建城堡的地基和地下室上建立起来的住宅。从设计布局上来看，这些都不是文艺复兴时期的构思。

1564 年，凯瑟琳·德·美第奇不想继续住在托尼尔城堡了：亨利二世在这里逝世。她选了一个住处，其健康的环境是出了名的。这个住处位于城外，在塞纳河岸。昂古莱姆公爵夫人（Duchess of Angouleme），弗朗索瓦一世的母亲就是在这里恢复健康的。这幢房子的名字起源于环绕四周的瓦窑（tile kilns），这些瓦窑自 1372 年就建在那里了。凯瑟琳买下了这幢房子和周边的土地，委托菲利贝·德·洛梅建一座大宫殿，用来做太后的住处。度塞梭把宫殿的楼层平面图留给了我们。[1] 必须承认，这一设计非同寻常，构图上很宏大——古典影响很明显，法国传统却看不见。很难想象一个皇室家族如何住在这样一个雄伟高大的建筑物里。和上面提到的城堡比起来，它的布局不太适合居住。菲利贝·德·洛梅除了在花园侧的 A 和 B 之间竖幢大楼（见图版十七）

1 《最优秀的法国建筑》（*Des plus excellens bastimens de France*）.

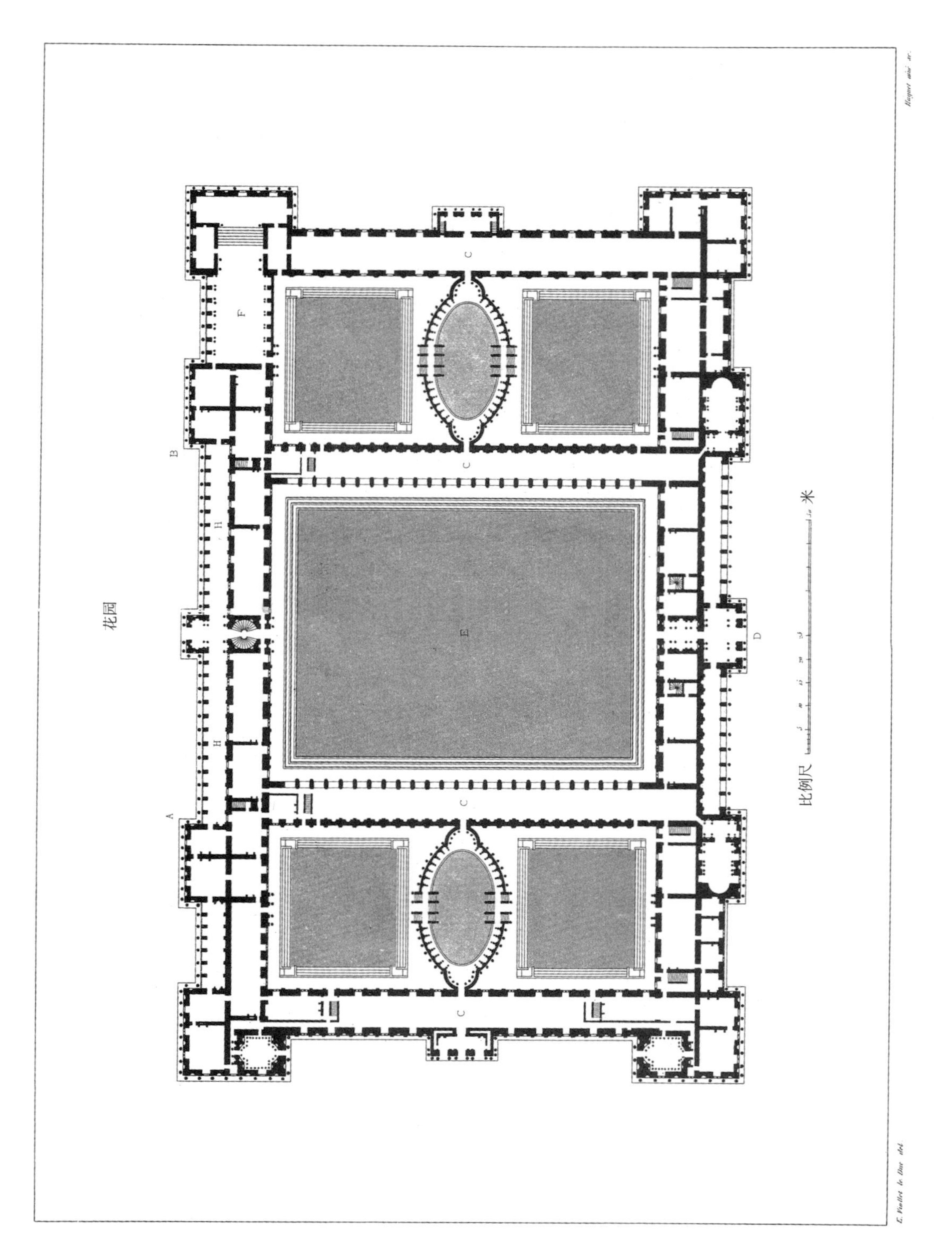

图版十七　菲利贝·德·洛梅设计的杜伊勒里宫平面

好像没什么其他本事。另外，他的设计后来更改很大，我们现在看到的这个建筑中几乎看不到他作品的影子。地面层平面图像座亚洲宫殿的平面图，不像法国城堡。我们应该推测，把居住房间放在大长廊 C 的上面是建筑师的主意；总之，由于里格（Ligue）带来的麻烦，凯瑟琳不得不停止了这个项目，她也从没在杜伊勒里宫（Tuileries）住过。无论菲利贝・德・洛梅的设计多么不适合居住，也必须承认，根据他的设计，这个皇宫本来要比现在的杜伊勒里宫可住性要强。现在的杜伊勒里宫只有被多个隔墙分割的、没有尽头的长廊，既没有庭院也没有办公室，没有私人通道，也没有便利的楼梯。 1-359

我们来看一下菲利贝・德・洛梅的设计。皇宫主入口 D 很自然地位于城市一侧，靠近佩西耶（Percier）和方丹（Fontaine）建造的凯旋门。有一个很大的宫廷庭院 E，两边是两个柱廊或敞开式长廊。4 个小些的庭院被两个圆形露天剧场隔开。这两个露天剧场用来干什么的呢？我说不上来：大概是节日庆祝时或举办舞会时用，在那个时代是很流行的；其中一个大概是为骑术学校准备的。大厅位于 F，其设计叫人称赞。位于花园一侧的皇室住处可以经过一段壮观的楼梯抵达，这段楼梯在 17 世纪中叶还仍然健在。花园旁边的柱廊 H 支撑着一个平台，现在我们仍能看到，不过布置上有些变化。暂不讨论度塞梭留下来的平面图的价值和真实性（我认为在设计执行过程中，菲利贝・德・洛梅肯定做了不小的改动，他是个很实际的人），我们来看看花园那侧建筑的一部分，仔细研究一下细部的建筑构成（图版十八）。

在艺术领域，我们习惯了夸张——把巨大当壮观，突兀的奢华当丰富的效果，噪声当和谐，以至于我们发现很难重获一种正确的视角，让我们能欣赏那些精细、温和、纯粹、格调高的东西。菲利贝・德・洛梅或许是他同时代人里面最杰出的艺术家了。他格调高，对艺术有真挚的情感，在法则问题上很严肃。这不仅可以从他作为实际建筑师的作品里看出，也能从他的著作中感觉到。其著作在我们这样的时代最需要经常参考了，因为我们现在艺术走上了歧途，要不就是放任自流、反复无常；要不就被与现代先进的科学无关的套路所限。在菲利贝・德・洛梅的作品中，我们看到对比例与和谐关系专注、细心的研究。这看起来很简单，其实是他对自己的艺术以及可使用的方法完全了解的结果：从杜伊勒里宫一楼朝着花园的柱廊布局可以明显看到法国精神好的一面——新的观点很少，甚至是采用旧观点，但很有个性，还有一种精妙细微的推理在其中。 1-360

总体上看，这个长廊的构成只是对古罗马艺术的改造；但这位法国艺术家展现自己的地方是长廊的结构。结构不仅坦诚地表现了出来，也成为一种装饰。菲利贝・德・洛梅一层层筑起他的建筑，并且通过特别的装饰，在侧柱（jamb）上，尤其是爱奥尼柱上，标出每一层的位置。这些柱子上，每一个刻有凹槽的石鼓（stone drum）都被一道经过精雕细琢的薄大理石层分开。

图版十八 菲利贝·德·洛梅设计的杜伊勒里宫立面局部

石头上的雕刻很深，轮廓很鲜明；而大理石带上的雕刻平整细微，就像雕刻材料本身一样。也是在大理石鼓上，人们作了图案，纪念凯瑟琳的痛苦。看来，艺术家不俗的感受力决定了他在一种持久耐用的材料上，也仅在这种材料上，再现亨利二世遗孀的悲伤：破碎的镜子和断裂的羽毛，打了结的绳子（象征着寡妇身份）缠绕着的棍棒（力量的象征），还有退了色的桂冠。[1] 此外，高高的柱座（stylobate）在拱门之间形成围合，精致的柱顶盘顶部曾经加上了栏杆，柱式的比例是最巧妙的。柱廊的内墙上每隔一个拱门就开一扇直棂窗（mullioned window）；在它们之间，在与窗子对应的壁龛处，重复着石砌的侧柱，并分成了有高有低的一层层。二楼往回缩了，和柱廊后部的一条线齐平，形成一个孟莎顶的阁楼，上方是主屋顶。

雕刻无须赘述。阁楼层的线条从暗色的屋顶体块上突出，形成一个丰富的顶盖。这里，我们看到的是一个真正像宫殿的建筑，整体宏伟高贵，细部精致不俗。在两个长廊之间，两段宽阔的蜿蜒楼梯——文艺复兴时期的奇观之一——以一个优雅的圆屋顶（cupola）作顶，侧翼是四个小尖塔（spirelet）。如平面图所示，两端以两个用来居住的独栋小楼收尾。由于比例很合理，小楼不会在气势上压倒中央部分的精美建筑，德·洛梅去世后，让·比扬（Jean Bullant）的两个小楼也是一样。在我看来，让·比扬遗留的作品（在其他方面外形损毁得很厉害）比不上菲利贝·德·洛梅的下方长廊里现存的所剩无几的碎片，尽管这些碎片也被毁坏得厉害。

1–361

16 世纪、17 世纪卢浮宫和杜伊勒里宫建造的历史提醒我们在评判文艺复兴建筑师的设计时要谨慎。改变设计与设计师的密谋和混乱每隔几年就会频繁出现，最难的是，如何在其中辨别出建筑师的原创构想。我们现在看到的这些皇宫（我指的是最古老的部分）是不同的构思和奇怪叠加物的结果。找不到艺术家个人的创作，只有零散的各个部分，展示着精雅的趣味——像是杜伊勒里的长廊，卢浮宫庭院西南面的内角，阿波罗长廊底层，和它旁边的码头上的长廊（Quay）。因此，我们应该到文艺复兴时期留下的图绘或著作中寻找引导他们的情感和观念。我忍不住又要引用菲利贝·德·洛梅就该话题发表的言论，他的话很清楚地表明了作者在建筑外形与装饰方面的判断力。今天，听听我们这位 3 个世纪前的兄弟建筑师充满真理的话是最合适不过了：

“我总以为，对建筑师来说，知道什么对人们的健康与财产保护是必需的，要比知道怎么装饰墙面或其他部分更为重要。现在情况却正相反。很多以建筑为事业，自称为建筑师、建筑作品负责人的人不去研究这些需要，或许是

---

1 关于这一点，读者可以注意，在这些装饰中间，二楼的支柱和窗户上有著名的密码，据说是皇冠下的一个 H 和一个 D：亨利二世和黛安娜·德·伯提叶（Dianna de Poitiers）。亨利二世死后，这两个字母刻在凯瑟琳皇后（Queen Catherine）建造的皇宫上，这不大可能。这一密码，如此频繁地出现在亨利二世造的房子上，很可能是 H 和 C，即亨利二世和凯瑟琳的首字母。

因为他并不知道怎么去研究；这个话题对他们来说很新鲜。更糟的是，我注意到很多时候，我们的建筑贵族们很重视如何华丽地装饰壁柱、圆柱、檐口、线脚、浅浮雕、大理石镶饰等，却不大理会住宅所在地点的自然状况和特点。我不是说为王公贵族作漂亮的内部或正立面装饰不对，如果他们希望这样的话。这些装饰让眼睛看起来很愉快也很满足，尤其是当立面是对称的，比例也很好，装饰合情合理，适得其所的时候。精美的装饰应该限制用在储藏室、温暖的卧室、浴室、长廊、图书室，这些贵族们经常会去而且乐在其中的地方；而不应该用在附属建筑、前厅、柱廊、列柱中庭（peristyles）之类的地方。我相信大家都会承认，装饰在厨房或者仆人住的地方会显得很不相宜。这种装饰构成应该显示伟大的建筑艺术和尊严，而不是画些植物，做点浮雕；这些东西只能积聚灰尘和秽物，或者给鸟作巢，或者给苍蝇等类似的害虫作避风港。另外，这些装饰易损易坏。一旦衰败，就不再赏心悦目，反而会让人很不舒服，感到厌烦，变成令人讨厌的东西，而不是让人愉快的事物。所有这些花了很多钱，却无果而终，最后只变得叫人忧伤又反感。因此，我建议建筑师，以及所有以建筑为职业的人，好好研究建筑所选地址的自然特点，不要想着如何把建筑物装饰得壮观华丽。装饰经常只是为了忽悠人，或是因为看中了人们的钱包。不错，和不讲原因、不讲比例、不讲方法地在住宅表面覆盖些装饰相比，知道如何能很好地设计布局住宅显得更可贵也更有用。那些装饰大部分都只是心血来潮的产物，说不出为什么。我觉得要考虑两方面。安放每样东西的时候既要考虑方便性也要考虑品味，这样，住宅才会既健康又美观。回到我们刚开始的话题上来。正立面的装饰要合适，要与建筑内部相呼应。无论是大厅和房间的分割，还是窗户和窗扉（casement）的开口，在建筑外部不能有叫人反感的效果。同时，我也希望刚刚说的建筑外部和装饰的要求不会影响大厅、房间、门、窗、壁炉的合适尺度，不会妨碍把它们放在最方便最需要的地方，不引起尴尬，也就是说，通过这种艺术与自然推崇的方式……”[1]

1-362

这里，我们真切地看到了这个建造了阿耐城堡（Chateau d' Anet）的人，他在杜伊勒里王宫留下了自己的印记，在里昂竖起了很多迷人的宅邸，设计了弗朗索瓦一世在圣丹尼的纪念物。但总体上说，很多宏大的建筑都没有交付给这些正确而不偏激，且带有批判性的头脑。[2] 不过，菲利贝・德・洛梅制定的法则似乎还是结了果实：在他之后，我们的建筑越来越不受人们心血来潮、反复无常的想法控制——在16世纪前半叶，这种心血来潮、反复无常是我们很多建筑师的亲密情人——建筑开始越发严格地遵守法则。当然，在那个世纪后面数年，很少有人支持无用的奢华，法国的贵族——很大程度上是新教徒，

1-363

1 菲利贝・德・洛梅著，《建筑》，第一卷，第八章。巴黎，1576.

2 见《法国文艺复兴时期的伟大建筑师们》，贝尔蒂，1860。这一优秀的著作中，大量的文献，为我们提供了我们16世纪的建筑师非常有价值的信息。

太忙了，无暇去想怎么建造豪华的官邸。在度塞梭（雅克·安德鲁埃 Jacques Androuet）发表的一本集子里我们也发现在很多乡村住宅的设计上，包括最小的住宅到小型的城堡，人们很小心地遵守了菲利贝·德·洛梅制定的许多非常合理的法则。[1] 这本集子提供了很多乡村住宅的范例，从最朴素的房子到小型城堡都有。我们在其中发现了设计上很吸引人的平面图，以及"内部外部一致"的立面图。这种一致性是德·洛梅一直坚持的东西。

正立面没什么装饰，主要优点是底层平面图表示出的某种线条的移动，屋顶合理的布局，还有比例上的精巧。在插图的文字注解中，度塞梭作为一名有实践经验的建筑师，给每幢住宅进行了估价，还对住宅的建造做出了必要的解释。其中的很多平面图都让我们想起马德里城堡和拉米埃特城堡的总体布局，只不过它们是缩小版，就是，一个大厅四周围绕几间私人房间。如果国王能满足于用一个大房间作集会场所，同时也作宴会厅，那些绅士名流就更会觉得这种安排可以满足他们的要求了：大厅实际上既是客厅，也是接待室和餐厅。在阴雨的日子，或是在晚上，人们可以在那里喝茶聊天。除了睡觉、更衣，或者是身体不舒服的时候，人们不会待在自己的卧室里。

图 8–3 是度塞梭集子里的一个平面图。根据那时候的习俗，这个庄园建在一个平台上，平台看起来可以抵御外敌进攻，四周挖了壕沟，并填满水。

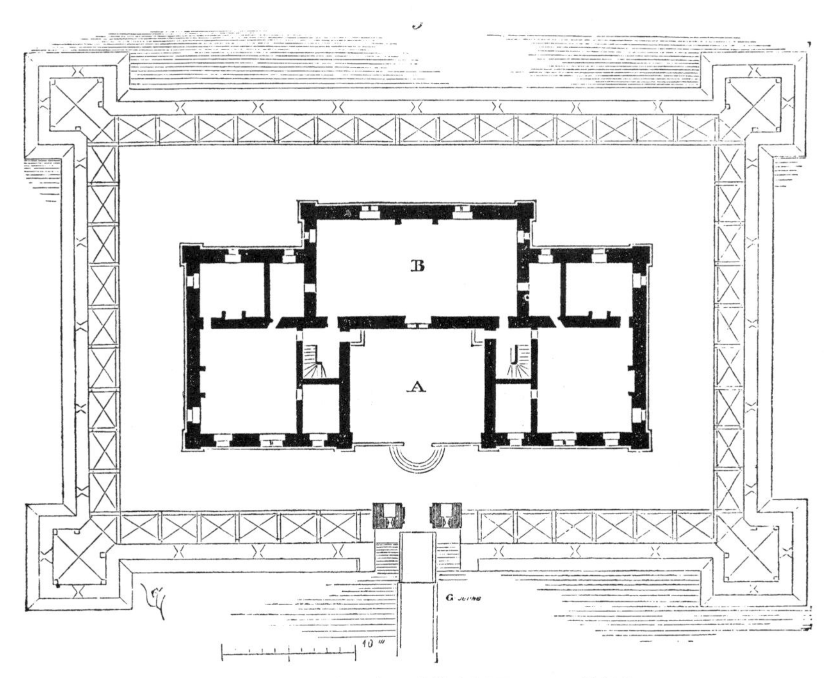

图 8–3　文艺复兴庄园式住宅平面——16 世纪末

1　见 J · A · 度塞梭的《建筑》(the *Livre d'archit*) *...pour seigneurs, gentils-hommes et autres qui voudront bastir aux champs, etc.* 巴黎，1615.

1-364 值得一提的是，建筑师在外墙和堡垒的矮墙上做了一个格子状的人行道，在住宅四周形成了一条绿带，成为一处阴凉的散步场所。A 是一个抬高了的小院子，有一段楼梯：这里，我们发现了中世纪的传统，这是一个领主的庭院。大厅位于 B 处，可以看见户外的景色。四面都有采光，与地面层的 4 个套房相通，还连着可以升到一层套房的两段楼梯。每个套房里都有一个更衣室，有独立的入口。低处的楼梯平台用作大厅以及两个主房间的前厅。考虑到那时候的习惯，不可能找到比这更方便、更简单的布局方法，让建筑设计从立面图里看起来更恰如其分。仔细研究一下图 8-4，我们从立面图上看到一幢迷人的庄园建筑，外部完美地展现了内部的布局。在那个时候，甚至在中世纪和古典时期，有这样一条规则：每个建筑体块都要有自己特定的屋顶；1-365 让建筑师能足够自由地把住宅的各个部分都放下，还能用一种能产生美观效果的方式。后来发现，这种方法建的房子不够壮观，于是，建筑的各个部分，大房间也好，小房间也罢，都被安排进统一的屋檐下。毋庸置疑，屋顶各异的各个部分会让建筑群给人留下深刻印象，即便建筑本身是很朴素的。很多 19 世纪中产阶级的乡村住宅比这座庄园要大一些，但外形上不像它这么高贵。

文艺复兴时期建筑作品的主要过人之处——以 15 世纪中叶到路易十三统治时期这一阶段为例——在于一种特别的“与众不同”，这种“不同”我们理解为是整个社会普遍存在的正确趣味的反映，在以后的建筑中很少能看到。古希腊人常常把这种不常见的艺术特质发挥到最高水平。我认为，对于罗马 1-366 人来说，这种“不同”太过精致，而对 16 世纪的法国建筑师来说，倒是很自

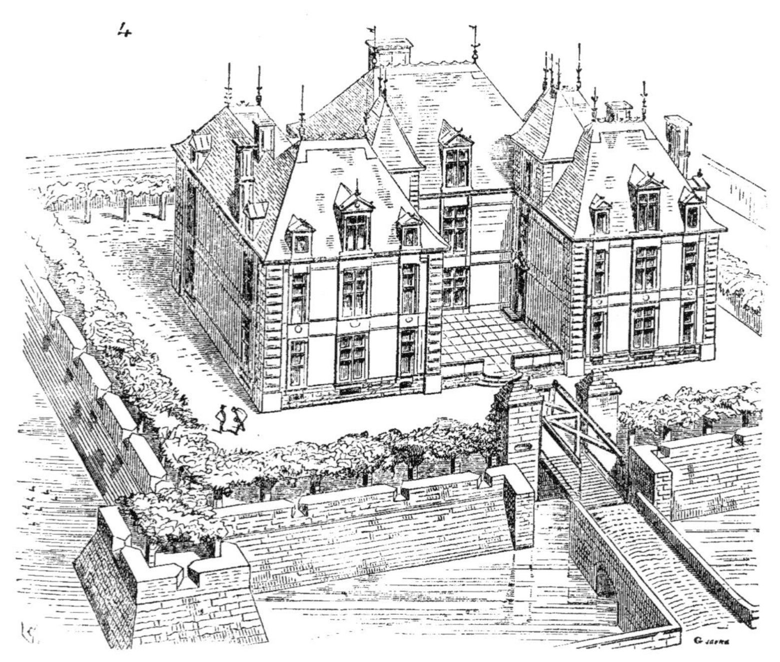

图 8-4 文艺复兴庄园式住宅鸟瞰——16 世纪末

然。这应该就是一种自然的天赋，因为如果是人为追求的结果——通过智力努力才获得的话，它会变得矫揉造作。在建筑中表现壮丽并不是了不起的事；事实上，只要有钱，没什么比这更容易了。难的是如何赋予最简单最普通的东西一种艺术气味，如何在华丽的同时保持节制。像今天建筑行业的同胞一样，文艺复兴时期的建筑师也没有过着大领主的生活。不过，他们也没有形成排外的圈子，卖弄学问，认为所有圈外人都粗俗不堪：即便他们看起来不像贵族，也对自己在那个时代那个社会的地位很满足，他们至少知道贵族们是怎么生活的，喜欢什么，想要什么。他们知道怎么样满足客户的趣味和愿望，而不是只管套用艺术公式，违背他们的意愿。与此同时，如果要满足某个要求或者某种想象时，建筑师也绝不会放弃法则。自建筑师们联合成一个学术体开始与外面的世界讨论艺术形式的问题，对建筑法则不以为然，并反对那些只由项目需求决定的传统艺术规则的时候，建筑便走向了一条要逐渐与时代精神脱轨的道路。它开始变得偏狭、任性，甚至专制，人们便渐渐习惯了没有它。

看看在16世纪最初数年里，来到法国的意大利艺术家如何犀利尖锐，如何鄙视起源于我们自己国家的艺术，他们傲慢的态度如何导致被解雇，以及建筑外行的贵族阶级如何又重新启用法国建筑师，是一件很有趣的事。事实上，这是因为那时，我们的建筑师就已经知道怎样合适地阐释他们那个社会的趣味，而不用一种艺术形式强加其上，相反，他们试图改变形式，适应社会的趣味与习惯。

路易十四和他的大臣们最终习惯了通过与建筑师讨论纯美学问题自娱自乐；为什么采用这种形式而不用那种形式，艺术家在那时给出的理由让人觉得很奇怪。同时，也没有哪一方会费心考虑合适性，时代要求，建筑布局，或者怎么样能使一幢建筑物让人更舒服，可住性更强。就这个话题，有一本很奇特的书，艺术家们应该再熟悉不过了：夏尔·佩罗（Charles Perrault）的回忆录。夏尔·佩罗是建造卢浮宫和天文台（the Observatoire）柱廊的那位建筑师的兄弟[1]。

1-367

夏尔·佩罗是皇家建筑首席管理员，就是现在的国家建设部部长。他自然对自己在艺术方面的知识评价很高。关于路易十四宫廷里发生的事，关于在加瓦里尔·伯尔尼尼的监管之下如何完成卢浮宫的项目，他给我们留下了宝贵的资料。所幸那个项目没有得到实施，尽管国王和这位狂妄自大的意大利著名建筑师都希望能完成。夏尔·佩罗希望把这个项目交给自己的兄弟做，最后成功了，至少部分成功。佩罗觉得加瓦里尔是最荒诞不经的人（这一点他倒没错），并设法让他被解雇了。这件事给人启示的地方在于，国王的首席管理员为什么反对伯尼尼的方案。让我们听听他怎么说的："加瓦里尔不考虑

1　夏尔·佩罗回忆录 *Memoires de Ch. Perrault de l'Academie francaise, et premier commis des batiments du Roi*. 阿维尼翁（Avignon），1659.

细部；他只想着建造看戏、宴请的大空间，而不用心思考建筑各个房间的方便性、附属配套以及布局。这些细节数不胜数，要求建筑师很专心很努力，而急性子的加瓦里尔做不到这一点。我确信，在建筑上，他的天资仅限于矫揉造作的装饰和机械方面。而考伯特先生（M. Colbert）[1]却相反，他希望有确切的资料，希望知道国王怎么生活的，希望建筑布局能提供合适的服务。他理性地认为，好的住处不仅要让国王自己和所有皇室成员舒服，也要让所有官员，哪怕是级别很低的官员舒服，他们的工作和那些最高级别的官员一样重要。考伯特会不时记下在房间分配上需要注意的地方，以备忘，这让我们的意大利艺术家很恼火。加瓦里尔不相信，也不愿意理解这些细部的事情，觉得研究这些细微之处不值得，屈才了他这样一位建筑大师。”

这些批评意见很珍贵。然而，当我们仔细研究佩罗的设计以及已经施工的那部分时，我们不禁要问，对伯尼尼的方案提出质疑的那些地方在佩罗自己的作品里是不是也做得不好。如果说由于考伯特的理解力和洞察力以及夏尔·佩罗的回忆录与阴谋，我们幸运地逃脱了由伯尼尼建造卢浮宫这一劫——它会让亨利二世的遗存不见任何踪影，医师佩罗[2]的建筑显然也不太适合作一个皇家住宅。他的建筑关心的是柱式、柱廊和列柱中庭，而不是试图建造一座真的布局得很好的宫殿。国王被扰得不耐烦了，选择了佩罗的设计，因为它看起来“更漂亮更宏伟”，而不是因为国王有多强的识别能力。“巴黎建筑行业的大师们嫉妒极了”，这位建筑首席管理员继续说道，“他们当然反对这个决定，说些笑话以表示为此感到遗憾，比如什么建筑落入了医生手里，它肯定伤心极了。”巴黎的建筑大师们应该有比他们认为的更好的理由去批评这个设计。尽管如此，建筑在我们法国人中仍然有持续不断的生命力：无论人们怎么对艺术公式痴狂，把它误当作艺术本身，理性以及良好的洞察力仍然有一席之地。17 世纪末和 18 世纪留给我们一些非常了不起的建筑作品。在这些作品中，我们看到了尊贵，看到了设计良好的布局，看到了一种庄重的优雅，这些都是我们多年来极度缺乏的东西。

1–368

在艺术中，当人们对健康的理性——这一发源于真理的纯净溪流——的教育退居二线，而艺术公式占据最重要的位置时，我们很快走向了衰落。文艺复兴在一开始没有太多改变平面图与立面图的总体布局以满足新的习俗的要求，而仍是忠实于中世纪建筑师采取的设计方法；它的创新在于它借鉴了古典时期以及十五世纪意大利艺术的装饰风格，把它用在了公共建筑以及私人建筑上。不过主要还是体现出前几个时代法国建筑的特点。比如，建筑的每一层都有一系列独特的地方，显得与众不同。文艺复兴时期的第一批建筑师决定把古典柱式用在建筑上。于是，他们根据建筑的楼层数，一层层摆放

1 Jean-Baptiste Colbert，路易十四时代的财政部长，正是他主导将伯尔尼尼从意大利请到法国指导卢浮宫的设计。——中译者注

2 即 Claude Perrault，他不仅是建筑师，也是医生、解剖学家和作家。——中译者注

柱式。在很多建筑中都能看到这种方法，比如尚堡城堡、马德里城堡、卢浮宫、昂西·勒·弗朗克城堡、唐莱城堡、阿耐城堡等。即便这种方法是经过思考后得出的，符合逻辑，它仍然有不足之处，就是会让建筑物看起来单调而且无足轻重。这些重叠的柱式，富丽也好，朴素也罢，都把建筑分割得像棋盘一样：在远处看，就是一堆水平的线条（柱顶盘）和垂直的线条（柱子），统一得叫人感到疲乏，尤其是在我们这样一个喜欢变化，喜欢出乎意料的国家。　1–369

菲利贝·德·洛梅在他设计的杜伊勒里皇宫里就避免了这一点：他只用了一种低矮的柱式，上面加一个截层，给地面层的建筑部分一个高高的顶盖；另外，他还用非常明显的水平方向的石层打断了垂直方向的柱子，让低矮的柱式呈现出一种特别的样子。最初，人们是在阿波罗长廊和卢浮宫码头(quay)带方形转角的长廊进行了这种尝试（先于亨利四世期间楼层的叠加）。这种方法掩饰了垂直与水平方向线条的冰冷与千篇一律。这些线条把立面分割成若干相同的部分。但这只不过是一种方法，而不是新的法则。如果仔细研究16世纪后半叶的公共建筑，我们会相信建筑师们正在找寻新的组合——他们感觉到了给予建筑尊贵的外观的必要性，并通过消除楼层叠加造成的视觉上的分离效果达到这一点。让·比扬在埃库昂城堡（Chateau d' Ecouen）的某些部分已经进行了尝试，从连续的楼层造成的建筑的分割感中解放出来。他在该宅邸的院子采用了一种科林斯式的外表，柱式有整个建筑物那么高。不过，尽管这种柱式很引人注目，从具体实施的角度来说，它只是一次探究，一个附属物，一个建筑片段，与周围的东西没什么关系。

在尚蒂伊城堡（Chateau de Chantilly）的古老附属建筑那里，我们看到建筑师明显想要通过在两层楼都使用科林斯柱式来让建筑构成更显威严（图8–5）。[1] 这种方法的好处在于，它能使这个小建筑物看起来更大，不过，很难说出这么做有什么道理。不管怎样，16世纪的建筑师不可能立刻放弃前辈们严格遵循的逻辑方法；古老的法国流派仍很有影响力。他们是有品味的人，小心翼翼地避免任何粗俗的东西；他们的目标是与众不同，让最普通的东西都有魅力。要想知道16世纪后半叶的建筑师们在满足自己的理性与放弃叠柱式的体系，迫使他们采用的单调层状形式之间做出选择时经历了怎样的思想斗争并不难。他们用上了所有想得出的办法来掩饰这种单调性；我们看到，他们用上了女像柱，胸像柱（terminal），带有雕刻的墩柱，装饰过的镶板，以及阿拉伯装饰风格的壁柱。这些权宜之计缺乏尊贵的感觉，无论建筑师技术多高，都只是叠柱式（supposed orders）这个老主题的一组变奏曲。　1–371

安德鲁埃·度塞梭在他的著作《最优秀的法国建筑》（*Des plus excellens bastimens de France*）中向我们展示了莱桑德利（Les Andelys）附近的沙勒瓦勒城堡（Chateau de Charleval）设计。这座由国王查理九世开始建造的

1　参看度塞梭的《最优秀的法国建筑》（*Des plus excellens bastiments de France*）。

图 8-5　两层建筑的处理方式——尚蒂伊城堡——16 世纪

城堡，“将会是”，度塞梭说道，“最高贵的法国建筑。”城堡的地基基本上没完成，不过，城堡设计不管在平面整体布局上，还是立面图展示的风格上都很有意思。从中我们可以看到建筑师为了设计出一种绝对高贵的组合而同时又不背离前人逻辑法则所做出的前所未有的努力。从庭院建筑（第一个院子）的外部立面图，如图 8-6，我们可以看出，多立克式的壁柱起着扶壁的作用——石头系带（stone ties）。为了让这一功能更明显，设计者甚至用凹槽对这些壁柱进行了分割。用这种柱式的柱子作为扶壁，就可以用楼层来分割柱式了，没什么奇怪的。我们要注意，屋檐是连续不断的，碰到壁柱部分并不凸出。

图 8-6 沙勒瓦勒城堡外立面局部

雕带在凸出的滴口下面停了下来。除了这些细节以外，我们看到的又是完全属于中世纪民用建筑体系的做法。不过，在同一建筑朝里的看起来很高的立面上，沙勒瓦勒城堡的建筑师决定不仅要越发凸显这一伟大柱式，而且要掩饰底层以上的楼层，使人们在立面上看不出来。这个决定背离了中世纪建筑师的逻辑法则。沙勒瓦勒的建筑师用非同一般的技巧完成了他的设计。底层上面的楼层应该是在 A 这个高度(图 8-7)。建筑师在上面挖出了拱形的壁龛，这样眼睛就不会感觉到楼层的存在，从上到下两层楼的立面看起来就像一层。

图 8-7 沙勒瓦勒城堡内立面局部

建筑师继续运用着他的技巧（遵守着他自己的法则），打断了柱廊的拱廊，在其间开了小方窗。这样就衬托了所有的线条，每隔一间的墩柱显得更为壮观。柱廊也被遮盖得很好，设计在小方窗台下面的小柱子，使地下室可以得到采光。1-372 这是代表艺术家最高水平的作品。在意大利文艺复兴时期的宫殿里，我未曾发现过这么高贵的立面。

因此，可以肯定，在16世纪末的时候，有一些艺术家比较大胆，敢于拒绝按照楼层布置柱子，而在多层建筑物的外部，从顶部的檐到底部的地下室，只用一种柱式。这种柱式风格被称为"巨型柱式"（Colossal order）。这一权宜之计获得了很大的成功；这么做出来的建筑看起来很壮观，也很庄严。相形之下，16世纪前半叶的所有建筑似乎都显得微不足道了。这种设计一开始仅用于大型建筑，尤其是大面积的立面上。到17世纪中叶，逐渐得到认可，成为一种常规的建筑方法。[1]我们要知道，这种庄严的建筑风格应该是受到了国王路易十四的赞扬。他对艺术的理解就是外表的宏伟。这种想法有它的优势。在这位国君支持下盖起来的所有建筑都有这个特点。在中世纪艺术资源枯竭的时候，文艺复兴艺术取代了它。然而，文艺复兴艺术自己也很快干枯了。不到一个世纪，它就走上了末路。不管怎样，要回到哥特建筑是不可能的，其名声已经很臭。必须创新。自那时起，建筑变得很专横，变成一种便利性必须尽可能让步的艺术；"巨型柱式"的地位日渐增强：无论在公共建筑还是私人住宅中都由它来给出法则。有时，我们能看到一些反对这种独裁的痕迹，比如荣军院。不过，这只是例外，巨型柱式直到18世纪末才结束它的统治地位。加德—莫不勒以及巴黎的明特仍然保留了巨型柱式。这种柱式风格的最后几个例子倒不算太糟。结果是，文艺复兴时期细部的雷同变成了大局上的雷同。如果不是巨型柱式与其他部分尺度不相称，用起来也不方便，这倒也没什么害处。

在我看来，在四五十英尺高的柱子或壁柱中间开两三排叠加窗户只是个蹩脚的图案；这些建筑像是大巨人建起来以后给小矮人居住的。就像现代人挪用某些古代建筑带来的效果，例如，罗马的庇护神庙（Temple of Antonius Pius），庙宇柱子中间几层被改造成了海关大楼（Custom-House）。建筑风格与实际要求之间如此缺乏和谐，让近代的建筑师极为苦恼。他们逐渐寻找窗户与那些巨型柱之间的比例关系，结果把窗户也弄得很大，尽管楼层与隔间会从垂直和水平方向把它们一分为二。如果路人看着雄伟威严的立面很满足，住在里面的人可不是，他们绝不会为这幢建筑与建筑师祈福。这就是无视真正法则的结果。无论衰退时期的中世纪艺术怎么夸张怎么出错，它也不会如此与生活习惯不和谐。大部分15世纪的哥特式建筑都有太多的细部，装饰，太多光彩夺目的面层，线脚，齿孔（perforations）。在这些建筑里，我们总能发现对建筑方案的严格遵守：如果是宅第，就以居住者的方便为重；如果是市政厅或招待所，就以公众的方便为重。文艺复兴时期的第一批建筑师采用了一种新的形式。不过他们没有费心去研究这种形式与现代文明、现代习俗之间是否有关系。他们觉得自己只要用崭新优雅的套装替换下老旧破损的裙子就行了，衣服下面的身体和灵魂仍会享有完全的自由；可是，很快，衣服吸引了人们的主要注意力；身体，紧接着是灵魂，都因为衣服而感到不自然。最后，一个享有特权的团体形成了，他们只允许穿一种风格的衣服，不管要穿在什么样的身体上。这样，就不用费劲找新的组合了；也不用研究前人使用的各种不同形式以备不时之需了。

1-373

1　比如建筑师勒沃（Le Vau）为大臣富凯（Fouquet）建的沃克斯城堡（Chateau de Vaux）。

建筑在路易十四统治的末期走向歧途，刚开始是运用错误的法则，最后结束倒还留有几分尊严。那个时期的建筑属于这样一群人，他们的艺术仍有影响力，也有自己的个性。

建筑外观走向了衰落，在所有情况下都以威严的建筑效果为目标，与社会需要越来越不一致，很少能恰当地表现出社会与时代的风俗习惯。不过，在内部装饰上那种真实的特点保留得略为长久，直到 18 世纪末，宫殿的内部，1-374 公共建筑，宅第，城堡都是由那些仍然保留正确的艺术传统的艺术家设计实行的。走进路易十五时代的大厅，便走进了那个时代的社会中。

我们可以怀疑，一百年后，那些看到我们的宫殿与宅第室内的人是否也有同样的想法。他们会很难找到我们的风俗、观念以及日常生活的印记。解开我们的艺术的谜团，解释藏在从各处偷来的大量镀金层和装饰物下面的那种自命不凡的壮丽，那种创造力的贫乏，这是我们留给后代的任务。这是他们的事，与我们无关。

16 世纪初，意大利在公共建筑与私人建筑上的内部装修上很是富丽堂皇。很多建筑的内部装修在构成上明智合理，施工也令人羡慕，是我们取之不尽的研究资源。比如锡耶纳大教堂图书馆（the libraria of the Cathedral of Sienna），佛罗伦萨韦奇奥宫殿室内某些部分（Palazzo Vecchio of Florence），梵蒂冈的房间（stanze of the Vatican），玛达玛庄园（Villa Madama），人民圣母教堂（Santa Maria del Popolo）圣所的拱顶，梵蒂冈图书馆（Vatican library），以及罗马的法尔内吉纳（Farnesina），还有威尼斯和热内亚（Genon）的一些宫殿。创造了这些作品的艺术家从不偏离的是什么法则呢？用一句话概括，就是：在这些建筑的内部，无论装饰性的细部有多少种类，面积多大，尺寸多少，多么过于华丽，建筑的形式，或者说结构的形式也不会被隐藏，更不会丧失。这是古典时期的传统之一。据我们所知，它从不会用装饰遮盖建筑物内部，不会把真实的结构掩藏在它的华丽之下，不管是庙宇、宫殿还是普通房子；它也不会让装饰的尺度与建筑规模之间失去协调，不会过多地装饰。在法国，我们有掌管建筑教学的机构。它把古希腊古罗马建筑视为唯一值得研究的对象。那它为什么不呼吁学生和专家注意到这条英明的法则呢？它追随着一种自相矛盾的癖好（这种癖好在艺术中常能见着），为什么又拒绝接受严格遵循那条法则的现代艺术呢？为什么一方面无视古典遗存留给我们的那些范例，另一方面却又宣称我们紧跟古典理想？因此，被称为法国建筑流派的艺术中，个人意见在各个方面都比法则更重要，1-375 艺术的趣味完全被忽视了。这样的推测难道不是有充分理由的？

前几讲已经很清楚地谈到希腊建筑的外部装饰只是赋予建筑物的经过仔细推敲的漂亮形式；建筑本身是清晰表露的，就像在身体的肌肉下面可以看出骨架一样。希腊艺术繁荣时期留下的装饰碎片从未曾违背这条法则。在罗马帝国时期，装饰有时与建筑结构格格不入，但不管怎样，它忠实地表现了自己的结构。一幢由粗石与砖头筑成的罗马建筑可以接受和该建筑没什么必然联系的大理石装饰；这里的装饰是第二层结构，其富丽豪华既不会遮掩所用的材料，也不会掩盖采用了何种方式。这里，我要重复前面说过的话（当然会有些真理是要不断重复的，哪怕让人厌烦）：希腊建筑如同未着衣的身体，其结构决定着外形，外形如同设计过那样美丽；而罗马建筑呢，则是穿了衣服的身体，如果衣服剪裁合适，那么身体形状既不会不自然，也不会变形；不过，不管衣服是否适合身体，它总是件衣服，总是合理而且合适的；富人的华丽，穷人的简单。其装饰既不会破坏风格，也不会毁损外形。在中世纪，人们装饰的仍然是结构。结构就像是个裸体，人们试图为它找到有魅力的外表。至少法国是这样。也正是在这一点上，这个时期的建筑与希腊艺术关系密切。

文艺复兴时期，人们努力想让两条法则和谐并存：身体和衣服是一回事，因为那个时期的建筑师被古罗马建筑的外形吸引——该艺术是他们唯一能够研究的——没发觉这外形其实只是个套子，不是真正的结构。他们继续跟随着中世纪传统的脚步。这个传统，我再说一遍，不会把结构与装饰分开。

有些旅行者告诉我们（我不敢保证是真的），在热带的大太阳下生活着赤身裸体的野人部落。他们第一次见着欧洲人的时候认为欧洲人的衣服是身体的一部分。于是，当欧洲白人取下帽子的时候，他们感到无比惊讶。17世纪的建筑师们（要明白我不是拿他们和野人比），从罗马建筑中看到的是一个同质的整体，而这些建筑都是大堆的碎石砌筑，用石头，大理石或者抹灰作表层。他们打算运用中世纪的建造方式来模仿古罗马建筑。他们急于模仿古人，却是在协调这些相反法则的过程中创造出了一种崭新的建筑。不过，这种法则的混淆持续时间不长；在菲利贝·德·洛梅和他的工匠同胞那个时代，建筑很明显倾向于古代结构[1]；因为坚持采用罗马形式，建造自然要服从形式需要。然而，艺术传统是不会轻易丢失的。它们留下了深深的痕迹，以至于在16世纪末，我们发现相同的建筑里两种法则相互冲突。我们看到，人们仍然对结构进行了装饰——就像赋予裸体合适的外表——同时还从罗马艺术中借来了碎布条。野人穿上了外套，但是他没有马裤。先竖起一个建筑体块——建起一个大体块的结构，然后再给它穿上衣服，或者用普通石头或大理石的装饰把它抬高（并不是出于维持稳定性的需要），中世纪流派随后一个时期里的建筑师是想不出这样的主意的。这种方法和当时可以使用的工具也不能协调一致，那些工具和罗马人的比起来效率太低。他们必须建造一幢能为他们的创造力增光的建筑；同时，他们又必然会复制出小规模的罗马建筑。如果按照古代的施工方法，这种复制将在几个月内耗光16世纪任何私人资助，国君也

1–376

1　请看阿耐城堡的小礼拜堂（Chapel of the Chateau d'Anet），以及位于圣丹尼的华卢瓦陵墓（麦罗）（tomb of the Valois at St. Denis (Marot)）。

一样。国王亨利二世为他所有的皇室建筑准备的资金，哪怕准备盖10年房子的，都不够建造诸如阿格里帕浴场或者安东尼·卡拉卡拉浴场。

像卡拉卡拉浴场这样一座建筑，或者说建筑组群（其平面图已经给出），如果装饰得像罗马人那样华丽，在今天要花费1300万英镑（sterling）：因为建筑占地面积约5万平方码。如果考虑用大理石或花岗石的柱子，大理石柱顶盘和面层，青铜隔板，马赛克，灰泥涂色，采用铅皮屋顶，装饰性的雕刻、人像和浮雕，再加上地下工程，挖掘工作，等等，每平方码平均要花260英镑。这样一来，即便文艺复兴时期的建筑师不采用大量的碎石，也不用罗马人用的昂贵的材料，即便他们只要那个样子，建筑尺度可以比罗马建筑小一些，他们也几乎不可能完工。

1-377

这些建筑师越是偏离中世纪建筑方法，越是想方设法接近罗马帝国时的方法，他们的资金就越不可能唤醒他们想要的那种建筑风格。这可以解释17世纪初，宗教战争（Wars of Religion）之后人们为什么开始支持中世纪建造方法。在这个时期，我们发现建筑回归简单：简单的墙面挖了几个洞，市政建筑和私人宅第都采用木制地板、木制屋顶；大型拱状柱廊被废弃了；像圣日耳曼、拉米埃特、沙罗这些城堡都采用平台屋顶，设有拱廊的厚厚的墙壁支撑着拱顶，拱顶再支撑屋顶——这样的设计再也没有了；我们发现建筑内部用上了木制护墙板，不再用装饰过的灰泥作，这原来是艺术家用来模仿罗马帝国建筑壮观的大理石装饰的。从建筑外部来看，16世纪中叶声名鹊起的柱式的叠加，不管是壁柱还是圆柱，也没能继续下去；他们满足于用石块条中间夹着砖头的饰面，腰线和檐部变得没那么突出，原来用阿拉伯风格的壁柱装饰开口的做法也废弃了。从建筑内部来看，建筑看上去更严肃更安静，清楚地显示了建造方法。法国建筑在经历了模仿古典遗存，被意大利文艺复兴影响的过程以后，恢复了其法国特征，与当时当代融洽和谐了起来。尚未恢复的，是其卓越的施工。

施工工艺的下降有很多方面的原因。在中世纪，由于营造、装饰和外形是密不可分的，建筑大师便习惯了作足尺（full-size）的建造图表，其中包括线脚的做法以及如何进行装饰。每块石头在放到位之前都要完成各项工序，塑造成形，并进行雕刻。不用这种方法是不可能竖起一幢哥特式建筑的。它的好处在于培养了技能熟练、头脑聪明的泥瓦匠和优秀的石匠（stonedresser），而且使得雕刻师的雕刻适合每块石头。这种习惯保留了几个世纪。尽管新的建筑形式不需要这样的过程，人们在文艺复兴刚开始的一段时间还是按这种方法去做。后来，新的线脚与雕刻可以直接就位并做得更精密，花费也更少。于是，工人们把石头切割成长方形后便放到位。让联结的地方与建筑各个不同构件匹配不再那么必要。要知道，只要某条法则变得没什么必要，无论它多么宝贵都终究会消失。尽管在16世纪中叶我们也看到了像菲利贝·德·洛梅这样有才智、有技术而且一丝不苟的建筑师，重视使用好的方法，会让建

1-378

筑的砖石部分符合建筑形式，可他们只是例外。在菲利贝·德·洛梅的时代，很多他的建筑同行都会把立面的石头接合工作交给工人做，随后找人在已经就位并经过粗略塑形的石头上刻出线脚与其他装饰。这种随意的做法常常导致砖石联结与建筑特色不协调。由于泥瓦匠无须完整地了解他们要联结起来的作品，他们的能力衰退了。建筑落入了无知工人们的手里。大部分16世纪末期的建筑物在联结上都有违常理，甚至违背稳定性的要求。这一点很大程度上可以从巴黎的圣厄斯塔什教堂(Church of St. Eustache)看出来。同样，雕刻师们被迫在建筑上直接雕刻，常常觉得自己雕出的装饰物不大会被人们看见，再加上缺少监管，便越发粗心大意了。此外，人们希望早点卸掉脚手架，而站在上面雕刻师却妨碍了这一愿望实现。他们急于赶工，很不耐烦地要把工作脱手。终于完工了，非常开心。那些雕刻呢，要不就是不完整，要不就是粗制滥造。还有，基座之间不再需要雕刻，雕刻工作也不用考虑接合点。于是，在建筑物上雕刻就像在一块大板子上雕刻一样。

中世纪、甚至在16世纪前期还非常杰出的雕刻师流派就这样逐渐衰弱，丧失了对伟大艺术的所有感觉，沦为一种纯粹的职业。从古代艺术与法国传统中汲取灵感的那些各种各样的雕塑作品曾经如此优雅，如此纯净，到文艺复兴初，都堕落了，变成没有风格，没有个性，切割优柔寡断。亨利四世统治末期以及路易十三时期，建筑又恢复了一定的活力和朝气，要求工匠、泥瓦匠、石工以及雕刻师对艺术研究得更多、关注得更多，也要求他们更尊重艺术。这个时期建筑师的主要努力方向似乎是在内部装饰方面。 1–379

事实上，文艺复兴时期的世俗性建筑的内部并没有什么典型特征：或是继续紧跟前一个世纪的方式，或是尽情享受混合的设计风格。其中，我们能看出有些手笔出自熟练的艺术家，出自有品味的人。但总体的建筑效果仍然不够，尤其缺乏尊贵感。文艺复兴黄金阶段持续时间并不长，紧随其后如此多的焦虑不安与灾难，无论国王还是平民都没时间完成已经开建的住宅，更不用说完成住宅的内部装修。艺术家们在困难重重，而且不断被打扰的情况下很难采用一种适用于大厅、公寓、集会场所的完整艺术。我们可以修改外部立面建筑体系，但如果几年内要求采用一种新的方式处理、装饰公共建筑或住宅内部，也就是要改变习惯，改变日常生活的品味和整个社会方面的因素，这就相当困难。某个贵族可能要求建筑师赋予他的住宅立面古典特征，对于屋内卧室、大厅的布置很多时候都不会满意，因为那些布置让他不得不改变日常生活方式。这样，我们便能理解为什么文艺复兴时期的城堡方案，建筑内部的陈设布局和15世纪的城堡一样。

不过，自宗教战争之后，国家渐趋和平，贵族阶层开始恢复元气。经过一段时间的战争和物质匮乏，前人的惯例被打破了。他们的城堡一旦重建或修复，内部装修体系上喜欢严肃、平静，带有尊贵和统一印记。在我看来，这种风格比起弗朗西斯一世和亨利二世时期流行的那种风格强很多。后者要不就是细部装饰过多，要不就是贫乏到极点，不果断也不清爽。[1] 枫丹白露的叫作奥地利的安妮公寓的建筑内部，卢森堡古代公寓和马萨林大厦的某些部分，现在还有国家图书馆，兰伯特大厦的某些部分，尤其是长廊，以及被称作阿波罗长廊的卢浮宫侧翼的底层，都是 17 世纪初法国宫殿建筑室内艺术的范例，值得注意。我们看到，建筑效果丰富华丽，却又不凌乱，在雕刻与绘画之间有一种完美的和谐，细部与建筑的整体规模相匹配。最重要的是，它有一种尊贵氛围，这是哥特时期与文艺复兴时期的内部装饰那里感觉不到的。

1-380

在路易十四统治时期，建筑艺术保留了前期的优美布局，这在德沃城堡的内部，卢浮宫的阿波罗长廊，甚至凡尔赛的某些部分仍可以看到。不过那种喜欢宏伟壮观的趣味变得有些浮夸，这一点从勒·保特利（Le Pautre）的作品里可以看出。施工变得衰弱无力，雕刻和绘画越来越没了那种雄伟的特质，开始变得夸张。从浮夸风到处处追求壮观的效果，流行式样突然改变，这在法国很普遍。我们陷入了过度的贫乏，和过于精巧的细部。我们再也看不到优秀的建筑轮廓；所有的内部装饰都只是一件可更换的衣服，大部分在形式上与实际结构不相符。只剩优雅继续反映着我们鼎盛时期艺术的最后时光，表现着我们的民族性格。

17 世纪后半期的建筑师在设计皇宫、城堡以及住宅时不太关心内部布局以及居住者的方便性和舒适度；他们只追求壮观的室内效果、设计大套间；他们为了华丽牺牲了方便，以至于 16 世纪住宅的室内倒比路易十四期间的住宅更适合我们的习俗，更舒服。在凡尔赛，除了国王之外，其他人住得都不舒适：没有私人入口也没有楼梯；太多沉闷的套房；没有更衣室。就住得不够方便这一点，那个时代的回忆录留给我们一些奇特的细节。即便是国家级的套房，功能安排上也很不方便。很多房间一间对着另一间开着。这些内部的不舒适都被宫殿那对称而又雄伟的立面掩盖了。后者似乎才是人们关心的主要事情。从 17 世纪末私人建筑内部布置的不便性似乎可以得出结论，前一时期的公寓肯定更加不方便。不过，这种推断不公平。15 世纪、16 世纪，建筑师不仅对内部的布局很用心，而且外部的设计也服从于内部布局。生活的习惯决定了建筑的内部布局，而这种布局又暗示了建筑该采用何种外形。在古典时期以及中世纪时期的所有建筑中，这是主要法则。当学院派的教条大胆地指导艺术时，这条法则实际上受到藐视，尽管没有人敢公然否认其真理性或重要性。

1-381

1 我希望我这里就文艺复兴时期内部装饰方面作的评判不会被误解。在这个时代，我们有些建筑的内部装饰非常吸引人，比如枫丹白露亨利二世的长廊；但这只是对用在法国中世纪城堡的大厅里的意大利艺术的公然模仿。在同一住宅弗朗索瓦一世的长廊里，我们将会发现这里指出的缺点。在长廊的细部与尺度之间完全没有和谐感；不错，雕塑设计得很迷人，但是天花板精致的木作划分，让凸出的雕塑作为承重物显得不太合理。我这里说的是修复以前的弗朗索瓦一世的长廊。现在，这些缺陷仍然很明显。同一城堡里，弗朗索瓦一世的房间缺乏特点，也没有一定的效果。无论木镶板和小壁柱多么优雅，室内没有那种让人想起路易二世带护壁板房间的组合，却有一种叫人厌烦的紧张。

第九讲　关于建筑师必须了解的知识原理与学科

尽管今天在巴黎和一些大城市建造的公共建筑与私人建筑建得不错，运用了很多知识，成功地解决了某些艺术方面的问题，却不得不承认，在地方小镇上，很多建筑的建造都无视建筑的基本法则。巴黎的好住宅与地方上一般的市政厅（mairies）之间的差距不是奢华与贫困之间的差距，而是高雅的文明与低贱的愚昧之间的那条鸿沟——不是落后社会的那种愚昧，而是预兆着解体的愚昧。20 个此类的建筑设计中，有一个或许还能让人忍受，一半连平庸都说不上，还有一半显示出完全的无知。我不是说艺术，而是说普通的建造方法。研究不同的为各省建筑而作的设计的建筑师知道我说得并不夸张。19 世纪初以前，法国从未有过这种情况。 1–382

且不说更古的时候，中世纪法国的住宅和小教堂就最不自以为是，它们和堂皇的城堡、主教教堂一样都是艺术。这些建筑作品，无论大小，不管豪华朴素，都同样出自训练有素人之手，源于相同的知识。现在，建筑艺术逐渐远离偏远地带，只带给人口的中心地区活力。它积累的资源越多，在大城市越自命不凡，在其他地方就越可鄙。

这真是根深蒂固的灾难，它由几方面的原因引起：首先，行政组织没能在广大民众中传播艺术品味；其次，完全缺乏教育指导；再次，上层社会的品味也有所下降。只要行政区制度继续存在，就有很多地方政府很多省会城市。每个省会城市都是一个建筑流派的中心。奥尔良、普瓦捷、鲁昂、特鲁瓦、利摩日、波尔多、图卢兹、里昂、第戎等，都像巴黎一样有自己的艺术家和流派。这些流派都有自己的原创性。我们可以认为它们没那么重要，但这些流派必然赋予了各地建筑一定的生命力，而且向最不为人知的地方传播各建筑分支。地方领导都是有势力的贵族。鉴于他们的地位和所受教育，他们觉得自己管理期间建造的建筑能有独特的地方是很值得自豪的。行业协会的精神保持了下来，尤其是在艺术家与建筑工艺者之间。通过这些协会，当地传统保留在了最能干的人手里。他们彼此熟悉，相互帮助、相互批评。 1–383

这些自由的地方流派是在路易十四统治期间第一次受到了束缚。路易十四在艺术与行政上都定了一个大体的方向体系，所有地方上的独立活动都被阻止，自由完全被压抑住了。勒布伦（具体个人的名字并不重要）成为法国所有艺术作品的总监。这一制度曾一度刺激了建筑行业的发展，赋予其一种统一性，符合这一统治时期精神。这更像是罗马帝国时期建立起来的制度复活了；同时，也像罗马帝国一样，建筑受官方指挥，变成行政机器的一部分，丧失了一切活力。

我们看到了君士坦丁时期罗马帝国的官方艺术萎缩成了什么样。路易十四统治末期建起来的公共建筑就艺术性而言，比不上 17 世纪初的建筑。每种智力的产物——我想，称艺术为智力的产物不会引起非议，其发展都与它所享有的自由成比例。艺术是一种精神的生成物，而不是机械的。当艺术不再独立，不再能自由呼吸时，它便枯萎了，就像移植到暖房的花朵，失去了健康的色泽，花苞、果实都萎缩了。

1-384 今天，我们的建筑从属于一种智力管理，比路易十四时期更加受约束，从未有过自己的“八九原则”。今天的建筑艺术含混不清，与世隔绝，没有人懂。勒布伦的枷锁——至少其统治下的建筑还比较壮观，也有原创性——换成了另一种粗俗、狭隘的绳索，不仅不符合时代特征，也不符合我们国家的精神。它禁止人们走这条路，走那条路，却又不指示该选择哪一条；它只告诉人们什么不能，却不公开说明什么值得了解。这些官方的勒布伦式的指挥自满、专制而又强大。在这种指挥下，建筑被很多不合格的主人奴役着。

官方、业余爱好者、院士、什么意见也不发表的艺术教授、考古学家、古典时期以及中世纪时期的拥护者、科学工作者、政治经济学家，还有各种热心分子四处驱赶建筑。为了生存，它与这个妥协，避免和那个争执，生活在对同行无声的压迫的恐惧中。它摸索着自己的路，听着各处的意见，看见处处充满了敌视与嫉妒。建筑作品完成时，没有人对结果满意，整个城市都大呼：“我们的建筑师怎么就创造不出有时代特征的建筑作品？又是一幢不正常的房子，一点也不美！！”

我们希望拥有属于自己国家、自己时代的建筑。可是，年轻人研究的各种风格的建筑中，本土建筑却被排除在外，甚至被禁止研究；我们期待有时代特色的建筑，可我们却让年轻的建筑师基础训练很不充分的情况下就去研究古罗马和阿提卡的遗迹。这些遗迹只在他们打下扎实的基础，学会严肃的批判，拥有广泛的知识时才有用。

如果建筑作品打算表现新观念，它要受制于那些反对任何创新，甚至是老方法的新的运用方式的人。反对任何推陈出新可能是这些人坚定的信念。大家都认为希腊艺术总是很美，其法则也总是很真：然而，坚持这些法则的主导地位，甚至是强制性地，不允许这些法则发展自身，这样做的人忘了希腊艺术家是在自由的庇护之下才创造出那些杰作的，也忘了罗马艺术从奥古斯都时期到君士坦丁时期都在不断地衰落。

1-385 今天，制造技术给我们提供了广泛的资源，交通设施也更完备。然而，我们却没有利用这些工具，采取更适合我们的时代、我们的文明的建筑方式，而是借用他时代的建筑，试图掩盖这些新出现的设备、工具。人们抱怨说艺术家没思想，大家都想把自己的观念强加于他们。如果向科学工作者请教艺术问题，他们也会提出自己的意见；煤矿工程师会讨论柱头采取什么形式；如果就建筑的方式方法去问一个信托人，他会主动声明他不喜欢壁柱，他会不惜一切去掉扶壁，他喜欢简单朴素的墙面，那会花更多钱；然后，房子盖好了，他又表示建筑师很无能，这些平平的墙看起来像部队营房，要用附墙柱（engaged columns）进行装饰，其实就是扶壁。

法国有一所建筑学校，不过学校没有建筑艺术方面的课程。偶尔开了一门这方面的课，也只限于对某个时期艺术的概述。至于建筑作品的实行，工作的组织与管理；法国文明的历史，各种建筑风格与流派的比较以及它们与文明的关系，它们的发展与衰亡及其背后的原因；如何运用当地独有的材料以节省资源，如何巧妙地在合适的形体上运用这些材料，建筑师能够合理清晰、符合逻辑地解释他的设计这一点有多么重要，还有那些广泛、普遍的法则；如果视野够自由，这些法则一定会触发充满活力的智慧，并给这些法则穿上新的形式之衣；所有这些，只字未提。

业余爱好者与艺术家接触后，只能获得一种正确的品味（在建筑中，等同于正确的推理）；不过，如果有权有势的资助人能有这种品味，那建筑师就可以向他们解释为什么采取这种方法而不用那种。这些构思倘若要得到认可或得到捍卫，那它们本身必须是可以捍卫的。假如建筑师习惯了运用某些形式，却没人向他们解释这些形式的意义以及为什么用这些形式，只是强加于他们，不接受便会受排挤，那我们又如何指望这些建筑师能马上解释自己的构思呢？如果某位贵族人士或老板声明他不要某种正立面设计，而你自己也不知道为什么这么设计不那么设计，那又如何答复他们呢？此外，你的独立性难道没有受到压制？建筑学校服从的那种学术专制允许你思考、允许你讨论吗？当你为品味、理解力平庸的某个中产阶级做设计时，他说："我不喜欢这种东西。"　1–386
而你却无言以对，因为你自己也不知道为什么要把"这种东西"画在纸上。

渐渐地，这位鉴赏家习惯了艺术家这种无声的顺从，变得反复无常，不再怀着商量的态度。他开始想，建筑师不知道怎么为自己辩护，他定然是认可自己品味的合理与高雅。人之所以成为独裁者，是因为他发现那些苦工心甘情愿顺从他的摆布。因为缺乏扎实理性的教育，建筑师只能听任业余爱好者心血来潮的想象，无法以清晰的观点与正当的理由检验这些想象，而这其实是建筑师应当竭力促成的事情；因为缺乏开明的鉴赏家，建筑师即便努力想要独立也在一开始就无话可说了。就这样，我们陷入了恶性循环，随波逐流，找不到方向，孤立无援。想想，法国的建筑学校与我们这个时代日渐积累起来的要求、取得的进步在同一时代，就组织起学校的法则而言它无非是一种学术角力场，里面是经过挑选的少数人，地位高高的，等着荣誉掉进他们的嘴巴。至于广大的学生群体，为设计些不可能实现也无法描述的建筑作了十年的准备后，他们并没有宽阔的视野，只在地方上有一定地位，或有份私人工作。他们为了具备这些功能作这么长时间的准备可不够英明。他们没有实际的想法，倒有许多偏见；对我们国家拥有的建筑材料以及怎么用这些材料一无所知；还有一种深深的鄙夷之情，这来自于他们对艺术的无知，因为艺术在学校是被禁止的，而且也是很难学很难掌握的。他们对建筑作品怎么建造怎么管理没什么概念，也没有方法，只有对建造纪念性建筑的狂热，哪怕实际上需要的只是符合功能的结实宽敞的简单建筑。就这样，这些勤奋的学生们没有机会得到奖学金到罗马学习，对远离大城市的工作很反感，这也是很自然的；他们宁愿待在巴黎，找一份次一等、却不用担负重大责任的工作，也不愿在没有实际经验的时候成为一名地方上的建筑师。于是，巴黎便有极多的建筑师，而在各省却寥若晨星。 1-387

在一所建筑学校，只教学生艺术法则是不够的（在巴黎这些法则甚至都不教）；还应该在学生的思想中建立起一种个人责任意识，让他们知道自己的作用与职责，让他们很自信地有一种权威感。这种权威感是建立在认真学习了所有相关各学科的基础上建立起来的。这些学科对建筑师来说都是有用的。因为我们的禀性中有南方人的特点，我们更喜欢听信某种权威的意见，而不是跟着自己的判断走。法国很多聪明人，在强加给个人的责任所带来的负担面前畏缩不前，否则的话，他们应该是很有能力的，以至于我们总是有很多优秀的士兵。这要归因于宗教机构的成功，而我们的习俗、立法、社会状况都已经永远废除了这些机构。不过，我们的血脉里也流着北方的血液，足以让我们与这种趋势斗争，这种趋势是一切智慧进步的绊脚石，一旦占据上风，必然很快导致我们走向衰退。

我们的建筑教育不应该局限于每年 9 月送一位官方认为有能力的建筑师出去，而应该在年轻人中传播知识，传播一名建筑师的职能所暗含的责任感。这些年轻人能让自己成为对国家、对个人有用的人。要让他们正确了解在维护艺术尊严的同时，该守卫什么样的利益。这样才是合理的。

如果一所军事学校只培养法国元帅，至于上尉、中尉的培养纯粹靠运气偶尔为之，那我们会怎么看这所学校呢？

如果有能力的建筑师在各省都越来越少，这在很大程度上只能怪我们巴黎美术学院所采取的制度。这一制度的原则就是每年在美第奇别墅向大家展示一位大奖获得者；却从不绞尽脑汁地去想怎么培养一群有用的艺术家，让他们对自己的职责很了解，对艺术实践需要的无数细节也了如指掌。我们真的希望有自己的建筑艺术吗？那我们要培养建筑师，也就是能保留独立性的人。这种独立性对于艺术，对于个人与国家都是不可缺的。我们要呼吁人们学习那些性格很健康、视野开阔自由的知识。如果大家普遍认为在我们这样的社会条件下，这样的学校永远没有能力培养出这种人；如果在艺术领域， 1-388

个人的想法总能赢过总体的趣味与法则，那还不如让我们下定决心，关了这学校，把培养国家所需建筑师的任务交给个人。不管怎样，这种方式有很多好处。它不会让公众怀有错觉，可以给教育完全的自由，明显的平庸者不会得到官方的支持，每个人在选择自己的学习时都变得主动、负责。

以上作为开场白。为了显示19世纪中期建筑师的真实地位，我们要来看看今天的建筑师应该掌握的知识与才能是什么性质的，达到什么程度。这些才能分为两种：一些是理论上的，其他的则完全是实践上的。理论知识在不到一个世纪以前是很有限的，现在因为考古研究与发现的缘故，得到很大发展。如果这些考古发现只是为了满足人们的好奇心，那我们在这里也不会提及。但它们产生于我们时代特有的那种分析精神，它们应该——事实上也确实如此——对艺术有很大的影响，尤其是对建筑。广泛的几何学知识是所有建筑工作的基础，这一点没有人反对。现在，考古研究向我们证实了几何学知识用在了不同风格、外形迥异的建筑上。这一研究向我们展示了这些风格的共同点，它们如何始于相同的法则，或者更准确地说，在世界历史上起着重要作用的各国建筑如何只是一条主要法则的不同结果。我们很快就能证明这一点。建筑师不仅应当非常了解画法几何，还要对透视法非常熟悉。这样才能从各个方向做设计或者画某一设计的各个部分。透视法对建筑师来说是一门非常实用的科学。在进行几何设计时，他可以在脑中想象出凸出或抬高的部分在不同的距离看会产生什么不同效果，可以想出建筑场地的特点、屋面的倾斜、墙体的厚度等。当水平方向的平面图定下来以后，以前的建筑师们习惯准备一套立面透视图（perspective elevation），这样他们就能清楚地判断，不至于被欺骗。如果说透视法很有用，那作阴影也一样有用；不是习惯上认可的那种传统阴影，而是在建筑真正所处的地点，太阳实实在在照在建筑物上会产生的阴影。古人，中世纪以及文艺复兴时期的艺术家们显然对这种阴影效果是很重视的。只是在今天，建筑师才会竖起朝北的正立面，用浅浮雕作出精致的细部盖在立面上。太阳从不屈尊照耀并突出这些浮雕。结果是劳民伤财，却没什么效果。在第一讲中，我们提到了希腊人在建筑中如何考虑光的因素，如何敏感地利用阴影。中世纪艺术家在根据光的方向处理线脚以及雕塑的凸出部分时，也同样很有技巧。这样的精工细作在今天确实很难理解。当有人要求建筑师朝北再造一个与朝南一样有惊人效果的立面时，我们的建筑师却从未想过这样回答：“朝向不同，达不到你想要的那种效果。”他什么也不说。立面建起来了，那位建筑外行很惊讶地发现是那是一个阴沉单调的庞然大物，而不是他想要的那种光影相互作用而产生的迷人效果。他说建筑师粗心大意，这种指责却也不是不公平。

1–389

建筑师不应该满足于在文件袋里累起一打打图纸，画的同时也应当推理、思考。如果建筑师看到某个建筑物的形体时被打动了，他仔细地做了素描图并且进行了测量，他觉得没什么比这更迷人的了。但这是不够的。他必须清楚地知道它迷人的原因。因为，一幢坐落在高处 A 点的美丽建筑，四周环绕着不高不矮的树木或建筑物，有某个特定的方向，如果被搬到 B 点的平地上，四周环绕着高耸的结构，方向也不一样，很可能就没那么吸引人了。希腊神庙的方向是经过精细挑选的，中世纪的教堂也一样。宗教方面的考虑当然在做决定时起了一些作用，但必须承认，艺术家们充分利用了选择的重要性。讨论比例问题时，选址与建筑规模便显得更为重要了。在古代，公共建筑比私人建筑相对要大；另外，它们总是有特殊的联系，不是随便摆放在某处的。周围常常围绕着附属建筑，以提升其尺度的效果。中世纪我们的城市里也能看到同样的情况。住宅很小，每幢为宗教或者市政目的而造的建筑都相对显得高贵。在这些有利的条件下，人们登上（如果我可以用这个词的话）的建筑物有自己的比例，不需要周围那些冷漠的邻居，也能有和谐感。在我们的大城市里，人们不考虑这些条件。如果现在要造一幢公共建筑，选了地址，周围是些一样高的房子，建筑师自言自语道："假设我要造的建筑立面风格和那种美丽的宫殿一样——这里说的宫殿有 70 英尺长，你有 140 英尺长的地可用；那座宫殿正对着大小有限的广场，四周是矮柱廊，顶上只有一层，而你的建筑建在 100 英尺宽的码头或者大道上；如果那座宫殿的窗户宽 5 英尺，那你的得有 10 英尺才行。"不过，这都是白费力气。文件夹里的宝贝被拿了出来，在它们的帮助下，灵感诞生了；也就是说，你歪曲了那幢不幸的作示范的模型——它原来的位置是很让人羡慕的，设计出的作品没什么特色。值得称赞的办法是作图，大量地收集资料，但目的不是没有理由地把这些资料东拼西凑，而是要了解艺术大师们采取的方法，然后能在给定的地点、条件下，创造出一定的建筑效果。我们都很了解人们对自维特鲁威以来，或者可能在他之前就存在的建筑比例的传说与记载。所有一切都可以概括为一条法则，就是，人们都认为古代有的比例很漂亮，如果我们现在能认可，那就再好不过了。然而，第一个问题是，我们说的古代指什么时候？我们当然注意到雅典人认可的比例，比如柱式的比例。这些比例是独立于尺度的。不过，我可没看出来希腊人在一个半世纪里都严格遵循了这些比例（柱式的）。在我看来，天资极高的艺术家们是建立了一个和谐的体系，而不是某种公式。公式是罗马人后来干的事，罗马人是值得尊敬的"工程师"。

1-390

往回看古埃及时期的纪念性建筑，我们也能看到和谐方法的影响。但底比斯的艺术家没有服从某种程式；我坦白，如果艺术家们心中真的存在某种程式，我会为他们感到遗憾，他们在我心中的地位会大大降低。如果比例问题变成了一种公式，那艺术变成什么了？艺术家又有什么了不起的地方了？文艺复兴时期，意大利的建筑师，至少在他们的书里承诺要为柱式建立一套绝对的比例，仅限柱式。至于设计，他们是凭着自己的趣味与感觉，或者按

照理性与必要性的规定行事。 1–391

不过，毋庸置疑的是，到了中世纪（可能在古典时期也一样），人们采用了一些方法，建筑比例根据这些方法决定。我们对此了解甚少。传统的丢失，官方教育的全面堕落，使得那些曾经指导建筑师们在各知识学科神秘的迷宫里行走的线索从我们手中溜走了。那些知识学科职业行会以前都是很熟悉的。两个世纪以来，我们的艺术前辈曾经使用的建筑方法从未获得过尊重。对于我们不具备的知识，我们习惯鄙视它，从而报复。可是，在十九世纪，鄙视和论证不是一回事。我们用经验性的公式代替了人们经过长期实践详细制定并且奉为神明的几何方法。至于那些公式的来源与产生原因，我们没法确定，因为它们是经过二传、三传才传到了我们手里。那些被我们的各位元老（*Patres Conscripti*）看不起的谦虚的作品主人没有表明模仿了古典时期的艺术；但我们推测，他们比今天的我们对某些高贵的艺术法则更了解，甚至在实践中运用它们。我们要试图证明这一点，得回到远一点的时代。我相信这么做会得到谅解，因为这个话题很重要。普鲁塔克（Plutarch）说[1]："埃及人一定把宇宙的本质比作三角形，这么推测是有根有据的。三角形是所有形状中最美的。柏拉图在他的著作《理想国》里也利用了这一效果，构想了一个生育的数字；这个三角形是这样的：直角边长三个单位，底边四，第三条边被称为斜边，五个单位长。斜边和组成直角的两条边能力相当；这样，我们可以把垂直落在底边上的这条线比作是男性，底边比作女性，斜边则是两者之子。"[2]我们很快会回到对这一点的论证上，会发现它很重要。

1–392 《伟大的世纪》（*Grand Siècle*）中的那些名言警句让我们摸不着头脑，既不建立在理性的基础上，又很绝对。而我们觉得含混不清的东西却被今天的一些德国学者，还有我们一小部分工程师看透了。亨策尔曼（Henszlmann）先生在名为《在建筑中运用的比例理论》（*Theorie des proportions appliqués dans l'architecture*）为很多发现打开了门；这些发现的价值都无可辩驳。虽然考虑到这些纪念建筑本身，我们不能采用亨策尔曼体系的各个部分，不过，可以肯定，他为那些想要把他的法则贯彻到底的人铺平了道路。奥雷斯（Aures）先生，道路桥梁学院（*des ponts et chaussees*）的主要工程师，在《维特鲁威》（*Nouvelle theorie deduite du texte meme de Vitruve*）（尼姆，1862）中，最近就柱式的相对比例发表了一些非同一般的研究结果。例如，这位作者证明了希腊人是在柱子中间取模的，而不是如以前人们推测的在柱子底部取模。他因此也成功地用数学方法证实了维特鲁威给出的方法的正确性。不过，这不是我们现在主要关心的问题。知道古代柱式的比例当然有用；但找出中世纪甚至是文艺复兴时期的古典建筑的比例遵循的法则对我们更有利——尽管后者

1　《论伊希斯和奥西里斯》（*Treatise on Isis and Osiris*）。

2　很明显，直角三角形底边是4，平方后就是16，一条边是3，平方后是9，那斜边就是5，平方后25，即16+9。

经常忽视纯粹的传统，任由反复无常的念头摆布。要说建筑的比例是本能决定的，那是自欺欺人。其实它是有绝对的规则与几何法则的。如果这些法则与视觉本能协调一致，那是因为视觉类似于听觉，就算对音乐不了解的人听到不和谐之音也会觉得不舒服。而为什么不舒服，我说不出来；但是对位法的老师可以通过数学论证我的耳朵不舒服是理所应当的。

如果作为几何学之子的建筑学，不能通过几何方法论证眼睛为什么对建筑中出现问题的比例关系很反感，那是很奇怪的，尽管我不认为维尼奥拉和他的继承人经验性的方法对此作出了论证。因此，我们必须从更高、更实证的角度来考虑这个问题。以上摘自普鲁塔克的那段话告诉我们在埃及人看来，三角形是完美的图形。埃及人是很棒的几何学家。等边三角形尤其让眼睛看得舒服。它的三个角都相同，三条边都一样，把一个圆分成三个部分，一条垂直线从顶点落下，能把底边分成两个相同的部分。圆中间画一个六边形，能把一个圆分成六个相同部分。没有哪个几何图形能让大脑更满足，能让眼睛更愉悦——我们说的是它的规则性与稳定性。埃及人在建筑的某些重要部分会用等边三角形，其比例会让眼睛很舒服。如果他们要造托起过梁的柱子，空处与实处相等（他们最古时候的建筑物常是这样）（图 9–1），那柱子高度与宽度之间、与间距之间的比例关系常常由一系列等边三角形决定（见图 9–1A）：每根柱子的中轴线都与三角形的顶点重合，如 *aa*。如果柱子尺度细长，等边三角形的底边不会超出柱子边，如图中 *b* 点所示。这样就满足了

1–393

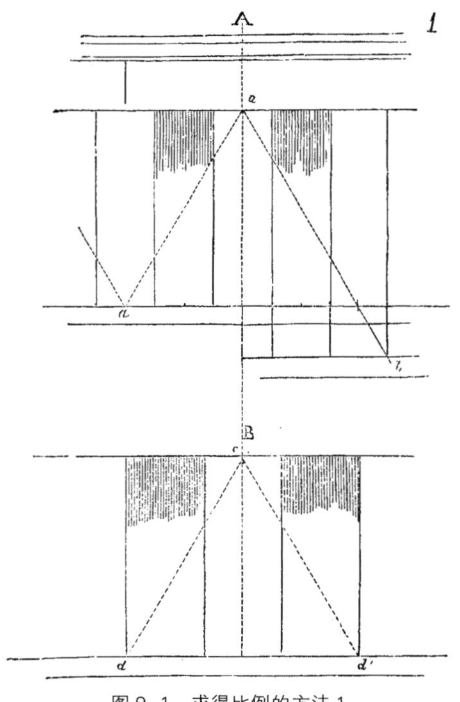

图 9–1　求得比例的方法 1

眼睛的要求，被承载的部分与承重部分都不会超出等边三角形三个角的范围。如果违反了这条法则，如 9–1B 所示，我们就放弃了很好的比例条件。眼睛会感觉到缺乏稳定性，因为中轴 *c* 在两侧应当找到两个坚实的支撑点，与三角形底边相等，即 *dd'*。同样，如图 9–2 巴西利卡的立面——该建筑包括一个 1–394

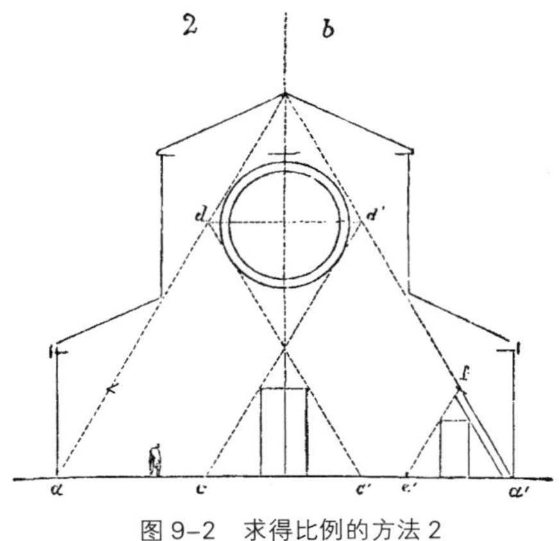

图 9–2　求得比例的方法 2

中厅 *nave* 和两个侧廊——内接于一个等边三角形，总体比例也让人满意。假使山墙上要开口，而且这些开口也是内接或内切于等边三角形，那么它们与立面的比例就会比较合适。眼睛会本能地画出形状 *aa'b*，*ca'd'*，*ac'd*，*e'a'f*，却感觉不到开口嵌在里面——事实上，正相反，是这些开口标出了这几个形状。眼睛的这种要求总是与稳定性的规则一致。希腊人对这条简单的法则也并非不了解。以科林斯神庙的柱式为例（图 9–3A）。我们发现，等边三角形的顶点位于圆顶柱盘的中轴线上，即 *a* 点，其他两个角在左右两边柱子的中轴线底部连线上，即 *bf*。当多利安人想要柱子比例更修长（见图 9–3B）时，就像阿格里真托的和谐神庙的柱式那样，他们不允许等边三角形的角突出柱身的外侧线条。如果想让柱间距更大一些，如埃吉纳神庙（the Temple of Egina）的柱式（见图 9–3D），他们会把等边三角形的顶点置于圆顶柱盘顶部，而不是底部。

等边三角形并不是用来定比例的唯一图形；人们也用正方形底的金字塔，从顶端往下，其垂直剖面与底部一边平行，也是等边三角形状的。以底面的对角线为底边，金字塔的剖面会形成一个三角形 *cde*（见图 9–3G）。在古埃 1–395 及的一些纪念建筑的柱廊，人们会采用这种三角形，尤其是我们图中所示的卡纳克的凯宏斯神庙（the Temple of Khons at Carnac）的柱廊（第二十王朝）。

假使金字塔的垂直投影是个等边三角形，与底面的一条边平行。不管是 1–396 以正方形底的对角线为底边的三角形有能让眼睛愉悦的斜线，（这种金字塔的

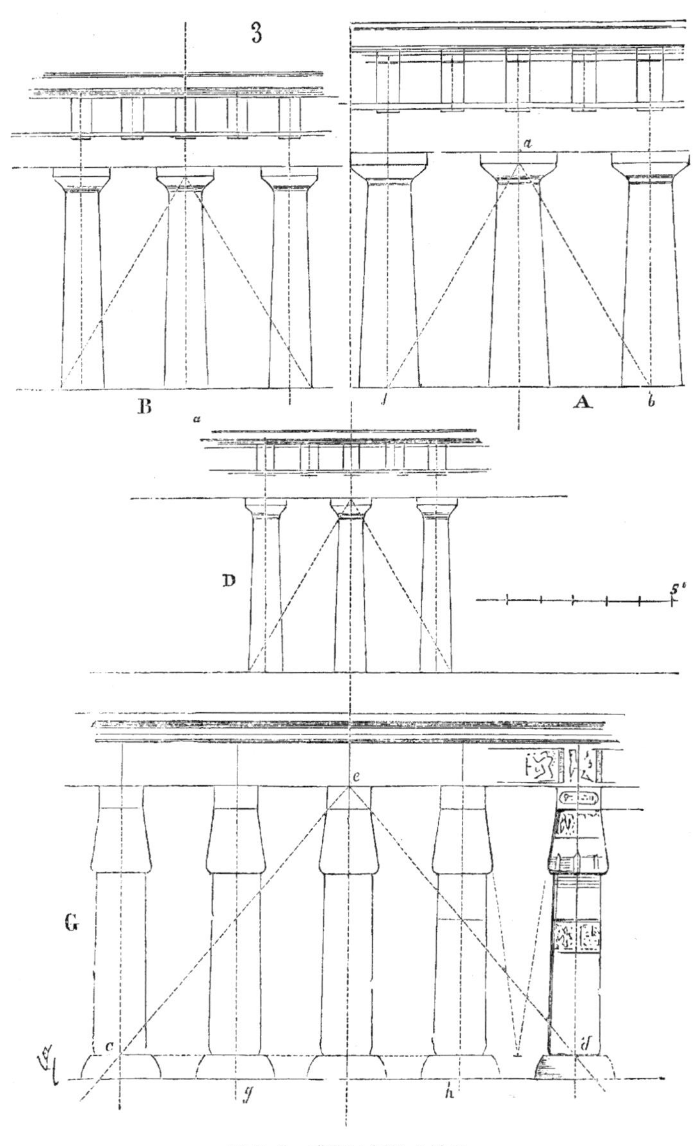

图 9–3 求得比例的方法 3

主体轮廓由对角线产生而不是由与底面平行的垂直投影产生)，还是等边三角形顶点太尖，没法决定大尺度建筑的比例；如果我们把这个以等边三角形金字塔的正方形底的对角线作为底边的三角形 *cde* 用在帕提农神庙，会有很有趣的发现。我们发现这个三角形完全包在两条垂直线内，落在两角柱外线之间，顶点与三角楣饰（pediment）的最顶端重合（图 9–4）。三角形边与横梁底线交叉的地方确定了左右第 5 根柱子中轴线。如果把线段 *ab* 三等分，在左右两侧分别再标出其中一份的长度，我们便能得到中间 6 根柱子的中轴。三角形的角 A 落在从横梁 B 点放下的铅垂线上。三角形的一条边与第二根柱子的中

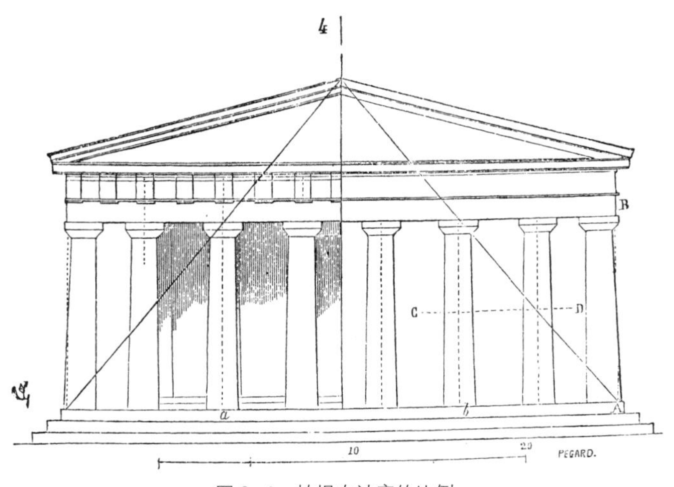

图 9–4　帕提农神庙的比例

轴线相交，形成水平方向的直线 CD。由此得到适合该建筑的相对比例，即模数。

在一幢承载过梁的孤立支撑点组成的建筑里，这些支撑点的僵硬及力量让眼睛感到不舒服。眼睛在其中寻找相互之间的统一——根据理性得出的某个特定角度的斜线底部的结实点，因为当这个角被超出，稳定性的条件就得不到满足了。在图 9–3G 中，艺术家发现，如果他想要细长的支撑点，而且彼此挨得很近，他就不可能让等边三角形的两条边落在柱子 *gh* 的中轴线，甚至是落在柱身外部线条的顶端上。因此，他在决定两边第二根柱子的中轴线 *cd* 时，角度的开口尽可能宽——由以等边三角形的金字塔底面对角线为底的三角形给出的开口。在每幢建筑中，眼睛都会本能地寻找可以保证结构稳定性的作用力点，习惯了某些看得舒服的斜线，因为这些线条的倾斜度符合静力学原理。这些作用力点如果强调得很好的话，是能够满足眼睛的需要的。在这方面，雅典人所用的方法值得称赞。他们把帕提农神庙的整个正立面内接在一个三角形中；三角形的两条边让人感觉稳定性很强。同样，他们又把中间柱子的中轴线放在两边与横梁的交叉点上。这两点是两个稳定点，置于三角形顶点与底边之间的两边上，看起来像是牵引着人们的视觉。在所有独立的、艺术性比实用性更强的纪念建筑中——比如罗马造的大量凯旋门——都试图呈现出一种完美的和谐，而这又是用心研究比例的结果。在这种情况下，我们不需要强行规定高与宽的比例，也不必固定空处的尺度：建筑方案会给艺术家留很大自由空间——如果不成功，他只能怪自己。罗马人因虚荣心建起的很多凯旋门我们都很了解。虽然很多外形壮观，或者砖石工程很宏伟，或者细节很漂亮，却很少在比例上完全让人满意的。在君士坦丁重建之下的图拉真凯旋门比例显得不够果断，塞维鲁凯旋门（Septimius Severus）的又太过沉重，奥朗日凯旋门的轮廓让人很讨厌，因为它细细的柱子上累赘地载着很大的体量。罗马的提图斯凯旋门很小，比例上却很宜人，让眼睛看得很

1–397

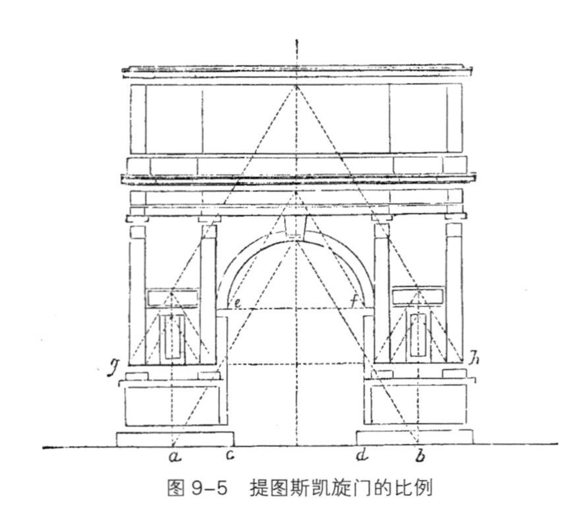

图 9–5 提图斯凯旋门的比例

舒服。让我们来仔细看看这个结构设计采用的比例法则（图 9–5）。

1–398 这里，一切由一个等边三角形而来。拱心石位于等边三角形的顶点，两根墩柱的中轴之间的距离形成底边 *ab*。开口 *cd* 与起拱点 *ef* 形成一个完美的正方形。檐部下层穿过一个等边三角形的顶点，而这个等边三角形以 *ef* 为底边。顶部檐口的下端也穿过一个等边三角形的顶点，等边三角形以 *gh* 为底边，横跨圆柱底座上部的整个结构，其轮廓落在墩柱上，很明显。圆柱中间的方形壁龛的楣位于两个以柱间距为底边的等边三角形的顶点上。壁龛上的两块匾额的顶部也穿过两个等边三角形的顶点，这两个三角形则是以墩柱的宽作底边的，圆柱包含在内。简直无法想象这些几何组合是出于巧合。假设建造提图斯凯旋门的建筑师是出于艺术直觉作出这些组合，也不得不承认他的直觉与几何分析完全不谋而合。在普罗旺斯马赛附近的圣沙马有一个小罗马拱门，建在一座桥上。该建筑结构比罗马帝国的纪念性建筑水平高很多，保留了一种精致的艺术趣味，比例也很棒。它就是完全包含在一个等边三角形里的（图

1–399 9–6）。拱门结构的曲线与三角形两边相切，与我们在图 2 谈到的规则一致。这样的结果不可能是巧合。

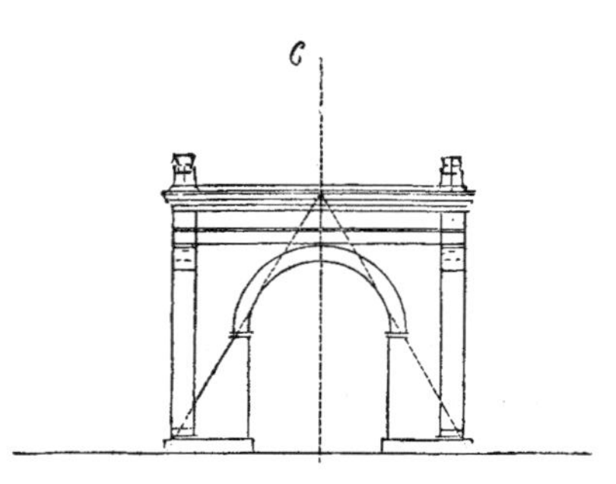

图 9–6 圣沙马的罗马拱门，普罗旺斯

另外，当把这些方法用在中世纪及文艺复兴时期，或者我们当代的结构上时，我们发现，当它们与类似的数据越吻合，比例就越完美。比如，巴黎圣母院的正立面就是内接在一个等边三角形内，这个等边三角形是以最两端的扶壁之间的距离为底边的。敞开式的大长廊下的檐部也位于三角形的顶点上。

让我们回到上面引述的普鲁塔克的文本上来。吉萨的胡夫大金字塔正是按照作者所说的方法设计的。这一点，在达尼埃尔·拉梅先生（M.Daniel Ramée）的《建筑简史》（Histoire générale de l'Architecture）中很明显，而若马尔先生（M. Jomard）在他的《埃及记述》（Description de l'Égypte）里作了进一步的论述。这里很有必要展示论证过程（图 9–7）。把线段 AB 作四等分。在端点 B 作垂直线段 BC，长度为底边 AB 的四分之三。连接 AC。线段 AC（斜边）长度则为 5 份，即底边长度再加四分之一这样的长度。这是普鲁塔克谈到的最典型的埃及人的三角形。从底边 AB 的中心 D 点作垂直线段 DE，与斜边 AC 的一半同宽，即 5 份的一半，$2^{1}/_{2}$ 份。连接 AE，BE 就得到了大金字塔的三角形。线段 DE 为高，AB 为其正方形底面的一边。从角 B 作斜边的垂直线，同样定了金字塔的高度。因为线段 AF 与 AE，BE 一样长。斜边的垂直线段 BF 延长至内接三角形 ABC 的圆周上，便得到弦 HB。从 F 点的垂线落在三角形边 BC 上，便得到 FK。如果把底边 AB 四等分后的每一份再分成两份，这两份的每一份再进行六等分，我们便得到 48。垂线 BC 同样分割，得到 36。高 DE 如此等分后得 30。如果我们继续用同样的方法分

1–400

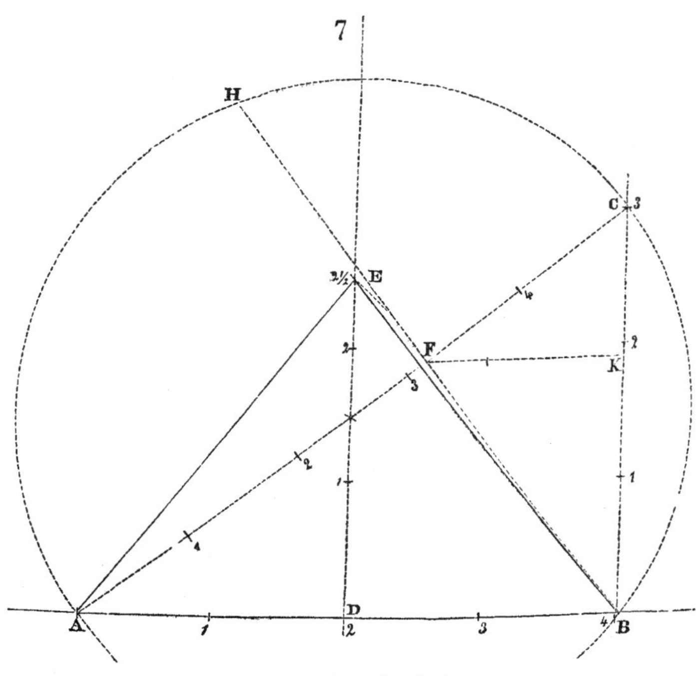

图 9–7　埃及式三角形

割斜边，便得到 60。而 60=5×12；30=2×12+6（12 的一半）；36=3×12；48=4×12；这样，建筑尺度可以用 4、3、5 及 $2^1/_2$ 测量。如果把底边 AB 四等分后的每一份分成 100 份，得到 400；同样分 BC 得到 300；分 DE 得到 250；弦 BH 则是 480；垂线 FK 是 144，即 12×12。通过这组数据我们得到十进制与十二进制的线段分割。就比例上来说，十二进制可以较为容易地进行两等分、三等分、四等分。两个进制结合起来，用在这一图上，便得出了有用的结果。底边 AB 通过十二进制的分割得到 48，通过十进制分割的弦 BH 是 480，或者 48，两者成比例关系。或许，古时候的建筑师们就作了这个图。可以肯定的是，中世纪的大师们利用这个图建造了一些伟大的建筑。我们一会儿可以看到这一点。

1–401　以罗马的君士坦丁巴西利卡为例。在该建筑的横切面上放置上文提到的三角形 ABE。我们发现（图 9–8），两边 AB，AC 在 B、C 点确定了外墙的中轴，大拱穿过墙的正面，两边与墙体交叉在 D、F 形成通道，确定了主要檐部的高度。AB、AC 同时还确定了侧廊小拱的起拱点 G 和 H。柱子 I 与 K 就位后，两根柱子的中轴在底座上升起等边三角形 IKL，我们便得到讲坛（tribune）上方的拱顶石向下弧面的高度。把三角形 ABC 的底边四等分后，取其中一份的一半 *ab*，便得到讲坛的墩柱。线段 BC 四等分之一的 c 点得到墩柱 *ed* 的中轴起点。从这幅图来看，两墙面在 DF 高度的距离与高 OA 之比正好相当于 *gh* 两墙面在底座上方之间距离与高 1A 之比。像帕提农与提图斯凯旋门一样，在这里，眼睛也能找到稳固点 ADGg，这些都是古人所认为的完美的三角形一边上的标志性点。然而，艺术家介入了。要想让建筑各部分比例适宜，有一个条件便是避免类似性——即彼此之间长度相同或表面相等。艺术家很小心地不把三角形边 gA 两等分。gD 与 DA 的比为 29 比 21，以埃及三角形确定比例关系有好处——其底边与高的比是 4 比 $2^1/_2$——原则上避

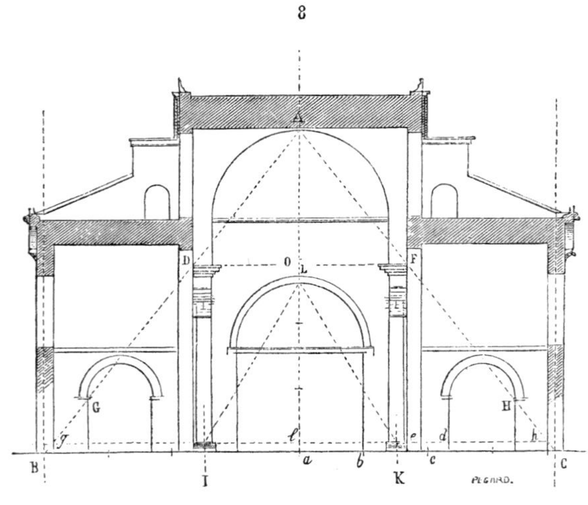

图 9–8　君士坦丁巴西利卡的比例

免了宽度与高度相同，这一点是最不讨人喜欢的。事实上，眼睛是通过对比来理解尺度的。教堂的中厅之所以看上去高大，是因为与高度相比宽度较窄，之所以看上去宽敞是因为宽度比高度大。如果拥有完美的宽与高的比例，你就知道你的建筑该有什么样的尺度与比例关系了。在古人看来，埃及人的三角形是完美的，一定也常常用作比例的标准。如上所示，通过对三角形进行分割，建筑设计变得更容易。不幸的是，很少有各个部分都很完整的古典建筑，所以很难把这一方法准确无误地运用到很多建筑的比例关系上。就中世纪而言，就不是这样。那个时代，艺术正从修道院走出来，走进世俗艺术家之手。那个时候，或许是因为建筑师对某些古代著作很熟悉；或许是因为某些传统在他们中间仍然保留着原始的纯粹性；或许是他们留有某个新人或老手知道的法则或秘诀；总之，在他们用在建筑上的比例体系中，我们发现某些从古典时期法则演变而来定律，尽管那些艺术家并没有想模仿古代建筑形式。且如我在其他地方论证过的，我相信，他们建筑体系一开始与希腊人、罗马人使用的体系完全不同。 1–402

让我们来看一座真正法国的世俗流派的老建筑。其中始于 12 世纪的哥特形式已现端倪。就以巴黎大教堂为例（图 9–9）。这里展示的是中厅的一个横切面。教堂的总宽度确定下来。AB 为总宽度的一半，并被四等分。从中轴上的 A 点开始，第一个等分点确定了圆柱上方大中厅的墙面；第二点确定了双侧廊圆柱的朝里面；第三点则给出了窗台上方外墙的中轴；第四点给出的是朝里地面层第一道扶壁的最外面。以中厅柱子底座的上表面为底，在 A 点作水平方向的垂直线 AC，在 AC 上作出与 AB 的每份相同的五份，便是中厅的总高度。另一端点为 D，AD 与底边一半的比为 5 ： 4。连接 BD。这样我们就得到了埃及人的万能三角形 ABD。三角形的边 BD 与在底边 AB 第一个等分点上作的垂线相交后得到上部拱顶的起拱点 E，与第二个等分点上的垂线相交后得到的是长廊窗台的起始点 F，与第三个相交后是外侧廊窗的华盖 G 的高度。A 点垂线的第一等分点 H 给出了侧廊拱结构的起拱点，拱的中心点距离柱头 12 英寸。垂线上第三个等分点 I 给出了长廊拱顶华盖的高度。斜边 KI（见对图 9–7 的解释）给出了飞扶壁的盖顶（copings）的倾斜度，飞扶壁的中心落在 1 和 2 中轴上。如果现在我们把 AD 作等边三角形的高，我们发现等边三角形的一边 PD 通过与建筑剖面部分确定的线条相交得到大窗户下玫瑰窗的底部点 L，长廊地面的位置 M，以及外墙朝里的一面 P。最后，与斜边 L’K’平行的线段 RO 与长廊拱顶的华盖高点相交后，得到了这些拱顶外三角形的以前的倾斜度。山墙与屋顶自然也正好符合一个埃及人的三角形，该三角形的一半是 ABD。如果这些结果都是巧合，那这可是非同寻常的巧合。画出上拱顶（见图 9–9（2））；*abc* 为埃及式三角形。从 *b* 到 *d* 及从 *a* 到 *e* 的距离与横肋拱石（the voussoirs of the cross–rib）的厚度相同；连接 *d* 与 *c*， 1–403

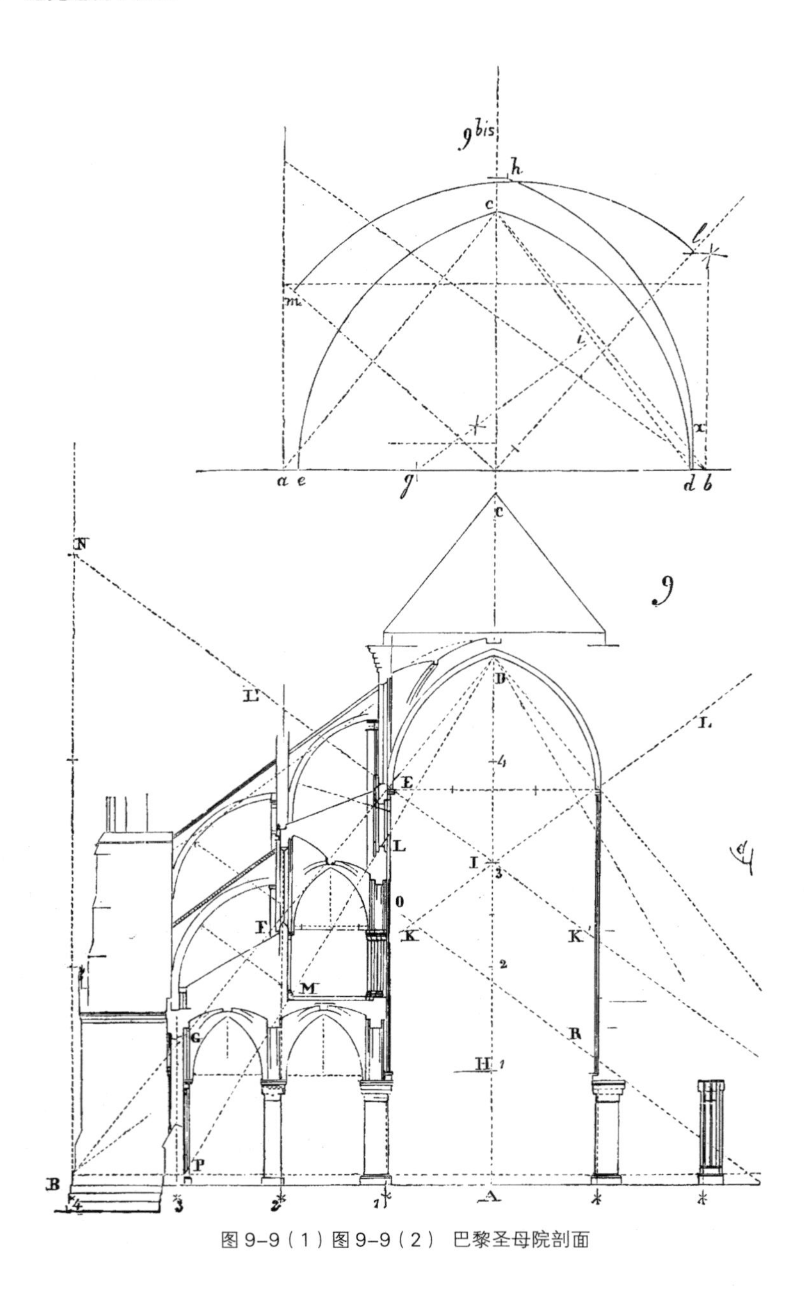

图 9–9（1）图 9–9（2） 巴黎圣母院剖面

在该边的中点处作垂线 *ig*，垂线与底边的交点 *g* 是横肋的中心点，弧 *dc* 是横肋的内弧面（intrados）。至于弧 *ml*，它是交叉拱肋（diagonal rib）的一半，弧 *xh* 则是中间横肋 *i*。我们从图 9–9 看出华盖下中厅的高度是斜边的一半，与 IN 相等。

现在再让我们来分析一下亚眠大教堂中厅的剖面。据说，在罗马的圣彼得大教堂，米开朗琪罗曾把万神庙（Pantheon）放在君士坦丁巴西利卡之上。我不知道这个想法是不是自己跳到了米开朗琪罗的脑中。把一幢建筑放在另一幢上面，这说不上是天才。不过，如果某一建筑物的高度是另一建筑物宽度的两倍，而且在另一建筑物的比例已经非常完美的情况下，那如果能赋予前一建筑和谐的比例与尺度，就算是天才了。这正是亚眠圣母院的建筑师用那罕见的技巧取得的成果。所有人走进这个大教堂都会为整体上的宏伟壮丽以及各个部分完美的比例关系而惊叹不已。走进宽敞的教堂内部，眼睛马上就会很满意；它毫不费力就能理解这样的构思来自极为出众的头脑。这种和谐是一系列试探性的努力的结果吗？这细部很合适的效果与整体设计协调吗？我不大信运气这东西，尤其在建筑设计中。我也不信什么突如其来的灵感——我是说完全出自本能的灵感。如果一件作品很好，那是因为它有正确的法则指导，实施时也很讲方法。亚眠大教堂中厅的剖面图（图 9–10）显出它和谐的比例，这种比例关系通过叠加两个埃及式三角形便可得到。下部的三角形 ABC 的底边 AB 落在中厅墩柱的底座上；这里我们发现设计几何脚手架的底层高度是一样的。底边 AB 的长度是两侧廊外墙外立面之间的距离。顶点 C 确定了腰线 D 的底层位置。腰线因为大面积的装饰很显眼，不间断地环绕在建筑物内部。底边 AB 分成四份，等分点 1、3 给出了大墩柱朝外的一面，也就是说，*a* 点是从切线 *gh* 得出的（见墩柱 P）。四等分后的每一份又被二等分，得到 0，1’，2’，3’。从 1’ 作线段 AC 的平行线，交于线段 BC 得到交点 E，这正好是嵌墙柱 XXX 的柱头圈线（astragal）的位置。从 1 点作 AC 的平行线确定侧廊拱顶附墙拱肋（wall rib）华盖的位置 F。从点 3’ 作的平行线则给定了侧廊窗台的倾斜度。从点 2 作出的平行线与从点 F 作的水平线相交后确定了附墙拱肋 *f* 拱心石的边；从点 2’ 作的平行线与从 E 点所作的水平线相交，得到 *e*，确定了嵌墙墩柱的面以及柱的厚度，细部如 P 所示。其厚度以前是靠柱子承重的程度决定的。垂线 GC 被平均分成了五份，每份与底边的八分之一相等，与埃及式三角形一致。等分点 1 给出了侧廊窗台的高度；等分点 3 决定了墩柱中央圆柱部分柱头圈线的位置。墩柱细部如 P 所示。我们会发现，如果嵌墙柱 X 与中央墩柱同用一个柱顶板，那大圆柱的圈线要比嵌墙柱的位置低。 1–404

在侧廊 A’ B’ 的高度，第一部分的排列布局结束，建筑师继续他的底边 AB，并以穿过扶壁开口的内部侧柱标出。在这条底边 A’ B’ 作了第二个埃及式三角形 A’ B’ C’。三角形的两边 A’ C’，B’ C’ 与墙面 K 或拱肩相交，在 I 点给出了拱券的起拱点，点 *c* 则给出华盖的位置。在画这些弧形时，他沿用了巴黎圣母院采取的办法，即在里面的水平线 II 突出横肋拱石的厚度。墩柱的中轴线 R 被延长了，飞扶壁 OO’ 的中心在这些中轴线上被标了出来，C’ 作为等边三角形的顶点，其边为 C’ S。C’ S 与中轴 R 相交后在 M 点决定了拱廊（triforium）上部通道的高度；与侧廊外墙的中轴 T 相交于点 V，为侧廊拱顶的起拱点。线段 VR 也是等边三角形的一边，与中轴 R 相交后确定了 1–405

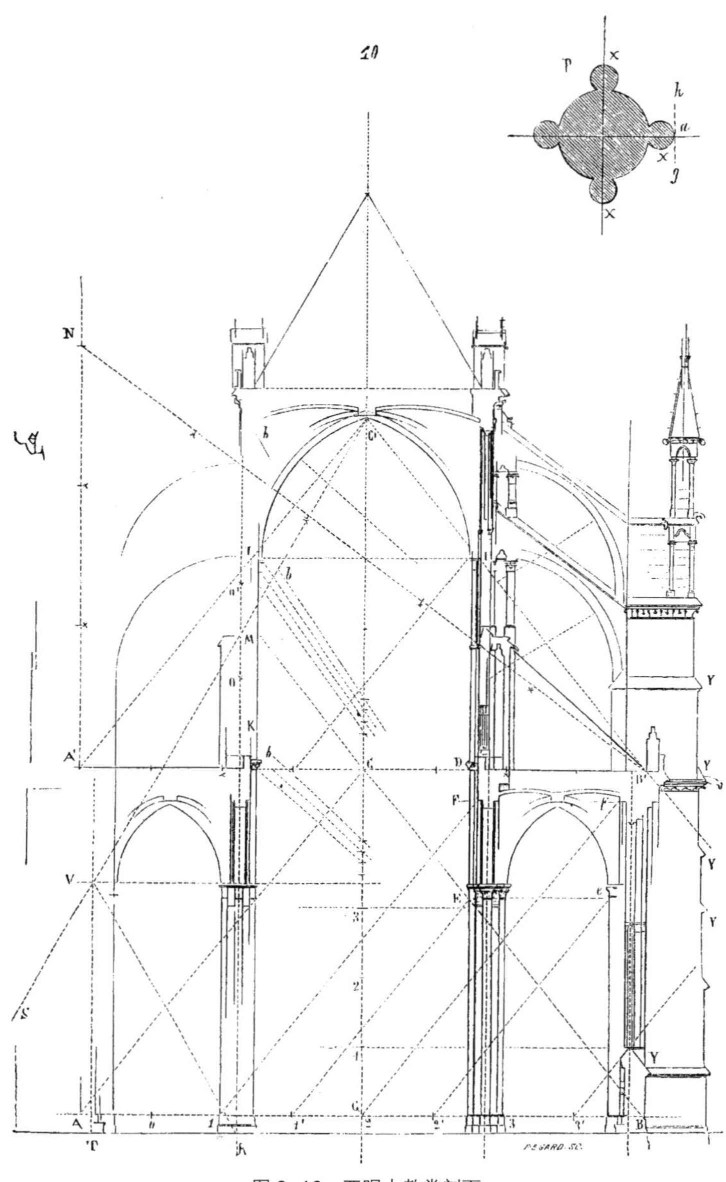

图 9-10 亚眠大教堂剖面

地面层的位置以及底座的高度。倾斜的屋顶同样也是一个等边三角形。斜边 B’ N 给出了中厅的高度，从底座上部的 G 到大拱顶的华盖 C’。以 B 点作为视点，所有在 b 处画的轮廓都安排得很好，可以完美地继续下去。不过，我们要回到这条法则上来。飞扶壁的压顶石(coping-stones)的斜线与斜边 B’N 平行。埃及式三角形催生着该建筑的整个设计，甚至斜屋檐（weatherings）的斜坡 Y 也与斜边 AC、BC 平行，似乎设计师为了决定它们的倾斜度，在图表的各个部分都用上了三角板，而且从底边的总线条（general line）开始。

当然，在这张剖面图里，我们遗漏了很多细部设计过程。所有对线段的分割，即便是最小的分割，都通过垂线与斜边的平行线相交而得。倘若没人驳斥这条法则，我们还是要问为什么这些几何方法能给出让人满意的比例关系。这只是因为它们在长与宽之间建立了一种稳定和谐的关系。

我们必须像埃及人那样认识到，各边分别为 3、4、5 而且 3、4 形成直角的三角形确实提供了完美的标准。还有，高为 5，宽为 8 的话，眼睛会觉得舒服。要证实视觉上为什么感到愉快或不愉快是很难的，不过我们至少可以界定这种感觉。如上所述，尺度转化为比例才能为眼睛感知，即长、宽、面的相对关系，尺度之间必须互不相同。1 比 2 与 2 比 4 这种关系就不是不同，而是类似的划分，重复产生相同的结果。这么说吧，如果一种比例方法使设计师作出如 8 ： 5 这种分割，（5 既不是 8 的一半，也不是 8 的三分之一或四分之一，眼睛也判断不出它和 8 的关系），你一开始就有了一种对比方法，这是比例首要的法则所必需的。眼睛是一种很精密的仪器，即使对于那些从不理解某个比例体系是好是坏的人来说也是。这是因为，眼睛是被训练得最多的器官，它能脱离逻辑推理，独自行动。每当眼睛能在一幢建筑物各尺寸间找到一种关系时，每当它不受思维的影响，发现某个空处与某个实处相等时，或某个高度与另一个一样时，它看出的是一种相似的关系，而不是比例关系：它全神贯注，忙于计算，很快便觉得疲惫。在亚眠大教堂的中厅，尽管很难证实有很多装饰而且恰好对分了中厅高度的腰线位于那条从上拱顶的华盖落到底座的线中央，但我常常听到有些对艺术一无所知的人也会挑这环带的毛病；原因是，这个其他方面设计都很让人称赞的作品在比例上有点缺陷。 1–406

建筑师明显有两步操作，一步在另外一步的基础之上，两道程序的结果由等边三角形的交点连起来了，他觉得不会留下什么痕迹。不过，没经过训练的眼睛也能看得出来，尤其是当这座建筑的其余部分都因尺度设计上的不同而显得比例恰当时候，这个缺点更为明显。但在这些不同之中也一定有一种秩序，一种统一性。选择高度、宽度不同的尺寸，然后把它们随意安放，这显然是不够的。这些不同应该源于一条总法则；只有这样，由三角形决定比例关系才有用，因为它提供了连接点，引导眼睛本能地注意到整个体系，尽管眼睛并不懂用了什么方法。没有统一性就没有比例，而统一性必然意味着多样性，多样性指的不是相同点而是不同点。

希腊人（当我们希望弄清某些与艺术有关的问题时，总是要回到他们那儿）有两大哲学流派，多利安派或叫毕达哥拉斯派以及爱奥尼派就像他们有两大艺术流派那样。这两大流派中，前者坚持绝对的统一，排除所有不同：一切即一；后者则正相反，纯粹经验主义，只承认无限的可分性，没有相同点的不同，没有主导理性的现象性存在，缺乏独一无二推动力的运动。这两派一派的法则是有神论，另一派是泛神论。雅典人从这两派得出一个可以运用于艺术的体系。 1–407

他们汲取了多利安派的统一性原则，从爱奥尼亚派那里获得经验主义，让建筑服从于绝对的标准——一个独一无二的生发器——的同时，为艺术家——即个人主义——留下可以带来不同和多样性的足够的自由。这样一种令人羡慕的组合在他们中间产生了很多杰作，就像中世纪的某个时期一样。我们对中世纪的这一时期还不甚了解，它被戴上了一层厚厚的、模糊的面纱，似乎与希腊其他时期分离开了，我们最终成功地发现了两者之间的亲密关系。

事实上，在名副其实的中世纪建筑流派里，不存在经验主义——不存在没有法则的外部形式——但它既有统一性又有多样性，不仅在比例体系中是这样，在最微小的细部也是如此。就像在希腊建筑中，创造的原则是一个；但艺术家是创造者，他可以自由地在法则限定的范围内活动。这儿我们有一条自然法则，希腊人凭着他们智慧的力量识别出了它的正确性，现代科学研究则用数学的办法对其进行解释。

事实上，在有机的自然界，我们发现了一条法则。无论是蛇群还是人类都严格遵循着这条法则。正是这条法则多种多样的运用让我们看到了它的统一性；想一想，对于每个个体而言，每个部分的增长都是以其他部分的衰落为代价的。每种生物只有自己该有的器官，它们只能相对地发展。这样，没有脚的动物脊椎系统会特别发达；下肢很强大的上肢则处于胎儿期；比如说马，它的四肢都有一个单独的特别大的趾，其他趾便萎缩或者消失了。当我们考虑到这种自然创造法则严格的统一性时，我们试图问问自己，人类进行创造时，难道不应该以同样的方式吗？在他创造出具有永恒价值的作品的时期，他是否行进在同样的路上。

1-408　一方面，我们不能否认几何学是建筑的起点，是基础工作；几何图形中，最完美的是三角形；在所有的三角形中，最符合静力学原理，分割最成比例的是等边三角形，以及底与高的比是 4 比 $2^1/_2$ 的三角形，它们来自边为 4、3、5 的直角三角形；采用这些三角形，以及三角形边与垂线的相交，向我们提供了服从一条法则的分割方法，让我们想起各边倾斜度的点以及必然从这些图形中衍生而出的比例。另一方面，我们也理解在建筑设计中运用这些三角形将如何迫使设计师让高与宽存在一定的比例关系，最后，某个部分的高或宽占的空间越多，留给其他地方的就越少；无论这些部分有多么不同，它们之间都存在某种关系。

1-409　让我们举个例子。图 9-11 是一个立面，由一个地面层柱廊以及一个二层组成。AA' A'' 为柱廊墩柱的中轴点。竖起等边三角形 AA' B；点 B 给出了柱廊拱券顶部的内弧面。将高 CB 或者 *il* 分成五份，在底边的 *i* 点左右各取两份，得到点 *a*、*g*，为墩柱的起始点。以 *b* 点为中心，*bl* 为半径（两份），作拱形 *hlm*。从 *a* 到 *h* 是三份，连接 *gh*，底边 *ag* 为 4，垂线 *ah* 是 3，斜边 *gh* 则是 5，与 *il* 一样长。这样，这个拱廊里尺度测量上有统一性，各个部分又

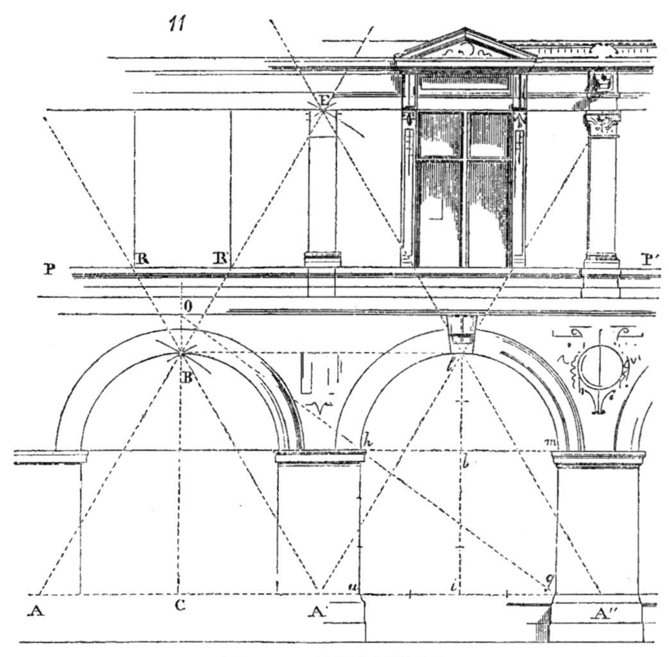

图 9–11　求得比例的方法

有多样性——有联系有区别；像音乐中一样，在建筑中，3 比 5 是和谐的：*ah* 是 3，*gh* 和 *il* 则为 5。线段 AB，A'' l 延长后相交于 E 点；三角形 BlE 与三角形 AA' B 相似。将上层的檐置于 E 点的高度。延长线段 *gh* 直到它与垂线 CB 的延长线相交，得 O 点。O 点在第二层的地面位置确定了腰线的底。我们也发现 *ag* 与 *gh*、Cg 与 gO、*ah* 与 CO 的比都相同；这样，我们便得到了宽与高的比例关系。确定了窗台（*siu*）的高度 P 以后，水平方向 PP' 上的 RR' 与大三角形 AA'' E 的边 AE 相交处作两条垂线，作为窗户的侧柱。这样，眼睛会连接点 A，B，R'，E 成 AE，作等边三角形的边。我们在上下两层间建立了联系以及一种比例关系。各个部分会形成一个整体。我们既有了整体的统一性，又有了尺度上的不同以及各部分之间的关系。

我们再来看一个整体统一性的例子，其实现条件并不有利。这是一个城堡的立面，包括地面层、地上二层和老虎窗（dormer–windows），高高的屋顶以及比主建筑矮的侧翼（图 9–12）。我们把建筑立面的长度分成 22 份，取 4 份作为中央大厅，两边侧翼各占 3 份。A 图可以看出我们该怎么做。显然，我们没法将建筑的最高点设在大等边三角形的顶点 B 处，就满足于以 *a* 为圆心，*ab* 为半径作一个半圆。顶点设在 *c* 点，我们就能确定总宽度与高度之间的关系。

这儿我们不是要作示范，而是在一个建筑已经完全不讲方法的年代解释一种方法。很显然，方法的运用并不能弥补观察力的缺乏，或者知识与品味上的不足，不管用的是什么方法。采用这些数学方法的同时，艺术家要保留

1–410

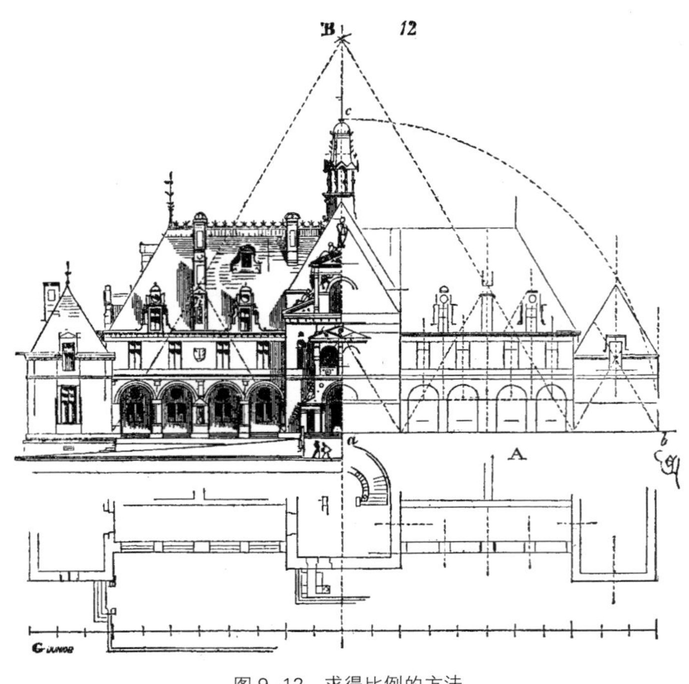

图 9–12　求得比例的方法

自己的自由与个性。此外，在执行过程中会有很多不同的运用方式，就像有很多范例一样。正是这一点显示出柱式的古典定义会有多么危险。这种定义给出的是一个不变的程序，一种完美的公式，以模数替代推理——以绝对替代相对。然而，在建筑中，每一个部分都是相对于整体怎么处理而言的。希腊人遵循着这条法则，在中世纪艺术家中也能找到追随者。在中世纪的建筑中，所有部分都是相互依赖的，每个构件都有自己的位置。这位置由整体决定，又与整体息息相关。这就是为什么那个时期的建筑，无论宗教的还是世俗的，都显得比实际的宏大。

对于一些特别影响比例确定方法的建筑布局，很有必要进行细细研究。希腊人总的说来只有一种布局方式（至少从现存的建筑看是这样）：他们的建筑物的正面都是矗立在一个单一的平面上。他们没有留下任何或是几层楼高，或是布局叠加，或是立面内凹的建筑物。要明白，某种比例方法用在单个平面式的垂直立面上或许很容易，但要用在几层楼高，而且立面有多个面，有凹有凸的建筑物上就没那么容易了。这种情况下，某种通过几何绘图得出的确定比例的方法在实际运用中由于透视效果的关系就会被扭曲。眼睛是一个球体的一部分，中心是视点——the *pinule*[1]——所有物体都投射在一个曲面上。这样，如图 9–13 所示，A 是视觉点，BC 是根长杆，作四等分，得到 B*a*，*ab*，*bc*，*c*C。这几部分投射到眼睛上便不再相等，为 B’ *a*’，*a*’ *b*’，*b*’ *c*’，

1–411

1　专业术语，指天体观测仪上的中心点。——中译者注

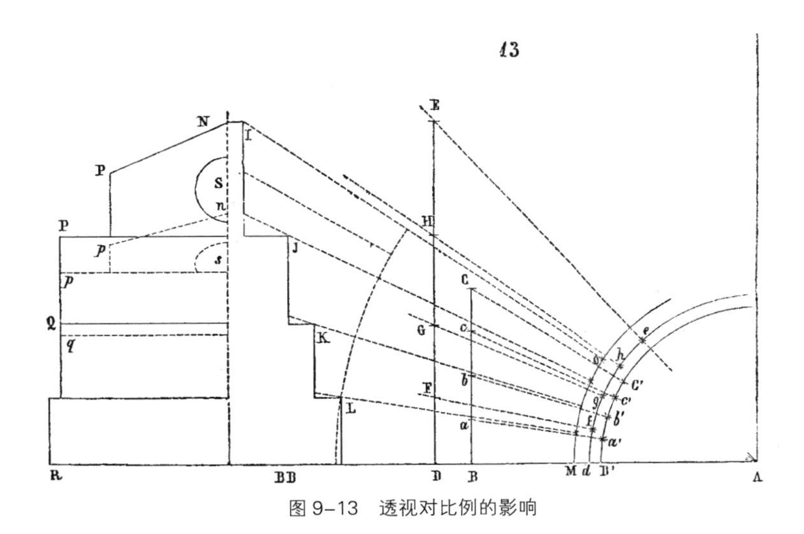

图 9–13 透视对比例的影响

c’ C’。因此，如果想要长杆看起来分成了相同的四份，我们必须分别连接 A 点与 E 点、D 点（视觉点在 A 点，长杆是 DE），然后把弧面 de 四等分，得到 *df*，*fg*，*gh*，*he*；从视觉点引线穿过 *f*，*g*，*h*，并延长与 DE 相交。在 DE 上标出四个不相等的部分，DF，FG，GH，HE；DF 是最短的而 HE 则是最长的。在这四个部分之间肯定还是存在某种比例关系的。如果我们必须设计这样一个立面，它包含几个垂直面，一个置于另一个后面，图 BB 所示是与该立面垂直的剖面如果我们希望这四层在一个视觉点为 A 的人看来高度相等，那画这些楼层时，必须让线段 AI，AJ，AK，AL 能四等分弧线 MO。这个在几何立视图中是 NPQR 的立面会变成虚线的 npqR，圆窗 S 看起来是 *s* 的大小。因此，当我们需要给某个建筑物的各部分定比例时，要考虑是从哪个角度看这个建筑物，以及由于高度、凹凸而减弱的效果。这一点很重要。由于建筑师无法规定建筑各部分的高度或对凹处作出安排，而只能按建筑方案的要求去做，服从建筑目的的需要，因此，他必须通过一系列技巧性的细部安排，放大看上去太小的部分，缩小相对太大的部分，引导观众猜测看不到但又必须存在的东西，尽力恢复建筑物叫人称心的效果。这种时候，称职的艺术家就会运用建筑艺术提供给他的丰富的资源——我说的是艺术——不是简单的公式。 1–412

对于希腊建筑内部，我们的了解是很不全面。大部分属于更晚一些的大希腊建筑时期的庞贝城的住宅和公共建筑，是一座不太重要的城市的建筑。我们只能经过推断对雅典人住宅和公共建筑内部的状况有个概念，不能假定希腊人在建筑内部采用的建筑形式对建筑外部来说是合适的。内部的空间很有限，不可能有远距离的观看。建筑的突出部分设计发展很快，给眼睛观看整体带来很多障碍。罗马人在大型的内部空间会安放完整的柱式，比如浴场的大厅，在中等尺度的大厅里似乎就没这么做。像是提图斯浴场，庞贝的帕拉蒂尼，以及哈德良别墅的内部都没有被凸出的檐或碍事的柱子横向切断。

只用了很好的抹灰，外加浅浮雕的雕塑作品及绘画作为装饰。我们也可以假设阿提卡的希腊人也用了类似的方法，把柱式安放在神庙内部时——像是帕提农神庙，柱式的尺度比外部的要小。

在波斯，远古的传统长久保留了下来。波斯人用绘画、彩陶、马赛克、非常精巧的模制浮雕（moulded reliefs）装饰其建筑物内部。这些既不会改变大厅的形式，也不会吸引人们的注意力。由于在室外人们可以在一定距离观看，而且有光直接照射，某个比例体系用在建筑外部立面上可能很好，但用在建筑内部则会显得很不合适。尽管出于整体效果考虑，大的内部空间可能在剖面设计上运用纪念性的比例体系，因为内部的剖面线是首先吸人眼球的东西。但当涉及细部的精工细作时，用在外部的好办法对内部来说就没那么好了。不到 16 世纪末，意大利和法国的建筑师们就想着把为外部设计的建筑安放到建筑内部。

1–413

建筑师们希望能通过强有力的对比制造惊人的效果，结果却减弱了真实尺度的效果。正是如此，圣彼得大教堂（位于罗马）的内部第一眼看上去显得很小，我们的一些用柱子和柱顶盘装饰的现代大厅，使人想要清理掉所有这些多余的柱子，以恢复内部真实的形状和尺度。光在建筑中起着举足轻重的作用。在建筑外部，光线是直接从上面照射下来的；而在内部却只有反射光。因此，如果一个设计得不错的柱顶盘是为了能在外部制造某种效果，运用到建筑内部以后效果就会大不一样。当充足的阳光以 40° 或 50° 的角照耀在最为精巧的科林斯柱头上，我们从远处观看，它的轮廓如此清晰，显得甚为优雅。然而，在反射的光线下从下往上观赏，所有这些效果都消失了。希腊人非常熟悉这些自然原理，因为我们发现帕提农神庙柱廊内部的浅浮雕就是取它在反射光下的效果。希腊多立克柱头的设计也是考虑到光线从上面射下以及反射光线下两种不同效果的。另外，其线条精美的扁平托梁（flattened corbel），常常用绘画装饰，因为倾斜度的关系，其表面在内部清晰可见。不过，我认为在罗马人统治以前，希腊人不会把科林斯柱头及柱顶盘安放在大厅内部（为了不偏离某个公式的术语），也不会让建筑各个有特点的部分彼此损毁，制造迷乱，或者至少相互挤压让人们无法直视。

如果建筑师对一座大厅各部分进行设计的目标是为了让大厅看上去更小，没有实际那么高大，我承认这个目标在今天圆满达成；如果目标正相反，是放大而不是缩小尺度，那研究一下我们的艺术提供的方法是很值得的。

1–414

拉乌尔·罗谢特先生（M. Raoul Rochette）在 1846 年说[1]，哥特建筑的“缺点是品味的法则解释不了的，也无法与现代文明达成和谐。在建筑构件的分布中，没有哪条法则仅仅因为是经验的结果，所以变成艺术规则并盛行

1 *Consideratons sur la question de savoir s'il est convenable, au XIX siècle, de batir des egalises en style gothique.* 该论文 1846 年在巴黎美术学院宣读，随后又转交到内政大臣处。

的。我们在那里见不到比例体系；细部与整体没什么关系；一切都是随心所欲、心血来潮的结果，创作或装饰都是这样；正立面大量的装饰与空空的教堂内部对比是极大的缺陷，真正的荒诞。”我们没有调查品味解释得了的缺点是什么，也没有费心思弄清楚1846年美术学院对真正的荒诞的解释——取本段中的意思，却发现其中含有对哥特建筑的赞美。那位杰出的终身(perpetual)大臣感觉到中世纪建筑内部与外部所采用的建筑方法不一样；而在这里，我们真的有了这样一种法则：因为是经验的结果而成为艺术定律，既合情理也有品味。在一个高与宽的尺度都比较大的立面上——这个立面可以从各个角度观看，可以远看可以近观，可以从正面看也可以斜着看——要想吸引眼球，想通过一系列巧妙设置的结合点勾画出整体，就要增加外凸的部分，增加光影效果。考虑不同的角度，结合各部分的特点，以便在正面、侧面，远观近看时都呈现出宜人而又富有变化的效果，这在建筑外部是值得称道的。但在建筑内部就不是这样了：因为人们只会从建筑物里面观看大厅内部，它的表面与高度相比是有限的，观赏者也是在一个水平方向的面上移动；因此，建筑师应当考虑观赏者有限的视野范围。

我坚定地相信希腊人注意到了这条法则；但罗马人却经常对其熟视无睹。有证据表明中世纪建筑师们也觉察到了这一点。因此，我们发现，无论建筑内部尺度什么样，从底部到起拱点都只有一种布局方式。在表现出过渡期特点的建筑，像巴黎圣母院、努瓦永大教堂、桑斯大教堂、桑利大教堂以及某些可以追溯到12世纪末的建筑中，建筑师会把起拱轴（the vaulting shafts）安放在一排相对较矮的柱子上。他们的格调够高，会给矮柱子较小的尺度，让它们显得没那么重要，只是作为底座或柱脚。当这种建筑得到发展后，像是在亚眠、布尔日、沙特尔等，它要求在比例上取得完美的一致性，外部轮廓设计更大胆，带有点缀过而且特别强调的凸出部分（利用直接光照产生的效果），而内部则通过削减凸出部分、简化装饰达到和谐的统一。这些建筑物在外部都是想让观众从一个点看到另一个点，从一个地方换到另一个地方，享受变化多端的效果；而在内部呢，一切设计都只为给人留下一种印象——庄严。雕塑用得很少；可以增加视觉上高度的垂线则增加了很多。细部都在人体尺度范围内；一切都同时进行，以达到效果上的统一。分析这些细部时，我们发现所有构件，所有线脚都是为了它们独有的位置而设计，目的是达到在那些位置上需要的效果。如果亚眠大教堂变成一堆废墟，研究过各碎片后，我们可以通过图9-13注解的几何公式让其各就其位。

1–415

拉乌尔·罗谢特先生抱怨说，我们教堂的内部和正面相比显得很贫乏。但这些教堂的内部装饰只用绘画、彩色玻璃（绘画的一种），还有家具。家具通常都很富丽堂皇。希腊建筑物的内部也同样以绘画以及可以移动的物件装饰，而不是靠复杂的建筑特点或大量的凸出部分，这一点是无可辩驳的。这里涉及的法则如此正确，如此自然，希腊艺术家不会意识不到。不过，一座希腊神庙的内殿与亚眠大教堂的内部比起来又怎样呢？一个是100平方码的表面，一个是七百平方码。我当然不想大家认为这种不同有高下之分；艺术与建筑的尺度无关。没有人敢说马德莱娜教堂（Madeleine）比得上特修斯小1-416 神庙；不过，尺度带给建筑师一些很难解决的问题，这也是无可辩驳的事实。如果说在给一个长30英尺、宽18英尺的大厅定比例、做装饰时要几经琢磨，那么，要想让一个长450英尺、宽150英尺的建筑物内部显得统一、和谐、高贵，就更要多费心思了。中世纪的建筑师在设计民用及宗教建筑时克服了这些困难。且不说教堂，像是桑斯、普瓦捷、蒙塔日、巴黎王宫、库西堡，还有枫丹白露城堡的大厅（尽管属于略晚的时期）充分证明了中世纪的建造者知道怎么完美地统一建筑的内部风格，这种统一是通过与外部设计不同的方式实现的。

罗马人在快乐地享受灵感时，或者（我更应该这么想）当他们把完全的自由留给希腊艺术家，并且不会将自己对奢侈外观的喜爱强加于艺术家的作品之上时，他们自己便采用了这条法则。他们某些浴场的大厅，尤其还有一些中等大小的建筑物内部，都显示出他们有能力运用适合建筑内部的建筑特色。

罗马人雇用的希腊艺术家对罗马艺术产生了不良影响。希腊人尽力“管理着”他们的征服者，或者说“保护者”——罗马人的政策觉得扮成希腊人的保护者比做胜利者更显品味。希腊人就“管理着”他们的保护者。不过他们可没有发扬自己那些精练的艺术规则；他们不反对罗马人的夸张卖弄以及对大体量建筑的喜好，而是尽可能地满足这些蛮族的愿望，在材料和工匠上花费巨资。

罗马人并不理解希腊艺术，也不关心怎样把这种精致完美的艺术挪为己用或传给后代；他们感兴趣的是怎样显示他们是地球上最强大的民族——便精选上好的材料、运用大量的装饰以创造出宏伟的气势。希腊人接受了罗马蛮族的需要，作了太多的装饰；他们很快就贬损了艺术，低三下四地成为艺术的工具。罗马艺术跌到这么低的位置，变得这么粗俗，自以为了不起其实却微不足道，它再也不可能恢复元气，这时，希腊人改造了它。希腊人这么做并不是退步；他们并没有在5世纪的拜占庭卑躬屈膝地再建帕特农神庙；1-417 他们留存了罗马人的发现，并认为是很有价值的；他们给纯罗马的形式重新穿衣，这新衣服比奥古斯都到君士坦丁帝国时期的衣服更适合罗马建筑结构，而且还确保了人们永远能认出里面的罗马形式。希腊人在各个方面都是名副其实的进步先锋。即便是为他们强大的庇护人工作时，他们也在前进；被征服后，他们放弃了自己的爱奥尼和多利安传统；他们接受了罗马建筑，并把它排列布置得秩序井然，成功地把一种简单的建造变成了艺术。他们不像所罗门神庙（Solomon’s temple）墙上的犹太人，没有在帕提农神庙的台阶上不停哭泣，而是从3世纪堕落的罗马艺术中发展出了拜占庭艺术。我们不能说雅典人是发明家，但他们似乎天生就有对事物进行阐述、组合、净化的能力。他们是值得称赞的改编者，因为他们凭借着自己既高贵又讲逻辑的智慧穿越了前进道路上的一切障碍，经受了严峻的考验。在伯里克利时期，他们在艺术与哲学上的这种能力就得到了证明。从爱奥尼和多利安人那些多少值得称赞的尝试里，他们发展出了帕提农神庙；从毕达哥拉斯学派、巴门尼德、芝诺，以及爱奥尼经验体系里冉冉升起了柏拉图与亚里士多德。后来，这个希腊民族竟然在他们贫瘠的血液中发现了足够的能量，能从衰微的罗马艺术这棵朽木中发展出健壮的幼树，这棵幼树的名字叫拜占庭建筑。它是自君士坦丁时代以来配得上建筑风格这个称呼的所有风格之父。

作为希腊人在西欧的继承人，我们也像他们一样热爱进步。在中世纪，我们从断裂的废墟中总结形成了一种完整的艺术。和希腊人一样，我们也不知道该在哪里停下。重新设立了一种新艺术以后，我们又滥用它的法则，让它驶向死亡；有了自己的诡辩家以后，我们又把自己置于罗马人的保护下，可能与希腊人相比，更加降低了罗马建筑的水平。当厌倦了古典伪装这最后一块褪了色的破布时，我们或许应该向希腊人那样，回到自己自然能力上来，发现一种新的方式能重新运用那衰微的艺术。我们应该已经耗尽了那艺术的遗存。在让现代社会分散精力的无数矛盾中，我们在建筑领域所见的远不如那些古典时期的捍卫者（或者自称为捍卫者的人）在与希腊人背道而驰的轨道里所见的引人注目、推进力强。如果我们觉得希腊人在艺术上不太靠谱，罗马人才是真正的艺术家，那对中世纪建筑作品的视而不见不足为奇；可是，如果把希腊人看作是真正的艺术家，罗马人明显是蛮族，试图通过与他们的受保护者接触变得高雅。那样的话，希腊天才应该在艺术领域生存下来；不过，希腊天才们不喜欢静止不动。与停滞不前相比，他们更喜欢先下降——而后又一定会升起，拥有崭新的视野。希腊人并没有对罗马建筑不理不睬；衰弱的帝国把自己交到希腊人手里，希腊人让罗马艺术获得了新生，恢复了活力。这重新苏醒的艺术不仅存活下来，而且给整个西方艺术以及部分东方艺术提供了养分。就艺术问题而言，希腊人与罗马人运用的法则完全相反。我不会讨论罗马人在政治、管理或文明程度上是否胜希腊人一筹，也不会讨论罗马人的统一对于全人类来说是不是件大好事；不过，可以肯定的是，对于希腊人，或者说对于每个具有艺术天分的民族来说，这种统一都是叫人反感的。尽管被罗马人控制着，希腊人总觉得自己是比罗马人优秀的，两者之间的距离就像索福克莱斯（Sophocles）的悲剧与市政规章制度之间的差距一样。艺术的民族是排外的民族，他们会形成某种带限制的社会。希腊人和埃及人都是古代社会的艺术民族，他们至死都表现出一种对外来者以及蛮族的鄙视与厌恶。世界性的罗马人不是，也不会成为艺术民族。封建时代的法国有自己的艺术，

1–418

这是因为，至今为止，世界历史已经证明与世隔绝的状态对艺术的发展是有利的。

罗马人在文明史上的作用够大够壮观了，无须我们再给它什么嘉奖。艺术上，罗马人也像在其他方面那样——尤其在法律领域，向前行进。早期，罗马人便在某些绝对法则的基础上立法——比如十二铜表法（Laws of the Twelve Tables）。他们很早便意识到，由于罗马人有风俗各异，精神不同，这种严格遵从字面意思的立法会让人讨厌。因此，他们组成了行政长官制度（*proetors*），他们基于公平阐释法律，而不是解释其字面意思。同样，在哲学领域，他们有自己的斯多葛派。斯多葛派不会把所有学科看作某种固定的系统，或者是成文的定律；他们会适当考虑智力水平、时代状况、传统惯例以及各时代思想的多样性。这样一来，我们便理解为什么罗马人在建造房屋时会给希腊人留一席之地。他们的这种建造就是成文的定律，就是字面意思，不过，是容许不同运用方式的。罗马人这么做完全符合文明人和平等主义者的精神，而希腊人接受与他们那既高尚又讲逻辑，而且法则绝对的艺术相符的部分，这些却没人承认。希腊人为主人工作，不过并没有显露他们那具有排他性的艺术的法则；他们知道，正因为这种排他性，罗马人是不会接受的。于是，这两个民族看上去似乎融合了彼此的结构与艺术，本质上仍保持保路斯·埃米利乌斯（Paulus Emilius）以前的样子——感情上是敌对的，直到君士坦丁时期。罗马帝国在拜占庭建立后，这种对立又重新登场。无论是艾德里安的仁慈还是安东尼的英明与温和都阻止不了希腊人把罗马人看作野蛮人。希腊人虽然为罗马人干活，对自己为强大的主子做的事可没什么信念。他们只是出售或者说出让自己的劳动力，内心深处仍坚信着自己的原则，为自己的艺术而献身，希望有朝一日能公开地展示他们的艺术。这里有值得我们思考的东西，因为所幸在我们的艺术共和国里，还有一些希腊精神。敌对状态仍然存在。

1–419

罗马人似乎对比例的和谐不太敏感。他们喜欢炫耀，为了竖几根大理石、花岗石或者斑石的柱子甚至愿意牺牲最合适的比例关系。罗马人的建筑结构看起来总显得很宏大，那是因为它很真实，而且经过充分考虑。正因如此，它才能满足眼睛的需要。可是，覆盖在结构上面的装饰性外衣不仅不会赋予它威严与高贵，反而会让它丧失原有的这些优点。某些古罗马的建筑遗迹可以证明这一点。人们无法靠想象复原那些遗迹，不过，法兰西学院的学生在罗马精雕细琢的工作倒是可以提供证据。罗马遗迹图总是比修复后更让人满意。我相信，如果我们能看到完整无损的某些古罗马的纪念性建筑——且不论他们会引起我们多大的兴趣，不论其巨大体块的尺度以及材料的丰富性——大部分情况下，我们都会感到失望，无论是看到罗马圣彼得大教堂的建筑内部还是圣母教堂的内部。这种失望源于罩在那巨大建筑结构上面的建筑形式

1–420

的比例上的缺陷。如果去掉圣彼得内部的那些巨大灰泥柱、那些宽得可以在上面骑马的柱顶盘、怪物似的塑像、镶板上那些硬壳，还有那些把所有线条都割裂的乏味装饰，我们便得到一个真实的建筑内部——一个巨型物。圣彼得内部的大尺寸只有在傍晚的暮色中才明显，那时，除了大体块的东西其他都看不见。白天在充分的光照下，人们不会欣赏其尺度，除非把手挡在眼睛上，把视力范围局限在地面——一个朴素连续的表面层，稍微以大理石块和斑岩装饰，因为蒙上了一层灰而模糊不清。

拜占庭帝国时期的艺术家还很像希腊人，他们严格遵守优先运用大体量构件的法则。这一点，在中世纪第一阶段的哈里发（the Caliphs）、摩尔人、波斯人的建筑以及西欧罗马风的建筑里都能看到。我不认为这种二手艺术可以和希腊人的艺术媲美，就像我不会说亚历山大派（the school of Alexandria）的诡辩家比得上柏拉图，或《罗兰之歌》（*Chanson de Roland*）能在各个方面与《伊利亚特》匹敌。不过，我们得向前进，后悔不是生活。

让我们举个例子，像前面那样通过绘图来解释拜占庭建筑师给罗马建筑带来的变化（图 9–14）。A 画的是一个被分成隔间的罗马大厅的剖面，造得既好又简单，效果也壮观。不过，要注意圆柱 B 与大厅的尺度是不合比例的；它那个完整的柱顶盘打断了视觉上的连贯性，还盖住了横拱 C 的很大一部分，或者说拱肩（spandrels）D；对于站在 H 点的观众来说，圆柱的高度即

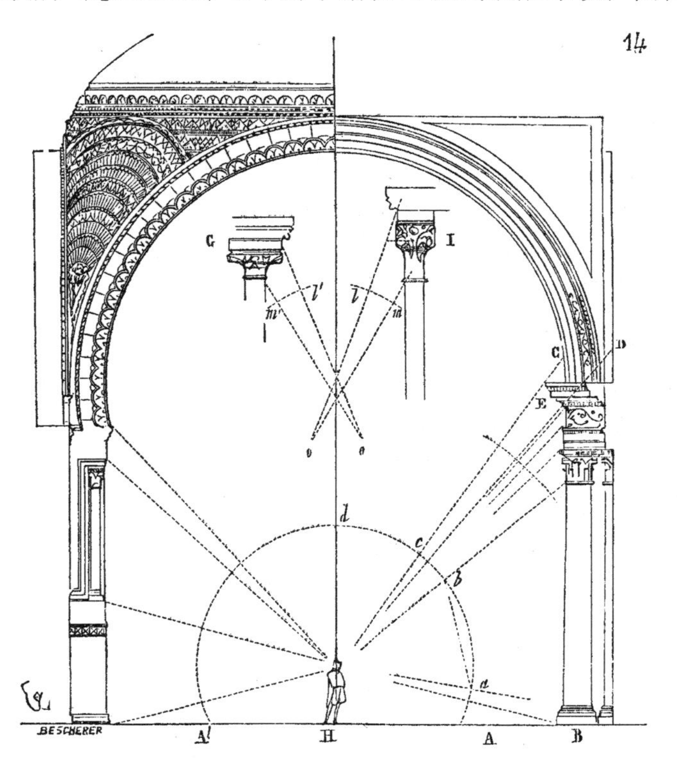

图 9–14　拜占庭和罗马建筑比较

弦 ab，柱顶盘高度是弦 bc，半拱的长度是弦 cd；因为支撑点 a、b、c 很重要，cd 的长度无形中被削减了。结果，看起来应该很重要而且实际也确实重要的拱顶在几何绘图中被部分削弱了。再仔细看，从一个拱形顶的大厅比例上看，被支撑物的重要性应当与支撑物有一定关系，后者看起来不能太过粗壮。从这里的例子可以很明显地看出，支撑物——即带柱顶盘的圆柱，相对其功能而言，重要性被过度夸大了，因为这一支柱各部分占的空间不亚于 cd。另外，突出的部分，像是柱檐 E，从不远处看，相对要比实际的长。眼睛被这些突出的角与线脚吸引住了，本能地放大了这些平面，以至于一处微凸的檐都显得很重要。如果从远一点的地方看，绝不会这么重要。

1-421

拜占庭的建筑师们并不会对这一结构作很大的改动，也就是说保留大厅的框架；不过他们不受罗马人喜欢的形制传统束缚，会把大厅的尺度比例修改成了 A’ 那样。在大圆柱中间，会再竖一根柱子——这是更明智的做法。然后，再用嵌壁柱，或者用没有柱顶盘的角柱（柱顶盘在建筑内部是没什么作用的）减轻那根柱子的重量。为了更好地突出横拱，他们的拱面不止半圆，而且通过叠加拱的方式做帆拱，作为从方到圆的过渡，而不用交叉拱顶。为了让内部空间看上去更大，他们会用浅浮雕作精美的装饰遮盖起某些部分。当然，装饰与结构是和谐的。这样，他们一方面保留了罗马建筑结构的总体形式，另一方面又回到希腊人的法则那里，让装饰为主线条服务，用装饰提升线条效果，而不是损害这种效果。这样，H 点的观看者便会觉得尺度比例整体上让人满意了。拱顶——被支撑物——和支撑物相比，仍然是很重要的。眼睛不会再被凸出的柱顶盘纠缠住，从地面到拱顶，它能看到一个未被打断的整体；装饰也不会让建筑大体块模糊不清，而是对后者进行了解释。

1-422

显然，这个建筑内部的例子和我们 17 世纪大厅相去甚远。在 17 世纪那些大厅里，我们看到有庞大的人像，花瓶，还有凸出得吓人的檐上的花环。

拜占庭建筑师这种建筑比例感的回归要走得更远。当柱式不再像在罗马建筑中那样只是装饰性的构件[1]，当柱式自身不再构成建筑时，其比例不再是绝对的，而是相对的，这一比例从逻辑上说应该是可变的。罗马人像是真正的野蛮人，自以为是鉴赏家，并引以为豪。他们把希腊人的艺术杰作从科林斯运到罗马，途中遇上沉船，便绑起船长，要求他自己掏腰包赔偿。他们无疑会做作地在自己的建筑中保留那些柱式，也不管这些柱式是否适合他们的建筑风格；似乎保留了这些柱式就显得他们很有品味。他们把自己搞得比希腊人还要希腊人，就像今天我们有些古典学者把自己弄得比古人还要古典。

就现代对古典这个词的理解而言，罗马人必然是古典的；因为按照我们现在的理解没有什么比古典主义更适合比作行政命令，也没有什么比讨论更

1 要注意，说到罗马建筑时，我们指的是那种名副其实的罗马建筑，或多或少从希腊建筑衍生出的庙宇不包括在内。

有悖于行政精神的了。我们有理由推测希腊人曾是差劲的管理者。罗马人严格地遵循着某条法则，把柱式——尤其是最为华丽的科林斯柱式——保留了下来，直至东罗马帝国时期；不过，当罗马建筑落入希腊人手里时，后者却放弃了这些柱式，尽管正是他们定了这些柱式的比例。由于在罗马建筑中柱式已经只是装饰性的构件，希腊人对其进行了各种各样的改动。更确切地说，他们完全抑制了柱式的发展，只保留了柱身与柱头，连柱顶盘也用得很少（因为柱式不再是结构的组成部分，檐部也不再是屋顶的滴水口（rain-drip），柱顶盘已经没什么功能），柱子与柱头的比例以及形式都调整得适合其位。比如说，如果把一根圆柱安放在建筑内部，与柱子到观赏者的距离相比，相对较高，那他们或者会加宽柱头的托臂，以使得托臂从地面看起来更加显眼，如图 9-14 的 G 所示；或者加长托臂，恢复其合适的高度，如 I 所示——因为与观看者之间距离的原因，柱子显得没那么高。实际上，对于在 O 点的观看者来说，弧线 lm，l’ m’ 是一样的。这里，我们再一次看到希腊人不受约束而逻辑性又很强的头脑。当中世纪罗马风建筑师们对这些比例的新法则不理不睬时，12 世纪、13 世纪法国的世俗建筑师们带着一种几何学的严格运用了这些法则。这倒是很有趣。因此，希腊人一旦可以自由地进行判断，可以根据他们那无拘无束的本能处理罗马建筑时，他们便废弃了比例体系。那种最大建筑也不超过 500 平方码的时代过去了；新阶段的文明需要他们盖住更大范围的地面，他们被迫利用罗马建筑中那些好的、实用的东西。最后的希腊人接受了这情形，与此同时，也没有让他们自己那美丽、饱受尊重的古老艺术堕落；他们很真诚地采用另一种艺术形式，让他们的智慧、逻辑思维服务于时代的需要。如果知道如何获益于此的话，我们在这里便上了很好的一课。那文艺复兴时期的拉丁人走的是什么样的路呢？他们没有回到拜占庭的希腊人改造过罗马艺术上来，而是回到了东罗马帝国（Lower Empire）的罗马艺术。这种罗马艺术经过了移居国外的希腊人润色，受制于政府规定。要说意大利人从 4—14 世纪都没有自己的建筑，这倒可能是真的。在此期间，他们有时受制于拜占庭建筑，有时受日耳曼建筑影响，在各种形制之间变化不定；对于这些形制的起源和法则，他们自己也不理解；他们没有能力创造自己的艺术。他们尽可能地继续着、改变着古旧的帝国官方艺术，不能说他们丢失了这种艺术。但对于西欧世界的我们来说，情况就不一样了。总体说来，我们也属于拉丁民族。不过我们的思维方式与拉丁人很少有相同之处；我们的艺术遵循自己的法则，不是从国外艺术衍生出来的。可是，我们又一直试图引进意大利复制的那种被希腊人鄙视的艺术。希腊人，我们是多么发自内心地欣赏啊！让那些有能力的人解释这些矛盾之处去吧。与此同时，一个受强有力支撑的庇护所以及根深蒂固的惯例也能作为解释。

1-423 1-424

希腊人注定要被蛮族长久统治——实际上，这种统治至今仍在继续；在有组织有秩序的力量控制下，积极的思维能力，对符合逻辑推理的进步的热情，又一次衰减了。公式压倒了智慧，借由对天才的希腊人所认可的某种形式表面上的回归，公式注定要扼杀在西方尚未完全泯灭的灵感。

希腊人沦为了工具，阻碍建筑的自由进展，与那种他们曾拥护的进步背道而驰，再一次让艺术被日渐衰弱的罗马统治制约着。在拜占庭，只要有人努力让形式与结构和谐统一，就有人试图遏制住前进的脚步。最开明的思想——那些追求更好的人，基督教聂斯托利派（the Nestorians）——被放逐了；他们离开东罗马帝国的首都，去往远方，为创造一种比拜占庭艺术更理性的艺术打下了基础；他们吸收了已经取得的进步——从不会拔掉任何已经竖起来的里程碑。

古典时期的希腊人（就是阿提卡的希腊人）在建筑中不会采用拱顶结构。不过，做了几个世纪受罗马人支配的熟练工匠以后，他们对这种结构也熟悉了，只是没有对其法则或形制作符合情理的改动。这些方面罗马人也不容许任何人介入；罗马结构关乎政府规定；在罗马人眼里，希腊人只是有品味的装修师罢了。在拜占庭东罗马帝国时期的建筑物里，拱顶体系只有一项创新——

1–425

帆拱。不错，这一创新很重要，它是从筒拱与半球形拱的混合体中经过逻辑推理而得出的——这一推理似乎源于希腊人的天才，希腊人在拜占庭比在罗马自由。[1]没有人想过要摒弃半圆形；总的说来，半圆仍是大部分拱券、筒拱顶、交叉拱顶以及圆顶所需要的形状。如果我们以上面提到的3个三角形确定比例关系，即等边三角形，以正方形底的金字塔的对角线为底边的三角形，（该金字塔的垂直切面——从塔顶向下，与一条底边平行——是一个等边三角形），以及我们称之为埃及式的三角形，我们便能赋予拱券结构半圆以外的形式。这三种三角形的顶角都不到90°。

举例来说，如果我们依埃及式三角形确定比例关系（图9–15），其底边AB为直径，同时也是拱结构的起拱线；假如我们希望拱券顶端到达C的位置，我们用圆规画拱时，必须在线段AB上找出两个中心，而不是一个中心。这两点是线段AC，BC的垂直线与起拱线AB的交点。这样，我们就作了一条由两部分组成的弧线，由符合三角形ABC的比例体系的弧线组成。这就是现在所说的尖拱，不过这种称呼并不准确。[2]当然，从拜占庭建筑流派分出的各流派后来在6世纪采用了这种拱结构。12世纪在法国的西欧建筑师们很善于

1–426

运用这种拱券，并把它作为一个新结构体系的开始。但要指出的是，在古典时期，天才的希腊人是通过一系列朝着同一个方向的实验才取得相对的完美。他们对多立克柱式进行了多少次改动才达到帕提农神庙表现出的那种完美水

1 帆拱是半球形拱顶与筒形拱顶的自然结果。但是很奇怪，在君士坦丁堡，在圣索菲亚教堂之前没有一幢知名的罗马建筑中采用了它。因此，有理由相信，这一讲求逻辑的推理结果应当归功于拜占庭的希腊艺术家们。

2 参阅《法国建筑辞典》中OGIVE词条。

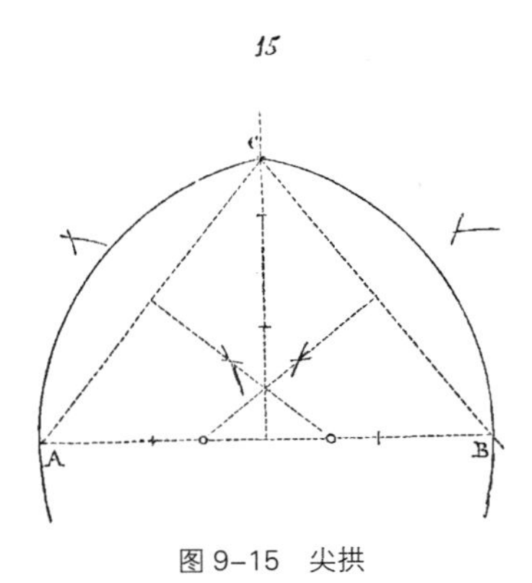

图 9–15 尖拱

平啊！我们看出很多，但看不出所有。

从塞利农特的神庙到帕提农，并没有什么变化；柱式相同；这种柱式一旦创造出来后，便无增也无减；不过，只有坚定不移、不偏不离地遵循某种逻辑方法，有了一系列提高之后，才能获取完美的比例关系。同样，希腊派四散的残骸与罗马传统混合，并受到亚洲建筑的影响，却仍然能在东罗马帝国建立后，帝国内部纷争不断的情况下，给那些让他们参与的建筑作品注入精致、合理的比例感，这是他们一直以来都擅长的。要特别注意，在东方和埃及产生的那些艺术中，我们发现了宝贵的希腊特质，但它们没有丧失任何曾经采用过的东西，没有后退；它们只是利用现存的东西，然后完善它。

从罗马帝国衰亡以来，那种在同一个建筑构成中混用拱券与过梁的不合理做法很大程度上被废弃了。仍在帝国的控制之下的希腊艺术家直接从圆柱上起拱[1]；不过这是罗马拱——线脚同圆心的半圆形拱。这些拱券的起拱石宽于圆柱的直径，解释了柱头的外扩。可是，在细长的科林斯柱上安置这么个半圆拱，会让它看起来很平、很重，像是被变形了似的。不管怎样，这在当时可是基于正确的逻辑推理之上的一个新主意。另外，在即野蛮又豪爽的罗马主人统治之下，希腊艺术家可没闲工夫去寻找比例的精髓。这种精工细作在哈德良时期或许还能成功，但在戴克里先时代只会是徒劳。伊斯兰人来了以后，希腊派的残兵败将发现自己落进了另一群野蛮人手里，不过给了他们更大的自由。因为这群蛮族对艺术既没品味也没偏好。希腊人又可以随心所欲地在形式上精雕细琢，细心观察比例关系；他们努力把拱券与圆柱联系起来，并寻找除了半圆以外的曲线形式。这些尝试经常能创造出线条、比例都无比美丽的建筑布局。 1–427

希吉拉（Hegira）21 年（公元 641 年），阿慕尔清真寺（the mosque of Amrou）在开罗建立。要记住，在文法家菲洛普努斯（Philoponus）的要求之下，这个阿慕尔曾经请求奥玛尔（Omar）占领城池之后，保留珍贵的亚历山大图

1 参见第六讲，图 6–9。

书馆。这位哈里发回答道："你跟我说的图书馆里的这些书，其内容是否符合上帝之书，如果符合，那有《古兰经》便足够了，不需要这些书；如果不符合，就应该被销毁。"书被焚了，不过开罗的阿慕尔清真寺还是由在埃及避难的希腊艺术家建造。这座清真寺用了从罗马建筑中得来的大理石柱，由围绕着天井的大型柱廊组成。

1-428　图 9-16 是柱廊的两间，可以看到希腊建筑师（没有人会相信奥玛尔有自己的建筑师）用上了帝国建筑物里的柱子，那些建筑被掠夺一空；在形式新颖的柱头上起拱，曲线复杂，但从线条可以看出建筑师比例感很好。柱廊隔间的效果叫人很舒服，在别处也见不到比这尺度更高贵、外观更优雅的柱廊了，所有参观过阿慕尔清真寺的人都会同意这种评价。这些拱是这样安放的：线段 AB 位于中心点的高度，ABC 是一个埃及式三角形。建筑师按照图 9-15 的方法放置拱。点 C 为等边三角形 DEC 的定点，该三角形的底边为柱头顶板的上层。埃及式三角形确定了拱结构的中心及其直径与高度之间的关系。等边三角形则给出了柱头上方拱结构的整体比例。

为了避免从起拱点 A 落下的垂线 FA 太过虚弱无力，建筑师把曲线延长到了点 A 下面的 G 点；这样，加在柱头上的平行六面体（parallelopiped）上方就有一处停顿——在实践中，这一停顿赋予拱结构一种独特的坚固感。在这里，希腊建筑师用他们的同胞为前主人建造的建筑残骸继续为新的征服者建造房屋。他们发现自己曾经饱受压迫与羞辱的创造天赋又充满活力，又可

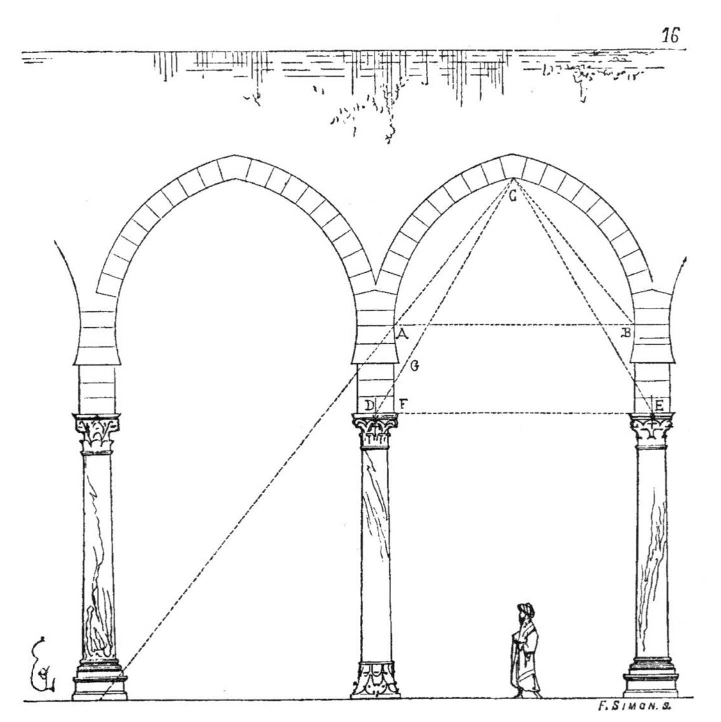

图 9-16　阿慕尔清真寺的柱廊，开罗

以改进他们忙于其中的艺术了。

聂斯托利派5世纪从拜占庭被驱逐后，大部分移居到了波斯。他们发现这片土地上的艺术正日渐枯萎，便挪为己用，并且恪守着罗马结构的传统；由此，保留了已经建立起来的排列布局的同时，他们建起了一种新风格的建筑，这种风格极为优雅，其比例尺度都十分仔细地研究过。当穆罕默德开始征服整个东方时，追随他的那些部落之所以有些艺术气息，应当完全归功于聂斯托利人。闪米特族——阿拉伯人没什么艺术才能；我们今天所说的阿拉伯建筑只是经希腊人改进过的波斯建筑的分支——也就是聂斯托利派的建筑。这希腊天赋最后的散发是多么灿烂。我有意再重复：天才的希腊人并不进行创造发明；从艺术的智力方面来说，他们只是进行协调，建立关系，推导结果，把推理运用到极致；从物质方面说，他们能把手边的建筑形体表达得真实而美丽，在不改变法则的前提下对它进行改进；他们从不会造出丑陋的怪物；在那些最为远离自然秩序的想象的产物中，他们把和谐放在首位，这种和谐既正确而又经过精心计划，以至于想象的产物看起来也像现实中的一样。东罗马帝国的希腊人还用功学习数学知识。在这方面，他们只是将前人已经很广泛的发现付诸实践。来自东方的新主人很乐意将艺术留给聂斯托利派去实践，但他们排斥艺术中一切对有机自然的模仿。和他们的前辈一样，聂斯托利派注定在蛮族统治者手下工作。他们精力充沛地走上了那条唯一向他们敞开的道路；几何学成了催生一切形式、甚至是一切装饰的法则。建筑见证了自身古老丰富而又华丽的装饰如何被剥夺；那些人像、雕塑、从当地植物中获得的灵感都不允许再运用。尺子、圆规变得拥有至高无上的地位；不过，即便是只用这些不但受限制而且干巴巴的方式，我们称之为阿拉伯人的艺术家们也成功地创造出了奇迹。研究比例自然便成了赋予建筑宜人外表的最有效的方法之一。事实上，在哈里发的建筑中，比例就是一切，因为没有什么能掩盖比例上的缺陷；装饰可以帮助保持比例的和谐，但也只是在整体上有效。它就像一块布料上的刺绣那样吸引注意力，令人喜欢，却不会分散人们的注意力。这种希腊艺术的命运是独特而非凡的：如此活力四射，如此灿烂辉煌，却几乎总是在别人的统治之下，而且总能有办法让趣味截然相反的人都满意；对于这些为智力的进步而不屈不挠劳动的人来说，似乎没有什么问题是不可解决的；他们总在寻找，而且总能找到；虽然总被统治着，他们的智慧却影响着统治者，并在身后留名。他们曾经是罗马人的导师，又成为阿拉伯游牧蛮族的指导者；他们这最后的努力甚至影响到了15世纪，在西方都感受到了他们的天才。

1–429

到这里，我们只是脱离了营造体系以及建筑目的，绝对地考虑了比例问题：我们只大体地介绍了那些运用在建筑效果上的有关和谐的法则，有意选取了不同特点的建筑物。这些建筑物分属相隔甚远的不同时期，或是不同文明。由此，我们可以看出，在这种艺术中，有一些定律依靠着人类的天才，不管这种天才是从什么样的要素中发展起来的。不过，还有些其他定律明显1-430 是从事实推导出的，像是材料的质地，运用材料的方式，以及由于气候、天资、富有程度、对奢华的趣味、必要性以及人的教养水平导致的不同的风俗习惯。尽管我们发现古希腊人的比例法则和中世纪艺术家的相同，但希腊神庙显然与我们的哥特式教堂没法类比。一种理性的方法，一方面因为它是方法，另一方面因为它是理性的，一旦用在特质相反的元素上，就会产生相反的效果。如果某个人在七月抱怨太热，在一月又觉得太冷，我们不会指责他前后矛盾。在不同情况下有不同的感觉，他的机体却是完全相同一致的。我们只会指责那些夏天穿着毛皮大衣四处闲逛，而冬天却穿着亚麻制品的人；那些在体育馆穿着长衫，葬礼上却着短裤的人。存在总体性的法则，却也有某些特别的定律，是为特定的时间、地点、方法而存在的。正是因为人们混淆了总体性法则与特定法则，才会长久以来在建筑问题上缺乏相互理解。有些人只准我们穿毛皮衣，还有些人只许我们穿亚麻衣，他们都不承认根据不同场合更换衣着是得体的行为。

希腊人在运用圆柱、高起的石块、支撑横木或过梁的 *the stylus* 上，以及根据圆柱自身的功能确定比例上都进行了正确的推理。罗马人对保持拱顶建筑的柱子的相对比例漠不关心。在这些建筑里，柱式只起次要作用。拜占庭的希腊人承认罗马结构的法则，并且明智地不再把某种柱式看作是一种尺度固定的类型。

在中世纪的西方国家，柱子不再有什么柱式；而是根据它在整个建筑体系中所起的作用加长或减短；根据所用的材料决定它是粗壮还是细长，在相同的压力下，没有理由让花岗石的柱子和韦格勒[1]的柱子直径相同。要说圣母院中厅的柱子比例不好，因为它们与希腊、罗马柱式所采用的比例尺度毫无1-431 关系，这倒不失为一种独特的欣赏比例的方法。显然，比例是指部分与整体的关系，这些关系是整体强加于部分的，而不是部分强加于整体的。在希腊建筑中，或者说在希腊神庙中，部分（柱式）即整体，柱式的尺度必然决定着建筑物的尺度;然而，当柱式只是整体的一部分时，它便失去了柱式的特性，成为附属的构件：它舍弃了柱顶盘，变为纯粹的圆柱这一事实便可证明这点。柱子的比例与其所在位置、所起作用，或者所用材料有了联系，柱头与柱础这些构件作为部分，根据整体的布局在高度、宽度以及力度方面都历经了类似的变化。这非常合逻辑。然而，在艺术领域，如果对形式的选择不是一系列严格推理的自然结果，那即便我们推理正确，也可能产生叫人不满意的作品。15 世纪的法国建筑是只是一条真实的法则发挥到极致的结果；由于法则的绝对运用迫使它采用了一些形式，建筑因此毫无吸引力。它变成了某种示范——

1 Vergelé，巴黎附近的圣勒（St. Leu）产的一种软石材。——英译者注某种几何图解；变成了一个提出问题与解决问题的过程，而不是一种艺术构思。

当柱式不再构成整体——建筑物的整个布局——它也不应存在，因为它不再有合理的目的。希腊人根据新法则重新组建的罗马建筑的产物里，柱式也不再出现。被认为是阿拉伯人的建筑，以及中世纪的西欧建筑里都见不到柱式的踪影。我们得从另一个角度看这些艺术，尽管上面已经证明，古典时期与中世纪建筑都遵循某些相同的整体比例法则。几何学成了中世纪建筑至高无上的女主人；我们 12—15 世纪的建筑师们把建筑艺术与几何归于同一个化身（personification），不是没有理由的。然而，当几何学对一切建筑构思——无论是整体设计还是细部设计——都产生影响时，伟大的东方艺术家们，也就是亚历山大流派的残余人员，以及西方法国的艺术家们，仍然对形式留有一种真实的感觉，以至于至少对大众来说，形式似乎在每件建筑作品中都是最高定律；不过，只有在品质低劣的时期，这些作品才会显出它们是按几何方法设计的。在这一点上，两个民族都充分展现了他们特别的天资，我们也有证据清楚表明，西方建筑师从不会模仿东方建筑师们，尽管两者从同一源泉汲取养料。

1–432

希腊人不是发明家，西欧人在很大程度上却是。阿拉伯人，或者他们的艺术导师，聂斯托利派，没有改变罗马结构体系；他们只是对其外观作了改进；他们所求助的几何学没能让他们发现新的营造体系；其作用仅限于赋予拱结构新颖的曲线，或控制所有的装饰性设计；它提供了一种智力上的娱乐；通过奇妙的组合吸人眼球；然而，在西欧，几何学是从颠覆罗马结构开始的，这一结构从科学的角度看已经令人不太满意；它不断提出新问题，嘱咐建筑要识别出当时已知的静力学原理；从整体设计到细部设计，它都带着一种不变的逻辑行进，控制着材料的形式，决定着最细小的线脚该怎么做；它大踏步地勇敢前进，速度如此之快，路程如此之远，以至于在两个世纪的时间里成功地使艺术家丧失了一切个性。它如同不可阻挡的结晶法则（laws of crystallisation）那样向前；要知道同为几何学之奴的两种艺术有什么不同，我们可以看一看阿尔罕布拉宫（Alhambra）。这是一幢被认为属于阿拉伯文化的建筑。我们能看到什么呢？像罗马人一样的混凝土结构，古典的楼层平面，砖砌墙面——大面积地靠砂浆黏合，细长的柱廊里，精巧的大理石柱与芦苇、泥土制成的拱肩共同支撑着带护板的天花板（wainscoted ceilings）。这里，我们看不出建筑师想尝试创造出一种与位于罗马的建筑不同的建筑结构，前者今天在庞贝或许还能看见。不过，这大面积的捣实黏土、砖石、板条以及灰泥面都涂上了抹灰层，展现着所能想象出的最为娴熟的几何组合，叫人眼前一亮。住在这宫里的人——喜欢冥想，喜欢反省，在这些无目的的组合里沉醉于梦幻，尽情享受着朦胧的遐思——他们当然不属于主动、讲逻辑、实际的西欧家族。如果走进亚眠大教堂，或者随便哪个中世纪的完美建筑，我们获得的第一印象是统一感：我们会先欣赏其总体效果；不会注意细部：清爽而又宏大。如果我们研究一下它的施工，便会惊奇地发现它用了很多几何组合，这些组合肯定对建筑物的框架设计起着很大作用。

1–433

在阿拉伯建筑中，几何起着装饰衣衫的作用；而在西欧中世纪建筑里，它支撑着整个身体。在阿拉伯建筑中，只有在进行装饰时，几何学才开始执行任务——这正是它在中世纪建筑里结束任务的时候。中世纪西欧建筑的所有装饰都是从植物得来的灵感，至少从13世纪往后是这样。在法国，我们很少能发现12世纪末建筑的装饰部分有几何学介入的痕迹；几何学的痕迹属于非常古老的传统，事实上，甚至先于罗马时期。举个例子，我们看到12世纪后半叶的一些大柱头的角上有独具特色涡形设计，就像是片片极力向里卷曲的大树叶，线条强劲有力。[1] 在研究这些涡形的曲线时，我们感觉到它们是在几何方法的帮助下作出来的。看图9–17的A，涡眼在B点，穿过这点作水平线ab；然后，在B点作ab的垂直线段cd；将得到的四个直角分别分割成两个相同的角，便得到ef，gh。从曲线的起始点a，作Bf的垂线ai；从点i作Bd的垂线ij；从j点作Bh的垂线jk；再从k点作Bb的垂线kl，以此类推。在线段ai的中点作一条它的垂线，与线段gh相交后，便得到了g’点；再从线段ij的中点作该线段的垂线，这条垂线会穿过g’点，这一点便是弧线aij的中心。从线段jk的中点作它的垂线，将会与线段Bf相交于点m，这一点是弧线jk的中心；再从线段kl的中点作它的垂线，该垂线与线段Bd交于n点，该点是弧线kl的中心；以此类推。这样，便得到一个涡形，其卷曲有力的曲线让我们想起原始爱奥尼艺术中的某些涡形。其他一些涡形是通过等边三角形获得的（见图9–17的E）。FGH是一个等边三角形，弧线FG是以H点为圆心做出来的。将GH边二等分，第二个等边三角形GG’I是以GH的一半G’G为底边作出的；再以点G’为圆心，得到弧线GI。像这样继续，以G’GI底边G’I的中点L为圆心，便作出了弧线IO，以此往下。这些设计方法不是罗马人传给12世纪艺术家的，它们从另一个更为遥远的源头而来。

1–434

我们要穿过时空，回到古希腊时期——尤其是爱奥尼时期——来发现类似的设计；因为我们被迫承认在小亚细亚的某些希腊装饰与12世纪末法国的装饰之间存在着惊人的联系。如果研究一下线脚，我们发现这些艺术之间有不同寻常的关系，尽管时间、空间远远地阻隔着彼此。两者绘画所依据的法则是一样的，线条的运用也常常相同。不必看很多希腊建筑，爱奥尼的也好，多利安的也罢，就能发觉在他们的建筑里，线脚的设计被视为艺术的重要组成部分；这些设计不是心血来潮的结果，而是源于合理的推论以及不俗的形式感。可以这么说，希腊那些美丽的建筑的所有线脚都被用心地爱抚过。在线脚的设计里，要注意两点：线脚起的作用，以及在其位置上产生的效果。

1 巴黎圣母院唱诗班，穷人圣朱利安教堂，努瓦永大教堂。

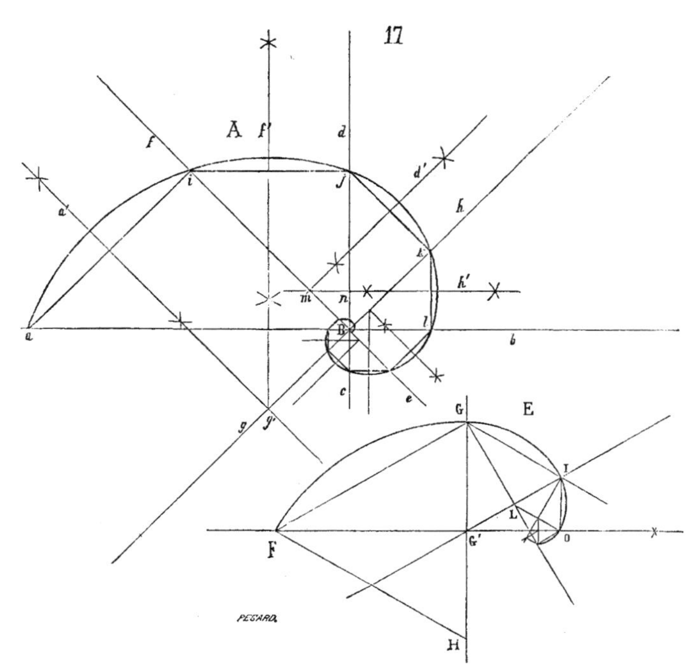

图 9-17　法国 12 世纪柱头的涡形曲线

只有这两方面都做得好，才能算是好线脚。由于所用材料的原因，人们可能会在不改变法则的前提下对设计进行修改。大理石上的线脚自然要比某种易碎的石块上的线脚更精致，更薄。不过，这只是指线脚在边角处的尖锐度，以及在凹陷处的深浅度。两者的原则都是一样的。可这里也会出现很愚蠢的情况：比如，适合石头或大理石线脚的部件用在木制品的线脚上，适合大厅外部的用在内部线脚上。中世纪的艺术及与希腊艺术家一样，没有忘记这些自然的法则。我想再说一遍，前者比他们的前辈还要严格地遵循着法则，至少从现存的少数希腊建筑中可以看出这一点。在希腊人眼里，就像我们 12 世纪的建筑一样，线脚有三个功能：或者支撑起某个凸起物，或者形成一个基脚，或者标出高度，界定开口。第一种情况下，线脚就是檐口；第二种情况则是底座，墙基，柱基（plinth）；第三种情况下，线脚是腰线，是边框，是大框架。除此之外，线脚没有其他合理的功能了。因此，在优秀的希腊建筑以及法国中世纪建筑中都不会有其他形式的线脚出现。这些功能如此确立以后，线脚就缩减为三种基本排列方式，如 A，B，C 的图解（图 9-18），根据结构需要作具体形状。形状一旦确定，它便会给这些凸出部分适合其功能与位置的形式。它们都是有用途的，因此也应该产生与其用途相符的效果。外部的檐是保护外墙的，它可以把雨水甩出建筑表面；由于檐部的整个下方都在阴影中，做檐的时候就要让它显得足够坚固，能托起凸出部分。腰线只是一条环带，用来标出楼层的高度或者建筑物各个面的变化；它应该是一道外凸层，看起

1–435

1–436

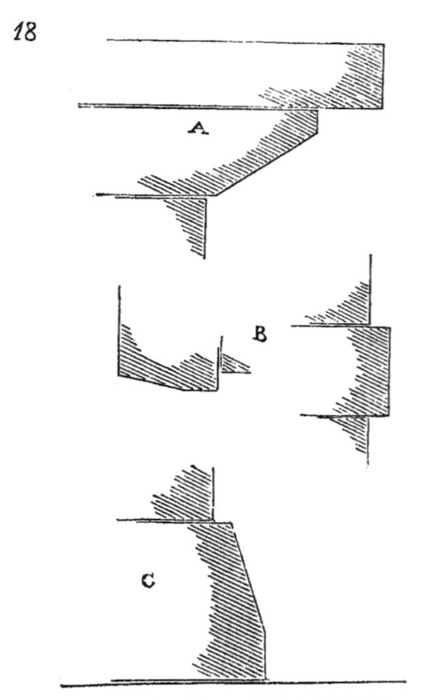

图 9–18 基本的檐口、线脚和基座做法

来可以抵挡压力，并且清楚地标示出空间分隔。作为框架的线脚，门框的线脚，位于表面，强调开口处。底座、基座承受所有重量，在地面形成一个基础，同时也是水平面与垂直面的过渡。

仔细看看希腊建筑师们设计的这些线脚。图 9–19 向我们展示了作为柱头、壁角柱，以及檐的线脚。A 是位于阿格里真托的卡斯托耳与波吕克斯神庙（the temple of Castor and Pollux）中的檐部线脚；这是一个外部线脚；在排水檐沟 b 下面挖出滴水槽（throat）*c*，以阻止雨水沿着滴水流淌；然后是滴水 *d*，既可以捕捉光线又可以甩开雨水。为了让滴水投下的阴影里有暗色的线条，特别强调了 e。因此，这些线脚都有一个功能，眼睛能清楚地看到它们。大的檐沟线脚在 g 点捕住光线，还会在光线上面投两道暗暗的线条，让它变得凸出。同样，埋在檐沟线脚阴影里的第二道暗线 c 会使得阴影部分更加清晰。如果用一束光以 45 度角照在该线脚上，我们会发现艺术家在 h 点与 g 点得到两道精巧的亮光，这两道光被两道暗线分隔开了；第三条暗线在 c 点，以限制檐沟投射下的阴影。在滴水的庞大阴影下，其他明显标出的线条有凹有凸，追光、躲光，此处加强、彼处减弱，极大地丰富了那道宽阴影带。

我们再来与建筑要求一起研究一下效果。B 是位于帕埃斯图姆海神庙壁角柱的线脚。它完全埋在门廊（pronaos）的阴影里，而设计时却是为了接收反射光，像是宽宽的双曲线（ogee）线脚 b’ 那样。我们又看到在上部构件吸收的反射光下方凹下去的暗线。内部柱式横梁顶的线脚 C 也是一样。艾琉西

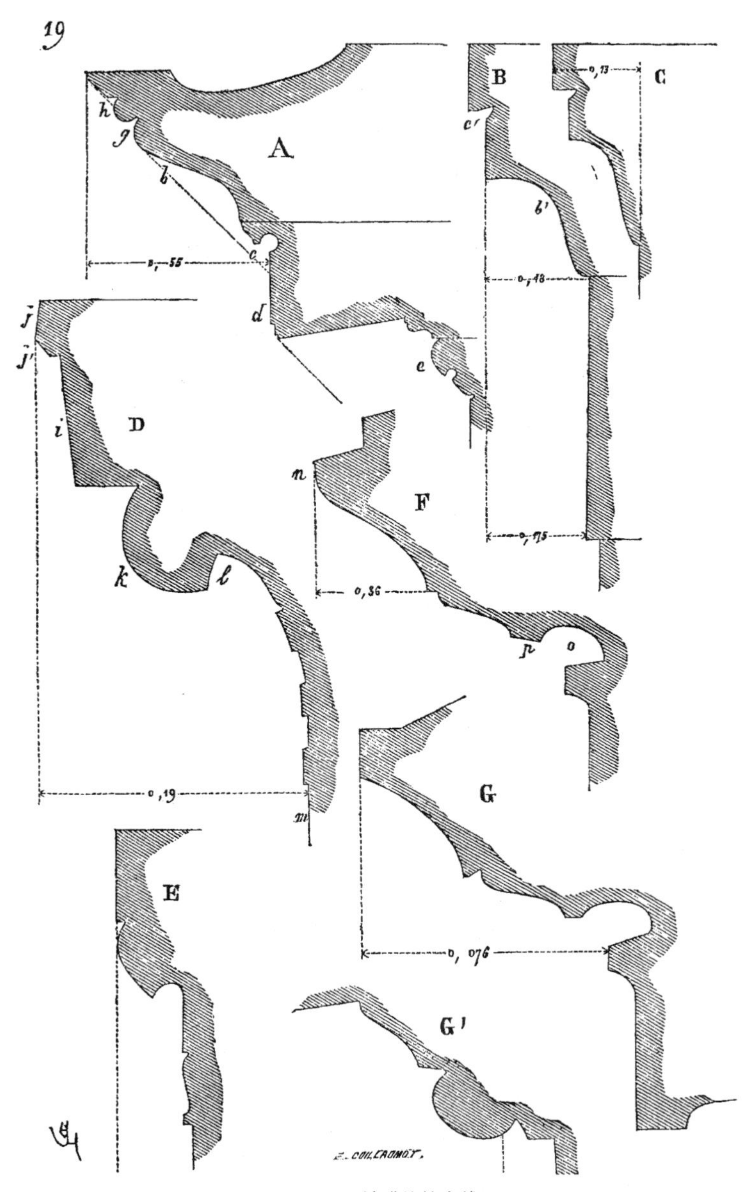

图 9–19　希腊的轮廓线

斯通廊（the propylaea of Eleusis）的线脚 D 也同样是与反射光有关的设计。可以看到，为了斜面 j’ 的反射光能露出来，上部的横带 j 微微后压，i 面也略微倾斜以接收光，半圆凸线（torus）k 向圆柱顶板的水平部分缩了一些，一方面为了阴影效果，另一方面也衬托了后者的外凸。半圆凸线在 l 突然被切，造出轮廓清晰的阴影。最后，在垂直面 m 与阴影 l 之间有一个过渡，增加了靠近半圆凸线装饰时反射光的亮度，这道反射光为了填满曲面，并让它存在得有价值，被阴影与亮线分割了。位于艾琉西斯的席瑞斯神庙再一次向我们

1–439

展示了希腊人在设计线脚时的细致，那些线脚只能接收到反射光线。

我们以庞贝的檐部线脚分析作为总结。F 是一个外部线脚，除了上部双曲线的边 n，几乎完全掩埋在阴影里。强烈的暗部 O 在横带 p 的后面，也收到强烈的反光，占据了这个阴影部分。GG’都是三角讲坛（Triangular Forum）的线脚，根据与 A 相同的法则设计，不过突出强调的部分更为坚定。[1]

罗马的檐部线脚从建筑整体上也能提示我们这些，不过从细部来说，绝对不会有如此的精致，效果也没这么好。看到罗马线脚，我们就会怀念那些能带出亮部的凹处设计，尤其那些清晰投射出的阴影。它们的轮廓没有力度，曲线很普通，没有好好研究；至于线脚是用在建筑内部还是外部，也不关心。从 12 世纪、13 世纪法国世俗流派建筑的线脚里，很容易看到那些指导过希腊建筑师的法则的影响。图 9–20 便能证明这一点。在这里，我们同样看到了经过仔细研究的曲线，精巧的对比，为取得一定的光影效果采取的相同方法，反射的光线，加强的阴影。线脚的设计目的也相同。这并非源于罗马艺术——绝对不可能是高卢—罗马艺术的结果；在所有建筑细节的实施中，这一艺术地位低下。[2]

1–441 滴水 a，暗凹槽 b，双曲线装饰 c，反曲线装饰 d，环状半圆凸线 e，凹弧线脚 f，这些都让我们想起希腊建筑的线脚。线脚是为了其位置、功能设计的；不过，由于气候原因，光照不如希腊或者意大利那么好，线脚没那么强调，也不太依靠清透的反射光作用，而那些衬托凸出物的黑线重复得更多了。因为中世纪的建筑物更大，线脚的位置更高，因此，也更要考虑它们与眼睛之间的距离。底部线脚也可以这样比较，相似点更明显。

这里，我们来看一些希腊建筑的底部线脚（图 9–21）[3]。这些线脚设计显然是从上外下看的。它们落在地面，引导眼睛从垂线过渡到水平面，通过凹形边饰 a 或者凹槽强调。这些凹槽带来轮廓很清晰的阴影，界定了环形半圆凸线。注意在线脚 E 中，上部的环形半圆底部是如何变平缓，以与横带 b 分离。线脚 G 的底部环形半圆饰的形状也值得关注，c’是其放大图。

再看一些 12 世纪、13 世纪法国圆柱的底部线脚（图 9–22）；不过，先让我们来看一个倒置的多立克柱头的环形半圆凸线的剖面。A 是梅塔蓬图姆神

---

1 参见于沙尔先生（M. Uchard）的研究结果，发表于达利先生（M. Daly）的《建筑杂志》（Revue d’architecture），卷十八，49 页、50 页。

2 线脚 A 属于 12 世纪上半叶建筑，取自维泽莱的中厅（檐，更确切地说是内部柱头的凸出柱冠）。线脚 B 属于沙特尔圣母院（外部）（约 1140 年）的古老塔楼。线脚 C 是加在巴黎大教堂（约 1165 年）唱诗班侧廊外部的。外部线脚 D 则来自蒙特利尔的教堂（约 1180 年）（约纳）（Yonne）；栏杆的线脚 E 取自维泽莱教堂内部（约 1190 年）；线脚 F 则是维泽莱门廊上的（约 1135 年）；外部线脚 G 来自同一教堂（约 1235 年）；外部线脚 H（同一时期）。

3 A 取自艾琉西斯入口处的狄安娜神庙(the temple of Diana)的壁角柱；B 是艾琉西斯入口的壁角柱，C 则取自雅典的胜利女神神庙；D 则是位于费加利亚城巴塞地区的阿波罗神庙的线脚；E 是庞贝三角讲坛的线脚；G 也是；F 也来自庞贝。

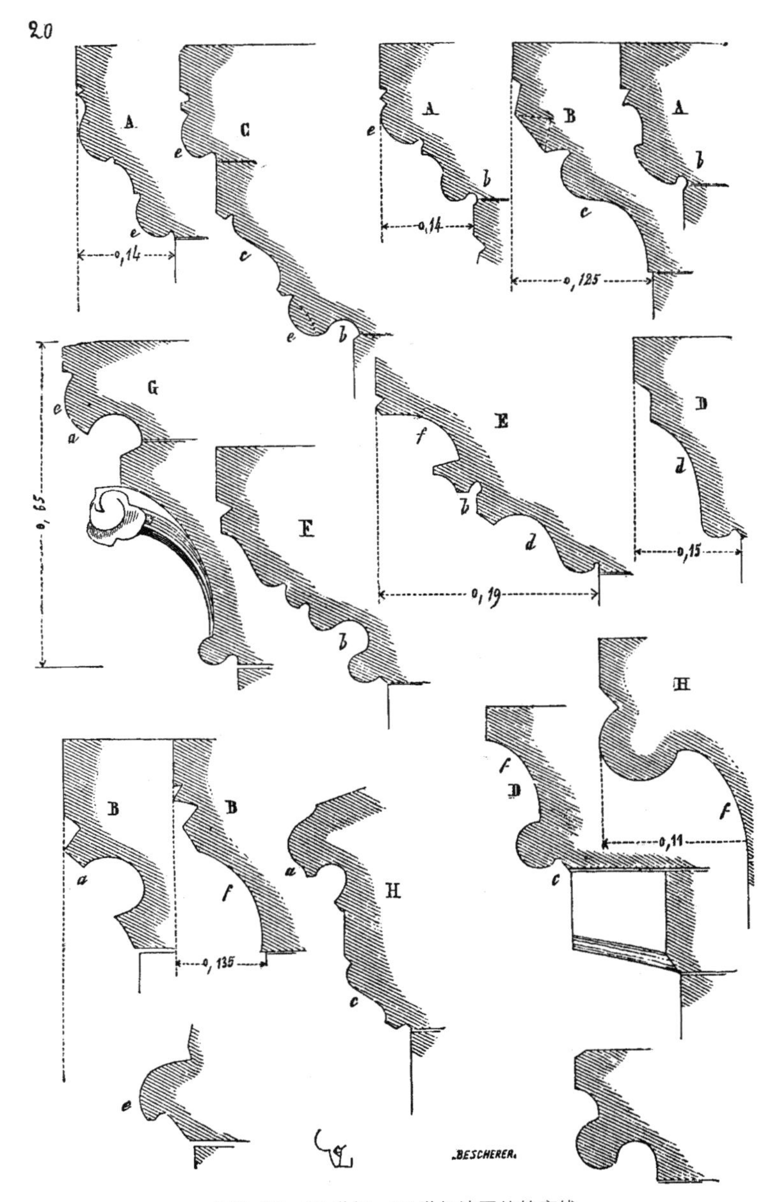

图 9-20　12 世纪、13 世纪法国的轮廓线

庙（Metapontum）柱头的线脚。B 点则是巴黎大教堂唱诗班周围的柱基底部的环形半圆凸线，剖面似乎就是梅塔蓬图姆多立克柱头的复制品，这一剖面通过三道圆弧获得。即便是柱头的双重横带在底座里也有所保留，即 a'，不过变成了单层。柱基 B 的上环形半圆凸线的上部略平，就像大部分希腊线脚一样（图 9-21）。至于线脚 CC'，是沙特尔圣母院的老塔楼的柱子上的，它们也特别像图 21 里面的希腊线脚 BE。线脚 G 取自维泽莱修道院教堂唱诗班

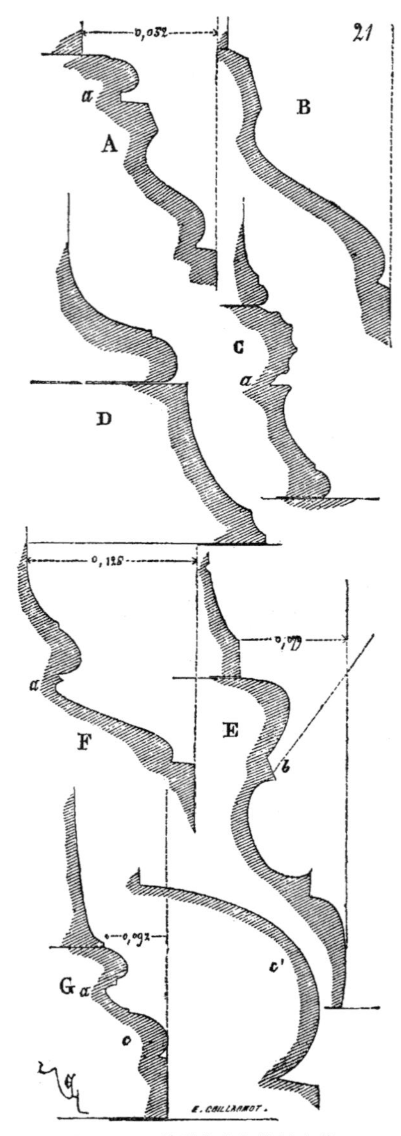

图 9–21 希腊基座部位轮廓线

(the Choir of the abbey church of Vezelay) 的柱底座。[1]

基座线脚 E 同样复制了图 9–21 中 B 的横切面。像希腊人一样，12 世纪这些世俗建筑师们认为底座的环形半圆凸线不应该用圆规一下画成；而应该在地面上先有一个基脚，然后由突显的凹形边饰清晰的阴影勾出轮廓。图 9–21 的 C 是胜利女神神庙里一个爱奥尼底座的剖面；其中，很大的那个底座环形半圆凸线是水平方向刻出的；雅典的潘特洛西安以及伯里克利时代的其他爱奥尼建筑中也有这种做法。在某些法国 12 世纪的建筑中，尤其是在南

1–442

1 见《法国建筑辞典》11—15 世纪，基座和柱座一节。

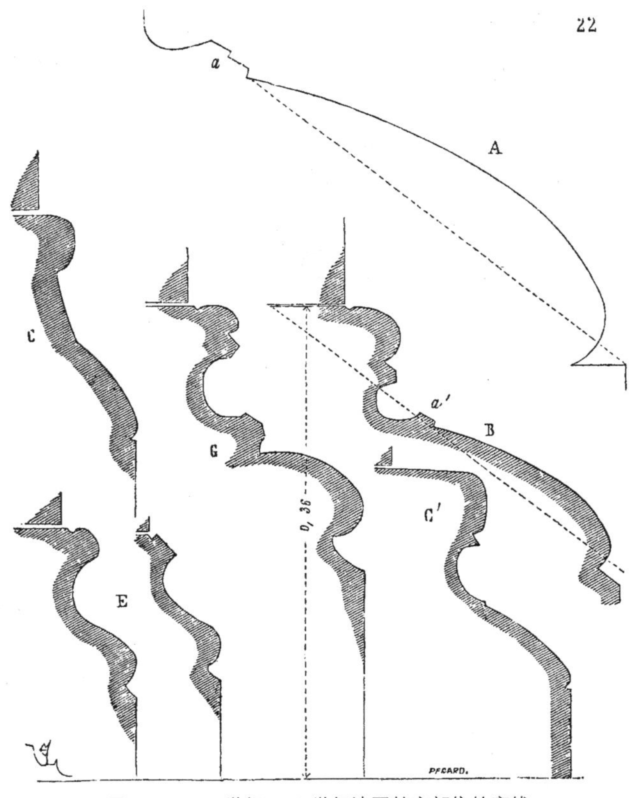

图 9–22　12 世纪、13 世纪法国基座部位轮廓线

方，我们也同样看到水平方向刻的环形半圆凸线。图 9–23A 是圣安东宁（St. Antonin）（塔恩 – 加龙省）市镇大厅柱底座的剖面。上环形圆饰 a 是水平方向刻出的。我们很容易感觉到底座的所有线脚都带着希腊特色。底座线脚 B 取自德奥勒教堂（the church of Deols）（沙托鲁），它同样展示了希腊底座线脚的做法，就像 12 世纪该省很多建筑的线脚一样。这一时期，贝里地区的柱身常常是水平方向雕刻的，如图中 b 所示。这些刻痕在萨珊王朝（Sassanian dynasty）时期的柱身上，甚至后来的格拉纳达的阿尔罕布拉宫，也都能找到。关于柱底座，我想再说一点，当 12 世纪的艺术家将圆形的凸线置于方形底座上时，他们很小心地用钩销（claws）加强突出的边角，这些钩销紧靠着边角，紧紧地抓住这些线脚；这种谨慎的预防措施罗马人从来不会有，它当然属于逻辑天才希腊人，也属于我们。把雅典、圣安东宁、庞培、德奥勒这些名字放在一起说，某些人的耳朵听起来肯定觉得很奇怪；不过，我有什么办法呢？这些建筑物存在着：你可以说我不应该看它们，但大家都会看的。我们还会作出其他评价；希腊艺术与法国 12 世纪艺术之间的联系不仅限于线脚，在雕塑方面也有很多共同点。比如，图 9–24 是韦兹莱修道院教堂（1160 年左右）牧师圣殿（chapter–room）的柱头，不太像罗马建筑风格，倒更有希腊风格——

1–443

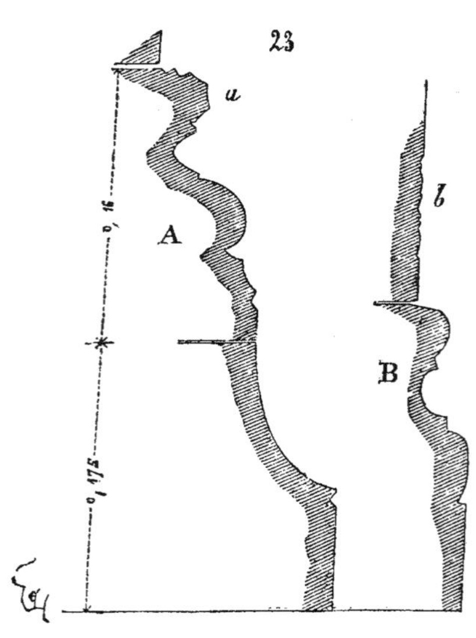

图 9–23 12 世纪法国基座部位轮廓线

尤其是高卢地区盛行的那种。[1] 如果美术学院的学生在马其顿或者博斯普鲁斯海岸发现这种柱头，学院派肯定会说这柱头不错；然而，如果在巴黎 125 英里范围的本地出现，支撑着完整未损的拱顶，它就没这么幸运了。属于 12 世纪，由自己国家的艺术家雕刻，这就够不幸了。

1–444

法国 12 世纪、13 世纪设计这些线脚、雕刻柱头的艺术家们当然了解阿提卡、爱奥尼、大希腊、小亚细亚地区的纪念建筑，不过只是稍微了解，并无深知。他们不是考古学家，不过他们会推理，而且和创造那些古老文明的民族有千丝万缕的联系；他们喜欢一切美的东西，从传统中获益匪浅，坚持不懈地向前进。他们舍弃了罗马结构，那结构已经不适合时代的风俗习惯了。他们寻找着一种能与他们的建筑要求、建筑材料、时代特征相和谐的结构；像希腊人那样推理（推理当然只有一种方式），细部做得类似古希腊人。即便承认这种雕塑受东方影响很深，也不可否认在西方也存在着各种各样的雕塑，尤其是略逊一筹的东罗马帝国时期的罗马雕塑。法国艺术家们至少选择那些有希腊感觉的作为模型。不过，如我之前所说过的，13 世纪初的法国建筑中就放弃了传统雕塑，而诚心诚意地采用当地的植物；这样也反映了一种希腊式方法：没有复制模型或范例；而是在运用相同法则的同时，不断引入新的元素。

在如此多不合理的条例包围之下，我们当代建筑陷入了一种怀疑与不安的状态。很有必要就此话题展开仔细的批评，学习我们前面的文明所用的艺术法则。从以上所述可以总结出，希腊艺术与罗马艺术之间没有本质上的联系。罗马建筑适合世界人，罗马人自己就是各种民族的混合；是庞大文明的真实表

1 如果读者回到第六讲的图 9–16，就会相信维泽莱柱头的雕塑与耶路撒冷黄金大门（the Golden Gate）柱头两者间惊人的联系。无论这檐壁是希律大帝（Herod the Great）时期的，还是哈德良时代的，都是希腊艺术家的杰作。

图 9–24　牧师圣殿柱头，维泽莱

达——不是艺术家的建筑，而是全人类帝国的建筑；如果说希腊建筑辉煌灿烂，我们都喜欢，也觉得自己懂它，那我们不会同时赞赏罗马建筑；同时接纳两者就如同一方面恪守原则，另一方面又对原则不以为然那样矛盾——既相信又不相信；罗马艺术必然衰败，因为它们四处借来形式，却不努力使这些形式与其结构的法则和谐一致。希腊人提供了新的元素，而且也将继续提供——只要人类还统治着地球，它真正地把形式运用于方式与要求；我们西欧建筑师们逻辑上就更像希腊人，而不像罗马人。历史常常会后退，我们的艺术会落入罗马人的统治；不过，我们在内心深处像希腊人一样，保留着对艺术中真的敏感。我们已经准备好，一旦新来的蛮族之手因为接触真理而枯萎，便让它重新起飞。

1–445

第十讲　19 世纪的建筑——方法的重要性

1-446　由于受到偏见与传统的束缚，而且习惯杂乱无章，我们在建筑中缺乏思想和法则。这一事实必须敢于承认。建筑物细节越多，各种构成要素使得其越富丽堂皇，就越显出建起这建筑物的艺术家对重要法则的遗忘和思想的缺失。

我们的建筑师的工作室里放满了有用的工具、书籍、绘图，然而，当应邀设计哪怕是最微不足道的大厦，虽然所有的材料应有尽有，艺术家却迟钝呆滞，不愿做任何创新。他的创新在过多未消化的数据中枯萎了。处处可见天赋、学识，以及漂亮的施工，但鲜见思想，更难见对某条法则的遵守。我们的公共建筑看上去是些没有灵魂的躯体，是一种迷失的文化的遗迹，一种连使用者都无法理解的语言。面对这些缺乏思想与理性，除了造价别无其他特别之处的建筑，公众漠不关心，这有什么奇怪的呢？

19 世纪注定在终结之时也没有自己的建筑吗？这个时代活力四射，探索发现层出不穷，而它将留给后代的是不是只有些模仿或杂合而成的建筑？这些建筑毫无特色，亦无法将其分类。创造力的贫瘠是我们的社会状况不可避免的结果吗？是因为艺术被一小撮了无生气的人所教授导致？不管老少，仅仅一小撮人在各种要素中能拥有这么大的力量吗？当然不是。那么，为什么 19 世纪没有自己的建筑？我们到处大兴土木，花费不计其数，却只有在极个别地方真正实际运用了我们可用的大量手段。

1-447　自 18 世纪的大革命起，我们进入一个过渡阶段。我们钻研、探究过去，收集大量材料，与此同时，手段和工具也多了起来。那么，是少了什么才让我们无法原创性地表现如此纷繁多样的元素，为其赋予新颖的样式呢？难道不是缺少方法吗？与科学一样，在艺术中，不管我们是在钻研所习得的知识，还是企图将其投入应用，方法的缺失都会令我们陷入尴尬与困惑，其程度大小与我们拥有资源的多寡成正比。资源丰富反成为一种障碍。但每个过渡阶段都势必有其局限性。过渡阶段必定趋于某个目标。只有当我们厌倦了在来自各方的杂乱无序的观念与材料中搜寻，开始从这堆乱七八糟的东西里理出某些法则，借助特定的方法拓展并应用这些法则，我们才能瞄到这目标为何物。这工作移交给了我们。我们应当不屈不挠、坚韧不拔地投身其中——与那些“有毒元素”作斗争，这在过渡时期是不可避免的，正如同发酵状态的物质会产生瘴气。

艺术显露病态，建筑亦在一片繁荣中渐渐死去，尽管其重要法则仍洋溢着生命力；建筑因为无度以及管理的无力走向消亡。我们的知识储备越丰富，就越需要力量以及正确的判断，以便有效地利用这些知识，也就越有必要借助严格的法则。建筑艺术所患病症由来已久，并不是一日之间形成；自16世纪至这个时代，建筑艺术的顽疾不断增多。我们的建筑师在对古罗马建筑——某些建筑的外部造型成了模仿的对象，进行肤浅的研究后，便不再考虑将形式与建筑要求以及营造手段结合。一旦背离真理的轨道，建筑风格便愈发步入歧途，日益没落。在世纪之初，竭力再现古典时期的形式，既不分析也不发展其法则，不断加速了建筑的衰败。接着，缺乏理性之光的建筑企图与中世纪和文艺复兴时期建立某种联系，但仍然只是在肤浅地模仿某些样式，并不做任何分析或究其原因，只见效果而不见其他，形成了新希腊式、新罗马式以及新哥特式。建筑师在弗朗索瓦一世时期的反复无常、路易十六时期的浮华之风和17世纪的没落中寻求灵感。建筑成为时尚的傀儡，以至于在美术学会[1]这个人们公认的传统古典领域的怀抱中，我们所见到的设计杂糅了各种风格，各种流行式样，各个时期特征以及各种建筑手法，显得甚是怪异；这些设计没有半点原创性，而原创性离开真理无法存在，它是真理直接启迪个体思想的结果。尽管真理是唯一的，但接受真理的载体与人性一样变化多端。因此，在近时代，尽管我们努力融合多种风格与影响，满足当时无常变化的要求；在所有现代公共建筑中，最让我们震撼的还是它的单调乏味。

1–448

如果我可以这样表达，那么，建筑过程中必不可少的两个方面要坚持真理。我们必须在方案及建造过程两方面真实无误。在方案方面要一丝不苟、完完全全地满足具体建筑要求提出的条件；在建造过程方面要坚守事实就是要根据品质与特性选用适当的材料。与占支配地位的法则相比，那些纯粹属于艺术、几何对称和外部样式方面的问题，不过是次要的条件。

印度人用石头建造代表成堆木头的窣堵坡（stoupas），小亚细亚的希腊人，卡里亚人和利西亚人在大理石纪念碑中建造仿木龛，埃及人用巨石建寺庙，其样式明显借鉴了芦苇结构和黏土结构。这些都是原始艺术传统，都很好而且值得尊敬。它们富有历史意义，极不寻常，但若去模仿却是一件荒谬之事。多利安人和阿提卡的希腊人已经将自己从那些襁褓中解放出来。我们发现罗马人建造了大量公共建筑，其形式完全体现了营造手法，其美丽源于这种坦诚的表达。罗马人展现了一种智力上的成熟；他们不再是小孩子；他们会进行推理。我们中世纪的先辈在这条道路上比罗马人走得更远。他们甚至抛弃了混凝土建筑——罗马人浇铸的蜂巢式建筑；他们想要这样一种建筑：内部所有的承重装置都显而易见，营造过程中的每个要素都产生形式。他们采用积极抵挡（active resistance）的法则；结构中引入平衡。事实上，他们

1 1816年，波旁王朝路易十八将拿破仑时期的“国家科学与艺术研究院”的美术组（Beaux-Arts）重新命名为“美术学会”（Académie des Beaux Arts）。——中译者注，参见单踊《西方学院派建筑教育史研究》，东南大学出版社，2012.

已经受到现代精神的激励。现代精神喜欢为每件产品、物件分配明确的功能，
1–449 尽管都为了同一个目的。我们应该沿袭这种持续不断、逻辑上一致的人类劳动；为什么要摒弃它呢？我们这些19世纪的人，为什么像埃及人一样行进呢（当然少了很多理性）？我们为什么要复制属于另一种文明或是属于相对原始状态的建筑样式呢？我们用的材料并不适合于重造那些样式。是什么神权机构迫使我们如此侮辱常识，拒绝借鉴前世显著的进步以及现代社会体系的精神呢？

与那些重大发现不断，有利于道德与物质朝着特定方向进步的历史时期相同，19世纪热切地踏入了探索的征途。它将分析精神引入科学、哲学和历史学的研究。它使得考古学不仅仅是推测性的科学，从考古学中推导出实用性的知识——甚至可能推导出某个未来会非常好的指导系统。“最年轻即最年长”这句格言从未像现代世界般如此适用。在对自然现象的研究以及哲学研究中，注重方法的精神已经产生了不同凡响的结果，但迄今为止这种精神还没有应用于与艺术相关的考古研究；虽然积累了大量材料，我们却未曾好好消化我们的发现，也没取得什么成果。在法则方面未达成共识，对这一大堆材料进行讨论便过早。因此，将一种严格的方法应用于我们对过去艺术的这些知识是至关重要的；除了遵守笛卡儿（Descartes）的四大法则，我不知道还有什么更好的办法。笛卡儿说，“只要我下定决心在任何时候都不忘记法则”，这就足够了。他又说：“首先，没弄清楚之前的任何事情都不可当作真相，也就是说，要小心谨慎，不可仓促，不可带有先入之见。我的结论中，只有已经在我脑中清晰明确、我没有任何理由怀疑的东西。”

“其二，尽可能地把我调查的每个问题分成许多小部分，或者按照获得全面的解决方法所需将其分成若干部分。”

“其三，要遵循某种思维顺序，从最简单、最易理解的开始，进而一步步
1–450 进阶到最为复杂的知识。即便没有自然连续的顺序出现，也要假设一个顺序。”

“最后，在各个领域就探究的问题全面列举各种情况，全面复查，确保没有任何疏忽。”

没有比这更有智慧、更适合当前主题的准则了。如果我们在艺术的研究与实践中遵循这些准则，就会找到适合我们这个时代的建筑，至少将为我们的后继者铺平道路。一种艺术的形成非一日之功。事实上，如果在对前人的艺术进行研究时带着足够坚决、足够有启发性的检查精神，能区分对错，能从传统中推导出原始法则，我们便能将艺术从各种影响下解放出来，这些影响一直在修改着艺术的表达。我们将找到最符合永恒不变的法则的表现方式。然后，我们就可以将这些表达——或形式（如果更喜欢用这个词）——看作是最接近真理的表达，认可其作为各种类型存在。如果我们想要更进一步将考古学立即应用于手头的事情，那么预先的清空就十分必要。这样做能使我们将纯理论性的研究与导向实际结果的研究相区分。

比如，我清楚小亚细亚现存大部分古代建筑皆属石砌，但借鉴的却是木作的样式。我可以研究这些历史遗迹，向大家呈现极为有趣的历史传统，却不能将结果应用于实际。我知道，如果从木头很多的地方移居到没有木头的国度，一个民族会如何保留他们的原始艺术传统。我明了其传统，也同时察觉到这一传统是有悖建筑艺术的基本法则的。同样，如果考察一下底比斯的建筑，就会发现在建造手段和建筑形式上最为奇怪的冲突：人们用石头作建筑材料，使用十分有力的器械，却是模仿芦苇加泥浆盖成的棚子。这样的程序不同寻常，其结果最出人意料，它也许很漂亮，但我从中却找不到任何适用于我们这样文明世界的痕迹。只有在西方文明的先驱者统治的国度，我们才开始接触到那些懂得如何将形式与法则完美结合的民族。希腊人最先将调查、逻辑和推理这些高于传统的精神引入建筑艺术。希腊和印度建筑之间的差异有如柏拉图和佛陀的距离那么大。然而，尽管排斥佛陀，崇拜柏拉图——实际上，正是因为我崇拜他——我也不会在 19 世纪中期建造他那个时期的建筑。希腊人认为法则高于形式，甚至让形式服从于法则，他们向我们指明了路；雅典卫城的遗迹传神地表现了伯里克利时代的雅典文明，我们越是被它所吸引，就越不能去模仿这些遗迹的形式。因为我们的社会条件、习俗及个人习惯都与苏格拉底时期有着本质的区别。 1–451

因此，在研究过往艺术时，我们应该注意到两种形式间明显的区别：仅体现传统、不经过思考的形式，以及直接表现某种要求、某种社会条件的形式。只有通过对后者的研究，才能带来实际的好处：这种好处不在于我们可以模仿这种形式，而在于它提供了一个运用法则的范例。

遵循着笛卡儿的第一条法则，就像研究先前时代各种艺术时那样，石建筑显然没理由模仿木建筑或黏土建筑的结构，我应该拒绝接受所有仅从属于传统的艺术，它们始于错误的法则，其表达偏离了真理的轨道；我也应该专心思考某些民族在根据自己的需要、习惯，以及可用的材料改造他们的建筑时，是如何赋予建筑特色的。受这样的思想指引，考古研究便对我们大有裨益，因为考古研究为我们带来了多种多样的建筑形式，就像文明与建筑手法也多种多样、各不相同。这些建筑形式让我们的智慧丰富而多面，应该让它有所用，不是运用我们看见的形式，而是运用产生这些形式的法则。如此一来，假使带着一种批判、检查的精神，对希腊艺术的研究会引领我们远离希腊人采用的建筑形式，正如现代文明与希腊文明有很大的不同。

讲到第二条准则，我却要检查一下我所评论的一个个例子。我想看看在这些例子中，不可改变、不受社会条件及使用材料影响的规则是不是不太明显。结果将表明，各部分间的和谐实际上是建立在某些几何公式的基础上，这些公式在艺术的不同阶段得以重现。我在上一讲已经论证了这一点。结果还表明，因为有着相似的需求，要抵制同样起破坏作用的代理商并且渴望制造相同的 1–452

视觉效果，彼此不曾相识的民族在几个世纪里先后采用类似的装饰线条和轮廓。通过展开最为深入的研究，继续分析，我会表明：人性是统一的，当人类的智慧接受真理的引导，其成果便有一种同一性，这种同一性会使得某些艺术形式在不同的艺术家手中得以重现，因为这些形式都是真实的，殊途同归正是真理的特点。我还将证明，作为不同条件推导出的一系列结论的结果，这些相似的结果表面上可能各不相同。下面便作出解释。

我手上有高强度的大块建筑材料，我要建的房子和材料的尺度相比却相对较小。这种情况下，我不把时间浪费在切割材料盖房子上是合乎情理的。于是，我竖起几根柱子（posts）——垂直的支撑或圆柱——在上面放置横梁（cross–beams）、过梁（lintels）、天花板（ceilings）。然而，大型建筑材料很难取出，也难搬运，更不容易塑形、归位。不管怎样，我要用它们开门窗、造柱廊。如果我要在这个柱廊后面砌堵墙——比如内殿（cella）的墙——就要想方设法弄到尺度适中的材料，要好放，锯起来不费力气。我用大块石头分隔柱廊，这样保证了柱廊稳固有佳，避免产生推力和位移。可墙体是用小石头砌的，这样更快捷简单，也够坚固。但是，这堵墙上要开门，还有角，我便用大石块做门框，另外还把一些大石块垂直置于墙角，以加固小尺度材料盖起来的部分。这样，我便严格按照最简单的静力学原理建起了一座房子，这房子符合该项目的情况，符合材料性质的要求。

下面这个项目不一样。我要建一座很大的房子，所用石材并不比上一个项目的大。问题不是如何用两三码长的过梁搭建隔间（bays），不是支撑起这些高六码或八码的过梁和天花板，也不是盖起二三十平方码的大厅；而是如何横跨 10—15 码，竖起一层层廊台，建起几个有屋顶的空间——简言之，要建一座大教堂而不是希腊神庙。显然，整个建造体系都必须有一些变化。我还是要用整块的大石料和横梁。利用整料能使小尺度材料建造的建筑结构更稳固。希腊人就是这么做的。用了这些整料，巨大的墙体可以保持垂直，抵得住沉降以及拱顶的压力。

1–453

我不能架石头横梁，也不能吊木作平顶，必须盖拱顶，而且要尽力寻找一种最接近平顶的拱顶结构，我指的是结果上而不是外观上的接近。也就是说，这种拱顶产生的推力最小，由几个既定的支撑点来承受整体重量。根据希腊建筑师的推理方法，同时采用他们的建筑手段并遵循相同的建筑法则，由于要满足的需要不同，最后的建筑结构在外观上会大相径庭。我还会采用希腊人根据不同的位置与目的采用的装饰与线脚体系。进一步看，希腊人在神庙的营造中力图支撑起整个建筑，就是说，在建筑物的外部用大尺度的材料，内部则用小尺度的；甚至让角柱向中心倾斜，让水平方向的线条中间凹陷，从而让内部承受所有压力。要盖大型建筑也应该遵循同样的法则。可是我手边的材料和建筑物的大尺寸相比显得很无力。因此，要抵消结构上外部的推力，不能靠墩柱略微的倾斜或是凹陷，而是要借助飞扶壁——拱座，也就是外部支撑体系。

将注重方法的精神引入这些建筑的研究会发现，由于条件不同，即便遵循相同的法则，建筑物的外观却会大不相同；然而，尽管结果不同，人类的创造力却以相同的方式继续，并在很多细节上采用相同的表达方式。 1–454

第三条准则解释了分类的必要性，这种分类可以是真实的，也可以是想象中的。在这一点上，我们的作者似乎指出了在制造一种建筑的过程中我们应该利用的研究的性质。考古研究中只有一种按年代次序分类的方法。当我们试图给予这种研究实际目标时，就不是这样了。这种情况下，我们搜集来的例子要按照其种类以及对不变的法则类似的应用相互联系起来。如此一来，我们会发现三种建筑：木构建筑，罗马人理解中的混凝土建筑，被希腊人发挥到极致的石块拼接建筑。混凝土建筑带来了拱顶结构及其所有结果；石块拼接建筑催生了过梁的使用。过梁是静力学最简单的表达方式。在中世纪，后两种建筑中诞生了一种混合艺术，同时体现了两者的影响。这种混合艺术力图融合两条相悖的——至少可以说不相容的法则，由此催生出一条新法则，即平衡法则。这条法则是古代建筑师不知道的，却是比此前任何法则都更适用于现代社会条件下各种迫切的需要。

至于第四条法则，无非是指出要搜集尽量多的数据，这样才能知道已经做了些什么，才能从既得经验中获益。对于已经解决的问题，我们无须花费时间；要从已达到的水平出发，这是很重要的。然而，如果建筑师未能有方法地对材料进行分类，大量纷繁的数据对他来说是很危险的。有些风格的建筑外部形式与内部结构未必一致，比如说埃及建筑。不是说无须细细研究这些形式，而是在研究的过程中应该注意到它们更适合抹灰面层的土木建筑，而非大石头组成的建筑。相反，有些建筑形式的美来自结构与外表完美的和谐，这种和谐也是它们主要的优点，比如说帝国时代的罗马建筑。这是某种建筑的特征，由此我们该警醒自己，不能将一种建筑的形式应用到另一种建筑的结构上。

经过分类，我们就能从大堆的建筑作品确定哪些形式适合哪些结构，不会混淆各种建筑风格、建筑手法以及建筑形式，以致建造出大量叫人摸不着头脑、面目可憎的当代建筑。有那么一个流派，他们多多少少厌倦了老老实实地模仿前时代各种风格的建筑，便想着能不能从所有优秀的建筑中杂糅出一种新的建筑。这可犯了一个很危险的错误。一种混合（macaronic）风格不可能成为一种新风格。采用这样一种风格只能说明建筑师无论在技能、智慧，还是学识上都没什么深度。它绝不能表现某条法则或某个理念。这种混合的作品，即便最成功的，都是孤立而贫瘠的，无法开启艺术的新时代。只有简单的法则是丰饶多产的；法则越简单，其产物便越美丽、越丰富。读者 1–455

们可以参看前面有关有机创造和脊椎动物方面的内容。在蝰蛇（adder）这样的爬行动物身上体现了非常简单的法则！然而，在蛇与人之间可以看到多少种类的变化啊！在这两种生物之间存在着多少种进化的结果啊！这些结果都是可以通过逻辑推断出来的，经过了一系列难以察觉的变化。在两根垂直支撑物上水平放置一块石头，还有比这更简单的法则吗？然而，希腊人对这么简单的法则作了多少演绎啊！罗马人寻找，或者可能是发现模制拱顶法则（即蜂窝结构）时，他们肯定是从一条简单的法则开始的。通过发展这原始概念，还有什么组合他们没得到的呢？12 世纪的法国建筑师将灵活性（elasticity）法则以及平衡法则加入混凝土拱顶法则时，他们又有什么没做成的呢？他们难道不是在不到一个世纪的时间里做到了社会条件所允许的极致吗？

如此便有了三种风格的建筑，前两种始于彼此不相容的法则，第三种为前两种增加了一条新法则。经过演绎各自的法则，三种建筑都成功地找到了自己的形式，给我们留下了清晰而富有特色的艺术样式。

如果仔细看看问题的哲学层面，我们会发现分割成各个小共和体的希腊人选择了一种最适合其社会条件的建筑风格。希腊人在人口上相对较少，而且认为自己比其他人种高一等，很排外。他们精选成员，组成了自己的社会；他们热爱形式上的美与精致。在建筑方面，自然便厌恶一切让他们流于粗俗的元素。在他们看来，建筑的壮丽不在于它的面积，不在于它的大小，而在于优秀的比例，在于纯正的施工技艺。如此一来，我们会发现，与亚洲某些国家，尤其是罗马帝国这些邻国相比，希腊人的建筑显得相对较小。

1–456

我们也发现，罗马人的社会观念与希腊人完全相反。他们擅长吸收各个民族，或是号召，或是引诱，或是强迫他们加入罗马社会，成为罗马人。受这样的观念驱使，罗马人选择了自己的建筑风格：他们似乎要为整个人类盖房子；而采取的建筑手法却是随随便便一个科隆或迦太基的工人都能漫不经心地使用的。这最符合罗马人四海为一家的精神。

如果说希腊人向罗马建筑引入了什么，那会是件衣服，而不是一条法则。这一点我们前面常常谈到。西方精神在法国巴黎——12 世纪欧洲的才智中心，有何作为呢？它向衰落的帝国传统引进了一种现代元素；它考虑到了机械的力量，根据——而且只根据材料的性质使用材料；它寻找平衡法则，以代替无生气的稳定性法则，后者是希腊罗马人唯一熟悉的法则；它研究了如何节约材料，如何提高人的劳动效率；它认可在整体与主要特点统一的前提下，局部细节可以变化多样——也就是在规整中见个性；同样，在建筑构思统一的前提下，允许自由使用施工方法。在革新精神的驱动之下，这一精神与传统决裂，渴望征服材料。很快，它便细细研究田野里的植物，在其中找到装饰自己建筑物的东西。它让一座基督教建筑成了一部通过眼睛教导大众的百科全书。通过一边观察一边实验，西方精神在建筑上完成了罗杰·培根（Roger Bacon）在科学领域企图成就的东西——一场真正的革命。每竖起一幢房子都是向着努力目标又前进了一步。经过不断前进，很快，它便达到了可用的材料元素允许的极致。

如果当时的艺术家有我们现在的物质条件和手段，他们又将会做出些什么呢？如果我们能继往开来，以他们的终点为起点，从他们认识到的法则出发，而不是对所有艺术浅尝辄止，对艺术的法则不予深究，我们又有什么做不到的呢？我们在建筑领域对古人的权威俯首帖耳，就像 13 世纪在哲学上不假思索地臣服于亚里士多德的地位那样，那会儿人们甚至根本没有真正了解亚里士多德。我们不可无视这一事实。来听听僧人罗杰·培根在 1267 年就盲目膜拜大师的权威说了些什么吧：

1–457

"不到半世纪前，人们怀疑亚里士多德对上帝不恭，学术界宣布他是危险分子。今天，他竟然被抬高到了至高无上的地位！他凭什么一跃变得如此了不起？他博学，他们说。即便如此，他也不可能无所不知。亚里士多德只是做了他那个时代能做到的一切，并没有达到智慧的极限……'可是'，学术界说，'我们必须尊重古人'！毫无疑问！古人当然要尊重，我们应该感激他们铺好的路；但也不能忘记古人也是人，也会不止一次地犯错；事实上，人越古，错越多，因为最年轻的实际上是最年长的：现代人应该在智力上超越前人，因为他们承继了过往人类的劳动成果。"[1]

这席话不正适合今天的学院派吗？他们不断想让我们忘记中世纪所教给我们的东西。罗杰·培根，这位 13 世纪的僧人，这位当时的艺术家最可敬的对手，在他的《第三著作》（*Opus tertium*）[2] 中痛骂教条的成规，他说道——

"我称之为实验科学，要与辩论区分开来；因为只要结论没有经过实验检验，最强劲有力的辩论也证明不了什么。"

"实验科学不是从其他更高等的科学那里接收真理；实验科学才是主人，其他科学是仆人。"

"她有权对所有其他科学发号施令，因为只有她能证明结果，认可结果。"

"因此，实验科学是科学王后，是所有猜想的目标。"

更有[3]："所有调查研究都应该采用最好的方法。一个好方法在于它能按照一门科学各部分的必然顺序研究它们，在于将真正应该摆在第一位的放在首要位置，从笼统到具体，先易后难，从简入繁。此外，考虑到生命短暂，应该选择研究最有用的题材。最后必须清晰明确地进行阐述，不可模棱两可，含糊不清。然而，如果不经过实验检验，这些都是不可能的。我们有各种获

1–458

1　《哲学概要》（*Compendium philosophioe*）第一章。

2　杜埃手抄本（*Douai manuscript*）。

3　第十三章。

取知识的方法：权威，推理以及实验论证。但如果不解释其理据，权威就毫无价值。权威不让我们理解，只让我们相信。它让思想感到敬畏，却不曾启迪思想。至于推理，我们可以通过实验和实践检验其结论，从而区分开诡辩和论证。”

这便是中世纪人们的推理。他们建起的大厦，我们在今天仍不时为之称道，但却知之甚少。罗杰·培根用以上数行文字总结了建筑世俗流派的法则——方法，检查，实验；这一流派是在前一次罗马风艺术传统的基础上出现的；整个罗杰·培根体系都包含在这三个词之中。

让我们回到笛卡儿的准则上来："某事物若非显而易见而且得到大家认可，不可当它是真的。"假如这条准则对哲学适用，那么对于像建筑这样的一门艺术就更适用了。建筑艺术建立在物理定律或纯数学定律基础上。一间大厅，既长又宽，而且还很高，它用来采光的窗户理应比一间普通房间的窗户大。这是对的，反之就是错的。拱券或柱子支撑起的长廊是用来挡风遮雨的，其高度与宽度就应该能提供足够的空间以抵挡空气的能量。这是对的，反之就是错的。门应该是供人出入建筑物的，它的宽度应该能容得下不同数量的人进出；不管人有多少，高度上总不会超过 7 英尺；即便是拿着长矛，举着横幅、旗子，顶着华盖，也不需要五六码高的门，做一扇宽 5 码高 10 码的门是很不合理的。这是对的。柱子是起支撑作用的，不像雕带或蔓藤花纹是用来装饰的；所以我就不能理解如果不需要柱子，为什么要用柱子布置外立面。这是对的。做飞檐的目的是让水能远离墙面；因此，如果你在建筑物内部做一个外凸的飞檐，我只会说这毫无意义。这是对的。想要抵达建筑物的上层，楼梯是必需的；楼梯只是通道，可不是休息的地方，这是对的。如果太过强调它，让楼梯看起来比寓所还重要，那你可能会造出一段很雄伟的台阶，只是这么做很荒谬。支撑物与被支撑物应该成比例，这是对的；假如砌了一堵两三码厚的墙或墩柱，而它支撑的顶只需要一堵一码厚的墙就能轻松支起，那你干的活可是情理上说不通的，还浪费了不少昂贵的材料；我既没办法理解也看得不舒服。拱券该由扶壁撑住，当然扶壁的形式无所谓；然而，如果没有什么压力需要抵挡，那么，做外凸承重的柱子，做扶壁，都是错误的。这种关于对错的排比无需继续下去了。即便对建筑艺术不熟悉的人也看得出来这样的推理方法简单有力。用这样的方法，回看各个时代的建筑——古代的，中世纪的，现代的，其各自真正的价值便轻而易见了。我们会发现希腊人（要考虑到他们的社会条件以及气候条件）忠于原始法则——这些法则完全来自良好的判断力；罗马人时常偏离这些法则；12 世纪、13 世纪法国流派的世俗建筑师们严格地遵守着，而我们几乎抛弃了这些法则。因此，我们可以根据第一条准则对不同风格的建筑及对历史建筑的研究进行分类。该准则是以建筑要求的真实表达和结构需要为基础的。故

1–459

而，庞贝古城一座不起眼的小房子，一道城门，一座喷泉或是一口井，艺术价值有时甚至超过一座宫殿。如此这般将正确与错误分开，便能识别先人采用的不同表达方式，当然，前提是经过充分研究。就建筑而言，仅有真理并不足以做出优秀的作品，还必须给真理一个优美的形式，至少给它一个恰当的形式。要知道如何清晰地呈现真理，如何合适地表达它。在艺术领域，尽管进行了最严格、最合逻辑的推理，做出来的东西仍然常常晦涩难懂，令人讨厌，有时甚至很丑陋。虽然基于最为正确的理性建立起来的概念会生产出叫人厌恶的作品，可是，如果没有以理性为基础的多条恒定法则的同时作用，不可能得到真正的美。我们会发现，一件绝对美的作品总会遵照某条严格符合逻辑的法则。

前面我们首先根据笛卡儿的这条基本法则展开讨论研究，现在来看看他的第二条法则。笛卡儿说，"尽可能地把我调查的每个问题分成许多小部分，或者按照获得全面的解决方法所需将其分成若干部分。"这里，我们仍是在进 1–460 行思辨研究，将分析推向极致。仔细看看古代建筑，我们会发现那是些已经完工的完整作品，由多个部分组建而成。如果要理解各个部分，我们就必须按照建筑营造的相反顺序进行研究。古代建筑师们从一个原始构想开始，最后完成形式；从可用的方案和手段着手，最后产生结果。我们则必须从最后的结果出发，然后逐个弄清建筑的设计、方案以及使用的手段。首先吸引我们注意力的是外在显而易见的结果，内在隐藏的方法和理性则决定了建筑的形式。因此，我们要如实分解建筑物，以便核实内在方法、理性与外在结果之间的关系。这第二部分的研究内容很长，费时费力，叫人厌烦，对于想学习设计、学习创造的人来说却是最佳锻炼。要综合，先要分析。越是复杂的文明，其建筑构思与建筑施工的根源隐藏得就越深，而正是根源的东西确保了建筑的永久性。分析一座古希腊神庙只需几天时间，而分析一座罗马浴场的大厅就不一样了，分析一座法国教堂的大厅更不一样。从古典时期最简单的作品分析开始我们的研究，这倒是件叫人愉快的事情。不过我们可不能止步于此，而是要继续分析更完整的作品，学习前辈建筑师如何解决越来越广泛的问题，为无数细枝末节所累，困难重重；如何让建筑物拥有——如果我可以这么表达的话，越发精致、越发复杂的有机体。

总是将建筑师的学习内容局限于古典遗存（有的甚至失去了完整的建筑形态），或是多少有些成功的对这些遗存的模仿作品，不是 19 世纪建筑师获得被要求的各种东西的方法。对于发展新法则新方法而做出的长久努力，最好要纳入考虑。人类劳动更像是一个以逻辑顺序连接而成的链条。

第三条准则向我们介绍了法则的运用。它的意思是，"要遵循某种思维顺序，从最简单、最易理解的开始，进而一步步慢慢进阶到最为复杂的知识。即便没有自然连续的顺序出现，也要假设一个顺序。"如果我们进行从 1–461

复杂到简单的分析，也就是从整体作品，从外在显见的结果到产生这一结果的手段和原因，那我们自己按正常顺序设计时就会将要考虑的根本性问题放在优先位置，同时也对会产生什么结果心中有数。建筑上决定其他一切的基本因素无非是方案设计以及执行方案所用的物质手段。方案仅仅是需求的表述。至于执行手段，则各有不同：可能是有限的几种，也可能很广泛。不管是什么样的手段，我们都要了解，而且要考虑到。同样的方案，由于位置、材料及手边资源不同，所用的手段也不同。比方说在不同的地方盖一座能容纳两千人的大型集会大堂。在 A 处，我们有高品质的材料，有一笔可观的资金可用；有坚固耐磨的石头——大理石或者花岗石。在 B 处，只有砖头和木材，资源极为有限。这两座大厅的表面面积是否应该相同呢？当然相同，因为无论在 A 点还是在 B 点都要容纳两千人。那外表看起来是否应该一样呢？当然不一样，因为在两处我们可用的手段不同。如此一来，根据同样的方案，我们必须采用两种截然不同的建筑方法，因为如果手边只有砖头和木材，像是杉木或者松木，却想通过灰泥和涂料模仿石头建筑，比如大理石建筑，那我们对艺术的运用就太差劲了。有方案可依，也定了结构，这还不足以做出艺术作品，还需要有形式。方案和结构都会对形式产生影响。不过，即便严谨地遵照前者，也重视后者，我们仍然会采用多样的形式。哪种最适合我们的文明呢？很可能是最灵活最具可塑性的那种；最适合我们过度复杂的生活中无限变化的细节的那种。到哪可以找到这种满足我们急需的形式呢？就算找不到模型，至少也找到这种形式的先例吧！会在古希腊建筑中吗？抑或古罗马建筑？应该还是后者。或许你会问，我们用铁做材料，怎么能以古罗马作为起点呢？不是应该选择中世纪世俗流派的作品吗？该流派的艺术家不是应该能预感到大批量制造的产品、机械科学、多样的长距离运输手段为我们带来的资源吗？最近建成的圣热内维芙图书馆和 17 世纪初烧毁、位于巴黎的宫殿大厅之间不是有紧密联系吗？现代大厅的古典特色为整个建筑作品增色了吗？难道不会因为杂糅了格格不入的元素，又结合从相反法则发展起来的形式，损害建筑的统一性吗？

1–462

运用笛卡儿的第三条准则，满足了方案要求，定下了结构，在由简入繁的过程中还要做些什么呢？首先，要在一开始就弄清建筑材料的性质；其次，按照建筑结果需要，赋予这些材料一定的功能与强度，以及恰当表达其功能与强度的形式；再次，在表达时，必须遵循和谐统一的原则，也就是说，要采用一种比率，一种比例体系，一种装饰风格，三者皆与结构要达到的目标相关，且具有一定具体的含义。此外，还必须具备建筑要求的多样性暗含的变化。

那么，对所用建筑材料的了解意味着什么呢？该了解某种石头是否防冻？是否能抵抗一定的压力？是要了解锻铁（wrought-iron）张力大，而铸铁

(cast-iron) 硬度大？是的，当然要了解这些，但远不止这些。要了解在不同条件下运用这些材料产生的效果；一块竖直摆放的石头，或一座周围有单列柱子的殿堂和多层建筑在眼睛看来有不同含义；石板表面与小石头镶嵌而成的面层会产生不一样的效果。拱背石（etradossed stones）组成的拱券和凹口拱石（notched voussoirs）做的拱券看上去也截然不同。拼接而成的过梁看起来不如用单块巨石建成的过梁牢固。同心圆做成的拱门饰与单个圆拱门饰即便所处位置差不多，特质也不一样，给人留下的印象也不尽相同。希腊罗马那种完全紧密砌合的石作适用的形式不适合接口处有一道砂浆的石作。3 块带线脚的石头按需要做成门框或者窗框，周围是一堵灰泥墙，最后的建筑形式人们可以理解，效果很好；不过，如果是水平方向的石作层拼合做框，就有违人们的理解力和眼睛的审美需求了。同样，石头拼合与各种建筑构件不同，其基底不是直接置于腰线、柱础或底座线脚之上或之下，会破坏设计该有的效果。赋予建筑材料适合其建筑目的的功能与承重，以及最能表达其功能与强度的形式，这是设计中非常重要的一点。倘若知道如何根据目的运用材料，我们便能让最简单的结构拥有一种特别的风格，变得与众不同。这样一来，墙上一组简单的石头也能成为艺术表达。一根圆柱或者一根柱子，若其形状充分考虑了材料对于其需要支撑之物的承受力，看起来就不会不顺眼。同样，柱头的轮廓若充分考虑了置于其上的东西以及它的功能，形式总会很美观。有的托臂形式不清，能承受的力量看不出来，有的则很清晰地表达其目的，后者的效果会更好。表达某个方案的各种要求时，采用和谐统一的原则，也就是说，采用一种和结构目的相和谐的比率、比例体系以及装饰风格，既有意义，又展现了多样性，符合建筑要求的多样性特征。在建筑设计中，艺术家的智慧正是这样发展起来的。满足了建筑方案的条件，也决定了建造体系；在方法上运用正确的推理，使得我们既不会做过，也不会做得太少，给每种材料合适的功能，形状，或者说，适合其特点与用处的形式，然后，我们要找到那些和谐统一的准则，这些准则对每件艺术作品起了决定作用。几乎所有 16 世纪以来的建筑师正是触到了这块礁石而沉船的：或者为了采用对称却不合理的形式，而牺牲方案要求，牺牲对材料明智的运用；或者能正确地运用材料，满足方案的要求，却不知道如何让建筑外表有一种统一性，构思上有一种整体性（*oneness*）。自那个时代以来，第一条缺点最普遍，建筑师们也最不注意。17 世纪末的建筑被过度赞扬，艺术上基本仍处于上升期，它为我们提供了这个该受谴责的体系最为夸张的样本。从没有哪个时代、哪个国家像路易十四时期这般痴迷于对称——那时称为布局（ordonnance）。统治者的疯狂让每个人都为之让路。路易十四还找了一位二流的建筑师。这个人自视甚高，占着艺术家的名头，竭尽所能地迎合路易十四各种心血来潮的想法，在各种场合奉承吹捧他单调浮华的品味，只顾自己的兴趣，扼杀了法国

1–463

1–464

建筑最后仅有的一点原创性。[1] 由阿杜安·孟莎（我们刚刚说到的二流艺术家）建造的克莱尼城堡最能体现建筑上如何失去好眼光与高格调，而在路易十四统治时期，该城堡被尊称为杰作。必须承认它的方案很好，排列布局也宜人，只是建筑师帮它穿上了一件对称建筑的外衣，毁了这个建筑方案。从外部看，右侧的大长廊和左侧相同，而后者只设了卧室和储物室。从为了照亮衣橱而设的窗户往下看是庭院，这个窗子外形上和背面的窗户一样，后者可是用来照亮会客大厅的。小礼拜堂的立面重复了浴室的立面，两者都作为附属建筑。更为可笑的是，培育橘子的温室（orangery）竟然复制了对面仆人房间的样子。方案的要求是得到了满足，不过为了对称做了多罕见的让步啊。在那个时候，对称被称认为是尊贵的布局。一楼的问题更大，建筑雄伟的风格让室内布置变得很不方便。隐匿于建筑主体中的楼梯间很小，光线不足，用起来也不方便。中央大厅无疑阻断了建筑两翼之间的交通联系；隔墙与窗户相交，壁柱与壁柱在没有室内空间划分的地方相遇。我用这座城堡做例子。不过，那个时期大部分王公贵族的宅邸都好不到哪去，完全由建筑需求决定、与建筑外形极不协调的布局随处可见。当然，无论是被誉为杰出建筑师的古希腊古罗马人还是中世纪人都不会使用这种方法。古人的别墅（*villæ*）以及 16 世纪前的法国城堡证明了这一点。16 世纪以来，建筑作品的统一性是以违背建筑方案以及建造方法为前提的。偶尔有建筑师试图从对称的独裁下解放出来却又变得

1–465

---

1 圣西蒙（Saint–Simon）讲述的一件奇闻轶事说明了此点，值得引起注意。这件事将为我们展示了路易十四对建筑的品味，……国王对自己的建筑十分感兴趣，就我们所见，他对精确度，比例和对称颇有眼力，却缺乏相应的品味。这个城堡（特里亚农）（Trianon）差点没盖起来，因为当时国王发现一楼刚刚建好的窗户上有问题。卢瓦（Louvois），天生就是个粗暴之人，而且，被他主人宠得容不得对他的任何指责，断然坚持说窗户没有问题。国王转身走开去看房屋的另一个部分。

第二天他碰到杰出的建筑师勒诺特（Le Nôtre）。勒诺特因其在园林方面的品味闻名于世。当时他已将园林引入法国，并将其发挥至极致。国王问他是否去过特里亚农，他说没有。国王向他解释是什么事让他恼火，并让勒诺特去特里亚农。第二天，国王又问了同样的问题，得到的答案是一样的；第三天还是一样：实际上，国王意识到自己没有勇气面对自己错了，或发现卢瓦错误的事实。他很生气，命令勒诺特第二天必须出现在特里亚农，届时国王本人会在那里，卢瓦也会在场：不可能逃脱。

第二天，国王在特里亚农见到了两个人。他们谈到了窗户。卢瓦坚持自己的说法：勒诺特一句话没说。最后，国王命令他拿出绳子测量，然后报告结果。他正忙着的时候，卢瓦被这种仔细的勘察惹火了，大发雷霆，厉声坚持这扇窗户和其他的并无二致。国王安静地等待结果，但他很恼火。检测完全结束时，他问勒诺特查到了什么，勒诺特的回答结结巴巴。国王大怒，命令他直接说个结果。勒诺特于是承认国王是对的，并说他发现有问题。勒诺特还没刚说完，国王就转向卢瓦，说他顽固得令人难以容忍，说要不是他自己如此坚持，这房子早就毁了。还说建好的东西都必须得拆除。一句话，他狠狠地说了他一番。朝臣，工匠和仆人都看到了这一幕，卢瓦被这一番斥责激怒，气呼呼地回了家。圣普瓦日（Saint–Pouange），维拉赛尔夫（Villacerf），诺让骑士（Chevalier de Nogent），蒂亚代（Tilladets）和他其他几个的好朋友，看到他这种情况都很震惊。"我现在全完了，"他说，"我和国王闹翻了。就一个窗户他居然那样对我，我只有发动战争了，或许还能转移他的注意力，不再盯着这房子，也许还可以让我成为对他有用的人。通过——必须对他发起战争。实际上，几个月后他确实履行了自己的诺言。不管国王和其他当权者怎样，他发起了一场全面的战争。尽管有大量武器装备，却没有打到法国境外，在境内就把法国给毁了，而且产生了很多丢人的后果。

我乐于承认圣西蒙看到的并不十分可靠，他不喜欢路易十四，那扇窗户也不是战争（里斯维克和约（the Peace of Ryswick）结束了该战争）爆发的主要原因，但这件轶事却十分典型。

鄙视形式起来；规则的缺失代替了绝对、不合理的规则。如果他们采用的法则无法将艺术从这种独裁下拯救出来，企图创新也同样错误。面对强权无理的统治，如果不知道如何守卫自己，也没有资格进行自我管理。现代建筑中，统一就意味着单调的一致；想要避开后者，只会带来秩序的紊乱。不管怎样，我重复一遍，古代以及中世纪艺术家都遵循统一性的法则，但不至于追求同一性。尽管根据大概的特点和微小的细节能很容易地识别建筑所属的时代，每幢建筑的方案要求和施工手法也可能相差无几，但它们都有自己独有的外形特征。如果考古研究只是让我们初步了解了过去从古希腊到文艺复兴时期每种建筑风格的逻辑形式，对于习惯根据时代的流行时尚和反复无常杂糅各种格格不入的形式的我们来说，也可算是帮了大忙。 1–466

"这条关于和谐统一的法则出现在方案的各种要求的表达中"，它既不是对称也不是重复一致；更不是未经消化的各种风格与形式的混合体，对于这种混合人们无法给出合理的解释，即便混合得很有技巧；它首先是严格遵循某种比率（scale)。比率是什么呢？比率是各部分和整体的关系。古希腊人采用相对统一而不是绝对统一的比率，称之为模数。这在研究希腊神庙中很明显。在私人住宅中，希腊人牢记的当然是绝对比率，即人类的身高。比率既然被视为相对的，又是模数，即各部分的统一（component unity)，每幢建筑部分与整体之间便建立起一种和谐的关系。[1]希腊的庙宇，大体上说，不过是放大镜下的小建筑。部分与整体，无论是在小庙还是在大寺中，都维持着同样协调的关系；如果建筑仅由柱式构成，这倒是非常合逻辑的方法。和希腊人相比，罗马人要满足的方案要求范围更广，也更为复杂。他们在建筑中采用绝对比率，也就是一种永恒不变的统一，不是以人类身高作为这种不变的统一，而是从布局着手。在他们的宏大建筑中，总用一种小型柱式作为比率，来表现整体的实际尺度。通常，这种小型柱式除了能让观众通过对比欣赏建筑主体的宏伟之外，别无他用。罗马戴克里先大浴场的外墙就是个例子。罗马人的建筑里，不管是内墙还是外墙，都有为数众多的壁龛，连同其内的雕塑，远不是单纯的装饰；这一细节和绝对比率有关，是用来暗示建筑实际尺度的。 1–467

对于拜占庭的建筑师们来说，不管建筑的大小如何，支柱就是衡量单位。支柱变化较少，尺度固定，可以辨别，因此经常作为比较的对象，让我们能理解欣赏主体结构的体量以及空缺的重要性。中世纪法国建筑师唯一认可的衡量单位是人，建筑的所有部分都和人的身高有关（这一点在其他地方已经得到证明[2])，这条法则必然使整体统一；同时它还有一个优点，就是眼睛能看到建筑的实际尺度，因为比较的视角是人类自己。

1　关于这一主题，或许可以让我提到一篇收录在《法国建筑辞典》中的文章"比例"（ÉCHELLE)，文中对古典时期和中世纪时期的体系进行了比较。

2　参见拉索先生（M. Lassus）在《考古年鉴》（*Annales Archeologique*）第二册；《艺术和考古学》（*De l'art et de l'archeologie*），以及先前提到的《法国建筑全书》中的文章。

如果在以人为衡量单位的同时，像古典时期以及中世纪[1]建筑师那样运用一套几何比例系统，那就结合了两种设计元素，使得我们可以在真实地表达尺度的同时建立起各部分和谐的关系。这样，我们就在古希腊系统上又进了一步，希腊人只引入了模数，未采用永恒衡量单位。既然如此，我们何不运用中世纪艺术家赋予我们的这一资源呢？

装饰是建筑设计中一个非常重要的部分。古典艺术鼎盛时期的装饰无非是对完工的建筑主体进行修饰而已。古人采用两种方法装饰。第一种的主要特点是不违法已采用的形式，而是用颜色丰富的布褶子遮盖原来的形式：这是埃及人的装饰方法。他们的装饰中（雕塑除外）不会出现凸出的轮廓，比如浮雕，而是满足于用刺绣或有花纹的布匹包裹住几何形体。另一种则完全相反，独立于建筑形体而存在。它常作为建筑形体的附加物或用在形体上，通过外凸的部分修饰形体独特的形状。这种装饰就不再是铺在形体上的布褶子，而是花卉，树叶，浮雕装饰，是从植物王国动物王国借鉴而来的设计。从埃及、亚洲的建筑装饰（无非是用些织物覆盖建筑）发展而来的希腊设计从这些例子中汲取了很多经验。凭着自己在艺术方面的判断力（常常是正确的），他们觉得这种装饰无论多么依附于建筑形体，却总试图背离它，试图摧毁建筑的特点。因此他们很快放弃了这种方法，将雕塑装饰作为形体附加的配件，独立形体存在，让形体保留自身的纯粹性。他们是多么认真审慎地运用雕塑装饰的啊！我们看到成排的珍珠、鸡蛋、水花，沿着檐口水平方向展开；有时是镶着金属的浅浮雕，嵌在建筑坚硬的线条里；后来他们又设计出了科林斯柱头，这种柱头梁托部分饰满了莨菪叶、白芷秆、茴香叶。这一嫁接装饰体系很自然地被罗马人接受，很适合他们爱表现的性格；罗马人将其发挥到极致，他们采用大量的树叶、花环、蔓藤花纹、象征性装饰，使建筑形体淹没其中。拜占庭建筑师则在两者之间来了个折中，不过也很显然倾向于不走样地将建筑形体包裹起来。在他们的作品中可以看出亚洲建筑产生的深远影响。在被称为“阿拉伯建筑”的建筑中，遮盖的原则再次流行。我们知道 12 世纪末法国已经弃用这一原则。我们发现那时建筑上雕塑装饰就像是钉在上面似的；而且都是采自当地植物。不过它从不和建筑形体相冲突；相反，它凸显出了形体，仔细研究巴黎大教堂内部的柱子就能证明这一点。无论在哪种建筑中（其中也包括希腊建筑），和形体紧密联系的装饰都会比加在形体之上的装饰更好。这种装饰不会使建筑变样，只会让其显得更有活力。

1–468

在建筑设计中企图中和上述两种装饰方法，也就是说，对建筑形体的一部分进行表面修饰，另一部分则追加些装饰。这样做有损建筑统一性，会让两种方法彼此伤害。

“最后，”笛卡儿说，“在各个领域就所探究问题全面列举各种情况，全面

---

1 参见上一讲。

复查，确保没有任何疏忽。”这对一般的研究有指导意义，对建筑设计而言更是如此；因为在考虑方案、达到的要求以及可用手段的过程中进行“全面复查”是很有好处的。合适地安排好一幢公共建筑或私人住宅的各种设施，并定下 1–469 合适的朝向，做到这些不够，还要让各部分之间有某种联系：这些设施必须有一个主导的理念；必须根据材料的特质正确运用材料，无论是软硬还是结实程度都适中；材料的形式必须能说明它们的功能；石头要像石头，木头要像木头，铁要像铁。除了材料采用的形式上适合其性质之外，各材料间还应该彼此和谐。这对罗马人来说很容易，因为他们用碎石做材料，采用砖块或大理石饰面。对我们来说，就很难了。因为我们用的建筑材料性质不同，有时甚至完全相反；针对不同的材质，要做不同的外形。因此，如果想超越前人，至少不落在他们后面，“全面列举”前时代（尤其是中世纪）的各种做法很有用，那些人似乎有先知先觉，知道我们这个时代会用什么样的工具。在中世纪法国世俗流派发展的初级阶段，建筑师的作品有完整的内在统一性，建筑要求、建筑手段、建筑形式之间有紧密的联系；我们的社会提出了复杂的要求，给出了很多难题，而中世纪的建筑作品为解决这些难题提供了如此丰富的资源，以至于我们不可能找到比这更能促进我们完成任务的先例了。现如今，我们的要求越发复杂，我们的资源越发广泛，除了一些关于运用永恒的逻辑推导出来的简单法则方面有价值的教示，试图在古希腊古罗马的优秀建筑中找到其他东西，试图复制、仿造这些法则所表达出来的形式，或者从这些形式中得到什么理念，都无端地让我们明显变得更加粗俗。在 17 世纪，人们对罗马建筑怀有高涨的热情，为了做成罗马式样，任何可以想见的不便都可以容忍。只要不妨碍罗马艺术，只要让它有自由的发展空间，住得不舒服人们也心甘情愿。无论这种热情如何有欠思考，无论其表达多么平庸，它体现了一种信仰，值得尊敬。然而，毋庸置疑，和路易十四时期相比，当代对于艺术多了一份怀疑。我们不再迷信古希腊古罗马建筑，不会为它牺牲舒适与方便，哪怕是一点点舒适，一点点方便。那么，那些被不断复制，而且是被拙劣复制的古典形式 1–470 对我们而言有何用处呢？和我们有什么关系呢？这些形式让我们的艺术家感到尴尬，也无法改造得适应现代需要，对公众没什么好处，而且造价不菲；在我们采用的现代布局安排中，这些形式显得很奇怪，总是有违我们的建筑习惯和建筑方法。那为什么还坚持保留它们，错用它们呢？如此花费巨资来重造这些形式，我们对这种行为无法给出合理的解释。是为了取悦谁呢？取悦公众？公众并不喜欢这些形式，也很少为此费神。取悦巴黎 20 人左右的小圈子？那为了这少数人的快乐我们可付出了高昂的代价。出于对艺术的尊重才这么做？那是对什么艺术的尊重呢？那是一种错误的艺术，一种扭曲的艺术，就像一种没人懂的语言，不再服从自身规则。出于对艺术的尊重，为了保留永恒的美，在原址受损被毁的情况下，我们用大理石在巴黎的蒙马特尔小心翼翼地建起一座帕特农神庙的精准复制品，这样做我能理解。这件复制品就像一座博物馆，让一个古代文本永垂不朽。可是，在一座火车站的一楼竖些希腊多立克式柱子，与罗马式的拱券结合，用巴黎的抹灰或砂浆填砖缝，用质地较软的石头作材料，装上拼接的过梁；以这样奇怪的方式传承古代艺术有什么道理？有什么用处？有什么意义？有什么目的？与其说这是对艺术的尊敬，不如说是对艺术的鄙夷。在仓库的墙上刻几句荷马诗行，这么做让谁高兴呢？

只有下定决心坚持不懈，只有了解过去作品的相对价值，然后"在各个领域就所探究问题全面列举各种情况，全面复查，确保没有任何疏忽"，只有当我们有十足充分的理由反对外行的异想天开时（良好的判断力总能更长远地占上风），我们才能有自己的建筑。

即便剥夺了我们用来制造属于自己建筑的唯一手段的人也疾呼，要找到属于我们时代的建筑。要做到这一点，就让我们充分地检查自己的方法，检查我们的建筑惯用的形式，并且和古典建筑的方法、形式进行比较，看看我们是否身在正轨，是否无须从头来过。

1–471 古希腊建筑我就不谈了。古希腊建筑的某些特色未加区分地被用在我们的现代建筑上没什么目的，那些现代建筑和希腊建筑也没什么关系。我就说说罗马帝国的建筑吧。古罗马建筑是 17 世纪以来唯一对我们的建筑设计起启发作用、在某些特殊情况下，唯一能提供实际范例的建筑。分析研究古罗马建筑时，比如竞技场、公共浴场、宫殿、剧院等，首先让我吃惊的是其强而有力、设计合理的结构。这些结构是一群实用为上的人设计的。这些结构包括些什么呢？大量的粗石作构成了极度同质的混凝土建筑主体，其前面或者下面是装饰过、拼接起来的石作。竞技场就是这样。竞技场这个例子中，石作是一个外罩，给主体结构提供支撑，后者才是建筑真正的核心。砂浆牢牢地将石子、砖块、粗石黏合起来，一点儿石灰的痕迹都找不到。罗马建筑展现了两种独特的建筑方法：一种由捣实黏土建筑发展而来，像是大片凝灰岩里挖了几个洞；另一种将这种蜂窝主体包裹起来，源自伊特鲁里亚和希腊的拼合石作。尽管罗马人没什么艺术细胞，他们却从来没有混淆过这两套体系；这两套体系或是成对出现，或是结合在一起，却总保有适合自己的特质。竞技场只是凝固后的毛石蜂巢结构，料石工程给它支撑，将它包裹起来，覆盖起来，连接得很紧密，看不出砂浆。石头支撑与外层选用的是适合料石（dressed stone）的形式，而毛石则习惯采用适合铸件（casting）的形式。

这样的混合体系并不是一直被采用。像戴克里先浴场、安托尼努斯·卡拉卡拉浴场、罗马君士坦丁巴西利卡，整个建筑是毛石做成，表层铺了一层砖；就是一幢独立的大楼，被人们用不同方式掏空，建筑师再覆之以大理石板，彩色灰泥，马赛克（不考虑建造）。有时，加工后的结实材料表示一个结构，成为建筑重要的组成部分，像是整块的花岗岩或大理石做的大柱子，起拱点下面牢牢建起来的大理石柱顶盘，这些结构看上去是增加了稳固性，实际上是使这些粗糙且无生气的大量毛石更加坚硬。罗马人会给一座拱顶大厅做截面 8 平方码的毛石墩柱，还用花岗石支柱支撑它，倘若用加工后的石头做墩柱，他们就不会愚蠢到做相同面积的切面了。他们也不会用整块花岗岩支柱支撑这样的墩柱；因为是石头一道道建起来的，连接得又很紧密，所以不用担心沉降问题。这些罗马人掌握着已知世界的经济来源,从来不做无谓的开销，从来不胡乱浪费材料，凡他们用的材料都用得很好。假使要盖一幢木顶的巴西利卡，他们会用整块花岗岩做大圆柱，将圆柱竖在大理石基座上，圆柱顶部再放大理石柱头和过梁；不过他们不会浪费时间金钱用加工后的石头为下面的柱廊砌一面墙，或者在过梁上方用砖块做减重拱；而是会用未经加工的石头或砖块做墙，里外的表层或是用大理石板覆盖或是涂上灰泥。如果手边既没有大理石也没有硬度大的石头，他们会采用另一种方法：或者建一座没有侧廊的巴西利卡，或者不用圆柱，改用砖块或毛石做的方形墩柱，顶上同样用砖块做拱券。 1–472

罗马建筑的主要优点就在于对材料的正确使用，这一点无可争议。罗马建筑总是展现出一种力量和智慧。那些壮观的遗迹给人们留下的深刻印象一方面源于罗马人合理的推理，另一方面源于建造者构思的伟大。

无可否认，16 世纪缔造了一些建筑神话，很有吸引力；路易十四时期的建筑既不缺庄严也不少宏伟；但并不是必须回归当时的艺术和艺术表达，我们才能成功地组成 19 世纪建筑。想要在艺术上有什么创新，我们只要关注法则，然后用一种严谨的方法将过去的作品分类，理解各个作品的相对价值；故而，我们对过去那些作品都要十分熟稔，并且不带任何偏见，不带任何个人喜好地去研究作品；我们要把学派的偏见弃之一旁，那些偏见毁了我们的艺术，是为某个小圈子的利益服务的。这个小圈子企图通过盲目服从某些教条来维持其主导地位，而对于这些教条，他们甚至不做解释。我知道，在时间的长河里，我们最后总能跨越这些死气沉沉的障碍，它们阻碍了知识的进步，阻碍了对过去合理公正的分析。然而，在过去的二十五年里，我们看到多少年轻的艺术家漫无目的地努力着，没做什么实用的成果，就这么浪费自己的宝贵年华！倘若一小部分更顺从、更幸运、更被大家喜欢的人占了高位，他们会做出些什么来呢？无非是些苍白无力的模仿，混乱的过往经验编纂，掩盖了大量细节之下创造性的贫乏以及思想的缺失。对于公众来说，结果是造出的大楼用起来很不方便，需要没有得到表达，没有满足；既没有响应公众的才智，也不符合他们的品味；耗费的巨资令人咋舌，不会让他们印象深刻。 1–473

我们法国人有自己的缺点；却也有些好的品质。我们很讲逻辑，很实际，特别喜欢变化，喜欢多样性。我们类似官方的建筑完全不讲逻辑，一点也不实际，常常追求同一性，并认为那是美的一种元素。在建筑中，严肃的密涅瓦（Minerva）似乎让位给了无聊（Ennui）女神，为了真正的古典，我们必须向苍白黯淡的神性让步。无论建筑要求是什么，建筑的立面总是对称的，上百次地复制相同的圆柱，相同的柱头，相同的窗户，相同的横梁，相同的拱廊，相同的中楣，长度将近 1 英里。

建筑师可以把这当作是一种优点；游手好闲的人看到对同一模型的不断重复可以凝视良久，惊叹不已；可是，不可否认，公众——街上、休息场所无处不在的聪明活跃的伟大公众，穿过这长达数英里的单调乏味的建筑时，会感到厌倦，会热切盼望在太多完美的古典作品中有一些插曲。要注意，没什么比古典时期希腊罗马人的城镇建筑更好看更多样的了。我们自己对多样性和新奇性的喜爱在中世纪和文艺复兴时期得以满足。直到路易十四统治以后，古老的传统才被单调乏味的体系代替，并称后者更豪华更气派。如果说豪华气派在这位伟大国王吹毛求疵的政权下显得很合适，它和我们 19 世纪的风俗可一点儿关系也没有，也根本不符合我们的品味。我们已经不再戴长长的假发，也不再用阿朗松蕾丝（Alencon lace）花边装饰马裤。无论是公共场所还是私人场所，我们都习惯以舒适卫生为主，这和浮夸之风，无理的自命不凡格格不入，和那些毫无道理地向其他历史时期借用的建筑形式也不和谐，这些建筑形式常常出现在王宫或豪华的宅邸。 1–474

如果我们想拥有属于我们这个时期的建筑，首先要立下规定，只能在我们自己的社会中寻找我们自己的形式和布局。我们的建筑师要非常了解前人在类似的情形下造出的最优秀的建筑，并将获得的知识和好的方法、批判性的精神相结合。我们的建筑师更要了解前时代的艺术如何真实地反映了当时的社会状况，却不能不经思考地模仿这些艺术形式，因为它难以与我们的社会相谐调。然而，如果以遵守某种主义为托词，或者只是为了不打扰那么 20 个人休息，我们没能从那些研究中得出实用的结果，那就该受谴责了。获得这些结果需要人们注意法则，而不是只关注形式。建筑师不仅要有广博的知识，还要会运用知识，必须通过自己的智力得出些东西；必须无视建筑艺术方面那些平庸的观念，尽管这些观念已经持续传播了两个世纪，而这种坚持不懈理应用在更高尚的事业上。

我们渴望的那种建筑要考虑时代关于进步的概念是什么，要让这些概念受制于一种和谐的系统，这个系统足够灵活，可以适应进步带来的一切改变和结果；我们渴望的建筑不能局限于对纯粹传统公式的研究和运用上，比如关于柱式的公式，还有我们称之为对称法则的公式。

对称并不是建筑艺术的金科玉律，就像平等不是社会定律一样。我们宣称法律面前人人平等，但平等并不是法律，因为社会大家庭中各个成员的智力、能力、身体力量、富裕程度都是不平等的。坚持将对称作为一条总的指导法则无异于共产主义，既让艺术失去了活力，又贬低了遵守对称法则的人。

你按同一种模式在街上、广场上建了所有房子，并且要求你的建筑师将立面的所有窗子都做成一样的，全然不管建筑不同的布局，声称这么做表现了对艺术的尊重。没有的事。你这是给艺术上刑，折磨艺术；你扼杀了艺术最高贵的品质，这品质在于艺术可以自由地表现自己想要的东西、自己的品味和个性。因为艺术是思想的表达，所以没有无自由的艺术。可是，如果你被迫重复邻居说的话，或者被迫将黑的说成白的，那还叫什么表达思想呢？　1–475

镇议会通过行政规定来限制街道两旁建筑物的楼高以及建筑物和街道间的距离，此举合情合理，无可厚非；但要是继续责成 20 幢建筑的 20 位建筑师都要采用同样的屋檐、同样的窗户、等高的腰线，并美其名曰要对称，毫不理会这 20 幢建筑内部的布局是何等的不同，这就有些蛮不讲理了。可以肯定的是，如果艺术家没有大加赞赏不合理性的条条框框，不曾以为建筑有一种可以适用于一切目的、一切方案的秘诀，以为所有人不用借助理性都能运用的通用公式，从而使得艺术在下坡路上越走越远，那些对实际状况一无所知，却又颇能左右艺术方向的高层人物，是无论如何也不会卷入这可悲的错误纠纷之中的。

绝不能以为讲求对称能够称得上什么指导法则；对称，最多是在某些建筑中，能悦人眼目：协调与平衡才是应该在建筑中诠释并应用的法则。

在上一讲中，我们解释了一些关于比例协调的法则；而平衡的法则，在古典时期和中世纪的那些贵族的建筑中得到了完美的诠释。不过，平衡并非对称，因为它允许多样性。相似的东西因其相似无须平衡。为一个严格遵照法则做出的方案设计不规则的平面布置是再寻常不过的事情。不过，我们艺术家要想办法让不规则的平面图在立面图中总体效果平衡，也就是说，建筑不能看上去像是变了形或者未完工。

举例来说，假设我们要建一个小型的市政厅，一楼是办公室，二楼是一个大厅，还要有一个钟楼。倘若只是为了对称，我显然会把钟塔放在正面居中的位置，将大厅一分为二；否则就要依靠复杂、虚构而又昂贵（建筑中的错误通常代价很高）的建筑手段。我决定实事求是。我把（见平面图 10–1）钟塔放在大楼的一端，正下方是入口门廊；楼梯放在外面，位于 A。市长办公室和其他办公室放在一楼的 B 处。二楼，门廊正上方的位置做成前厅，这是很容易的。建筑主体部分也能有宽敞明亮的大厅。屋顶空间我设计成档案室和储藏室。这样一来，立面图 C 中，钟塔很显眼，体量很大，而且很有力量。它突出了建筑的一端，相当高。接着是光线充足的大厅；为了强调立面上塔楼对面的 D 角，同时很好地抵挡大窗户的减重拱的推力，我竖了一个角楼，就是一个角柱，一个扶壁，垂直体。我用这种方法做完山墙，平衡了立　1–476

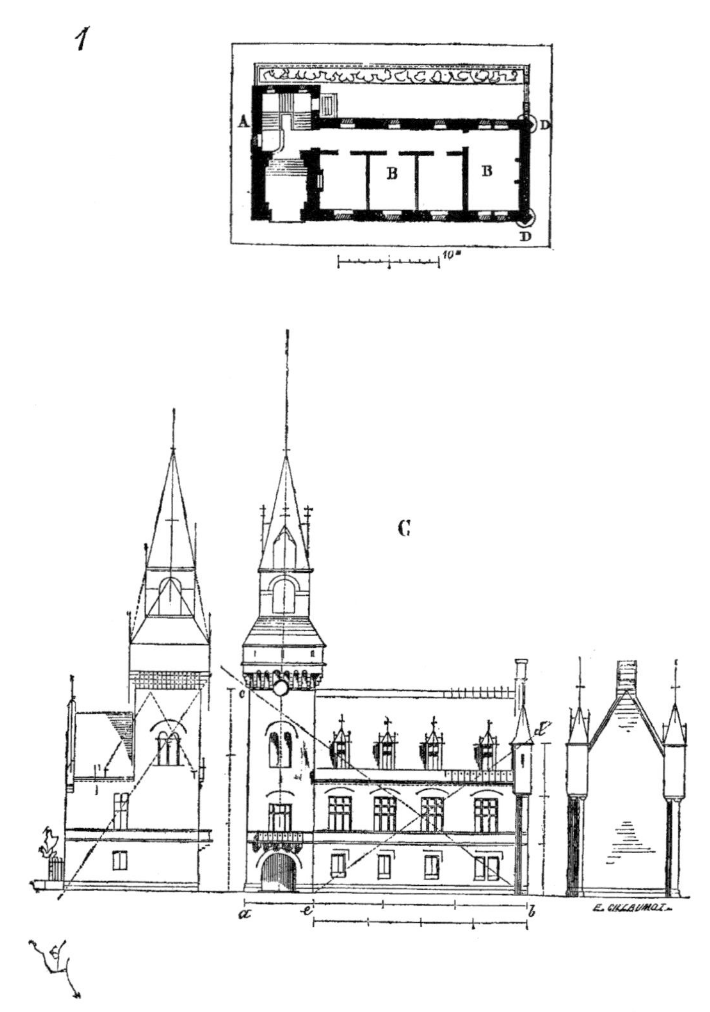

图 10-1　平衡法则

面，一点也不对称。眼睛会感觉钟楼所在的左侧更厚重、更高耸，体量也更大；感觉采光好的部分不过分突出；感觉正立面做了很多宽开口，最终以一个和塔楼相对的竖向结构结束。这幢建筑并不对称，却平衡，尤其是在底边 ab 与高 ac 的比例和 eb 与高 bd 的比例相同的情况下。

1-477

我要建一个正方形的结构。它包括四幢建筑物，围绕着院子。场地不平整，角点 A（见图 10-2）比其他三个角点 B 低洼得多。在建筑物某一点要得到高处的景致，建一座塔或加建一层。这塔应该建在某一面的中间位置吗？不，应该建在最低点的角，A 处（见透视图）。实际上，从视觉需要出发，多出来的一层要建在建筑物的角落；由于地形的关系，这角落要建得特别稳固。这样建筑物便得到平衡。如果将多出来的一层建在某一面的中间，而场地又不平整，就无法平衡了。

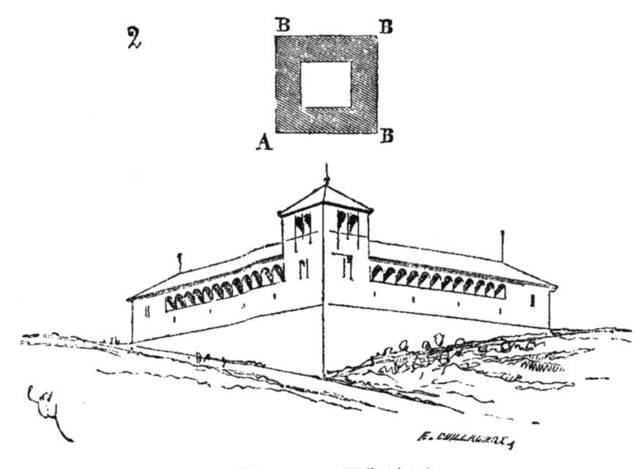

图 10–2 平衡法则

看看那些描绘别墅（即建筑群）的古代绘画。如果仔细研究建筑本身，古典时期建筑师们在平衡建筑群方面展现的精细观察能力会让我们瞠目。我们中世纪的建筑——城堡、修道院、旅客招待所，甚至豪华的大宅，给我们提供了大量运用平衡法则的建筑实例。这些建筑地基牢固，外表宜人。看看位于布尔日雅克·格尔之家（the house of Jacques Coeur），位于巴黎的克吕尼大厦（the Hotel de Cluny），看看那些古代的封建城堡，还有近代的城堡：布卢瓦城堡（Blois）、雪浓松堡（Chenonceaux）、埃库昂城堡（Ecouen）、阿萨·勒·希都堡（Azay–le–Rideau）。难道这些建筑的迷人之处在于其对称的布局？当然不是，而是在于平衡建筑群方面的技巧。我承认，比起延续一幢建筑的线条，比起上百次地重复相同的窗户，重复相同的方柱，比起让人视觉疲劳的同一的建筑群，这可是一项更不简单的成就。这是艺术。没人会说艺术很容易创造（其主要条件是美）。 1–478

建筑的平衡法则不仅适用于建筑群；我们发现古人将其视作细节设计的根本，中世纪艺术家则很有智慧地运用这些法则。让我们来举两个例子。在研究艺术的实际方法时我们有时会回到这个问题上来。大家都知道形成古希腊柱廊山花之角的线脚是怎么处理的（图 10–3）。顶上加了一条小线脚的檐部滴水 A 在山花门楣中心的表面 B 处斜向上，斜坡以一个反曲线装饰或双曲线装饰 C 结束，形成屋面的压顶，部分或全部折回，沿着边墙形成一条水平方向的排水檐沟。不管我们对古希腊的建筑抱有多么大的敬意，我们还是要道出这种安排的一个基本缺陷：滴水石 B 切成了锐角，顶上加了一条线脚，看上去像是要沿着三角楣饰的斜坡滑下来似的。在柱顶盘的角上，眼睛寻找着能阻挡这种下滑的水平方向石作，而采用的形式却显得虚弱无力，显出结合上的缺陷。为了确保拥有必需的力量，石作的拼合要和表面样式相反，如 a 所示。品味精致的希腊艺术家一定是对这一缺陷感到不快。因为他们常常在最顶层线脚的角上留一小块石料 b，上面放饰物或人像，这样能增加重量， 1–479

3

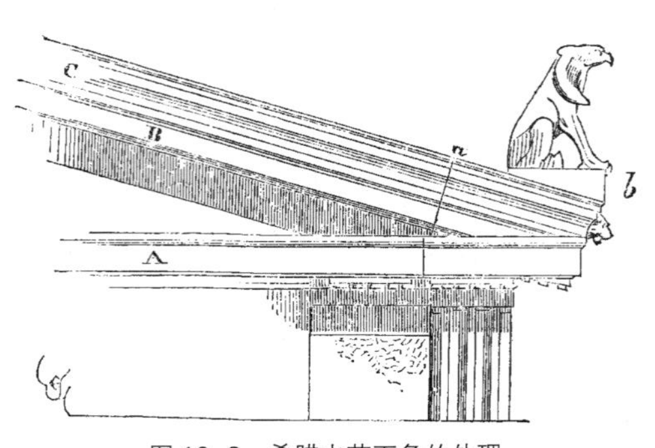

图 10–3　希腊山花下角的处理

让它看上去更稳固；水平方向的线条部分地消除了斜滴水的陡峭以及顶部线脚（cymaise）明显的下滑趋势给人带来的不安。我们 13 世纪的建筑师在建筑组合上显得更诚恳，也更真实，他们给山墙底部收尾的时候会寻找一种组合，既能明确表达线脚的回收，又能给这些角该有的分量。图 10–4 就是这样一种山墙斜坡，仔细研究便能看出这一点。这样的山墙基座和建筑主体部分是平衡的，而且也非常符合逻辑。或许另一角上是一个楼梯间，或一座塔，即便这样，如此明确果断的收尾仍然会让眼睛确信到此已经结束。平衡实际上就是在不对称的地方收尾的艺术。如果艺术家只能通过对称布局结尾自己的作品，让它显得完整，除此之外别无他法，那他无异于一台织布机，只能精确地再现内置的图案设计部分。

1–480

准确说来，并不存在什么对称法则。对称法则只是机械劳动的结果。建筑艺术方面存在着平衡法则。无论是古典时期还是中世纪时期的建筑师都严格地遵循着这些法则。而这些平衡法则和比例法则一样，是静力学法则的外在表现。几何与算术构成了建筑艺术的基础。以此作为基础，我们就可以把所谓的古典形式中那些可鄙的粗俗之处剔除出去。倘若精通几何学，长于算术的工程师能少忙忙古典形式设计——他们在建造中常常无视常识的要求而采用这些设计，那无疑将会产生更具艺术价值的作品。以几何与算术为基础、严格遵守静力学原理的那些法则自然会带来真实的表达，即真诚。真诚赋予每件艺术作品魅力，吸引着受过良好教育的人，也吸引着没念过书的人。尽管建筑作品中普遍存在的虚假已经带坏了公众的品味，他们如果碰到一件真实的作品，一件看上去和实际差不多的作品，那他们的注意力和兴趣又会被唤醒。无论如何，在法国，任何清晰地阐释自身的东西都能取悦公众，吸引公众。我们用的不同材料性质不同；如果我们赋予这些材料的形式成功地表现了这些性质，我们便不仅为多样性打开了一片广阔的天空，可以利用无限的资源，也通过不停努力给每样东西适合其性质的形式而激起了公众的兴趣。

图 10-4　12 世纪山墙底部收尾

当公众的品味走入歧途时，不应该由艺术家启发他们吗？对别人的错误听之任之，尤其是很明显的错误，这难道不卑贱吗？诚实无欺应该是有品味的人给自己定下的第一条规则。我们如何能相信作品中一再出错的有品味的艺术家呢？这里言辞可能有些强烈，但事情本身就很荒谬。以传承古代传统为豪的所谓的古典建筑只是个骗局；古代建筑最高贵的品质之一就是从不欺骗，无论是材料本身还是材料运用上。这种正式的建筑被误认为从古典艺术发展而来，当建造不用考虑花费时，它可能保留了某种真实的特点；可是，在建筑手段有限的情况下，建筑师不能为了让建筑物看起来具有被认为是古典的浮夸风而求助于虚假！抹灰的圆柱和檐部；用木制横梁冒充石头过梁；板条抹灰吊顶冒充木构架、木工；灰泥冒充大理石；抹灰装饰冒充雕塑；板条拱顶冒充抹灰后的石作。这种建筑无处不在的法则就是假冒——形式、材料上的欺骗。其实，不用屈身向下看，尽管我们常常这么做，让我们来看一些花费巨资的伟大现代建筑。我们难道没看见：石作和形式一点都不谐调；砖石层底部和底座、腰线、柱顶盘的高度不一致；几年以后，每块石头颜色都不同，每处基底都变得很明显，结构的拼接处和采用的形式不谐调；组成过梁的石头接缝以让人极不舒服的方式分割假冒伪劣的过梁；拱券的外部线脚并没有沿着拱石的拱背线，其接缝误伸入拱肩；浮雕的基底将雕塑割裂；巨型窗户仿作开口，装了玻璃的木头窗框将其分隔，破坏了原本想要达到的效果，在古代建筑中，开口是没有任何填充物的；楼梯斜梁侧板穿过窗户，外面自成格局的楼层被夹层分割；屋顶被护墙遮住；铁制的地板材料涂上一层灰泥当作木头吊顶；宽大的房间的采光来自几层楼高的窗户，以至于从外面看起来，高 30 英尺的内部结构像是被分割成了几层；木头常常被涂色，冒充石头或大

1-481

理石，石头又仿作木头；建筑内部有多少真门就有多少假门；以至于你弄不清楚入口在哪，打开一扇假门以为能通向某个房间[1]，却只发现巨大的壁炉架里装着个小壁炉？这些怪癖我们该如何称呼？虚假（Falsehood）。没有其他词比这更合适的了。

如果我们正儿八经想做建筑，首先要做到的就是不去欺骗，无论是整体设计上还是微小细节上。当然了，现如今，只要下定决心做到百分之百的真诚，就一定会做出新颖而且很可能令人神魂颠倒的作品。此外，我们还要和古典鼎盛时期所用的方法协调一致，要让自己真正古典，这里是就遵循艺术不变的法则而言。手边有新型材料，有以前没发明的机器，有着比古人更先进更复杂的强大设备，对过去各种文化中已经发生的事情有相当全面的了解，除了这些还有真诚的决心——绝对服从需要，根据材料的实际情况行事，注意材料的特点，运用少量科学，大量理性，忘记错误的条条框框，将各种偏见置于一旁，如此，我们或许能为我们时代的建筑打下些基础；倘若不能立刻创造出自己的建筑，也至少为后人铺了路。

1–482

适当性法则（Fitness）并不是建筑设计中最微不足道的法则，它和艺术本身关系更直接，但常常被忽略；不得不承认，我们在建大楼时对比例的总体规则不够注意，在遵循方案以及运用材料上习惯欺骗，总是忽视这条我称之为合适性或适当性的法则。将商店上面的住宅建得看起来像王宫一样，绝对会破坏底层，用科林斯柱子装饰其正立面，立在木作之上，后面若隐若现地露出几双袜子或几顶帽子，这些明显是违反了这一法则；在同一时期的同一座小镇上建一座哥特式教堂，再建一座文艺复兴特色的教堂和一座伪拜占庭风格教堂，这么做就很难符合合适性法则（我指的是艺术适当性）：就教堂而言，我们或者保留某种传统风格，因为做礼拜在每个时期同样都有，是一种传统，或者，采取一种适合不断修正中的礼拜提出的新要求的新风格建筑；然而，同样的做礼拜这一形式要适应彼此格格不入的建筑形式，这是难以想象的。拜占庭形式的教堂，文艺复兴风格的教堂，新哥特式教堂，哪一种更正统呢？又何以推定一种风格比其他两种更正统呢？将一座市政厅的正立面仿造成一座像附属物的教堂的样子；大剧场旁的小剧院建得就像是前者身上截取下来的片段；为法院加上一顶清真寺的圆顶：所有这一切都表现出对统领艺术之事的适当性法则的蔑视，至少是无视。要是在一处宏伟的宫殿，你穷尽所能，将某处旁宫别院装点得富丽堂皇，那么，到了装饰主体建筑的时候，你又能有何等作为？如果，在入口或是楼梯上，你就把艺术和材料施展得淋漓尽致了，那么，在做完这个开场白之后，你该用什么来向观众交代呢？

1–483

1 在某幢奢华至极的现代大楼中，我们难道没见过楼梯间的门对称地开着，楼梯平台高低不一，这样可以对称地安放四扇门，其中两扇通往空处？看到这种建筑怪物，有人曾提起，如果想除掉某个人，可以很方便地将他们领出这些门，将门开在相应的悬崖边上。

要注意，适当性法则可以向一切扩展，适用于整体也适用于细节：如果建座柱廊却没有人穿过，不得不关掉以防万一，我们就没能遵守这一法则。这个遮风挡雨的地方既没有让公众获益，也让窗户开在其拱廊下的房间里暗淡无光；如果在布满造价昂贵的石雕像的立面后面我们用灰泥作来冒充木刻，铜作或大理石作以装饰内部，我们也没能遵循这一法则；如果内部装饰风格和外部不谐调，我们同样忽视了这一法则。

至于建筑装修的模式，建筑师永远不能对必要的渐进视而不见；不能在正立面或者前厅就倾其所有地进行装饰；即便允许极度的华丽，也要郑重使用，有所节制；因为在艺术中，华丽只有在对比之下，或者通过明智地运用资源才能有价值。在第一眼惊喜之后很快感到厌烦的公众们看到的宫殿内部实际是什么样呢？成堆的装饰品，一层层的镀金、绘画，无一不掩盖了设计的贫乏，比例的不当，还有割裂开的建筑群！效果如同对做工粗糙的物件涂清漆抛光，或者在形状糟糕的图案上刺绣。畸形的人无论如何穿衣打扮，永远也不可能打造出高贵的身姿。要相信建筑也是一样的。通过滥用雕塑和镀金掩饰笨拙的线条，不讨喜的比例，粗俗的形式，只能让公众娱乐一时。

记忆中只会留下一些困惑不解的整体印象。看到如此没品味地滥用华丽，只会让人打心底里反感；让人想找到一间墙壁光滑、四面都是白色涂料的方方正正的房间。艺术上没有什么比滥用华丽更让人倒胃口的了；尤其是当这种华丽并不是修饰着美丽的形式，让形式清晰可见时。没什么比这更接近完全的贫瘠了。只有通过巧妙组合的线条，简单易懂的形式，总体动人的效果，才能在人们的头脑中留下深刻的印象，构思才能获得艺术作品的尊严。在这一方面，古人是我们的老师。因此，不能遵循这些法则，就不要说你是古典艺术的支持者；即便借用了路易十四时代的亮片装饰，却没能再造出那个时代历史遗存中仍留有痕迹的形式感，就不要谈什么尊重传统；对于公众而言，厌倦了不顺眼的躯体上覆盖的镀金的破布，厌倦了这种没有个性、平庸十足的艺术，最终会要求回到 19 世纪初流行的那种平淡无奇、冰冷的古典艺术复制品。这些复制品照搬马莱（Marais）或圣日耳曼几所老房子的恢宏华丽，却无法掩饰华丽之下构思的贫乏。

1–484

作为本章的总结，我们来重述一下做建筑师的一些必要条件：学习过去的艺术要有一定的方法，这种学习总是属于理性磨炼的范畴。归纳、设计的时候要遵循某些法则；其中一些法则是纯数学的，其他则属于抽象的艺术。前者是静力学的直接结果，和建造关系密切；后者则关乎由建筑的要求、目的、可用的手段推导出的比例、效果、装饰、适当性。

考古研究已经向我们证实，每个艺术时期都有一种特定的风格，也就是说，在总体构思和细节实施上有一种和谐统一。我们要不就采用某种已有的风格，要不就形成一种新的风格。如果混杂已有的不同风格，考古学家会对混合物进行分析，非常合逻辑地向你证明这一混合物是由相互矛盾的元素组成，这些元素不协调，彼此损害；鉴于这个问题上有些知识可言，权威的意见应当得到适当的尊重。有些被称为艺术中的折中主义的东西——从各处选取元素来构成新的艺术，怎么看，都是野蛮之举；这是在古典艺术惨遭破坏，而十二世纪的世俗艺术还没兴起时人们企图做的事。11 世纪，罗马风建筑师运用了罗马人的楼层平面图，学习运用了东方的细节、帝国纪念物的残片、拜占庭的穹顶，还有北方人的木构架，只是没有人根据这些不协调的碎片的出处来给它们分分类。不过，我们现在知识很丰富，不会这样做。在我们这个时代，不应当再天真地相信完全异质的组合能谱出和谐的曲调，不能再制造出那样的混杂物。事实上，单是无知就足以将这些混乱的元素融合成形了。科学能够将这些元素分类，正因为能将其分类，才无法将其混合。我们很快能发现，这些元素中只有两三种基本法则，每条法则相关的观点也很有限；企图让这些法则和谐存在于一种艺术表达之中，或者不把观点看作是法则的结果，都是存心向野蛮行为沉沦。

1–485

反对考古研究没有意义，我们相信那些研究是现代艺术的坚实基础，同时我们也不能对它们带来的危险视而不见，尤其是考古学最近似乎影响着艺术的物质层面而非智力层面。如果我们想从对过去的研究得到些益处，就不要在某些具体问题上纠结，比如一座庙宇的柱间墙刷成了蓝色还是刷成了红色；铜栏杆是不是镶了银；天蓝色地面的鱼池底部有没有画金鱼；某座雕塑的眼睛是包上了珐琅还是镶嵌了宝石；也不要去调查研究为什么采用这种装修风格，或是对诸种文明全面精准地了解，其中一些的表现形式已为我们成功破解。如今对古典时期以及中世纪时期的研究太过纠结于大量不成熟的细节，以至于看不见主要目标——弄清人性、人性的努力、趋势，以及人用来展现自己的思想、品味、智慧的方式。了解古希腊古罗马的妇女们用的润发油成分并不重要，重要的是了解其社会地位和家庭地位，了解她们如何度过闲暇时间，了解她们的精神修养到达什么水平。画家要弄清楚波斯总督们脖子上的项链有几道，他们的靴子、鞋和拖鞋上有没有蕾丝，并没有什么不好，只要他心里明白波斯总督是什么样一个人物。考古学研究会对艺术大有裨益，只要首先让我们弄清楚那些首要的法则，弄清楚事实的逻辑顺序、因果关系；当对细节，即琐碎结果的观察显现之时，当然不能将其扔在一旁，视而不见；比较合适的是给予这些细节一定的地位，但不要太强调其在历史上的重要性。一句话，考古学的作用不是限制艺术家的思想，相反，应当通过向艺术家展现某些伟大的不变的法则，扩展艺术家的思想空间。不过，在 19 世纪有一个严重的问题日益重要，最终将超出所有其他事物的重要性：费用问题，即经济问题。某一个特定文明中的富裕度愈高——财富的覆盖面愈大——人们就越会明智地使用手中的工具；而无用的开销只能让公众反感。当所有人都是

1–486

财产的主人时，每个人都会知道事物的价值，会批评误用公款，这公款从某个程度上说是每个人的财产。简言之，大家有时指责的不是花的钱太多了，而是钱花的不是地方，或者说钱没能用在公众资源的建设上。现在，像我们这样的国家，建筑物是预算的很大一项；因此，建筑物应当有用、坚固、美观，如实地体现其价值，这是理所应当的事情。如果我们有钱，也有权知道自己该期待些什么，我们喜欢自己作出的牺牲得到充分肯定。满足那种真正的经济精神，建筑准备好了吗？经济精神一定是会蓬勃发展的。我认为没有。在我们这个充满矛盾的时代，我还看到了一种奇特的现象。一方面，公共开支都交给了那些大体上对艺术一无所知的人来管理，通常这些人私下里都笃信这么一条，虽然他们不敢公开承认，那就是，热衷于建筑会让国家走向灭亡，还有，如果我们足够聪明，我们就应该只去盖一些简易的房子来做我们的办公大楼，能够屹立个 50 年就够了。看到大把大把的钱花在建筑上，建筑的目的尚不确定，建筑形式也叫人难以理解，这让他们感到害怕，这种害怕也不是毫无理由的。在他们看来，建筑师就是公共财产的敌人，就是一旦拿到钱就很快花得精光的花钱机器。另一方面，我们由学院派引导、享受其特殊资助的建筑师（我不说由其指导，因为学院派不进行指导），尚未做好反驳这些指责的准备；相反，他们所受的教育完全倾向于证实这些指责，因为没人跟他们说过有关作品方向、合理运用材料、根据具体的建筑要求选用建筑形式和建筑手段等方面的问题；他们受的训练让他们做出些无法实施的设计，都是些高大的纪念碑式建筑，毫不关心如何合理明智地运用经费。就这样，在巴黎的某处，政府将年轻人培养成建筑师，而他们到了另一个地方就会招来最尖锐的怀疑，他们的倾向也会受到故意抵制。政府又会指责建筑师们无知，而由政府维持、保护的学校并没教给他们这些知识，政府是学校的主人，可至少到现在为止，政府尚未想过做适当改变。无论如何，要注意的是，当建筑与一个国家人们的习惯以及人们想要的东西完全和谐的时候，当建筑能明智地运用材料，符合具体情况要求以及时代需要的时候，建造从未毁了国家。罗马人在行省的小镇上竖起来的建筑物并没有让他们走向毁灭，相反却推动了文化以及秩序、富有、舒适等观念的传播。13 世纪末法国也没有被毁，它用全新的方案重建了所有民用以及宗教建筑。这是因为，那些建筑表达了那时的一种思想，或者实实在在地满足了实际的需要。它们的丰富程度在于其与众不同之处；人们绝不可能将宫殿误认为是医院，或将行会会馆当成王亲贵族的宅邸。建筑形式与时代必须和谐一致。简言之，那时的建筑是一种能屈能伸的艺术，适用于一切，所有人都能理解，而不是和社会情况、时代特点以及实际装置格格不入的惯用公式。它如同风俗习惯那样可以变化，自由表达，而不是像我们今天看到的那样受制于日渐衰微的政权。

1–487